15. COLLOQUIUM DER
GESELLSCHAFT FÜR PHYSIOLOGISCHE CHEMIE
AM 22./25. APRIL 1964 IN MOSBACH/BADEN

IMMUNCHEMIE

BEARBEITET VON O. WESTPHAL
UNTER MITARBEIT VON L. TER HAAK

MIT 164 ABBILDUNGEN

SPRINGER-VERLAG
BERLIN · HEIDELBERG · NEW YORK
1965

ISBN-13: 978-3-540-03267-0 e-ISBN-13: 978-3-642-87042-2
DOI: 10.1007/978-3-642-87042-2

Alle Rechte,
insbesondere das der Übersetzung in fremde Sprachen,
vorbehalten

Ohne ausdrückliche Genehmigung des Verlages ist es auch nicht
gestattet, dieses Buch oder Teile daraus auf photomechanischem
Wege (Photokopie, Mikrokopie)
oder auf andere Art zu vervielfältigen

© by Springer-Verlag
Berlin · Heidelberg 1965

Library of Congress Catalog Card Number 52-3250

Die Wiedergabe von Gebrauchsnamen, Handelsnamen, Warenbezeichnungen usw.
in diesem Werk berechtigt auch ohne besondere Kennzeichnung nicht zu der
Annahme, daß solche Namen im Sinn der Warenzeichen- und Markenschutz-
Gesetzgebung als frei zu betrachten wären und daher von jedermann benutzt
werden dürften

Titel Nr. 4343

Inhalt

Einleitung (O. WESTPHAL, Freiburg) 1
Entwicklungslinien der Immunchemie (M. HEIDELBERGER, New Brunswick) 6

1. Hauptthema: Serologische Techniken

Gel-Diffussion techniques (Ö. OUCHTERLONY, Göteborg) 13
Immunoelektrophoretische Analyse von Zell- und Gewebekomponenten (P. GRABAR, Paris) 36
Immunoelektrophoretische Charakterisierung menschlicher Magenschleimhautextrakte (W. RAPP, Heidelberg). 47
Quantitative Immunpräzipitation zur Bestimmung einzelner Plasmaproteine (H. G. SCHWICK, Marburg) 55
Diskussionsleitung: H. E. SCHULTZE, *Marburg*

2. Hauptthema: Antigene und Spezifität

Human blood group specific substances (W. T. J. MORGAN, London) . 73
Die Beziehung blutgruppenaktiver Substanzen zu Bakterien, höheren Pflanzen und Viren (G. F. SPRINGER, Evanston). 90
Diskussionsleitung: W. F. GOEBEL, *New York*
Über die somatischen Antigene von Salmonella S- und R-Formen (O. LÜDERITZ, Freiburg) 113
Diskussionsleitung: W. F. GOEBEL, *New York*
The capsular antigen of mucoid strains of Escherichia coli (W. F. GOEBEL, New York) 135
Immunchemische Untersuchungen an K-Antigenen von Escherichia coli (K. JANN, Freiburg) 144
Diskussionsleitung: W. F. GOEBEL, *New York*
Die chemische Basis der Antigenspezifität des Tabakmosaikvirus (F. A. ANDERER, Tübingen) 158
Diskussionsleitung: W. T. J. MORGAN, *London*
Enzymprotein als Antigen. Immunologische Studien an Lactatdehydrogenasen (K. RAJEWSKY, Frankfurt) 173
Mutationsbedingte Synthese enzymatisch inaktiver Komponenten des Pyruvat-Dehydrogenase-Komplexes von Escherichia coli K 12 (U. HENNING, Köln-Lindenthal) 194

Reindarstellung von Enzymantikörpern (E. D. WACHSMUTH, Z. KOPITAR u. G. PFLEIDERER, Frankfurt) 204
Einige immunchemische Versuche zur Chymotrypsinstruktur (G. GUNDLACH, Würzburg) 207
Immunologische Untersuchungen an Transaminasen (N. LANG u. S. MASSARRAT, Marburg) 210
Über Antikörper gegen Diphospho-fructose-aldolase (ALD) (D. MATZELT †, Hamburg) 215
Diskussionsleitung: W. T. J. MORGAN, *London*

3. Hauptthema: Probleme der Antigenität

Synthetische Polypeptide als Modell-Antigene (E. RÜDE, Freiburg) . . 222

4. Hauptthema: Antikörper

Structure and formation of antibodies (F. HAUROWITZ, Bloomington) . 232
Diskussionsleitung: P. GRABAR, *Paris*
Role of the antigen in antibody formation (F. HAUROWITZ, Bloomington) 240
Diskussionsleitung: P. GRABAR, *Paris*
Umfaltung von γ-Globulinen in vitro (P. HAUX u. F. TURBA†, Würzburg) 255
Diskussionsleitung: P. GRABAR, *Paris*
Opsonins (D. ROWLEY, Adelaide, Australien) 260

Sondersitzung

Immuntoleranz (M. HAŠEK, Prag) 268

5. Hauptthema: Komplement

Serumkomplement:
Übersicht und aktuelle Probleme (H. FISCHER, Freiburg) 284
Diskussionsleitung: M. HEIDELBERGER, *New Brunswick*
Chemie der Komplement-Faktoren (H. J. MÜLLER-EBERHARD, La Jolla) 309
Faktorenanalyse der dritten Komplementkomponente (P. KLEIN, Mainz) 330
Diskussionsleitung: M. HEIDELBERGER, *New Brunswick*

6. Hauptthema: Physikochemische Aspekte der Antigen-Antikörper-Reaktionen

Zur Frage der Wechselwirkungen zwischen Proteinen und Substratmolekeln (M. EIGEN, Göttingen) 344

Sondersitzung

Probleme keimfreien Lebens (G. F. SPRINGER, Evanston) 347
Diskussionsleitung: O. WESTPHAL, *Freiburg*

Schlußworte 377
Nachwort 380

Einleitung

Von O. WESTPHAL

Max-Planck-Institut für Immunbiologie, Freiburg/Br.

Meine Damen und Herren!

Die Mosbacher Colloquien werden nun seit etwa 15 Jahren abgehalten und ich muß gestehen, selbst nur beim allerersten, glaube ich, mitgemacht zu haben, so daß, als mir im letzten Jahr *in absentia* der Auftrag erteilt wurde, das diesjährige Colloquium zu organisieren, ich von wenig Erfahrung getrübt an diese Aufgabe ging. Der Stand der Immunchemie sollte diskutiert werden, und so schrieb ich an viele Freunde und berühmte Leute, die etwas von Immunchemie verstehen, um sie einzuladen. Zu meiner Überraschung und Freude haben nahezu alle diese Freunde „Ja" gesagt. Sie sind nun hier, und viele Teilnehmer haben mir gesagt, daß das zwar den Stil der bisherigen Colloquien sprenge, aber andererseits natürlich äußerst erfreulich ist. Wir werden in den nächsten Tagen Aspekte der Immunchemie diskutieren wie das bislang – glaube ich – in Deutschland auf einer Tagung noch nicht geschehen ist. Die Biochemie wird von den meisten Biochemikern, wohl richtigerweise, als eine Hilfswissenschaft aufgefaßt: Chemie im Dienste biologischer Phänomene. So wird auch die Immunchemie von den meisten Immunchemikern als Chemie im Dienste immunologischer Phänomene betrachtet. Aber die Entwicklung hat ergeben, und das wird aus manchen Vorträgen hervorgehen, daß serologische Reaktionen, welche die Basis der uns interessierenden Immunphänomene sind, wegen ihrer Besonderheit auch als rein chemische Reaktionen allergrößtes Interesse haben. Viele Forscher, die sich gar nicht primär für Immunphänomene interessieren, haben serologische Reaktionen wegen ihrer hohen Spezifität mit größtem Vorteil zur Ermittlung von chemischen Strukturen benutzt. Es ist ein Anliegen der Leitung dieses Colloquiums, daß diese zwei Aspekte im Laufe der drei Tage klar werden: einmal der Nutzen serologischer Reaktionen für allgemein biochemische und chemische Fragen. Zum anderen sollten wir darüber die Immun-Phänomene nicht vergessen — eine Tendenz mancher Immunchemiker, die heute Antikörper lediglich als spezifische Reagentien benutzen. Die Immunologie erfährt zur Zeit eine große Wiederbelebung. Immer mehr erkennt man, daß die höheren Tiere auf immunologische Reaktionen, auf die Betätigung ihrer Immunitätsapparate lebensnotwendig angewiesen sind. Und daher sind die Beiträge der Immunchemiker heute wieder auch in biologischer Richtung von steigender Bedeutung.

Wir wollen nur wenige Teilnehmer hier mit Namen nennen. Ich möchte gerne einige der großen Pioniere besonders begrüßen, ohne deren Wirken die Immunchemie heute nicht das wäre, was sie ist. So möchte ich Prof. MICHAEL HEIDELBERGER begrüßen, der die Immunitätswissenschaft aus ihrem „kolloidalen" Zustand am Anfang der zwanziger Jahre in eine moderne, quantitativ arbeitende Naturwissenschaft verwandelt hat[1]. Es waren dies die großen Tage und Jahre am Rockefeller Institut in New York, wo KARL LANDSTEINER[2], OSWALD AVERY[3], MICHAEL HEIDELBERGER[4] und nicht zuletzt WALTER GOEBEL, den wir hier ebenfalls willkommen heißen, diese Wissenschaft so glanzvoll entwickelt haben. WALTER GOEBEL war der erste, der ein künstliches Antigen mit hoher antiinfektiöser Wirkung synthetisiert hat[5]. Wir begrüßen auch sehr herzlich FELIX HAUROWITZ, der an dieser Entwicklung, wenn ich so sagen darf, als Europäer in einer kaum von anderen erreichten Breite teilgenommen hat, derart, daß er maßgeblich zur Erkenntnis der Struktur der Antigene, ebenso wie in neuerer Zeit der Struktur und der Synthese von Antikörpern beigetragen hat. Viele Immunchemiker haben sich mit großem Erfolg in spezielle Probleme verbissen, und indem sie diese lösen konnten, sehr allgemeine Gesichtspunkte erarbeitet. Solcher Art war die Tat von WALTER GOEBEL und OSWALD AVERY mit der Aufklärung der Pneumokokken-Polysaccharide und der ersten Synthese eines Antigens. Ein anderes Glanzbeispiel, wo wir Glück haben mit dem Zeitpunkt unseres Colloquiums — denn es gelangte gerade im letzten Jahr zu einem vorläufigen Abschluß — ist die Erforschung der menschlichen Blutgruppensubstanzen, insbesondere durch WALTER MORGAN am Lister-Institut in London, der uns selbst über dieses vorläufige Endergebnis berichten wird und den wir hier auf das beste begrüßen.

Die einstigen Pioniere haben andere nach sich gezogen. Irgendwo ist immer Pioniergebiet und so sind auch einige jüngere unter uns, die sich als Pioniere schon einen Namen gemacht haben, wie GEORG F. SPRINGER, der zweimal zu uns sprechen wird, was uns besonders freut. Wir begrüßen auch HANS J. MÜLLER-EBERHARD, der an dem Colloquium über Complement teilnehmen wird; wir wissen nicht recht, ob wir ihn als Deutschen oder als Californier bezeichnen sollen, hoffen aber, daß er eines Tages auch wieder bei uns arbeiten wird. Wir begrüßen auch sehr alle diejenigen, die uns zeigen, daß die Immunchemie für sich alleine nicht das einzige Ziel der Bemühungen ist, sondern daß die Immunbiologie dabei immer im Blickpunkt bleibt. Als ein Beispiel hierfür ist DERRICK ROWLEY zu uns gekommen, der ursprünglich am Flemingschen Institut in London, dem Wright-Fleming-Institut, arbeitete, dann nach Australien ging und hier u. a. klassische Arbeiten über die Bedeutung natürlicher Antikörper, der Opsonine, durchgeführt hat. Ich halte es für sehr wichtig, daß wir darüber etwas erfahren, denn gerade das Problem dieser Antikörper und ihrer biologischen Bedeutung ist heute wieder sehr aktuell geworden.

Als überraschend groß erwies sich das Interesse vieler Teilnehmer an der Sektion Enzym/Antienzym. Das war andererseits fast zu erwarten, denn der serologische Nachweis von Enzymproteinen oder ihrer Untereinheiten sowie die Frage der spezifischen Enzymhemmung durch Antienzyme wird heute zunehmend auch von Biochemikern bearbeitet.

Einige neue Aspekte der Immunbiologie sollen in Form von informellen Sondervorträgen behandelt werden. Wir haben zwei solche Vorträge vorgesehen. Es schien uns, daß auch diejenigen, welche hauptsächlich chemisch interessiert sind, etwas darüber erfahren sollten, was immunbiologisch z. Z. im Brennpunkt des Interesses steht. Ohne Zweifel ist eines dieser Phänomene die *Immuntoleranz*, und es ist eine große Freude, MILAN HAŠEK aus Prag hierher bekommen zu haben, der einen großen Namen auf diesem Gebiet hat[6] und der zusammen mit wenigen anderen in angelsächsischen Ländern an der Spitze dieser Forschung steht. Sie wissen, daß es oftmals nicht ganz leicht ist, die Verbindung mit den Kollegen in den Ostländern Europas zu halten; aber wir alle sind, glaube ich, davon durchdrungen, wie wichtig dies ist. Gerade die Verbindung mit den Kollegen in Prag liegt allen Immunologen besonders am Herzen, denn sie bilden dort eine der allerbesten immunologischen Forschungsgruppen überhaupt. In diesem Zusammenhang freue ich mich sehr, daß wir auch einen unserer Freunde aus Polen unter uns haben, EDMUND MIKULASZEK aus Warschau, und wenn auf jemand das Wort Pionier zutrifft, dann auch auf ihn. Er hat schon vor vielen Jahren über antigene Bakterienpolysaccharide gearbeitet und in fließend deutscher Sprache darüber berichtet[7]. — Der zweite Vortrag allgemeiner Art, der unser Colloquium beschließen wird, behandelt Probleme keimfreien Lebens, womit der Vortragende, GEORG F. SPRINGER, sich eingehend befaßt hat.

Wir hatten den Eindruck, daß vielen von Ihnen besonders gedient sei, wenn wir die Tagung mit einer Diskussion über *Methoden* beginnen. Es sind alle diejenigen serologischen Reaktionen, die wir häufig benützen, wenn wir immunologisch und immunchemisch arbeiten: qualitative und quantitative Methoden von außerordentlicher Bedeutung. Methoden sind häufig mit Namen verbunden. Es ist ja auch erfreulich, wenn ein Name durch eine Methode sozusagen unsterblich wird. Das gilt nun wirklich in hohem Maße für zwei solche Methoden, die am Anfang unserer Tagung diskutiert werden, Methoden der *Gelpräcipitation*. Sie alle kennen den Namen von ÖRJAN OUCHTERLONY. Er wird seine Belange selbst hier vertreten. Da OUCHTERLONY erstmals in Deutschland vorträgt, werden wir quasi eine Erstaufführung erleben. Sehr viele von uns haben sich schon erfreut an den Präcipitationslinien mit Hilfe der Immunelektrophorese. PIERRE GRABAR hat diese Methode entdeckt und mit außerordentlicher Breite ausgearbeitet. Er wird sie uns hier persönlich erläutern, womit GRABAR ganz sicher nur über einen kleinen Teil seiner umfangreichen Arbeiten in der Immunologie referiert. Er wird sicher auch in Diskussionen auf ganz anderen Gebieten zu Worte kommen; viele von Ihnen wissen, daß sein Hauptarbeitsgebiet heute die Immunologie maligne entarteter Zellen, des Krebses, ist. Ich darf also OUCHTERLONY aus Göteborg und GRABAR aus Paris hier mit besonderer Genugtuung begrüßen.

Ich glaube, damit unsere prominenten ausländischen Gäste nahezu vollständig begrüßt zu haben. Endlich möchte ich noch mein Bedauern darüber ausdrücken, daß einige Gäste aus Zeit- oder Gesundheits-Gründen nicht kommen konnten. Wir hätten sehr gern PHILIP W. ROBBINS aus der Schule von LURIA in Cambridge/USA als genetisch-chemisch arbeitenden Mikrobiologen, hier gehabt, um mit ihm über sog. lysogene Conversionen[8] zu diskutieren — ein Thema, das für die Biochemie außerordentlich wichtig geworden ist. Mit großem Bedauern haben wir registrieren müssen, daß MICHAEL SELA aus Rehovoth in Israel, der noch mit uns bei der 50-Jahr-Feier der französischen Biochemischen Gesellschaft vor 14 Tagen in Paris zusammen war, wegen einer Erkrankung nicht kommen konnte. Wir stehen aber in enger Zusammenarbeit mit ihm, und einer der Mitarbeiter an diesem Team, ERWIN RÜDE, wird SELAs synthetische Arbeiten über das Problem der Antigenität besprechen — nämlich die Frage, welche chemischen und physikalischen Kriterien eine Substanz zum Antigen machen. Schließlich konnte auch FRITZ TURBA leider nicht kommen, aber sein Mitarbeiter, PETER HAUX, wird über die Arbeiten der Turba-Schule berichten.

Ich darf alle deutschen Redner sehr herzlich begrüßen, ohne auf sie speziell einzugehen. Endlich möchte ich noch Herrn AUHAGEN ansprechen, der das alles hier organisiert hat. Mein Anteil bestand in ein paar Briefen an gute Freunde, aber Herr AUHAGEN hat zur Vorbereitung des Colloquiums wirklich gearbeitet, wofür wir ihm zu größtem Dank verpflichtet sind.

Bevor wir nun ins eigentliche Colloquium eintreten, möchte ich den Altmeister der quantitativen Immunchemie, MICHAEL HEIDELBERGER, bitten, unser Colloquium zu eröffnen.

Literatur

[1] HEIDELBERGER, M.: Currents in Biochem. Res. p. 453. Edit. by D. E. GREEN. New York: Interscience Publ. 1946.
[2] LANDSTEINER, K.: Die Spezifität der serologischen Reaktionen, 2. Aufl. Cambridge/Mass. 1945.
[3] AVERY, O. T.: Naturwissenschaften **21**, 777 (1933).
[4] HEIDELBERGER, M.: Chem. Rev. **24**, 323 (1939).
[5] GOEBEL, W. F.: J. exp. Med. **68**, 409 (1938); Nature (Lond.) **143**, 77 (1939).
[6] HAŠEK, M., A. LENEROVA, and T. HRABA: Transplantation Immunity and Tolerance. Advanc. Immunol. **1**, 1—66 (1961).
[7] MIKULASZEK, E.: Ergebn. Hyg. Bakt. **17**, 415 (1935).
[8] ROBBINS, P. W., and T. UCHIDA: Fed. Proc. **21**, 702 (1962).

Entwicklungslinien der Immunchemie

Von M. HEIDELBERGER

New York University College of Medicine, Dpt. of Pathology, New York

Mit 3 Abbildungen

Als R. KRAUS gegen Ende des letzten Jahrhunderts die Präcipitationsreaktion, d. h. die durch Antigen-Antikörperreaktion entstehende Fällung entdeckte, waren alle Methoden für die Bestimmung von Immunreaktionen relativ. Man konnte z. B. sagen, daß, wenn ein Antiserum mit dem homologen Antigen bei einer Verdünnung von 1:600 gerade noch eine Fällung oder Agglutination oder Complementbindung ergab, dieses Antiserum ungefähr zweimal so stark war wie ein anderes, das nur bis 1:300 reagierte. Aber so erhielt man keine Kenntnis der absoluten Mengen an Antikörpern in beiden Seren. So entstand eine jahrelange Polemik über damals nicht entscheidbare Fragen. Waren Antikörper eigentlich Proteine oder waren sie Substanzen unbekannter Natur, die nur den Globulinen anhafteten? War das Complement in Substanz faßbar oder lediglich ein bestimmter kolloidaler Zustand des Serums? Zur Lösung dieser Fragen waren offenbar neue Methoden notwendig. Als KENDALL und ich dann versuchten, die strengen Kriterien der mikroanalytischen Chemie zur Bestimmung präcipitierender Antikörper in Gewichtseinheiten anzuwenden, waren die Umstände hierfür besonders günstig. Am Rockefeller-Institut hatten AVERY und DOCHEZ gefunden, daß virulente Pneumokokken in der Kulturflüssigkeit lösliche Substanzen bilden, welche typenspezifisch sind und welche mit homologen typenspezifischen Antiseren präcipitieren. So haben wir mit AVERY und später mit GOEBEL diese Substanzen untersucht und als Schleimsubstanzen von Polysaccharid-Charakter erkannt, welche die Pneumokokken umhüllen. Für jeden serologischen Typ von Pneumokokken ist eine spezifische Polysaccharidsubstanz verantwortlich. Wir haben damals Typ II- und Typ III-Substanzen (S II, S III) isoliert, die vollkommen *stickstofffrei* waren. Somit hatten wir *stickstofffreie Antigene*. Wenn man also in den spezifischen Präcipitaten dieser Antigene mit Antiseren Stickstoff fand, konnte man sagen, daß dieser Stickstoff nicht vom Antigen stammte. Auch hatte FELTON gefunden, daß man die Antikörper aus Antipneumokokken-Pferdeseren sehr leicht teilweise reinigen konnte, indem man die Seren einfach in ungefähr 20faches Volumen angesäuertes Wasser eintrug, um fast alle Antikörper niederzuschlagen, wobei nahezu alle unspezifischen Proteine in Lösung blieben. Mit diesen Globulinfällungen konnten wir Antikörperlösungen erhalten, die, wie wir später fanden, ungefähr zu 40% reinen Antikörper darstellten. Mit 40% reinen Antikörperlösungen ließen wir Antigensubstanz vom Typ II oder Typ III in verschiedenen Quantitäten reagieren. Nach Zentrifugieren des Niederschlags konnten wir Stickstoff in der überstehenden Flüssigkeit bestimmen. Wenn man z. B. 700 μg Stickstoff in der Antikörperlösung hatte und nach Abzentrifugieren des Niederschlags 300 μg fand, konnte man sagen, daß wir mit unserem stickstoff-freien Antigen 400 μg Antikörperstickstoff präcipitiert hatten. In der Folge haben wir der Antikörperlösung auch Normal-Pferdeserum zugefügt und die Niederschläge unter streng kontrollierten Bedingungen gewaschen, wobei wir dieselben Werte fanden. Nun konnten wir mit Immunseren arbeiten und sicher sein, daß unspezifische Proteine nicht mitreagierten. Wir hatten also eine Methode für die Bestimmung von präcipitierenden Antikörpern in Gewichtseinheiten. In der Kapselsubstanz der Typ III-Pneumokokken

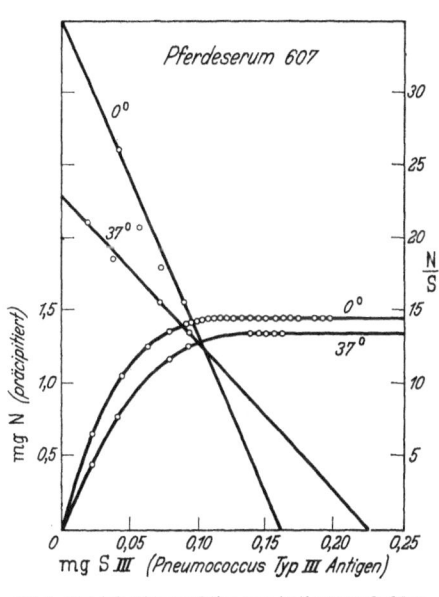

Abb. 1. Präcipitationsreaktion von Antipneumokokken Typ III-Pferdeserum mit S III

ist Glucuronsäure β-1-4- an Glucose gebunden, und diese Einheiten von Cellobiuronsäure sind wahrscheinlich β- von einer Glucose zur folgenden Glucuronsäure der nächsten Einheit gebunden, sicher 1-3- und beinahe sicher β-. Diese Formel haben Dr. GOEBEL u. Mitarb. ausgearbeitet. Das Typ III-Antigen ist daher eine Polycellobiuronsäure.

In Abb. 1 sind typische Kurven aufgeführt, die eine bei 0° und die andere bei 37° erhalten. Es besteht kein großer Unterschied zwischen den beiden Temperaturen, ungefähr 10—15% bei homologen Reaktionen. Mit derartigen Bestimmungen konnten wir die Präcipitationsreaktion in drei Zonen einteilen (Abb. 2): eine Zone bei Antikörperüberschuß, eine Äquivalenzzone, wo man keinen Antikörper und kein Antigen im Überstand findet und eine dritte Zone bei Antigenüberschuß. Wir fanden auch, daß in den meisten Systemen, wenn man einen Überschuß von Antikörper hatte und das Antigen eine einzige Substanz und gereinigt war, alles Antigen vom Antikörper niedergeschlagen wurde. Das geschieht nicht immer. Außerdem konnten wir eine quantitative Theorie dieser Reaktion ausarbeiten auf der Basis, daß multivalentes Antigen und multivalenter Antikörper in einer Serie von gleichzeitigen bimolekularen Reaktionen reagieren, bei der große

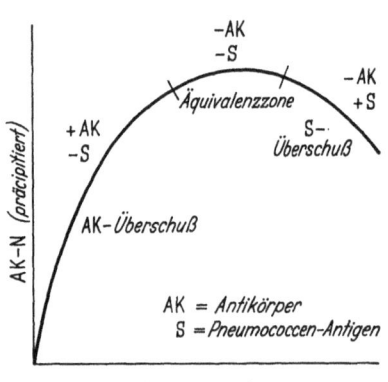

Abb. 2. Aufteilung der Präcipitationskurve in Zonen

$$\text{mg Antikörper-N präcipitiert} = 2\,\text{RS} - \frac{R^2 S^2}{A}$$

$$\frac{\text{Antikörper-N}}{S} \text{ im Präcipitat} = 2\,\text{R} - \frac{R^2 S}{A}$$

Die Konstante A ist die Menge Antikörper-N in mg, die am Äquivalenzpunkt (Zentrum der Äquivalenzzone) präcipitiert ist. R gibt das Verhältnis von A zu mg präcipitiertem Antigen-N für den gleichen Bezugspunkt

Abb. 3

Aggregate von Antigen-Antikörper-Komplexen entstehen, die unlöslich sind (das Präcipitat).

In Abb. 3 sind die einfachen mathematischen Formeln angegeben, die so ausgearbeitet wurden. Mit Hilfe dieser quantitativen Theorie konnte man prinzipielle Verfahren voraussagen, um *reine Antikörper* zu isolieren. Wir haben 100%ig chemisch reine Antikörper dargestellt, und GOODNER und HORSFALL erreichten dasselbe mit analogen Methoden. *Daraus ergab sich, daß die Antikörper wirklich Globuline sind.* Dies beendete eine langjährige Polemik. Nachdem man die serologische Präcipitation quantitativ zu behandeln gelernt hatte, konnte man diese Reaktion nun auch in Anwesenheit von Complement studieren. Wir konnten beweisen, daß Complement eine Substanz oder ein Gemisch wägbarer Substanzen und nicht nur ein kolloidaler Zustand des Serums ist.

Nach diesem Anfang haben wir in anderen Richtungen weitergearbeitet, die ich kurz besprechen werde. Nachdem wir die analytische Methode mit stickstofffreien Polysacchariden ausgearbeitet hatten, haben wir dann zuerst mit einem tiefrot markierten Eialbumin gearbeitet, um zwischen Antigen- und Antikörperstickstoff differenzieren zu können. In Tab. 1 werden einige molekulare chemische Formeln der Präcipitate wiedergegeben.

Man kann das molekulare Verhältnis zwischen Antikörper und Antigen in den verschiedenen Zonen der Präcipitationsreaktion mit einfachen chemischen Formeln wiedergeben. Auf Grund dieser Erfahrung konnten wir in der Folge auch mit *ungefärbten* Protein-Antigenen arbeiten und das erwies sich als ebenso einfach. Mit

Tabelle 1

Empirisch gefundene Zusammensetzung spezifischer Präcipitate

Antigen	bei extremem Antikörper-Überschuß	Bei Antikörper-Überschuß am Beginn der Äquivalenzzone	Bei Antigen-Überschuß am Ende der Äquivalenzzone	In der Hemmungszone	Zusammensetzung der löslichen Verbindungen in der Hemmungszone
Krist. Eialbumin (Ea)	Ea_2A_6	Ea_2A_3	Ea_2A_5	$\to Ea_2A_2 \to$	(EaA)
Gefärbtes Eialbumin (DEa)	(DEa_2A_5)	(DEa_2A_3)	DEa_2A_5	$\to DEa_2A_3 \to$	DEa_2A ?
Krist. Serumalbumin (Sa)	SaA_6	SaA_4	SaA_3	$\to SaA_2 \to$	(SaA)
Thyreoglobulin (Tg)	TgA_{40}	TgA_{14}	TgA_{10}	$\to TgA_2 \to$	(TgA)

Thyreoglobulin erhält man größere Mengen von Antikörpern im Präcipitat, und das ist auch verständlich; denn das Thyreoglobulin mit einem Molekulargewicht von 750000 ist eine Art Pfannkuchen, an dessen zwei flachen Seiten sehr viele Antikörper-Moleküle Platz haben. Mit Hilfe von SVEDBERGs Ultrazentrifuge konnte nachgewiesen werden, daß die Antikörperglobuline sich in zwei Gruppen einteilen lassen: Die eine Gruppe, bei Pferd, Kuh und Schwein, hat ein Molekulargewicht von fast 1 Million, und die andere Gruppe, bei Mensch, Kaninchen und Affen, hat das Molekulargewicht normaler Globuline von ungefähr 160000. Dies wurde von KABAT im Laboratorium von SVEDBERG ausgearbeitet. Wir haben eine sehr schöne Bestätigung der Werte unserer Antikörper-Fällungsmethode durch elektrophoretische Untersuchungen im Tiselius-Apparat erhalten. Wenn man ein Kaninchen-Antiserum gegen Ovalbumin im Tiselius-Apparat untersucht, sieht man einen sehr hohen γ-Globulin-Gipfel. Nach Entfernung der Antikörper mit der berechneten Menge Ovalbumin verbleibt nur ein kleiner Rest dieses Gipfels im Elektropherogramm. Wenn man mit Hilfe des Refraktionsindex die Menge Globulin berechnet, welche mit der Immunpräcipitation entfernt wurde, so sieht man, daß die Werte der *direkten* analytischen Stickstoffmessung und der rein physikalischen Methode absolut übereinstimmen. Diese Bestätigung erfolgte ungefähr 10 Jahre nachdem wir die Methode eingeführt hatten und nachdem BORDET in der zweiten Auflage seines Buches sagte, daß wir wahrscheinlich zum größten Teil unspezifischen Stickstoff gemessen hätten. Zu dieser Zeit war auch eine große Streitfrage, ob *ein* Antikörper Präcipitationseigenschaften, Agglutinationseigenschaften und complementbindende Eigenschaften haben könne. Wir haben leicht zeigen können, daß, wenn man einen Teil von einem Antipolysaccharid — in diesem Falle Pneumokokken Typ I — als Agglutinin entfernt, gerade noch die Menge in Lösung bleibt, die man als Präcipitin finden würde, wenn es sich um denselben Antikörper handelte. Und wenn man zuerst einen Teil als Präcipitin entfernt, dann hat man gerade die Menge Agglutinin, die zu erwarten wäre, wenn beide Phänomene sichtbarer Ausdruck eines *einzigen* Antikörpers wären. Dieser Befund hat den Streit beendet.

Es ergaben sich auch praktische Folgen für die Medizin. Bis dahin war nicht ganz entschieden, ob man Menschen mit Pneumokokkenpolysacchariden immunisieren könnte oder nicht. Mit Hilfe von 200 jungen Medizinstudenten haben wir zeigen können, daß mit 50 μg Polysaccharid meßbare Mengen von spezifischen Antikörpern entstehen. Es gab eine Fliegerschule während des Krieges im Westen der USA, wo sehr viel Pneumonie vorkam. Wir haben 10000 Rekruten gegen 4 Pneumokokkentypen mit kleinen Quantitäten gereinigter Pneumokokkenpolysaccharide immunisiert und 10000 andere nur mit Salzlösung injiziert. Nach 2 Wochen traten keine weiteren Fälle von Pneumonie, verursacht durch die 4 Typen, gegen die wir immunisiert hatten, auf. Jedoch immer noch wurden Pneumonien verursacht durch andere Typen, deren Polysaccharide wir nicht injiziert hatten. Auch die nicht-immunisierten Personen waren teilweise geschützt, denn es gab nur noch halb so viel Träger der betreffenden 4 Typen nach der Immunisierung wie vorher. Wir hatten auch noch eine zweite Kontrolle: Die anderen Typen waren verantwortlich für ungefähr 40% der Fälle der Pneumonie in der großen Fliegerschule. Die Zahl der Pneumonie-Fälle, die durch diese anderen Typen verursacht war, war absolut identisch in den zwei Gruppen. Also war dieses erste Resultat sicher nicht Zufall, und man sieht, daß die quantitativen Methoden nicht nur von theoretischem Interesse und von großem Nutzen in der Biochemie sind, sondern daß man sie auch in der Medizin gut gebrauchen kann.

Literatur

HEIDELBERGER, M.: Bact. Rev. 3, 49 (1939); Chem. Rev. 24, 323 (1939); Fortschr. Chem. organ. Naturst. 18, 503 (1960).
HEIDELBERGER, M., and M. M. MAYER: Advances. Enzymol. 8, 71 (1948).
MACLEOD, C. M., R. G. HODGES, M. HEIDELBERGER, and W. G. BERNHARD: J. exp. Med. 82, 445 (1945).
WESTPHAL, O.: Naturwissenschaften 50, 413 (1963).

Diskussion

WESTPHAL (Freiburg): Wir danken Herrn HEIDELBERGER sehr für einen Überblick, der nahezu sein Lebenswerk umreißt, und treten damit in die eigentlichen Verhandlungen ein. — Darf ich Herrn SCHULTZE nun bitten, den *Methoden*-Vormittag einzuleiten.

SCHULTZE (Marburg) (Diskussionsleiter): Mit wenigen einleitenden Worten sei darauf hingewiesen, daß wir in einigen Vorträgen über neuartige Analysenmethoden informiert werden, die eine große Bedeutung in der Immunchemie erlangt haben. Ihre Grundlage bildet die sich beim Zusammentreffen von Antigenen und Antikörpern abspielende Immunreaktion, deren Wesen wir noch nicht ganz verstehen. Professor HEIDELBERGER hat Ihnen gerade gesagt, daß wir zu ihrem Verständnis auf Theorien angewiesen sind. Wir wissen nur, daß bei dieser Reaktion neuartige Bindungskräfte nicht wirksam sind, sondern daß es dieselben Kräfte sind, die auch den Zusammenhalt der höheren Raumstruktur (Tertiärstruktur) der Proteine bewirken, also elektrostatische Bindungskräfte, Wasserstoffbrücken und Kurzweg-Bindungskräfte zwischen hydrophoben Gruppen. Diese Bindungen sind reversibel. Man kann z. B. durch Dissoziation der Antigen-Antikörper-Verbindungen, wie wir soeben von Herrn HEIDELBERGER hörten, reine Antikörper gewinnen. In den folgenden Vorträgen steht jedoch die serologische Reaktion *als Nachweisreaktion* im Vordergrund. Als erster Redner wird Herr OUCHTERLONY (Göteborg) über Beobachtungen beim Ablauf solcher Reaktionen im Gel-Medium berichten und seine eigenen Befunde erläutern.

Gel-Diffusion techniques

By Ö. OUCHTERLONY

Department of Bacteriology, University of Gothenburg, Sweden

With 25 Figures

The topic of my lecture here today is gel-diffusion techniques for immunological analysis. In order to make my survey more stimulating for an audience with a medical background I was very tempted to concentrate on the application of these methods to problems not only in immunology but also in e.g. medicine, pathology, physiology or biochemistry. However, I will abstain from doing so — with a few exceptions — and confine myself to a presentation of some methods and basic questions concerning qualitative and quantitative analyses. I assume that such an approach to the topic in question is more in accordance with the intentions of the organizers of this colloquium.

The immunological gel-diffusion techniques have a history of about sixty years. Some five years after RUDOLF KRAUS in Vienna described the reaction of immunoprecipitation BECHHOLD in Germany in 1905 reported on experiments concerning immunoprecipitates established in a gel medium. These precipitates were obtained by letting an antigenic solution — goat serum — diffuse into a gel containing an anti-goat serum. The formation of multiple precipitation bands under these conditions was considered as so called Liesegang effects — a phenomenon in physics, which BECHHOLD at that time was investigating. Until the middle of the forties few investigators utilized this diffusion-in-gel principle for immunological analysis. In 1946—1948 some reports on standardized techniques of so-called immunodiffusion (ID) were published by e.g. OUDIN in France, OUCHTERLONY in Sweden and ELEK in England. Since then many new techniques and modifications have been reported and the literature that we have been able to screen concerning methods comprises about three hundred publications. One of the most useful technical developments is the method of immunoelectrophoresis (IE), which about ten years ago was introduced by GRABAR in France and WILLIAMS from the USA. The use of the ID-methods has gradually increased and they are nowadays applied to a great variety of research problems even outside the field of immunology. Publications concerning such applications are numerous and in our file we have registered some three thousand papers most of them published during the last ten years.

Before I describe some typical and commonly used ID-methods, I would like to call to your attention the nomenclature of serological

Precipitation systems

	antigen	antibody
Simple	(a)	(A)
Complex	(a) (a₁)	(A) (A₁)
Multiple	(a) (b) (c)	(A) (B) (C)
Multideterminant antigen	(a,b)	(A) (B) (C)
Bispecific antibody	(a) (b)	(AB)

Fig. 1. Nomenclature used for the classification of serological systems. a-b-c serologically non-related antigens; $a\text{-}a_1\text{-}a_{11}$ serologically related antigens; A-B-C antibodies corresponding to antigens a-b-c; (A)-(a) concentration of antigen or antibody less than A-a; $\underline{A}\text{-}\underline{a}$ concentration of antigen or antibody greater than A-a; ab antigen with two different determinant groups; AB antibody with two different specificities

systems, that I am going to use. It is summarized in Fig. 1. In the simple serological system we have antigen particles with one type of determinant only and the corresponding antibody. In a complex system we have serologically related antigens and antibodies of various grades of specificity. In a multiple system there is a mixture of serologically different antigens and their corresponding antibodies. If an antigen particle carries serologically different determinants the expression multideterminant antigen is used. In all these systems we have assumed that the antibody particle carries only one type of serological specificity. However, we cannot exclude that there might exist antibody particles with two, serologically different combining sites — bispecific antibodies.

Fig. 2 illustrates a classical technique of immunoprecipitation, the Ramon flocculation test, which is well known to you. In a series of tubes a constant amount of the antigen is tested by decreasing amount of antibody. The flocculation is registered and the velocity of the reaction determined. The result can be summarized as follows.

1. There is one tube where the amount of antigen and antibody is optimal for the appearance of a visible reaction, that is the tube

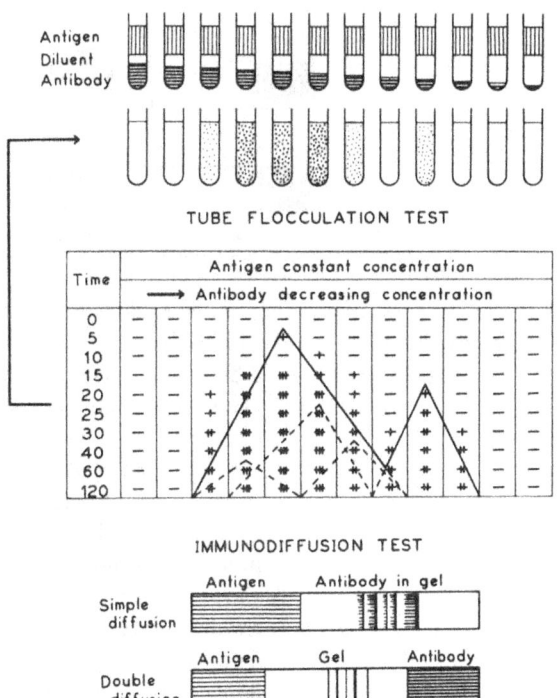

Fig. 2. Tube flocculation test and immunodiffusion test of a serological system containing five separate antigen-antibody systems

where the floccules first appear. The concentration of the reactants can be expressed in arbitrarily choosen but corresponding units and the tube in question is said to contain equivalent amounts or units of antigen and antibody.

2. A zone of flocculation is registered outside which the formation of a visible reaction is inhibited by the excess of antibody or antigen. In the example given here five separate flocculating

systems are present. However, only two are detected namely those two with separated flocculation zones and identifiable flocculation optima. The other three serological systems are "hidden" within

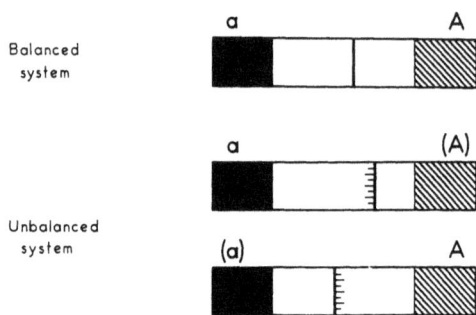

Fig. 3. Schematic illustration of balanced and unbalanced immunodiffusion systems. Precipitate soluble in excess of antigen only, or in antigen as well as antibody excess

the zones of the aforementioned two systems. The lower part of the picture illustrates the same reactants analyzed by means of two types of ID-techniques — Simple Diffusion and Double Diffusion. (These two expressions will be explained later on.) In a tube the immune serum is incorporated in a translucent gel and the antigen solution is brought in direct contact with the gel — simple diffusion technique — or the antibody gel is separated from the antigen solution by a layer of a neutral gel — double diffusion technique. When the antigens or the antigens as well as the antibodies diffuse into the gel, registrable precipitation bands or lines appear in the gel. In the examples here each band represents a separate serological system and the formation of the so called precipitation spectrum illustrates the resolving power of ID-techniques, where the establishment of concentration

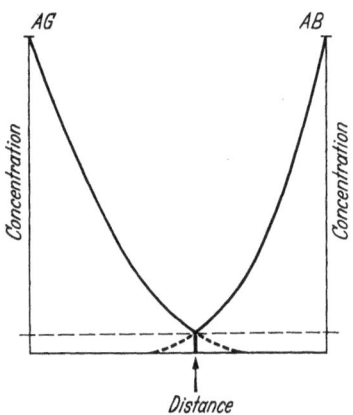

Fig. 4. Concentration gradients of antigen (AG) and antibody (AB) in the double diffusion technique. Arrow indicates site of precipitation band. The horizontal, dotted line indicates the threshold concentration for the formation of a visible precipitate

gradients in a gel stabilized medium has replaced the techniques of dilution in a series of tubes.

Before I continue I would like to explain an expression that I am going to use frequently. It concerns the concentration of the reactants in the diffusion technique — see Fig. 3. If at the sources of diffusion the reactants are at equivalent concentrations the system is called balanced. If the antigen or the antibody concentration is higher than that of the corresponding reactant, the system is called unbalanced.

Let us now for a moment have a look at the balanced system and the development of concentration gradients inducing the formation of an immunoprecipitate. A graphical illustration of this is given in Fig. 4. Sooner or later during the diffusion, antigen and antibody will come into contact in the gel and interact. At this site of equivalent concentrations of the reactants and provided that the threshold value for the formation of a visible reaction is reached, a precipitation line is formed. The free diffusion of the reactants is interrupted at this site, and the precipitate is, from the diffusion point of view, like a sink, where the soluble reactants are "lost" into the stationary precipitate. Thus the precipitation band acts as an immunospecific barrier for the reactants in question. In an unbalanced system, however, this barrier effect is reduced and the initial precipitate will be gradually dissolved and reprecipitation will take place in the adjacent area. This continuous process of precipitation, dissolution and reprecipitation gives the impression of a moving precipitation band — a band migrating towards the source of diffusion containing the lower concentration of reactant. The site of the formation of the initial precipitate depends mainly on two factors a) the concentration of the reactants at the sources of diffusion and b) the diffusibility of the reactants.

When ID-methods are referred to, very often expressions like tube-, plate- or chamber-technique are used, sometimes in combination with the name of the originator. The classification of ID-methods I am presenting here — see Fig. 5 — is based on the type of diffusion system or systems utilized. In the techniques of simple diffusion one of the reactants diffuses into a gel containing the corresponding reactant at a comparatively low concentration, usually the immunserum. The diffusion is one or two dimensional. In the techniques of double diffusion the antigen as well as the antibody diffuse into a neutral gel from separate sources. The diffusion is one or two dimensional. Only few three dimensional methods of simple or double diffusion have been reported and they are not included in this figure. When the diffusion system comprises only two reacting solutions the name single system has been proposed. When several sources of diffusion are employed the

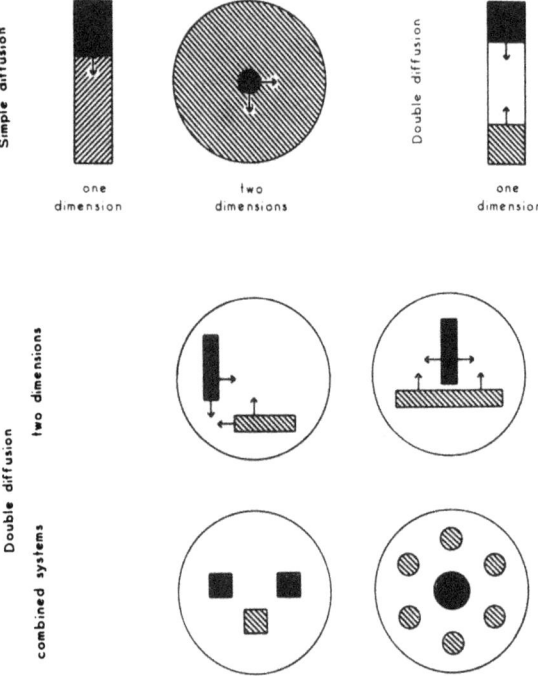

Fig. 5. Principal diffusion systems. Antigen, black; antibody, shaded

name combined systems is used. According to the nomenclature given here the original Oudin tube technique is a single system method of simple diffusion in one dimension. The so-called Oakley-Fulthorpe tube technique is a single system method of double diffusion in one dimension. The comparative Ouchterlony plate technique is a method of combined systems with double diffusion in two dimensions.

I shall now give some details and a discussion of a few commonly used methods of simple as well as double diffusion.

In Oudin's tube technique the immune serum is incorporated into a melted 0.3% agar solution. The serum agar is poured into a narrow glass tube and after the congelation the antigen solution is added on top of the column. The tube is incubated at a constant temperature. A comparatively high antigen concentration compared to that of the antibody is choosen i.e. an unbalanced system. In a simple immunosystem — see Fig. 6 — one migrating preci-

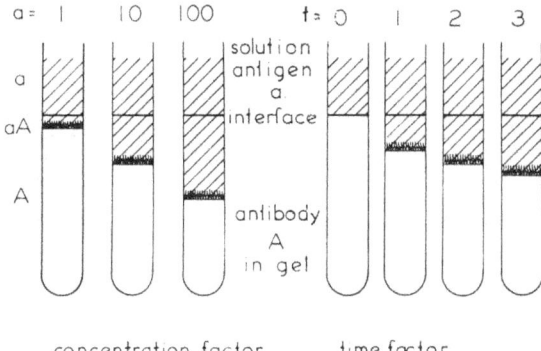

Fig. 6. A simple precipitation system in Oudin-tubes. The effect of the concentration factor (antigen) and the diffusion time factor on the penetration of the antigen in the gel (t = time units)

pitation band is formed and the influence of the time factor is seen (the right part of the figure). The influence of the antigen concentration on the site of the precipitate is illustrated in the left part of the figure. There is a straight line relationship between the displacement of the precipitate (h) and the time (t) of diffusion, $\frac{h}{\sqrt{t}} = K$. The extent of the displacement is a function of the initial concentrations of the reactants and varies directly with the antigen concentration and inversely with the antibody concentration. If the antibody concentration in the gel is known the K value for an antigen solution of unknown concentration can be used for the quantitation of the latter. On the condition that the antibody concentration is the same, $\log C_{Ag}$ is a linear function of K for low values of K and a linear function of K^2 for high values of K.

When a multiple serological system is tested in an Oudin tube — see Fig. 7 — one band for each immunosystem is formed — see left part of the figure — and the displacement of one band does not influence that of another — see right side of the figure. An identification of the separate bands can be obtained by comparison tubes e.g. an antigen solution containing a different concentration of the antigenic factors or a system where one antigenic factor or antibody component is absent.

The complex precipitation system in the Oudin tube is a bit more complicated. In the example given — see Fig. 8 — the antigenic factors a and a_1 are serologically related and the immune

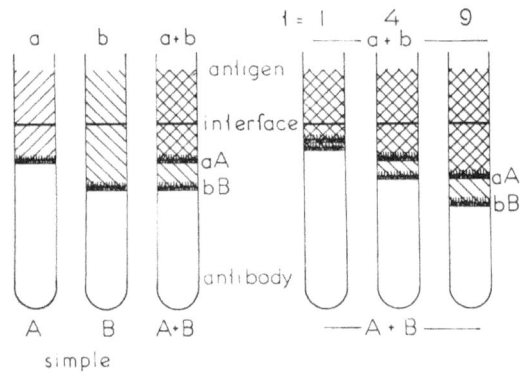

Fig. 7. A multiple precipitation system in Oudin-tubes. The precipitation pattern is formed (tube 3) as if the two simple systems (tube 1 and 2) were superimposed (t = time factor)

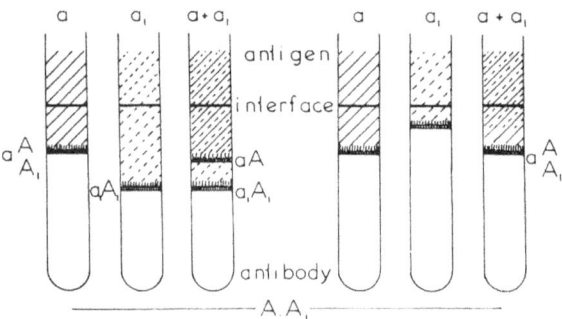

Fig. 8. Complex precipitation systems in Oudin-tubes (tubes 3 and 6). For explanation see text

serum contains highly specific antibodies against a and less specific antibodies reacting with a as well as a_1. When a mixture of a and a_1 is tested there are two alternatives of precipitation pattern. If the ratio of a to a_1 is such that a_1 has a leading edge on a

at the diffusion, two bands are formed, one lower by the heterologous reaction and one higher up by the homologous reaction. If on the other hand a has a leading edge on a_1 only one band is formed, caused by the antigen factor a and the antibodies A and A_1. Above this band there will be no free antibodies available to precipitate at the migrating critical concentration of a_1. This last mentioned alternative illustrates one of the limitations of this diffusion technique.

In the halo plate technique — simple diffusion in two dimensions — an agar layer containing the immune serum is used. A basin in the plate is utilized as the source of diffusion of the antigen. The principles of the formation of precipitates are the same as in the Oudin tube technique with the exception that the diffusion is two dimensional. Thus,

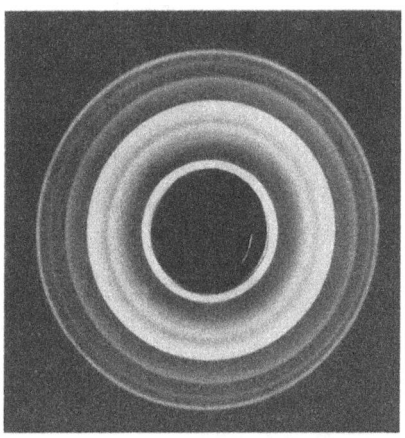

Fig. 9. Photograph of halo immunoprecipitates in an agar gel plate (scattered light registration). Crude diphtheria toxin in the central basin and corresponding horse immune serum in the gel

in the example given — see Fig. 9 — the precipitates have the character of halos around the basin. An advantage of this technique is that several basins can be put in one plate and arranged in such a way that the combined diffusion systems produce patterns, which might influence each other, thereby allowing comparative analyses. However, the basic principles of such comparisons will be exemplified, when the comparative double diffusion techniques are discussed.

I am now going to give some examples of double diffusion techniques i.e. the establishment of concentration gradients of the antigen as well as the antibody in a neutral gel. Fig. 10 gives a schematic illustration of the principal patterns obtained by serological systems of the simple, multiple and complex type. Each line in the spectrum corresponds to each one pair of antigen — antibody as seen in the multiple system examples. The absence of an antigen factor or an antibody component is indicated by the absence of the corresponding line of the total spectrum. The pattern difference between a balanced and an unbalanced system is illustrated in the simple system example. In the balanced system the precipitate is built up at the site of its initial formation, that is as a stationary line. In the unbalanced system, however, the

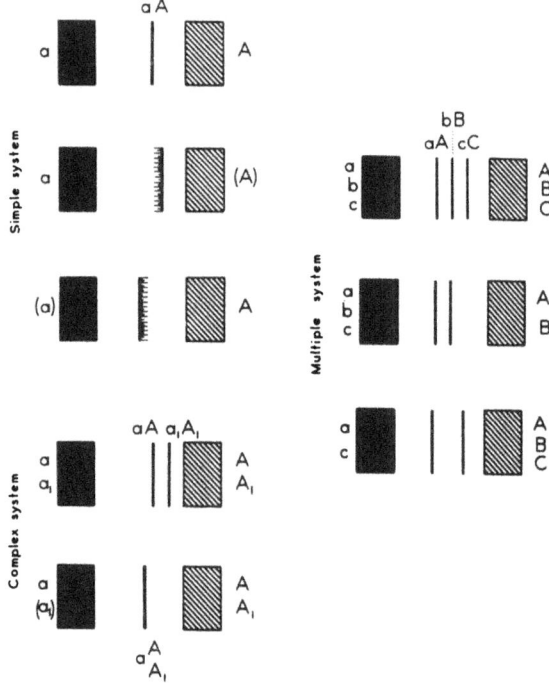

Fig. 10. Principles of the formation of precipitation patterns in double diffusion systems. Antigen, black; antibody, shaded. For explanation see text

process of precipitation, dissolution and reprecipitation induces a displacement of the line, a picture which resembles the pattern formation in the Oudin technique. In the complex system example there are two alternatives. If at the diffusion the heterologous antigen has a leading edge on the homologous antigen, two lines are formed, but if the homologous antigen is leading only one line is produced. The latter alternative illustrates the same limitation in the analysis as mentioned earlier for the simple diffusion technique. The examples given are obtained by the one-dimensional double diffusion technique e.g. the Oakley-Fulthorpe tube method or the plate method by OUCHTERLONY. The basic principles, however, are valid for the two- and three dimensional methods as well.

A technique particularly suitable for qualitative analysis and comparisons is the comparative plate technique once introduced by

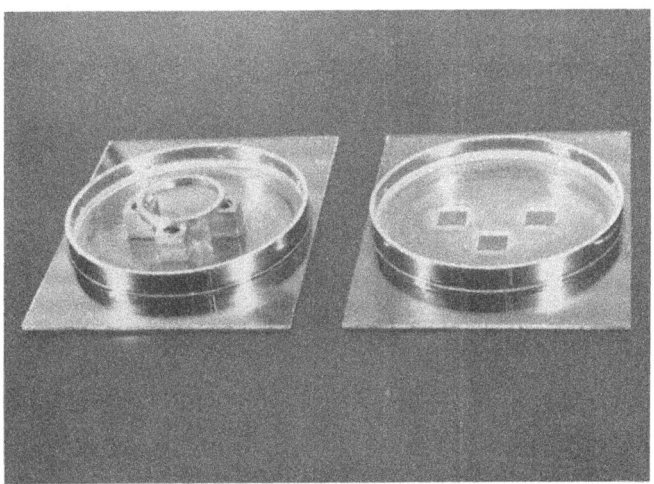

Fig. 11. The Ouchterlony plate technique. Handling of matrix for a three basin arrangement

our laboratory and later on given many modifications by other investigators and ourselves. Double diffusion in two dimensions is applied. The neutral gel — a solution of about 1% agar to which a suitable buffer or 0.85% sodium chloride has been added — is poured on a glass plate or into a thin chamber of a translucent material. By means of matrices or cutters basins are formed in the gel layer of the plate as sources for the diffusion of the reactants. Fig. 11 shows how such a diffusion plate is made by the aid of a matrix. In the plate chamber technique the gel is enclosed and the basins for the reactants are placed in a translucent cover of the plate as e.g. in the microplate technique by WADSWORTH or the macroplate technique by HOLM — see Fig. 12.

In order to get suitable conditions for comparisons various arrangements of the sources of diffusion can be utilized. Some of the more common ones are illustrated in Fig. 13. The reactants are poured into the basins and the plate is incubated, preferably at a constant temperature and in a humid atmosphere. The development of precipitation patterns and their interaction is followed. For the registration a transmitted light or a scattered light arrangement can be used and a photographic recording of the precipitation patterns can be made — see Fig. 14. A permanent record

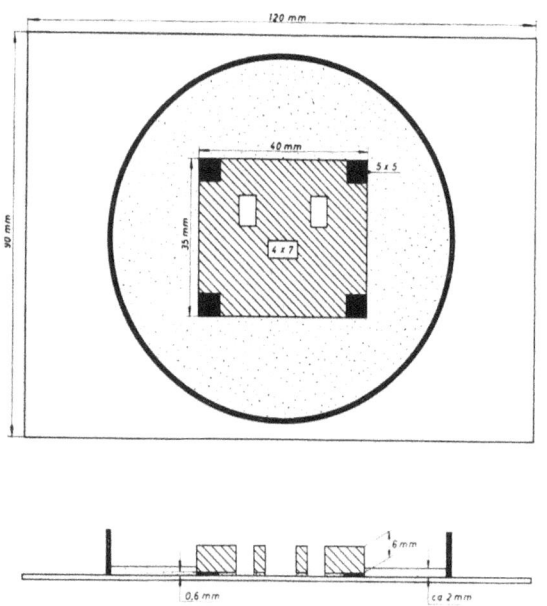

Fig. 12. Schematic illustration of the Holm plate chamber technique. Plexiglass cover, shaded

of the analysis can be obtained by drying the plate after the eluation of the nonprecipitated material. The precipitates can be stained by suitable dyes e.g. Light Green or Amidoschwarz for the staining of proteins. For a more accurate determination of density and sites of the precipitates the spectrum in the original plate can be measured by microdensitometry as seen in Fig. 15.

The regular three basin plate might serve as an example of the comparative techniques. Two antigen solutions are compared by means of an immune serum — see Fig. 14. There is also the alternative of comparing two immune sera by means of an antigen solution. The comparison is based on the registration of the presence

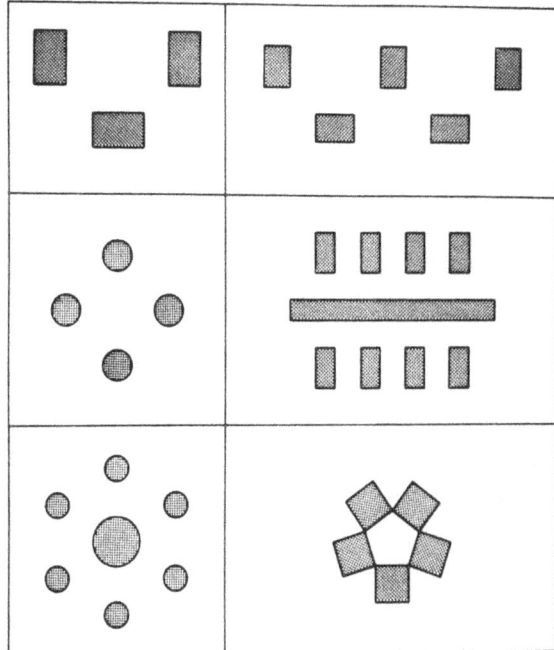

Fig. 13. Some arrangements of sources of diffusion in plates

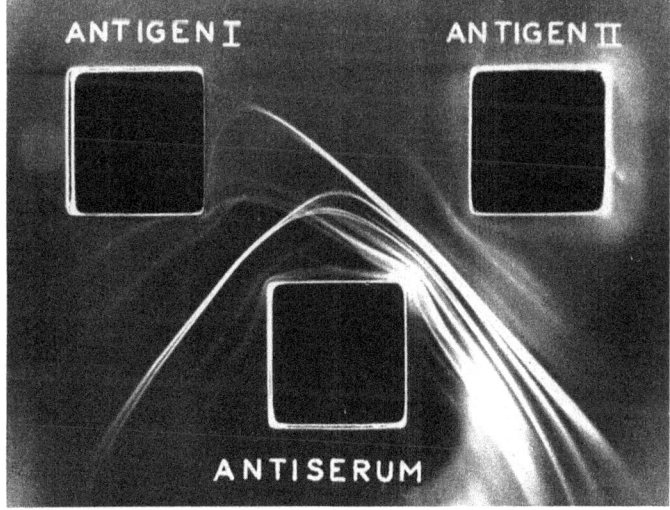

Fig. 14. Photographic recording of a comparative Ouchterlony plate analysis. Antigen II, crude diphtheria toxin; antigen I, purified fraction; antiserum (horse) corresponding to antigen II

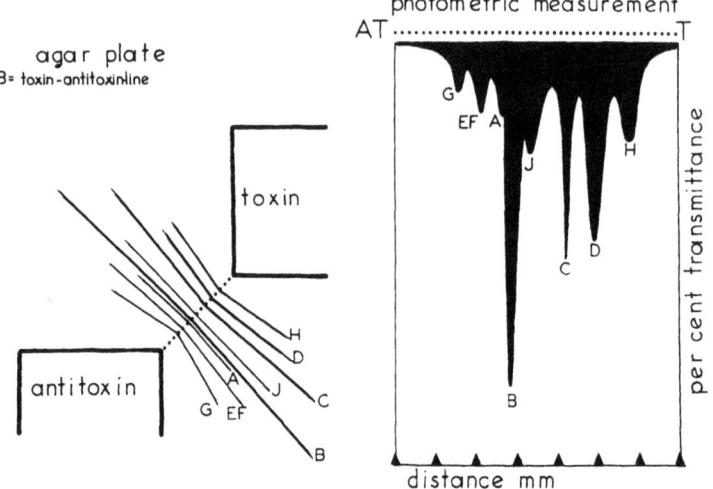

Fig. 15. Microphotometric registration of a diphtheria toxin-antitoxin precipitation spectrum in an Ouchterlony plate. Dotted line indicates the screened part. Strip chart registration to the right. AT and T indicate corners of the antitoxin and toxin basins respectively

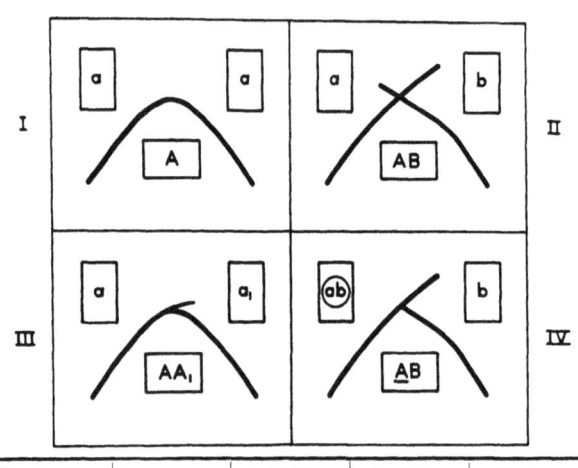

Reation Type	Interpherence	Inhibition	Deviation	Fusion
I	Yes	No	Yes	Complete
II	No	No	No	No
III	Yes	No	Yes	Partial
IV	Yes	Yes	No	No

Fig. 16. Basic precipitation patterns in combined systems (Ouchterlony plate technique). For explanation see text

or absence of interaction between the two precipitation patterns. As a guide for the interpretation of comparative patterns certain known basic type patterns — see Fig. 16 — can advantageously be applied. It should be mentioned that the four basic patterns refer to balanced immunosystems. Unbalanced systems may induce changes, which have to be taken into consideration as will be demonstrated later. Four phenomena are listed: interference, inhibition, deviation and fusion of lines. Reaction type II is most clear cut, none of the four phenomena are registered. Reaction type I is also easily characterized, interference, deviation and complete fusion of lines, but no inhibition. Reaction type III is very similar to type I with the exception that the fusion is incomplete — a so-called true spur is formed. In reaction type IV no fusion or deviation is registered, but there is an interference, where the development of a line at one side is inhibited by a line from the other side. The immunological interpretation of the type patterns is illustrated by the symbols used in the figure. Some examples may be mentioned. A complete fusion of lines belonging to separate spectra indicates that, if antigens are compared, these antigens have a factor in common. If immune sera are compared the fusion indicates that the sera have an antibody component in common. An incomplete fusion indicates a serological relationship of the antigens and the absence of interference implies that the compared systems are serologically non-related. The appearance of a one sided inhibition in a pattern might indicate the presence of a multideterminant antigen.

I just mentioned, that unbalanced systems might induce changes of the type patterns. Examples thereof are illustrated for the reaction type I in Fig. 17. For instance, the asymmetric arc of fusion, when one of the compared reactants is at a lower concentration, or the appearance of deviation only, when the concentration of a reactant is below the threshold value for the formation of a visible precipitate. Highly unbalanced systems may also induce not only "migrating" bands but also duplication of lines and the formation of so-called false spurs.

Variations in the formation of true spurs in the reaction type III — that of serological relationship — can give information of interest as illustrated in Fig. 18. When closely related antigens are compared the spur is small and shows a marked deviation. For less related antigens the spur is more pronounced and shows less deviation. When two heterologous antigens are compared the spur extends in the direction towards the source of the less closely related antigen.

Knowledge of the principles of which examples have been given here, makes it possible to analyse and compare qualitatively and semiquantitatively immune sera as well as antigen mixtures of a

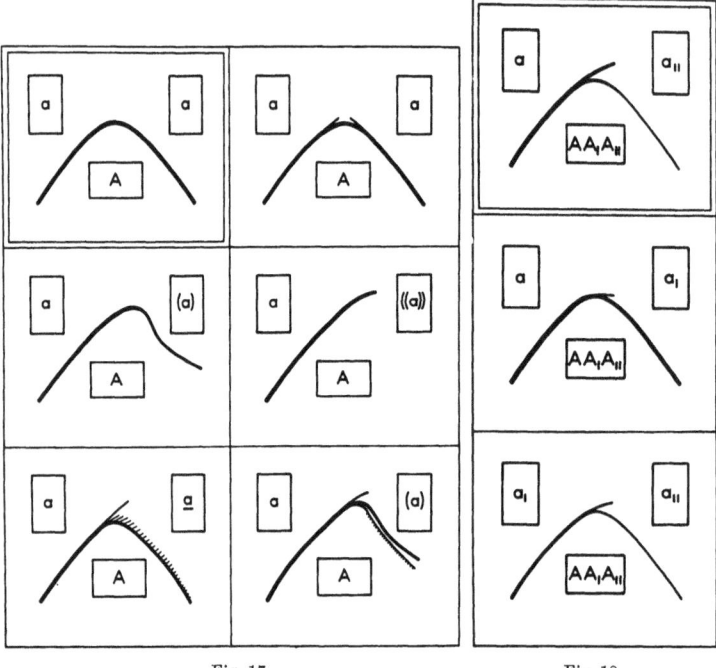

Fig. 17. Reaction type I and variations obtained when identical antigens at varying concentrations are compared

Fig. 18. Reaction type III - comparison of serologically related antigens

great heterogeneity. I would like to add that although the four basic comparative patterns and their interpretation were demonstrated here for the simple three basin arrangement, the same principles could be applied to many other, more elaborated double diffusion arrangements. Fig. 19 for instance illustrates such comparative patterns for a double diffusion arrangement, which in this case was chosen, because it closely resembles the experimental conditions of the double diffusion analysis in the IE technique. The examples of patterns given here might quite well appear in IE analyses, and

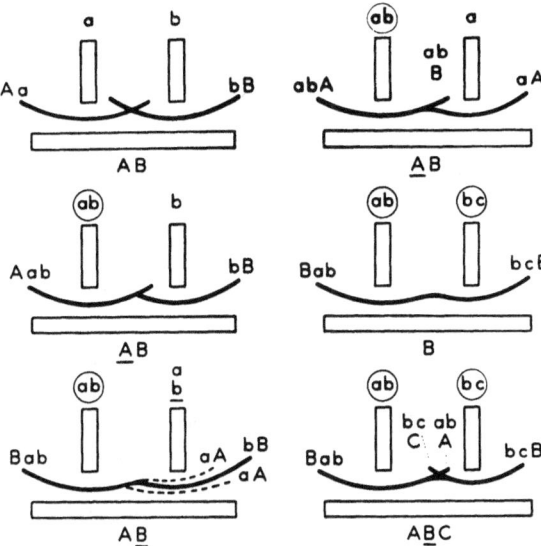

Fig. 19. Examples of comparative patterns formed by a diffusion arrangement similar to that used in the regular immunoelectrophoretic plate

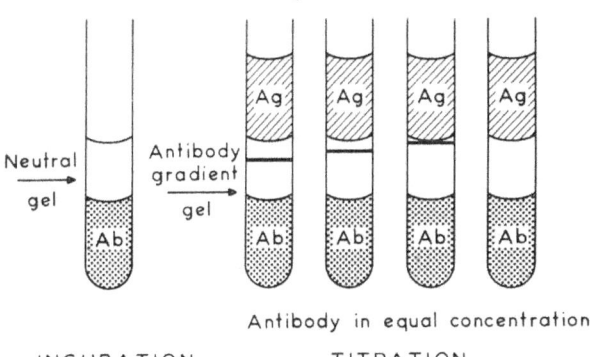

Fig. 20. Gradient tube technique for quantitation (AUGUSTIN and HAYWARD). Stippled, antibody gel-mix; white, neutral gel and, after incubation, antibody gradient gel; shaded, antigen

their interpretation can be deducted from the aforementioned four type reactions as might be seen from the symbols used in the figure.

So far little has been said about quantitation by means of the double diffusion techniques. I will confine myself to two examples, one tube and one plate method. The gradient tube method was introduced by AUGUSTIN and HAYWARD in England and the example in Fig. 20 illustrates the quantitation of an antigen by this method. The immune serum is placed as the lower reactant, the neutral gel layer is poured on top and the tubes are preincubated. Thereby a concentration gradient of the antibody is produced in the middle layer before the antigen solution in serial dilution is added as an upper layer. The tubes are incubated and a stationary precipitate at the upper meniscus is employed as the endpoint of the titration in this type of assay. FEINBERG in England has introduced a similar quantitative antibody gradient technique, but he employs a plate arrangement. As seen from the example in Fig. 21, the double diffusion gradient plate contains a central well

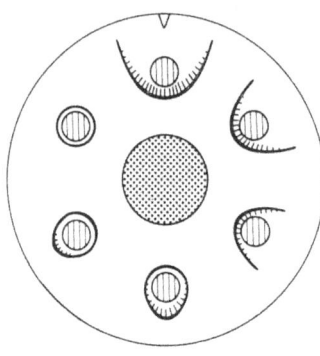

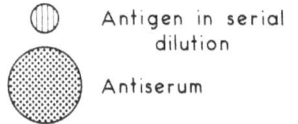

Fig. 21. Antibody gradient plate technique for quantitation (FEINBERG)

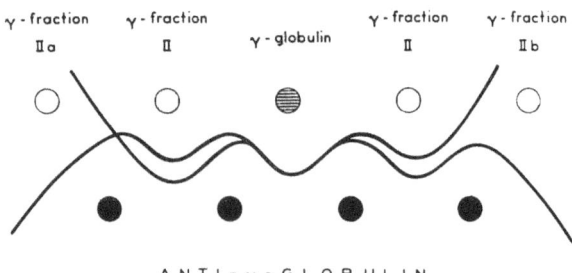

Fig. 22. A comparative precipitation plate analysis of human γ-globulin and fractions thereof obtained by enzymatic treatment (HANSON)

into which the antiserum is poured. The plate is preincubated and an antibody gradient is established in the gel layer. The antigen in serial dilution is then poured into the peripheral wells and the plate is incubated. The precipitation pattern is registered and the highest concentration of the antigen giving a complete ring around the well is noted as the endpoint of the titration in this type of assay. By

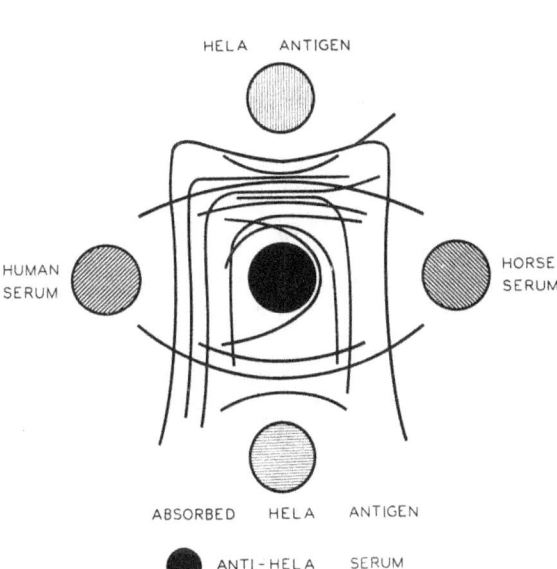

Fig. 23. A comparative precipitation plate analysis of a tumor cell extract (OUCHTERLONY). For explanation see text

means of this plate technique as well as the aforementioned tube technique titrations can be carried out with a resonable degree of accuracy.

In the introduction to this paper I said that hardly any examples of the application of gel-diffusion techniques would be given. Thus, I will confine myself to three short examples taken from investigations carried out at our laboratory. Fig. 22 shows a comparative analysis of human γ-globulin and fractions thereof obtained by enzymatic treatment. The immune serum is γ-globulin obtained by the hyperimmunization of a rabbit. As can be seen from the precipitation pattern two separate antigenic determinants can be revealed. Further studies along these lines including ID and IE analyses have shown that it is possible to identify at least ten different antigenic determinants related to the γ-globulin. Fig. 23 shows an analysis of soluble antigens from tumor cells (HeLa) grown in tissue culture. The HeLa cells were adopted to a horse serum medium. The anti tumor serum obtained from a rabbit was placed in the central well. The multilinear comparative pattern

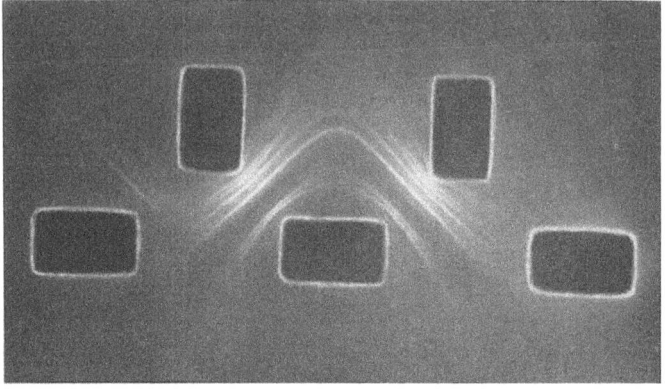

Fig. 24. Photo of a comparative precipitation plate analysis where sera from a mother (right upper basin) and her new born child (left upper basin) are compared with a reference antistreptococcal serum (central basin) and the corresponding streptococcal antigen preparation (lower basins) (HANSON et HOLM)

shows that the tumor cell extract contained horse serum factors as an impurity. It is worth mentioning that the cells had been thoroughly washed before the extraction. The pattern also reveals the presence of human plasma factors in the extract. Three additional antigenic factors from the tumor cells could be demonstrated.

The last example shows a diffusion plate arrangement — see Fig. 24 — used for a comparative streptococcal antibody analysis of sera from individuals of different age groups. For the comparison in these analyses a standardized reference spectrum was used, the reactants being a streptococcal culture filtrate and the corresponding immune serum from a sheep. Twelve separate precipitates in this reference system were identified indicating antibodies to e.g. the Dick toxin, streptolysine O, streptokinase, DNA-ase B, RNA-ase, proteinase precursor and diphosphopyridine nucleotidase. The frequency of such streptococcal antibodies in sera from different

Gel-Diffusion techniques

Table 1. *Antistreptococcal serum components demonstrated in blood sera from different age groups by comparative analysis with the reference serum* (HANSON and HOLM)

Age groups	Identified serum components												Unidentified components	Number of cases
	I	II	III	IV	V	VI	VII	VIII	IX	X	XI	XII		
13—17 weeks														9
18—20 weeks														16
21—40 weeks					2			4	3	6	4	3	4	9
Newborns					1	1	1	7	7	8	5	5	8	15
0—2 months					2		1	12	11	14	8	6	11	13
3—8 months								3	6	5	2	2	10	15
9—17 months								1	2	4		1		13
1.5— 2 years					1			1	2	1	1		2	18
3— 5 years						1	1	3	5	6	5	3	4	21
6— 8 years						1	1	5	5	7	2		8	11
9—12 years					1	1	1	9	11	14	8	10	7	18
13—16 years					1		1	9	14	16	12	11	11	19
Adult					9	1	1	26	23	32	13	18	19	32
Total					17	4	6	80	89	113	60	60	84	209

age groups is summarized in Table 1. As an example I may mention that the serum component X is the antistreptolysin O, registered in slightly more than 50% of the sera. Several other types of streptococcal antibodies were also revealed but at lower frequencies. Fig. 25 gives the graphical representation of the average number of streptococcal antibody components found in 342

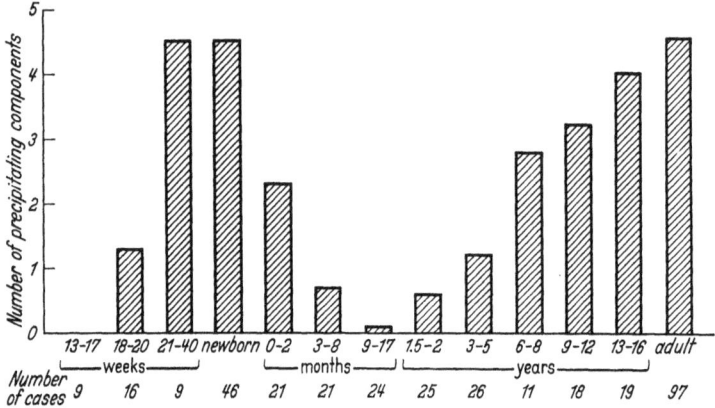

Fig. 25. Graphic representation showing the average number of precipitating antistreptococcal serum components in 342 human blood sera from different age groups (HANSON et HOLM)

human sera from different age groups. It can be mentioned that streptococcal antibodies could be detected in the foetus at about the 18th week of the mother's pregnancy. The newborn child was almost an antibody replica of the mother. The figure also illustrates the gradual decrease of streptococcal antibodies during the first six to eight months after birth and from then on the gradual increase of types of streptococcal antibodies to the status of the adults.

I have now come to the end of this short survey of ID methods, which certainly contained little or no news for the specialists. However, for the potential new users of these techniques I would like to summarize my experience in this field as follows. There exist today many ID methods well suited for qualitative and quantitative analyses. They should not be considered as some sort of universal tool but as a complement to other methods. The ID analyses are easy to perform and no expensive equipment is needed. Their sensitivity as compared to some other immunological methods is not particularly great but their resolving power is high. Thus, even extremely complicated antigen-antibody systems can often be successfully analyzed and compared.

Diskussion

SCHULTZE: Ich glaube, wir haben — ganz im Gegensatz zu seinem Schlußwort — den Ausführungen von Herrn OUCHTERLONY viel Neues entnehmen können. Wir vermögen nun die Bedeutung des Geldiffusionstestes zu ermessen und sind beeindruckt von der Einfachheit seiner technischen Durchführbarkeit. Man braucht kein großes Laboratorium für diesen Test, den man gegebenenfalls auch im Urwald anstellen könnte, denn man benötigt ja nicht mehr als Röhrchen, eine Petrischale mit Agar und ein Antiserum. — Die Diskussion verschieben wir bis zur Beendigung *aller* Vorträge über Gel-Techniken.

Im folgenden Vortrag wird Herr GRABAR die von ihm entwickelte *immunoelektrophoretische Analysenmethode* behandeln, die ebenfalls im Agarmedium ausgeführt wird.

Immunoelektrophoretische Analyse von Zell- und Gewebe-Komponenten

Von P. GRABAR

Institut Pasteur, Paris

Mit 7 Abbildungen

Es wird im allgemeinen verlangt, daß zur Definition einer makromolekularen Substanz zum Beweis ihrer Reinheit oder Homogenität mindestens zwei verschiedene analytische Methoden verwendet werden. Diese Methoden sollten auf unterschiedlichen Kriterien oder scharf voneinander geschiedenen Eigenschaften beruhen.

Die Immunelektrophoretische Analyse (I.E.A.), die wir schon vor mehr als 10 Jahren ausgearbeitet haben[1,2], entspricht diesen Anforderungen, denn sie genügt gleichzeitig mindestens 2, oft 3 verschiedenen Kriterien:

a) der elektrophoretischen Wanderungs-Geschwindigkeit, die auf der Anwesenheit von polaren, Ladung-tragenden Gruppen, beruht;

b) der immunochemischen Spezifität, die von der Anwesenheit besonderer chemischer Gruppen in der Struktur des Makromoleküls abhängt, und gelegentlich

c) der chemischen Zusammensetzung, wie z. B. der Anwesenheit prosthetischer Gruppen oder der biochemischen Aktivität, wie z. B. Enzym-Wirkung.

Ich halte es für unnötig, auf die technischen Details der I. E. A. einzugehen und beschränke mich auf die Beschreibung des Prinzips:

In einem durchsichtigen wäßrigen Gel als Träger (Agar, Agarose, Pektin, Akrylamid, Sephadex, Membranen aus Celluloseacetat usw.) wird die zu analysierende Lösung in ein elektrisches Feld gebracht. Die Konstituenten werden entsprechend ihrer Ladungen, dem pH, der Ionen-Stärke des Milieus, der Temperatur, der elektrischen Spannung usw. aufgetrennt. In einem zweiten Arbeitsgang füllt man parallel zur Migrationsachse liegende Gräben mit einem Antiserum, das Antikörper enthält, die die Konstituenten der zu analysierenden Lösung präcipitieren. Die Vereinigung dieser Antikörper mit den homologen Antigenen bewirkt das Erscheinen der spezifischen Präcipitate, die individuelle Bögen im Gel bilden. Man registriert die Ergebnisse durch Fotografie auf Papier oder Film, entweder sofort durch Auflegen der Platte mit dem Gel auf die Fotoschicht, oder nach Trocknung. Die Präcipitations-Bögen können auch gefärbt werden und sind dann besser sichtbar. Ein einfacher Trocknungs-Prozeß verwandelt das Gel in einen durchsichtigen Film, der sehr lange haltbar ist. Es wurden verschiedene Farbstoffe beschrieben, die die Identifizierung der chemischen Zusammensetzung der Antigene ermöglichen; ob sie Fette, Zucker, Nucleinsäure, Metalle usw. enthalten; oder ob sie eine Enzym-Wirkung besitzen. Im letzteren Fall benützt man vor allem chromogene Substrate, das heißt Substanzen, die unter der Wirkung des Enzymes gefärbte Stoffe bilden (bzw. Stoffe, die sich färben lassen). Durch Bestimmung der Lage des Präcipitationsbogens auf der Migrationsachse wird die Berechnung der elektrophoretischen Wanderungsgeschwindigkeit des Antigens ermöglicht, und zwar der relativen und auch der absoluten, wenn man sich auf eine Vergleichssubstanz bezieht, deren Mobilität unter den gleichen Versuchsbedingungen bekannt ist.

Dank ihrer antigenen Spezifität kann man die Konstituenten, die einen Präcipitations-Bogen bilden, genauer charakterisieren: 1. durch den Gebrauch monospezifischer Immunseren, 2. durch Absorption bestimmter Immunseren durch reine Konstituenten, oder 3. durch die Einführung zusätzlicher Gräben.

Die größten Nachteile der Methode sind:

1. die Anwendung der spezifischen Präcipitations-Reaktion erlaubt nur lösliche Substanzen zu analysieren;

2. wie bei allen immunochemischen Reaktionen benützt man Immunseren, d. h. biologische Reagentien tierischen Ursprungs. Deren Herstellung ist aber noch empirisch, und man weiß, daß es von einem Tier zum anderen große Variationen gibt. Deshalb ist man nie sicher, in einem Antiserum Antikörper gegen alle Antigene zu haben, die in der zur Immunisation benützten Mischung enthalten sind. Darum betrachten wir die Zahl der nachgewiesenen Konstituenten immer als ein Minimum.

Aber bei Beachtung dieser Nachteile bietet die I. E. A. zahlreiche Vorteile und wird gegenwärtig in vielen Laboratorien für sehr verschiedenartige Untersuchungen benützt. Ihre Anwendung ermöglicht a) die Konstituenten eines Antigengemischs, sei es auch noch so komplex, in ihrer Zahl zu erfassen und zu definieren, b) eine bestimmte Substanz in einem Gemisch nachzuweisen; c) die Reinheit oder Homogenität eines Präparates zu kontrollieren; d) Modifikationen einer Substanz oder einer Mischung verschiedener Konstituenten sowie das Auftreten anormaler Bestandteile zu erkennen; e) manchmal den Ursprung einer Substanz zu bestimmen, usw.

Dank ihrer Anwendung kennt man heute die verschiedenen Proteine der meisten biologischen Flüssigkeiten ziemlich gut, wie

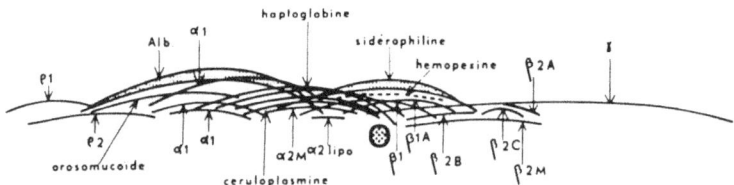

Abb. 1. Schematische Darstellung einer immunoelektrophoretischen Analyse von normalem Humanserum, die mit einem Anti-Humanserum vom Pferd (Institut Pasteur, Paris XVe) entwickelt wurde

Blutserum (Abb. 1), Urin, Colostrum und Milch, Liquor cerebrospinalis, Magensaft usw. Pathologische Modifikationen können leicht erkannt werden, und man verwendet heute die I. E. A. als Routinemethode in zahlreichen Krankenhäusern. Ihre Anwendung zum Studium der Zell- oder Gewebe-Bestandteile steht noch am Anfang, aber man erhielt schon aufschlußreiche Informationen.

Wesentliches Ziel solcher Untersuchungen ist es, die Bestandteile zu erfassen, die tatsächlich zu einem bestimmten Gewebe oder zu einer bestimmten Zellart gehören. Man muß daher versuchen, alle möglichen Verunreinigungen auszuschalten. Andererseits möchte man alle Zellbestandteile kennenlernen; es gilt also jeden möglichen Verlust zu vermeiden. Und endlich dürfen die Zellbestandteile während der Extraktion nicht modifiziert oder denaturiert werden.

Es ist nicht leicht, alle diese Bedingungen zu erfüllen; zur Zeit gibt es keine gute allgemeine Methode, die allen diesen Anforderungen entspricht.

Aus Zeitmangel kann ich die verschiedenen Möglichkeiten der Extraktion von Gewebe oder Zellen hier nicht diskutieren. Ich möchte nur erwähnen, daß man 2 Arbeitsgänge unterscheiden kann: die Vorbereitung des Materials für die Extraktion und die Extraktion selbst.

Für den ersten Schritt wäre es die Methode der Wahl, mit Suspensionen isolierter Zellen zu arbeiten und sie zur Entfernung der extracellulären Verunreinigungen zu waschen. Das ist manchmal möglich (z. B. bei Leberzellen). Es sollten jedoch beim Waschen keine Lösungen verwendet werden, die die Zellen angreifen. Der Zustand der Zellen muß elektronenoptisch kontrolliert werden.

In den meisten Fällen muß man sich mit Gewebeschnitten zufrieden geben, was Verunreinigung mit Blut und gelegentliche Verluste nicht ausschließt.

Bei der Extraktion selbst bedient man sich verschiedenartiger Arbeitsweisen: Homogenisation, Gefrieren und Tauen, Ultraschall. Keine ist perfekt, man riskiert immer eine Denaturierung infolge von Schaumbildung, Temperaturunterschieden, oxydierender Wirkung des Ultraschalls[3] usw. Diese Ursachen der Denaturierung sollten daher, wenn möglich, vermieden werden und die Extraktion bei tiefen Temperaturen stattfinden, um evtl. Degradation durch die im Gewebe vorhandenen Enzyme zu verlangsamen.

Da die I. E. A. nur auf Lösungen angewendet werden kann, muß man versuchen, ein Maximum an Zellkonstituenten in Lösung zu bringen. Es fallen allerdings bei den Extraktionen immer unlösliche Fraktionen an. Auch beobachtet man sehr häufig die Bildung unlöslicher Produkte bei der Aufbewahrung der löslichen Fraktionen. Gelegentlich kann man gewisse Konstituenten durch Spezial-Methoden in Lösung bringen, wie durch die Anwendung, von Glykocholat, Harnstoff, oder gewissen Lösungsmitteln, die sich mit Wasser mischen.

Bei zahlreichen Untersuchungen ist es empfehlenswert, die verschiedenen subcellulären Konstituenten nach Differential-Zentrifugation getrennt zu analysieren. Aus Erfahrung wissen wir, daß die Fraktionierungs-Bedingungen einzeln für jede Zellkategorie ausgearbeitet werden müssen, denn die Dichte der Partikel ist unterschiedlich. Kontrolle unter dem Elektronen-Mikroskop ist nötig, wenn man sich von der Reinheit des zu analysierenden Produkts überzeugen will.

So begegnet man bei Untersuchungen dieser Art zahlreichen technischen Schwierigkeiten, doch bietet die I. E. A. sehr viele Möglichkeiten. Die bisher erhaltenen Resultate sind sehr aufschlußreich. Hier einige Beispiele aus Arbeiten, die meistens in unseren Labors durchgeführt worden sind:

1. Bei unseren Untersuchungen über *menschliche Leukocyten* wandten wir in Zusammenarbeit mit J. BERNARD und M. SELIGMANN die I. E. A. zum erstenmal auf Zell-Konstituenten an[4]. Die

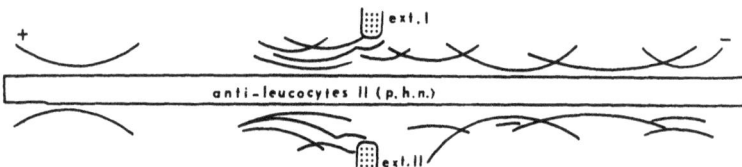

Abb. 2. Schematische Darstellung einer immunoelektrophoretischen Analyse. Zwei verschiedene Extrakte menschlicher Leukocyten wurden mit einem Anti-Leukocyten-Immunserum von Kaninchen entwickelt

Zellen wurden isoliert und in einer besonderen Waschlösung gewaschen, ohne die Zellen zu beschädigen. Die Waschlösung wurde durch Anti-Plasma-Immun-Seren geprüft, um die Wirksamkeit der Waschung zu kontrollieren. Die Zellen wurden durch Ultraschall desintegriert und der lösliche Extrakt durch I. E. A. mit Hilfe von Anti-Leukocyten-Immun-Seren analysiert, die vorher durch menschliches Plasma erschöpft worden waren. 15 bis 18 spezifische Leukocyten-Konstituenten wurden nachgewiesen. Die Proteine, die eine Mobilität analog den γ-Globulinen des Serums haben, sind keine γ-Globuline. Der Bogen der Nucleinsäure wurde durch ein Serum von Lupus erythematodes disseminatus aufgefunden, das Anti-DNS-Antikörper enthält (Abb. 2).

2. *Erythrocyten.* In Zusammenarbeit mit PEETOM, N. ROSE, RUDDY, STOCK und vor allem MICHELI untersuchten wir die Hämolysate menschlicher Erythrocyten[5,6]. Wir unterschieden mindestens 12 distinkte Antigene, von denen 2 dem Hämoglobin entsprachen und eines die Katalase war, die durch ihre Wirkung auf H_2O_2 nachgewiesen wurde (Abb. 3). Weiter fanden wir 4 Esterasen mit unterschiedlicher Beweglichkeit und eine Cholinesterase, die am Stroma fixiert zu sein schien. Eine Protease konnte durch Butylalkohol extrahiert werden (pH-Optimum bei pH 3).

Zusammen mit Dr. C. HOWE stellten wir fest, daß nach Lyophilisation des Stromas bis zu 90% seiner Konstituenten gelöst werden können. Darunter fanden sich 2 Glykoproteine, die durch ein Grippe-Virus (Influenza) angegriffen werden. Sie entsprechen also dem "virus receptor factor"[7].

3. Mit E. PISI, Mlle J. COURCON und Mlle G. LESPINATS haben wir die löslichen Konstituenten in *der Ratten-Milz* untersucht[8].

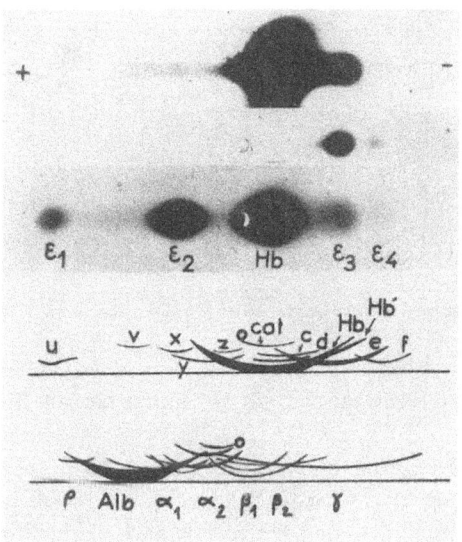

Abb. 3. Hämolysat menschlicher Erythrocyten[5, 6, 7]. *oben:* Einfache Elektrophorese; Eiweißfärbung mit Amidoschwarz; *mitte:* Einfache Elektrophorese mit Darstellung der Esterasen durch eine histochemische Farbreaktion; *darunter:* Schema einer immunoelektrophoretischen Analyse des Erythrocyten-Hämolysates, die mit einem Anti-Erythrocyten-Hämolysat-Immunserum vom Kaninchen entwickelt wurde. Hb. = Hämoglobin; cat. = Katalase; E_1, E_2, E_3, E_4 = Esterasen. Zum Vergleich der elektrophoretischen Wanderungsgeschwindigkeiten ist im Schema *unten:* eine immunoelektrophoretische Analyse von Humanserum mit Anti-Humanserum vom Pferd dargestellt

Die Milz wird zunächst perfundiert, um den größten Teil des Bluts zu entfernen. Nach Homogenisation wird sie durch eine Pufferlösung extrahiert. Der sehr bedeutende unlösliche Anteil ist bisher noch nicht analysiert. In der löslichen Fraktion finden wir mindestens 15 Konstituenten. Wir benutzen dazu ein Anti-Milz-Serum, welches durch ein Hämolysat und durch Ratten-Serum erschöpft wird, so daß alle Antikörper entfernt sind, die mit Substanzen reagieren können, welche bloßen Verunreinigungen des Organextrakts mit Blut entstammen (Abb. 4). Die Konstituenten sind auf 6 verschiedene Mobilitätszonen verteilt.

Esteraseaktivitäten wurden in 3 Zonen — relative Mobilitäten gleich 0,36; 0,70 und 1,0 — beobachtet.

Die erste Esteraseaktivität tragende Bande, scheint aber 2 Esterasen zu enthalten. Mindestens 2 Proteasen sind in den Extrakten nachzuweisen. Es handelt sich um die Kathepsine E und D.

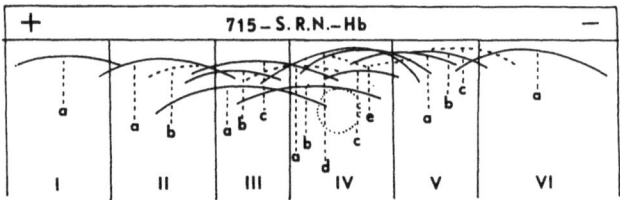

Abb. 4. Schematische Darstellung einer immunoelektrophoretischen Analyse von Ratten-Milz-Extrakt. Die Mobilitätszonen sind hier mit römischen Ziffern von I bis VI bezeichnet. Zur Entwicklung der immunoelektrophoretischen Analyse diente ein Immunserum vom Kaninchen, das Antikörper gegen Rattenmilz enthielt und sowohl mit Rattenserum als auch mit einem Hämolysat von Rattenerythrocyten erschöpft worden war (715 — SRN — Hb.)[8]

Sie wandern in den Zonen II und IV. Außerdem findet sich gelegentlich eine Protease mit pH-Optimum bei 8,2, die in der Zone VI wandert.

Durch Absorption des Anti-Milz-Immunserums durch Extrakte anderer Zellen (von Leber, Knochenmark, Peritoneal-Exsudat) kann man feststellen, daß einige Bestandteile mehreren Geweben gemeinsam sind, andere aber streng gewebsspezifisch. Auf diese Weise finden wir mindestens 5 milzspezifische Konstituenten.

Wir untersuchten auch die *Knochenmarks-Zellen* der Ratte im Vergleich mit den Bestandteilen der Ratten-Milz[9]. Ich möchte nur 2 Ergebnisse erwähnen: Wir finden, daß eine der Esterasen, die man in Extrakten dieser Zellen entdeckt, immunologisch in mehreren Geweben identisch ist (in der Milz, der Leber, den Nieren, den Leukocyten usw.). Andererseits haben wir festgestellt, daß sorgfältig gewaschene Knochenmarks-Zellen (Serum-Albumin und γ-Globuline waren in der Waschlösung nicht mehr nachzuweisen) immer noch eine Plasma-Konstituente enthalten, nämlich das Transferrin.

4. Analoge Untersuchungen über die Bestandteile *der Rattenleber* verfolgten wir mit STANISLAWSKI, DISGOLD, AVRAMEAS und

URIEL[10]. Je nach den Immunseren, die verwendet werden, findet man mindestens 8 spezifische Antigene des Lebergewebes, was den Ergebnissen von ABELEV u. Mitarb. mit Mäuselebern entspricht[11]. Die elektrophoretische Wanderungsgeschwindigkeit dieser Bestandteile wurde mit der I. E. A. bestimmt (Abb. 5).

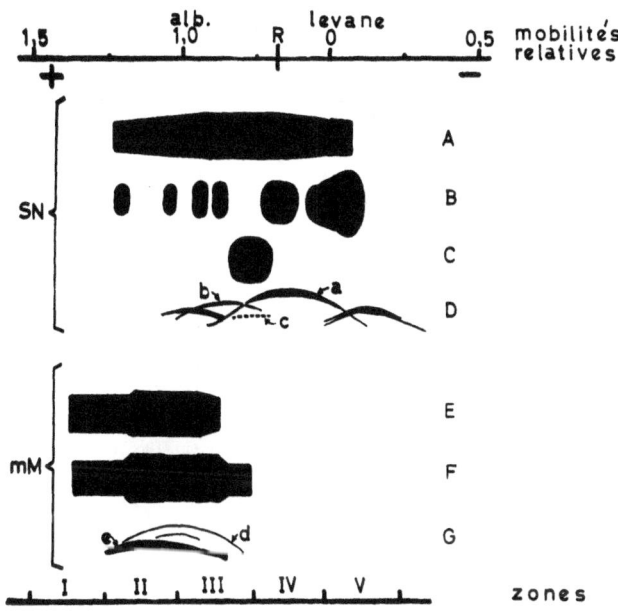

Abb. 5. Schematische Darstellung der Komponenten von Ratten-Leberextrakt mit Hilfe der einfachen Elektrophorese und der immunoelektrophoretischen Analyse in Agarose. *SN* Fraktionen des Überstandes nach Zentrifugation; *mM* Fraktion welche vorwiegend Mitochondrien und Microsomen enthält; *A*, *D*, *E* und *G* Proteinfärbungen mit Amidoschwarz; *B*; *a* und *b* Dehydrogenasen; *C* und *c* Xanthinoxydase; *F*; *d* und *e* Esterasen; *R* Startreservoir; *alb.* Albumin; *O* elektrophoretische Mobilität null einer elektrisch neutralen Substanz (Levan)

Mit spezifischen Färbungen konnte man einige Enzyme in den Leber-Extrakten finden (mindestens 3 Esterasen, 3 Proteasen und mehrere Dehydrogenasen). Außerdem werden z. Z. subcelluläre Fraktionen (Kerne, Mitochondrien, Mikrosomen und das Überstehende) untersucht. Es wurde nachgewiesen, daß bestimmte Konstituenten spezifisch für verschiedene Leberzell-Bestandteile sind.

ABELEV u. Mitarb. konnten mit Hilfe der I. E. A. in gewissen Hepatomen der Maus Bestandteile entdecken, die man in der normalen Leber nicht findet; andere Hepatome enthalten eine Konstituente, die man sonst nur in der embryonalen Leber oder nach partieller Hepatektomie findet. Und endlich gibt es gewisse Hepatome, die nur durch Verluste einiger normaler Bestandteile gekennzeichnet sind[11,12].

5. Seit einigen Jahren untersuchen wir die *Bestandteile des Urins*. Er enthält einige Serum-Proteine, darunter, z. T. degradiert,

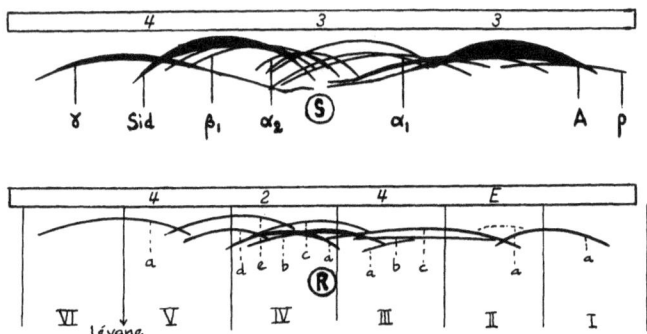

Abb. 6. Schematische Darstellung der immunoelektrophoretischen Analysen eines Mausserums (S oben) und eines Extrakts aus Mausnieren (R unten). Das Mausserum wurde mit einem Anti-Mausserum vom Kaninchen entwickelt (433); der Nierenextrakt wurde mit einem Anti-Mausnieren-Immunserum vom Kaninchen, das mit Mausserum erschöpft worden war, dargestellt (424 E).[13]

die γ-Globuline. Es existieren aber auch mehrere spezifische Harnproteine und besonders Glykoproteine. In *Nierenextrakten der Maus*, die wir zusammen mit G. HERMANN und DINH BAO LINH untersuchten[13], können wir 11 Antigene feststellen, die immunologisch keine Identität mit Serum-Konstituenten aufweisen. Doch einige sind identisch mit Bestandteilen anderer Gewebe (wie Leber, Milz, Lungen, Herz). 4 Antigene sind nierenspezifisch (relative Beweglichkeit im elektrischen Feld: 0,95; 0,70; 0,48 und 0,43), wovon eines (Beweglichkeit 0,95) eine Lactat-Dehydrogenase darstellt (Abb. 6).

6. Schließlich möchte ich noch die Arbeit meiner Mitarbeiter URIEL und AVRAMEAS[14] über den *Pankreas-Extrakt* vom Schwein erwähnen, die besonderes Interesse verdient (Abb. 7). Sie konnten nämlich direkte Beziehungen herstellen zwischen fast allen Präcipitations-Bögen (im ganzen 17 mit ihren Immunseren) und verschiedenen enzymatischen Aktivitäten, indem sie charakteristische Substrate verwendeten. Neben schon gut bekannten Enzymen wie

Trypsin, Chymo-Trypsin, Carboxy-Peptidase, Amylase, Esterasen, Nucleasen, Elastasen usw. konnten sie 2 neue Proteasen finden.

7. Das letzte Beispiel wird anschließend Herr Dr. RAPP vortragen, mit dem wir das Vergnügen hatten, länger als 2 Jahre zusammen zu arbeiten. Er wird über Untersuchungen des normalen und kanzerösen Magen-Epithels sprechen.

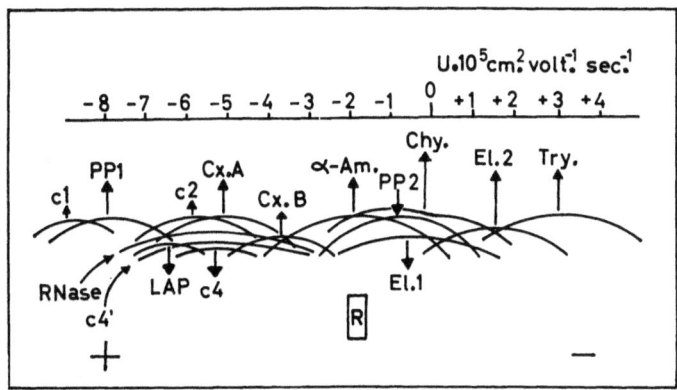

Abb. 7. Schematische Darstellung der immunoelektrophoretischen Analyse eines Extraktes aus Schweinepankreas. Die einzelnen Präcipitatbögen wurden sowohl durch ihre elektrophoretische Wanderungsgeschwindigkeit als auch entsprechend ihrer verschiedenen enzymatischen Aktivitäten charakterisiert.[14]

Ich hoffe, diese Beispiele von Untersuchungen mit Hilfe der I. E. A. haben Ihnen gezeigt, daß diese Methode Resultate erbringt, die man sonst mit keiner der derzeit bekannten Methoden erhält. Ich glaube ihre Anwendung, besonders in Verbindung mit Enzym-Reaktionen, wird sehr wesentliche Fortschritte unserer Kenntnis von Zell- und Gewebe-Bestandteilen bringen.

Literatur

[1] GRABAR, P., et C. A. WILLIAMS Jr.: Bioch. biophys. Acta (Amst.) **10**, 193 (1953); **17**, 67 (1955).

[2] GRABAR, P., et P. BURTIN: Immuno-elektrophoretische Analyse. 1 vol. Amsterdam: Elsevier Publishing Co. 1964.

[3] GRABAR, P.: Advanc. biol. med. Phys. **3**, 191 (1953).

[4] GRABAR, P., M. SELIGMANN et J. BERNARD: Ann. Inst. Pasteur **88**, 548 (1955).

[5] MICHELI, A., F. PEETOOM, N. ROSE, S. RUDDY et P. GRABAR: Ann. Inst. Pasteur **98**, 694 (1960).

[6] MICHELI, A., et P. GRABAR: Ann. Inst. Pasteur **100**, 569 (1961).
[7] HOWE, C., S. AVRAMEAS, CH. DE VAUX, S^t. CYR, P. GRABAR et L. LEE: J. Immunol. **91**, 683 (1963).
[8] PISI, E., J. COURCON, G. LESPINATS et P. GRABAR: C. R. Ac. Sci. (Paris) **257**, 1197 (1963); Ann. Inst. Pasteur (i. Druck).
[9] BEERNINK, D., J. COURCON et P. GRABAR: (i. Druck).
[10] STANISLAWSKI, M., S. OISGOLD, J. URIEL et S. AVRAMEAS: 12ème Colloque de l'Hôpital Saint Jean (Bruges) 1964 (Elsevier édit.).
[11] ABELEV, I. G.: Rapport présenté au Congrès International du Cancer à Moscou, 1963.
[12] ABELEV, I. G., S. D. PEROVA, N. I. KHRAMKOVA, Z. A. POSTNIKOVA et I. S. IRLIN: Biokhimiya, **28**, 625 (1963).
[13] DINH BAO-LINH, G. HERMANN et P. GRABAR: Ann. Inst. Pasteur, **106**, 670 (1964).
[14] URIEL, J., et S. AVRAMEAS: Ann. Inst. Pasteur **106**, 396 (1964).

Diskussion

SCHULTZE: Sehr geehrter Herr GRABAR, es steht mir nicht an, die mit der Entwicklung der Immunoelektrophorese vollbrachte wissenschaftliche Leistung zu würdigen. Die große Verbreitung, die Ihre Methode in den letzten 10 Jahren fand, erübrigt jeden Kommentar und muß Sie mit größter Befriedigung erfüllen. Es war ein glücklicher Gedanke, die Antigene als Reaktanten bei Immunreaktionen nicht nur in einfacher Diffusion auf gel-gelöste Antikörper einwirken zu lassen, sondern sie zuvor durch eine Elektrophorese in Bestandteile zu zerlegen. Durch diese Vorbehandlung erreichten Sie nicht nur eine bessere räumliche Verteilung der durch die nachfolgende Diffusion entstehenden Immunpräcipitate, sondern Sie ermöglichten zugleich eine Klassifizierung der Antigenbestandteile nach ihrer elektrophoretischen Beweglichkeit. Wir sind beeindruckt von der Vielzahl der neuen Probleme, die Sie bereits mit Ihrer Methode angehen konnten, und begrüßen es, daß uns im nächsten Vortrag Herr RAPP einige Anwendungsbeispiele für die Immunoelektrophorese vorführen kann.

Immuno-elektrophoretische Charakterisierung menschlicher Magenschleimhautextrakte

Von W. RAPP

Institut de Recherches Scientifiques sur le Cancer
Villejuif/Seine, Frankreich

Mit 7 Abbildungen

Die Anwendungsmöglichkeiten der Immuno-Elektrophorese nach P. GRABAR[1] bei der Charakterisierung von organspezifischen Antigenen sollen hier kurz am Beispiel der normalen und carcinomatös veränderten Magenschleimhaut vom Menschen demonstriert werden. Wir beschränken uns dabei auf die Ihnen bekannten Pepsine und Pepsinogene, auf Vitamin B 12 bindende Eiweiße und auf die in der Magenschleimhaut vorkommenden Serumeiweiße, wobei wir in diesem Diskussionsbeitrag den Schwerpunkt auf die methodische Ergiebigkeit der Immuno-Elektrophorese setzen. Die hier vorgetragenen Ergebnisse stammen z. T. aus bereits veröffentlichten Arbeiten[2,3,4].

Das verwendete Ausgangsmaterial waren Totalextrakte postoperativer Magenschleimhautabschnitte, subcelluläre Fraktionen, die mit der differentiellen Zentrifugierung gewonnen wurden, sowie topographisch und funktionell unterschiedliche Abschnitte der Korpus- und Pylorusschleimhaut. Da jedoch der Magen ein sekretierendes Organ ist, wurden in die Untersuchungen der Magenschleim[5] und der Magensaft[6] einbezogen. Das hier aufgezählte Material wurde zur Herstellung von Antiseren vom Hasen verwendet. Durch Erschöpfung dieser Antiseren mit Plasma konnten die Serumeiweiße von den Organeiweißen unterschieden werden. Weitere Erschöpfungen mit Speichel, Blut und Organextrakten vom Menschen führten zur Feststellung von organspezifischen Antigenen, die auf die Magenschleimhaut beschränkt waren. Die immuno-elektrophoretische Untersuchung der subcellulären Extrakte (Kerne, Mitochondrien, Mikrosomen, Ribosomen und Cytoplasma) erlaubte Rückschlüsse auf die intracelluläre Lokalisation dieser Antigene. Eine weitere Differenzierung der immunoelektrophoretisch aufgetrennten organspezifischen Antigene erfolgte durch chemische[7] und autoradiographische Nachweismethoden[5].

Nach der Beschreibung der organspezifischen Antigene der normalen Magenschleimhaut (Abb. 1) wurden Tumorextrakte zu Vergleichsuntersuchungen herangezogen[3].

Die bisher von uns beobachteten organspezifischen Antigene der menschlichen Magenschleimhaut werden in Abb. 1 schematisch

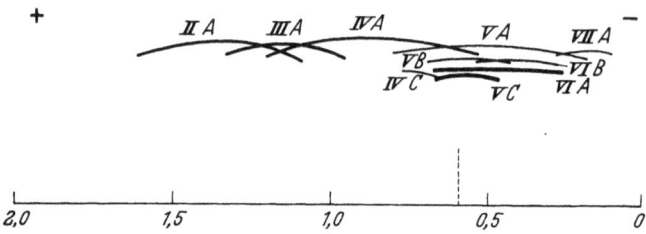

Abb. 1. *Organspezifische Antigene der menschlichen Magenschleimhaut.* Schematische Darstellung der bisher festgestellten organspezifischen Antigene in der Immuno-Elektrophorese unter Verwendung von absorbierten Antiseren vom Hasen. Elektrophoretische Auftrennung in 0,05 M Veronal-Na bei pH 8,2 auf Glasplatten von 9×12 cm während 2 Std, 15 min. II A, III A und IV A = Pepsinogene; VI A-Vitamin B 12 Binder mit Esteraseaktivität. Die arabischen Ziffern kennzeichnen die relative Mobilität. (Albumin = 1,0, Lävan = 0,0)

wiedergegeben. Die entsprechenden Präcipitationslinien wurden bis zu einer endgültigen chemischen und biologischen Analyse der Antigene mit römischen Ziffern belegt.

Nach der elektrophoretischen Auftrennung des bei pH 8,0 gewonnenen Extraktes normaler Korpusschleimhaut konnten im sauren Bereich unter Verwendung von Albumin, Casein und Hämoglobin vier Proteasen beschrieben werden[8], von denen drei eine antigene Wirkung zeigten (Abb. 2 u. 3). Von KUSHNER et al.[4] wurde nachgewiesen, daß sich diese Proteasen wie der Pepsinogen-Pepsinkomplex vom Schwein verhalten. Nach der bei pH 2,0 erfolgten Aktivierung der bei pH 8,0 extrahierten Pepsinogene erfolgte eine Zunahme der elektrophoretischen Mobilität. Immunologisch bestand kein wesentlicher Unterschied zwischen den aktivierten Pepsinen und den Pepsinogenen (Abb. 4). Nach der Alkalisierung der Pepsine kam es zu dem Verlust der spezifisch präcipitierenden Wirkung. Die unterschiedliche elektrophoretische Mobilität und die immunologische Verwandtschaft von Pepsinogenen und Pepsinen ermöglichte uns, die verschiedenen Sekretionsphasen des Pepsinogen-Pepsinkomplexes zu erfassen. Anläßlich der subcellulären Differenzierung war es nicht möglich gewesen, die Pepsinogene einer bestimmten Zellfraktion zuzuordnen. Dagegen konnte festgestellt werden, daß die Schleimhautproteasen in dem postoperativ gewonnenen Magenschleim noch in der Pepsinogenform vorhanden waren[5], während sie in dem in vivo gewonnenen Magensaft in der Pepsinform vorzufinden waren[6]. Hinsichtlich der topographischen Lokalisation konnten wir feststellen, daß

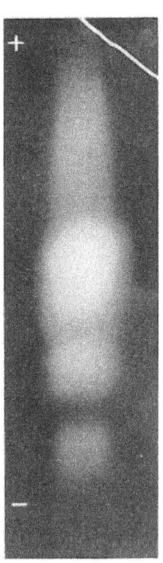
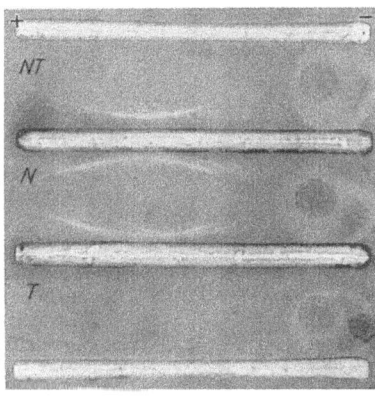

Abb. 2   Abb. 3

Abb. 2. *Elektrophoretischer Nachweis von vier Pepsinen der Magenschleimhaut.* Elektrophoretische Auftrennung von 5 mg Eiweiß/ml in Veronal-Na bei pH 8,2. Anschließend Inkubation in 0,2% Albumin als Substrat bei pH 1,9 während 30 min. Nachinkubation in feuchter Kammer während 1 Std, 30 min. Fixierung in 40% Alkohol und 4% Essigsäure. Anfärben mit Amidoschwarz nach Trocknen des Agargels. Die proteolytische Aktivität stellt sich als heller Hof auf dunklem Hintergrund dar

Abb. 3. *Immuno-elektrophoretischer Nachweis von drei Pepsinogenen der Magenschleimhaut.* Elektrophoretische Auftrennung von 5 mg Eiweiß/ml. Verwendung von absorbierten Antiseren vom Hasen, die gegen den Schleimhauttotalextrakt gerichtet waren. Die Präcipitationslinien lassen sich mit Albumin als Substrat als Proteasen charakterisieren. N = Normalextrakt einer gesunden Magenschleimhaut; T = Extrakt eines Magentumors; NT = Extrakt der Tumor umgebenden Schleimhaut. In den beiden pathologischen Extrakten zeigen sich quantitative Veränderungen. Starke Verminderung der Pepsinogene in dem Tumorextrakt, geringe Verminderung von Pepsinogenen II A und III A in dem NT-Extrakt, während Pepsinogen IV A unverändert ist

alle Pepsinogene in der Korpusschleimhaut vorhanden waren, während in der Pylorusschleimhaut nur die beiden kathodischen Pepsinogene (III A, IV A in Abb. 1) festgestellt wurden.

Nach der Charakterisierung der zu erwartenden Magenproteasen wandten wir uns dem biologisch wichtigen Komplex des

Intrinsicfaktorsystems zu. Nach der immuno-elektrophoretischen Auftrennung des Totalextraktes der Magenschleimhaut, dem radioaktives Vitamin B 12 (Co^{58} Vitamin B 12) zugesetzt war, zeigte sich nach der autoradiographischen Charakterisierung, daß das Antigen VI A (s. Abb. 1) als einziges Antigen zur Bindung von Vitamin B 12 fähig war (Abb. 5). Darüber hinaus konnten wir mit den Substraten β-Naphthylacetat und Indoxylacetat das gleiche Antigen in situ als Carboxylesterase charakterisieren. Damit

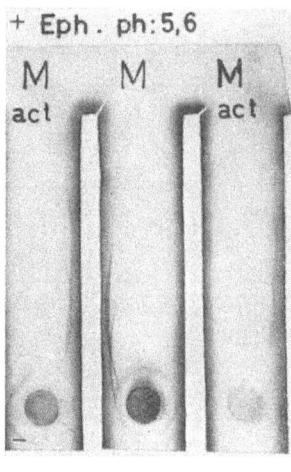

Abb. 4   Abb. 5

Abb. 4. *Immuno-elektrophoretische Darstellung von Pepsinogenen und Pepsinen*. Elektrophoretische Auftrennung nach KUSHNER[4] bei pH 5,6. Verwendung von Antiseren vom Hasen, die gegen Totalextrakt gerichtet waren. Die Extrakte wurden bei pH 8,0 gewonnen. M = Unbehandelter Extrakt, Pepsinogene nicht aktiviert; $M\ act.$ = Extrakt wurde bei pH 1,8 während 10 min aktiviert. Pepsinogene gingen in Pepsine über und wandern während der elektrophoretischen Auftrennung als Pepsine. Die Pepsine zeigen im Vergleich zu den Pepsinogenen eine Zunahme der elektrophoretischen Mobilität, präcipitieren jedoch noch mit dem Antiserum

Abb. 5. *Autoradiographische Darstellung eines Vitamin B 12 bindenden Antigens der Magenschleimhaut*. Immuno-elektrophoretische Auftrennung des Schleimhautextraktes, der mit Co^{58} markiertem Vitamin B 12 versetzt war. Verwendung von gegen Totalextrakt gerichteten Antiseren vom Hasen. Das Antigen VI A wurde als Vitamin B 12 Binder charakterisiert

war erstmalig der Beweis erbracht, daß es sich bei dem von uns in der Schleimhaut beschriebenen Vitamin B 12 Binder um ein Eiweiß mit Esterasewirkung handelt (Abb. 6). Dieser Vitamin B 12 Binder wurde auch in dem Magenschleim und in dem Magensaft vorgefunden. Mit den gleichen gegen Magenschleimhaut gerichteten

Antiseren wurde in dem Magensaft darüber hinaus ein zweiter B 12 Binder festgestellt, der dem von SIMMONS und GRÄSBECK[9] beschriebenen „fast binder" entsprechen dürfte. Das Vitamin B 12 bindende Antigen VI A wurde überwiegend in der Korpusschleimhaut vorgefunden. Seine intracelluläre Lokalisierung erfolgte überwiegend in der Mikrosomenfraktion. Von besonderer Wichtigkeit ist die Feststellung, daß dieser B 12 Binder nach der Behandlung mit Na-Deoxycholat seine präcipitierenden Eigenschaften in der

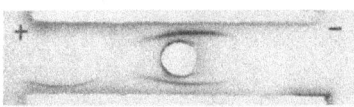

Abb. 6. *Charakterisierung des Vitamin B 12 bindenden Antigens VI A als Carboxylesterase.*
Immuno-elektrophoretische Auftrennung des Totalextraktes (20 mg/Eiweiß/ml). Verwendung von gegen Totalextrakt gerichteten Antiseren vom Hasen. Nach Entwicklung der Präcipitationslinien erfolgte dreitägiges Waschen in 0,9 NaCl. Anschließend enzymatische Charakterisierung mit Indoxylacetat. Die das Antigen VI A enthaltende Präcipitationslinie VI A färbt sich blau an

Immuno-Elektrophorese verlor. Die Tatsache, daß in den bei pH 8,0 gewonnenen Schleimhautextrakten und in den Extrakten der subcellulären Fraktionen immunologisch nur ein Antigen mit der Fähigkeit zur Vitamin B 12 Bindung, im Magensaft jedoch zumindest zwei Antigene als B 12 Binder beobachtet wurden, erlaubt die noch zu verifizierende Frage, ob es sich hierbei evtl. um einen autolytischen Spaltprozeß handelt.

Neben den organspezifischen Antigenen fanden sich in den von uns untersuchten Schleimhautextrakten eine Reihe von Antigenen, die mit den Plasmaantigenen identisch sind. Es waren dies: Albumin, raschwanderndes Lipoprotein, jeweils ein weiteres α-1 und α-2-Globulin, Transferrin, β-1 A- und β-2 A-Globulin und das γ-Globulin. Außerdem wurde das Fibrinogen festgestellt. Ein Teil dieser Serumproteine war noch in den Extrakten der Mikrosomenfraktion nachweisbar (Albumin, γ-Globulin und das β-2 A-Globulin). Diese Differenzierung von organspezifischen und unspezifischen Antigenen war somit nur mit der immuno-elektrophoretischen Auftrennung möglich. Damit kann jedoch noch nichts Endgültiges über den Ursprung der Serumantigene ausgesagt werden. Es besteht die Möglichkeit, daß es sich hierbei um Kontamination durch Organblut handelt, obgleich das interstitielle oder intracelluläre Vorkommen nicht auszuschließen ist. Eine endgültige Abklärung dieser Frage ist nur mit immunfluorescenztechnischen Methoden möglich, wie es in Abb. 7 am Beispiel des Albumins demonstriert wurde. In diesem Falle kann gesagt werden, daß das Serumalbumin in einzelnen Magenschleimhautzellen vorhanden ist.

Die Hauptfrage, die dieser Untersuchungsreihe zugrunde lag, galt den organspezifischen Antigenen in den carcinomatösen

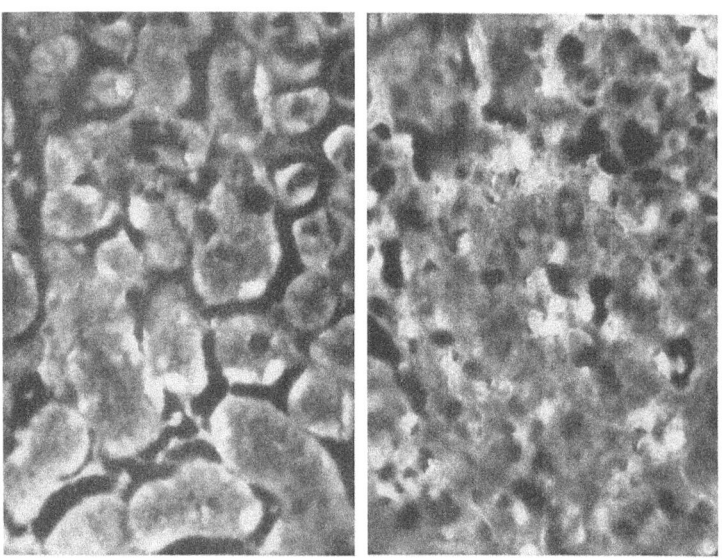

Abb. 7. *Fluorescenztechnischer Nachweis von Albumin in Magenschleimhautzellen mit monospezifischen Antiseren vom Hasen.* Gefrierschnitte von Magenschleimhaut. Inkubation mit markiertem gegen Albumin gerichteten Antiserum vom Hasen. Zur Markierung wurde Isothiocyanat (Sylvana USA) verwendet. Zur Gewinnung der Immunglobuline wurde das Antiserum vom Hasen mit 40% Ammoniumsulfatlösung präcipitiert

Magenschleimhäuten. Die Untersuchungen von WEILER[10,11] über die organspezifischen Antigene während der Carcinogenese beim Buttergelbtumor der Ratte sind Ihnen bekannt. In einer Reihe von Nachuntersuchungen wurde die Verarmung des malignen Tumors an organspezifischen Antigenen bewiesen[12,13,14,15,16,17,18,19]. Bei diesen Untersuchungen handelt es sich jedoch größtenteils um komplexe immunologische Reaktionssysteme, die eine Beurteilung und Charakterisierung der beteiligten Faktoren nicht erlaubten. Erst mit den immuno-elektrophoretischen Nachweismethoden ist es möglich geworden, die Veränderungen der organspezifischen Antigene im einzelnen zu verfolgen. So konnten wir an den Tumorextrakten feststellen, daß vor allem die Pepsinogene und der Vitamin B 12 Binder VI A vermindert waren. Gleichzeitig durchgeführte enzymatische Untersuchungen, die sich direkt in situ an die immuno-elektrophoretische Auftrennung anschlossen, ergaben, daß die enzymatischen Wirkungen der betreffenden Antigene ebenfalls vermindert waren.

Waren die organspezifischen Antigene in den Tumorextrakten durchweg vermindert, so wurde bei einer Reihe von Serumantigenen eine Vermehrung festgestellt.

Wir versuchten somit an unseren bisherigen Untersuchungen der menschlichen Magenschleimhaut einige neue methodische Möglichkeiten aufzuzeigen: die Immuno-Elektrophorese ermöglicht in Kombination mit chemischen und autoradiographischen Nachweismethoden eine differenzierte Aussage über antigene Eiweiße eines Organs. Sie stellt eine grundlegende methodische Voraussetzung dar für die weitere Isolierung der Antigene, deren quantitative Messung (spezifische Antikörper) und für die Aussagen über die celluläre und intracelluläre Verteilung (Fluorescenzmethoden).

Literatur

[1] GRABAR, P., u. P. BURTIN: Immuno-Elektrophoretische Analyse. Ihre Anwendung auf die Untersuchung menschlicher Körperflüssigkeiten. Amsterdam-London-New York: Elsevier 1964.
[2] RAPP, W., S. B. ARONSON, P. BURTIN, and P. GRABAR: J. Immunology 92, 579 (1964).
[3] RAPP, W., S. B. ARONSON, and P. BURTIN: In: Protides of the Biological Fluids, Proc. 11th Colloquium, p. 252. Brügge: H. Peeters Ed. 1963.
[4] KUSHNER, I., W. RAPP, and P. BURTIN: J. clin. Invest. 43, 1983 (1964).
[5] RAPP, W., u. P. BURTIN: Im Druck: Gastroenterologia (Basel).
[6] HIRSCH-MARIE, H., et P. BURTIN: Rev. franç. Etud. clin. biol. VIII, 75 (1963).
[7] URIEL, J.: Ann. N. Y. Acad. Sci. 103, 956 (1963).
[8] RAPP, W., S. B. ARONSON u. P. BURTIN: In: Verh. dtsch. Ges. inn. Med. 69. Kongreß, p. 153. München: Bergmann 1963.
[9] SIMMONS, K., and R. GRÄSBECK: Clin. chim. Acta 8, 425 (1963).
[10] WEILER, E.: Z. Naturforsch. 76, 324 (1952).
[11] WEILER, E.: Brit. J. Cancer 10, 560 (1956).
[12] GRAF, L., and M. M. RAPPORT: Cancer Res. 20, 546 (1960).
[13] HIRAMOTO, R., and D. PRESSMAN: Proc. Amer. Ass. Cancer Res. 2, 213 (1957).

[14] KORNGOLD, L., and G. VAN LEUWEN: Cancer Res. 17, 775 (1957).
[15] MILGROM, F., M. SELIGMANN, J. BERNARD et P. GRABAR: Rev. Hémat. 14, 309 (1959).
[16] NAIRN, R. C., H. G. RICHMONT, M. G. MCENTEGART, and J. E. FOTHERGILL: Brit. med. J. 1960 II, 1335.
[17] NAIRN, R. C., H. G. RICHMONT, and J. E. FOTHERGILL: Brit. med. J. 5, 1341 (1960).
[13] SELIGMANN, M., P. GRABAR, and J. BERNARD: Sang 26, 52 (1955).
[19] BJÖRKLUND, B., and V. BJÖRKLUND: Int. Arch. Allergy 8, 179 (1956).

Diskussion

SCHULTZE: Ihre Ausführungen, Herr RAPP, haben uns in zweifacher Weise bereichert. Wir haben gelernt, daß man mit Hilfe der Immunpräcipitation auch *Funktionen* nachweisen kann, und zwar entweder dadurch, daß man eine Präcipitatlinie mit einem geeigneten Substrat überdeckt, und dann eine nachher für die Umsetzung charakteristische Farbreaktion anwendet oder aber, daß man ein Proteinsubstrat mitlaufen läßt und dann nachher die Stärke der Immunreaktion beobachtet. Sie haben dann weiter angedeutet, daß diese immunologische Methode auf dem Gebiet der Krebsforschung eingesetzt werden soll, und ich kann Ihnen nur wünschen, daß Sie und Herr GRABAR auf diesem Gebiet Erfolge haben werden.

Wir kommen jetzt zu einer letzten Modifikation der Immunreaktion, die Ihnen zeigen soll, daß man sie auch für quantitative Bestimmungen, hauptsächlich von Proteinen, nutzbringend anwenden kann.

Ich darf Herrn SCHWICK bitten, hierzu zu sprechen.

Quantitative Immunpräcipitation zur Bestimmung einzelner Plasmaproteine

Von H. G. SCHWICK

Behringwerke AG., Marburg (Lahn)

Mit 7 Abbildungen

Die Entwicklung der wichtigsten in den letzten 20 Jahren eingeführten Methoden zum Plasmaprotein-Nachweis zeigt, daß von der Methode der Papierelektrophorese ausgehend mit der Stärkegel[1]- und Polyacrylamidgel-Elektrophorese[2,3] eine sehr viel weitergehende Differenzierung der Plasmaproteine ermöglicht wird. Die quantitative Auswertung der beiden zuletzt genannten Techniken gestaltet sich allerdings recht schwierig. Noch problematischer wird der Versuch einer quantitativen Auswertung der Immunoelektrophorese[4,5], die aber gegenüber den anderen Methoden erkennen läßt, daß man durch die Mitverwendung der Antigen-Antikörper-Reaktion mit weniger Protein eine stärkere Differenzierung des Plasmaeiweißbildes bekommt. Mit guten Anti-Humanseren können heute bei der immunoelektrophoretischen Analyse von Serum 20—30 Einzelproteine dargestellt werden.

Nur von wenigen Plasmaproteinen haben wir bisher genaue quantitative Angaben.

4 Plasmaproteine und die Lipoproteine bilden bereits 90—96% des Gesamteiweißes des menschlichen Plasmas. Die restlichen 4—10%, das sind bei 1 ml Serum etwa 3—7 mg Protein, enthalten eine Vielzahl von Proteinen, von denen in der Abb. 1 nur die angeführt werden, die in den letzten Jahren näher charakterisiert werden konnten. Es handelt sich fast ausnahmslos um Proteine, die wichtige biologische Funktionen erfüllen und die deshalb im Zusammenhang mit der klinischen Diagnostik von Interesse sind. Die Zusammenstellung in Abb. 1 zeigt aber auch, daß nur Methoden, die eine hohe Empfindlichkeit und gleichzeitig eine ausgeprägte Spezifität besitzen, den Nachweis derartiger Spurenproteine gestatten werden. Diese beiden Voraussetzungen werden bekanntlich von immunologischen Methoden erfüllt.

Soweit Spurenproteine spezifische biologische Aktivitäten besitzen, also z. B. Enzyme oder Enzym-Inhibitoren sind oder wie das Transferrin Eisen oder das Coeruloplasmin Kupfer binden, können wir sie auch über diese Aktivitäten bestimmen. Andererseits wissen wir gerade aus den Untersuchungen der letzten Jahre, daß derartige Proteine bei bestimmten Erkrankungen zwar mengenmäßig vorhanden sein können, funktionell aber defekt sind, beispielsweise bei den Fällen mit Wilsonscher Erkrankung, die von SASS-KORTSAK[6] beschrieben wurden und bei denen trotz normalen Coeruloplasmin- und Kupferwerten im Plasma typische Wilson-Symptome auftreten. Für die Pathogenese derartiger Erkrankungen ist es wichtig zu wissen, ob beim Ausfall einer biologischen Funktion eine angeborene Defektproteinämie oder eine Molekülveränderung eines noch mengenmäßig normal gebildeten Enzyms

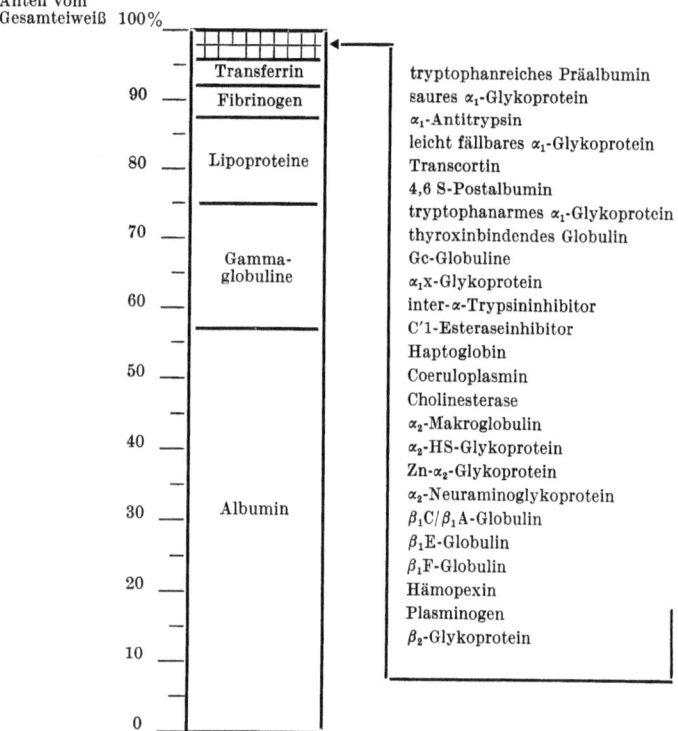

Abb. 1. Relative Verteilung der Plasmaproteine bezogen auf den Gesamteiweißgehalt

vorliegt. Dies läßt sich jedoch nur durch die Kombination der Methode zur Bestimmung der biologischen Aktivität des Enzyms und einer geeigneten quantitativen Methode zur Bestimmung seiner Menge feststellen.

Die wesentlichste Voraussetzung für eine quantitative immunologische Plasmaprotein-Bestimmung ist, daß genügend reine, gut definierte Plasmaproteine zur Verfügung stehen. Sie werden einmal benötigt zur Immunisierung, d. h. für die Gewinnung spezifischer Plasmaprotein-Antisera, und zum anderen zur Eichung der Methoden für den quantitativen immunologischen Nachweis von Proteinen. In einigen Fällen kann auch eine Immunisierung mit relativ rohen Plasmaprotein-Fraktionen zum Erfolg führen, wobei man später die Antiseren zur Erlangung ausreichender Monospezifität adsorbieren muß. Dieses Verfahren ist aber nur begrenzt anwendbar, da man auch zur Adsorption häufig bestimmter Reinproteine bedarf.

In den letzten Jahren konnte vor allen Dingen von dem Arbeitskreis unter Leitung von SCHULTZE eine größere Anzahl von Plasmaproteinen rein dargestellt und erstmals näher charakterisiert werden[7-11]. Diese Proteine ermöglichten die Gewinnung spezifischer Antiseren. Die Immunoelektrophorese ist eine ausgezeichnete Methode zur Überprüfung der Spezifität von Plasmaprotein-Antisera. Abb. 2 zeigt die Reaktionsweise verschiedener monospezifischer Plasmaprotein-Antisera bei der Testung von Humanserum.

Von den verschiedenen, zum quantitativen immunologischen Nachweis von Plasmaproteinen vorgeschlagenen Verfahren ist das von HEIDELBERGER[12,13], bei dem man den Stickstoffgehalt in isolierten Immunpräcipitaten ermittelt, wegen seiner großen Genauigkeit als Standardverfahren zu betrachten. Auch wir wandten es mit Erfolg zur Bestimmung von Plasmaproteinen an, bedienten uns aber aus Gründen der Zeitersparnis eines spektralphotometrischen Verfahrens für quantitative Trübungsmessung von Antigen-Antikörper-Reaktionen[14,15], wie es bereits von verschiedenen Autoren[16-19] früher angewandt wurde. In Abb. 3 werden Antigen-Antikörper-Präcipitatkurven wiedergegeben, die durch Zugabe steigender Mengen Antigen zu konstanten Mengen Antikörper erhalten wurden, einmal nach der Methode von HEIDELBERGER und zum anderen nach dem nephelometrischen Verfahren. Der

Vergleich der erhaltenen Kurven zeigt, daß sie praktisch gut übereinstimmen. Für den quantitativen nephelometrischen Nachweis von Plasmaproteinen benutzen wir nun den aufsteigenden

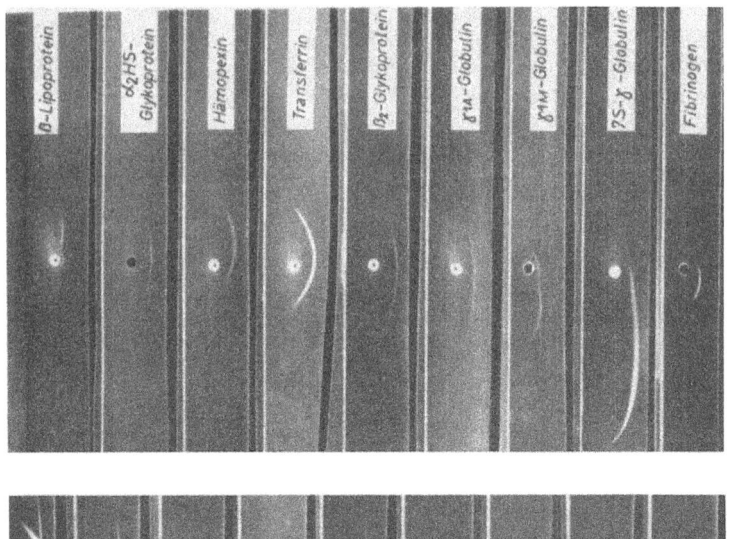
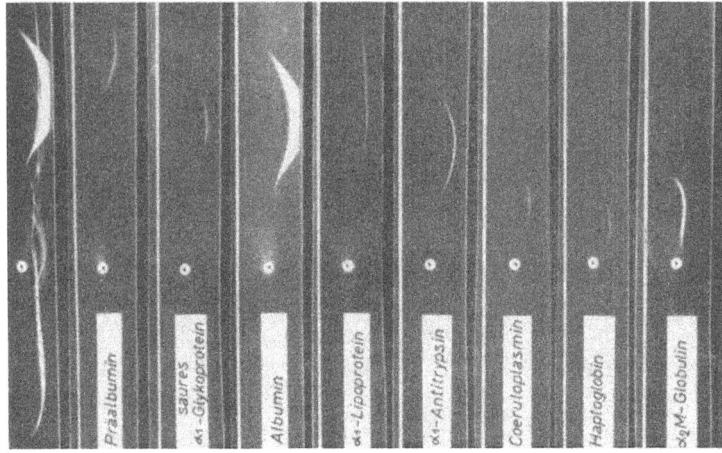

Abb. 2. Immunoelektrophorese von Humanserum mit monospezifischen Plasmaprotein-Antisera

Kurvenast als Eichkurve. Das bedeutet, daß man ungefähr wissen muß, in welchem Bereich das zu untersuchende Protein liegt und daß man durch eine Doppelbestimmung mit 2 verschiedenen Plasma- bzw. Serumverdünnungen ausschließt, daß bereits im Testansatz ein Antigenüberschuß vorliegt. Werden diese Bedingungen eingehalten, so lassen sich innerhalb relativ kurzer Zeit Plasmaproteine mit hoher Genauigkeit bestimmen.

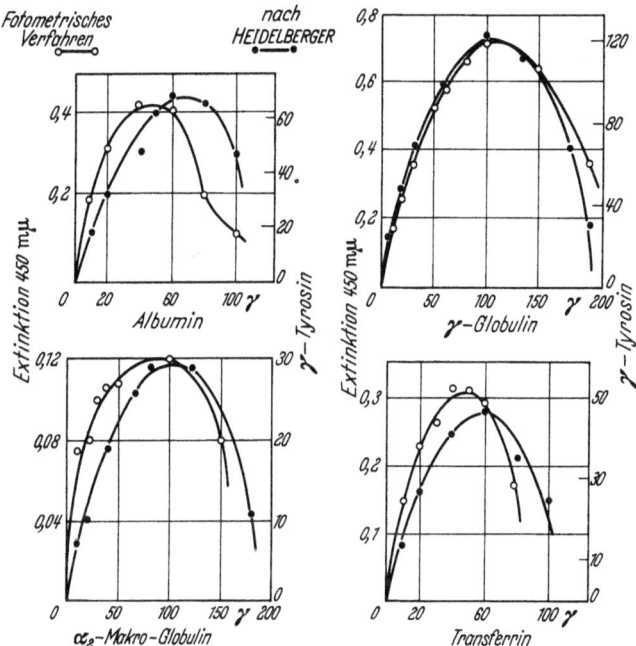

Abb. 3. Vergleich der quantitativen Immunpräcipitatbestimmung nach HEIDELBERGER mit dem photometrischen Verfahren [H. E. SCHULTZE und G. SCHWICK [14]]

Tab. 1 zeigt den Vergleich der immunologischen Plasmaprotein-Bestimmung mit anderen Verfahren zur Bestimmung von Einzelproteinen und in der unteren Hälfte die Normalwerte für einige der von uns bestimmten Proteine.

Die für die Durchführung dieses Verfahrens erforderlichen Serum- und Antiserummengen sind 0,1 ml Serumverdünnung (1:10 bis 1:400) und 1 ml Antiserumverdünnung (1:5—1:20). Bei Anwendung der von HÖLZER und BINZUS[20] verwandten Mikroküvette und eines Trübungszusatzes für das Photometer Eppendorf lassen sich diese Mengen noch verringern auf 0,01 ml Serumver-

Tabelle 1. *Vergleich von Ergebnissen der immunologischen Plasmaproteinbestimmung mit denen anderer Bestimmungsmethoden*

Normalserum	Albumin		γ-Globulin			Transferrin		
	Immunologische Bestimmung %	Papier-elektrophorese %	Immunologische Bestimmung %	Papier-elektrophorese %		Immunologische Bestimmung %		Bestimmung über Eisenbindungs-Vermögen
1	64,3	67,5	12,7	11,5		4,9		4,7
2	53	55,4	22,3	21,9		3,5		3,3
3	61	63,5	19,2	20,2		4,9		4,6
4	53,6	56,9	15,4	15,3		4,4		3,9

Durchschnittswerte der immunologischen Bestimmung normaler Plasmaproteine im Serum Erwachsener und Streubreite der Methode

Durchschnittliche Werte von 25 Erwachsenenseren (20—50 Jahre)	Tryptophan-reiches Präalbumin	Albumin	Coerulo-plasmin	α_2-Makro-globulin	β-Lipo-protein	Transferrin	7 S-γ-Globulin
mg/ml Serum	0,3	48,3	0,3	2,4	6,6	4,0	14,8
% vom Gesamteiweiß	0,3	57,5	0,3	2,8	7,8	4,9	18,1
Normalbereich %	0,1—0,5	50—65	0,2—0,3	1,5—4,5	4—14	3—6,5	13—22

H. E. SCHULTZE u. G. SCHWICK[14].

dünnung und 0,1 ml Antiserumverdünnung. Etwa die gleichen Mengen von Serum und Antiserum werden benötigt, wenn man das Ultramikroanalysen-System der Firma Beckman verwendet.

Mit dem Verfahren der quantitativen immunologischen, nephelometrischen Plasmaprotein-Bestimmung wurde inzwischen in verschiedenen Untersuchungslaboratorien gearbeitet [21-24]. Wegen der hohen Empfindlichkeit eignet sich diese Methode auch besonders gut zum Nachweis von Plasmaproteinen in Körperflüssigkeiten, die wenig Eiweiß enthalten [25, 26].

Im vergangenen Jahr haben wir erstmals über die quantitative immunologische Bestimmung des α_1-Antitrypsins [27] berichten können [28].

Tabelle 2. *Bestimmung von Trypsin-Inhibitoren im Serum von 30 Blutspendern*

Gesamt-Eiweiß	α_1-Antitrypsin (quantitative immunologische Bestimmung)		Inhibiertes Trypsin (Bestimmung der Gesamt-Trypsin-Inhibitor-Kapazität)	
	% des Gesamt-Eiweiß	mg/ml Serum	% des Gesamt-Eiweiß	mg/ml Serum
Mittelwert 7,9	3,68	2,87	2,89	2,28
Extremwerte 6,8—9,0	3,1—5,5	2,1—5,0	1,2—4,4	1,0—3,4

K. Störiko u. G. Schwick [28].

Dieses Protein verdient im Augenblick besonderes Interesse, weil kürzlich Laurell [29] über eine nicht so selten vorkommende Hypo-α_1-Antitrypsinämie berichtet hat. Es handelt sich um eine recessiv vererbte Defektproteinämie, bei der die Heterozygoten etwa 50% und die Homozygoten etwa 10% des normalen α_1-Antitrypsins im Serum aufweisen. Nach den Untersuchungen von Laurell hat sich ergeben, daß in Südschweden ungefähr jeder 30. Einwohner ein Heterozygote sein dürfte. Bei den Homozygoten soll es im mittleren Lebensalter infolge des α_1-Antitrypsinmangels häufig zu degenerativen Lungenerkrankungen kommen, die nicht selten zum Tode führen [30, 31].

Es sei schließlich noch darauf hingewiesen, daß, wie wir früher schon zeigen konnten [14, 15], mit Hilfe der immunologischen Plasmaprotein-Bestimmung Spuren von Proteinverunreinigungen in Reinproteinen nachgewiesen werden können, und zwar in Größenordnungen, wie sie mit keiner anderen Methode erfaßbar sind.

Von zahlreichen Autoren wurden in den letzten Jahren Modifikationen von Geldiffusions-Testen zur halbquantitativen und quantitativen Plasmaprotein-Bestimmung vorgeschlagen[32]. Hier soll besonders auf die von MANCINI et al.[33] angewandte radiale Geldiffusionsmethode eingegangen werden.

Das Prinzip dieser Methode beruht darauf, daß man eine sehr dünne, Antiserum enthaltende Agarschicht zubereitet, entweder zwischen 2 parallelen Glasplatten oder in einer Petrischale, wobei sich am besten Schalen aus Kunststoff eignen, weil bei ihnen

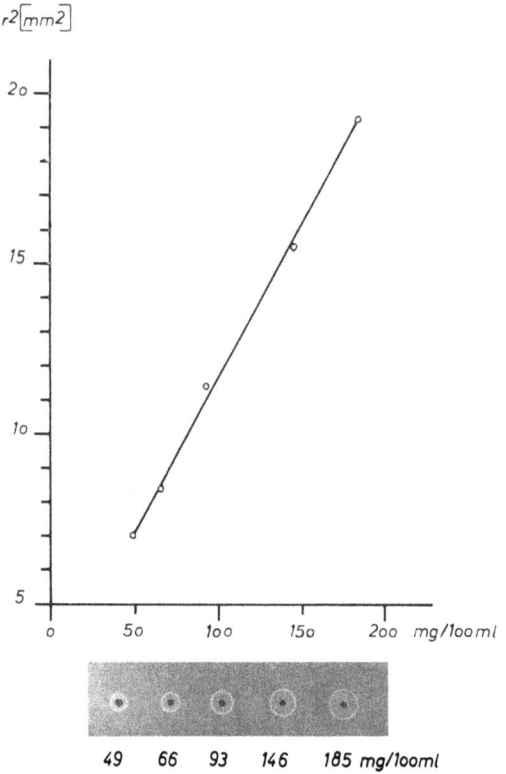

Abb. 4. Eichkurve für α_1-Antitrypsin-Bestimmung nach MANCINI et. al.[33] (W. AUGENER[34])

die Böden sehr gleichmäßig sind. In diese dünnen Agarschichten wird das zu untersuchende Protein eingefüllt. Entsprechend der Versuchsanordnung bilden sich kreisförmige Immunpräcipitate, die sich bis zum Ende der Diffusionszeit ausdehnen. Nach Abschluß der Diffusion, die abhängig ist von der Antigenmenge und dem Diffusionskoeffizienten des Antigens, ist die Fläche bzw. das Quadrat des Radius der Antigenmenge in einem weiten Bereich direkt proportional. Bei den von uns verwandten Antigenmengen war das Ende der Diffusion immer nach 72 Std erreicht.

Abb. 4 zeigt die Präcipitation abgestufter reiner α_1-Antitrypsinmengen in dem das spezifische Antiserum enthaltenden Agar

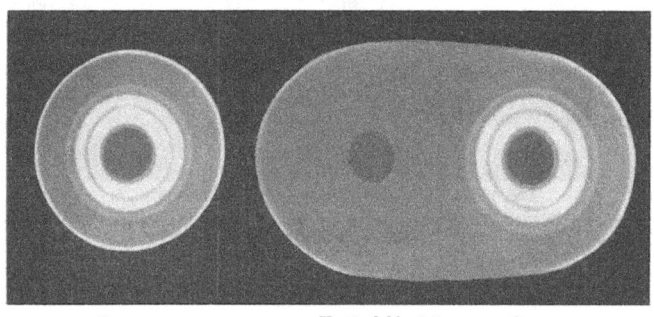

Sexum   *Haptoglobin 1-1*   *Serum*

Abb. 5. Zuordnung eines Präcipitatkreises zu einem Antigen bei unspezifischem Antiserum
(W. AUGENER[34])

und die daraus resultierende Bezugskurve, zu deren Aufstellung das Quadrat des Radius der Präcipitatflächen zugrunde gelegt wurde[34].

Die Ausmessung der Präcipitatflächen erfolgt am besten in einem Vergrößerungsapparat, wobei in Fällen einer sehr schwachen Präcipitation durch Anfärbung, etwa mit Amidoschwarz, die Reaktionen besser kenntlich gemacht werden können.

Im Gegensatz zu der zuvor beschriebenen nephelometrischen Methode lassen sich mit der Methode nach MANCINI auch leicht unspezifische Antiseren zum quantitativen Nachweis einzelner Plasmaproteine verwenden.

Durch die benachbarte Anordnung der entsprechenden Reinproteine (Abb. 5) kann, wie beim Ouchterlony-Test, die Identität einzelner Proteine gesichert werden. Ein weiteres Hilfsmittel ist die spezifische Anfärbung, z. B. des Coeruloplasmins mit der Kupfer-[35] oder Oxydase-Reaktion[36], oder des Haptoglobins über seinen Hämoglobingehalt[37].

Wie sich aus den Arbeiten von AUGENER[34] ergeben hat, können bei der Geldiffusions-Methode von MANCINI erhebliche Fehler dadurch auftreten, daß die zur Eichung verwendeten Reinproteine aggregiert sind. Abb. 6 zeigt die Reaktionsweise von aggregiertem und nicht aggregiertem α_1-Antitrypsin, die durch Fraktionierung mit Sephadex G 200 erhalten wurden, in der Immunoelektrophorese und in der Immunodiffusion.

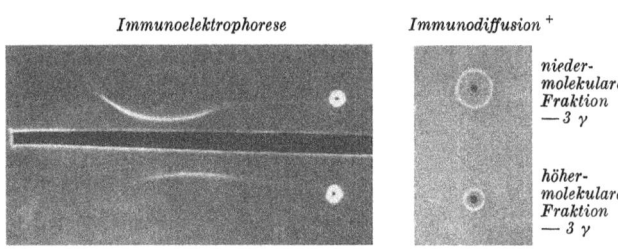

Immunoelektrophorese   *Immunodiffusion* [+]

niedermolekulare Fraktion — 3 γ

höhermolekulare Fraktion — 3 γ

[+] *Einzeldiffusion in zwei Dimensionen nach* MANCINI *u. a.*
Abb. 6. Immunoelektrophorese und Immunodiffusion von mit Sephadex G 200 isolierten α_1-Antitrypsin-Fraktionen (W. AUGENER[34])

Die durch das Verfahren der radialen Immundiffusion erhaltenen Normalwerte für einige Proteine werden in Tab. 3 wiedergegeben.

Die quantitative immunologische Bestimmung von Plasmaproteinen kann uns gerade jetzt, wo wir mit den klassischen elektrophoretischen Methoden einen Stand erreicht haben, der vielleicht nicht mehr sehr viel übertroffen werden kann, weitere wertvolle Aufschlüsse über den Gehalt an Plasmaeiweißkörper geben.

Es sei daran erinnert, daß bereits vor 25 Jahren, im Jahre 1937/38, als TISELIUS über die erste elektrophoretische Trennung

Tabelle 3. *Durchschnittswerte der immunologischen Bestimmung* von Plasmaproteinen in Normalseren*

Durchschnittliche Werte von 26 Erwachsenenseren (20—50 Jahre)	saures α_1-Glykoprotein	Coeruloplasmin	Hämopexin	β_2-Glykoprotein
mg/100 ml Serum...	91,5	63,0	96,0	23,5
% vom Gesamteiweiß.	1,25	0,85	1,3	0,32
Normalbereich in % vom Gesamteiweiß.	1,0—1,5	0,70—1,0	1,1—1,5	0,26—0,38

* Einzeldiffusion in zwei Dimensionen nach MANCINI et al. (W. AUGENER[34]).

von Humanplasma berichtete[38], KENDALL, ein Mitarbeiter von HEIDELBERGER, erste Versuche zum immunologischen Nachweis von Plasmaproteinen beschrieb[39, 40]. Die seinerzeit verwandten Antiseren waren gegen relativ rohe Eu- und Pseudoglobulinfraktionen des menschlichen Serums gerichtet. Trotzdem gelang damit der Nachweis von Proteinverschiebungen bei verschiedenen Erkrankungen. Unabhängig von TISELIUS hat KENDALL gleichzeitig für seine immunologisch bestimmten Eiweißfraktionen eine Bezeichnung mit griechischen Buchstaben vorgenommen, die allerdings mit denen von TISELIUS nicht genau übereinstimmte.

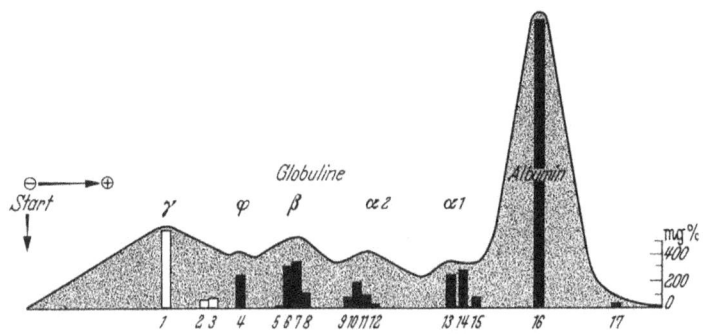

Abb. 7. Quantitativer immunologischer Plasmaproteinnachweis

1 7S-γ-Globulin (1,0 g-%)
2 γ1A-Globulin
3 γ1M-Globulin
4 Fibrinogen
5 β₂-Glykoprotein
6 Transferrin
7 β-Lipoprotein
8 Hämopexin
9 α2-HS-Glykoprotein
10 α2-Makroglobulin
11 Haptoglobin
12 Coeruloplasmin
13 α₁-Antitrypsin
14 α₁-Lipoprotein
15 saures α1-Glykoprotein
16 Albumin (3,8 g-%)
17 Präalbumin

Die Entwicklung immunologischer Plasmaprotein-Bestimmungen und ihre Einführung wird davon abhängen, inwieweit es gelingt, künftig weiter reine Proteine zu isolieren und spezifische Antiseren zur Verfügung zu stellen. Den gegenwärtigen Stand unserer Möglichkeiten der immunologischen Plasmaprotein-Bestimmung zeigt Abb. 7, aus der zu entnehmen ist, daß heute bereits schon dreimal soviele Einzelproteine quantitativ immunologisch bestimmt werden können, als wir mit der Methode der Papierelektrophorese an Proteinfraktionen erfassen können.

Für die freundliche Überlassung der Abbildungen über die Radialdiffusionsmethode danke ich Herrn cand. med. W. AUGENER.

Literatur

[1] SMITHIES, O.: Biochem. J. **61**, 629 (1955).
[2] RAYMOND, S., and L. WEINTRAUB: Science **130**, 711 (1959).
[3] ZWISLER, O.: Proc. 12th Colloq. Prot. Biol. Fluids Brügge 1964, im Druck.
[4] GRABAR, P., and C. A. WILLIAMS: Biochim. Biophys. Acta **10**, 193 (1953).
[5] SCHEIDEGGER, J. J.: Int. Arch. Allergy **7**, 103 (1955).
[6] SASS-KORTSAK, A., M. CHERNIAK, D. W. GEIGER, and R. J. SLATER: J. clin. Invest. **38**, 1672 (1959).
[7] SCHULTZE, H. E., u. K. HEIDE: In: FR. BAUER, „Medizinische Grundlagenforschung", Bd. III, p. 351. Stuttgart: Thieme 1960.
[8] SCHULTZE, H. E., K. HEIDE u. H. HAUPT: Klin. Wschr. **40**, 729 (1962).
[9] SCHULTZE, H. E.: Proc. XI. Colloq., Brügge 1963. Amsterdam: Elsevier 1964, p. 288.
[10] SCHULTZE, H. E., K. HEIDE and, H. HAUPT: Nature (Lond.) **200**, 1103 (1963).
[11] HEIDE, K., H. HAUPT, and H. E. SCHULTZE: Nature (Lond.) **201**, 1218 (1964).
[12] HEIDELBERGER, M., and F. E. KENDALL: J. exp. Med. (Lond.) **55**, 555 (1932).
[13] KABAT, E. A., and M. M. MAYER: Experimental Immunochemistry. Springfield, Ill.: Charles C. Thomas 1961.
[14] SCHULTZE, H. E., and G. SCHWICK: Clin. chim. Acta **4**, 15 (1959).
[15] SCHULTZE, H. E., u. G. SCHWICK: Behringwerk-Mitt. **35**, 57 (1958).
[16] BOYDEN, A., and R. DEFALCO: Physiol. Zool. **16**, 229 (1943).
[17] BOYDEN, A., E. BOLTON, and D. GEMEROY: J. Immunol. **57**, 211 (1957).
[18] LIBBY, R. L.: J. Immunol. **34**, 71 (1938).
[19] POPE, C. G., and M. HEALEY: Brit. J. exp. Path. **19**, 397 (1938).
[20] HÖLZER, K. H., u. G. BINZUS: VIIth Intern. Congr. Int. Med., München 1962, Vol. II, 536 (1963).
[21] BURTIN, P., et J. J. PODICALO: Presse méd. **62**, 1072 (1954).
[22] CHOW, B. F.: J. biol. Chem. **167**, 757 (1947).
[23] GITLIN, D., and H. EDELHOCH: J. Immunol. **66**, 79 (1951).
[24] GOODMAN, M., D. S. RAMSEY, W. L. SIMPSON, D. G. REMP, D. H. BASINSKI, and M. J. BRENNAN: J. Lab. clin. Med. **49**, 151 (1957).
[25] FRICK, E., u. L. SCHEID-SEIDEL: Z. ges. exp. Med. **129**, 221 (1957).
[26] SCHWICK, G., H. O. ESSER u. FR. KOCH: Behringwerk-Mitt. **37**, 11 (1959).
[27] SCHULTZE, H. E., K. HEIDE u. H. HAUPT: Klin. Wschr. **40**, 427 (1962).
[28] STÖRIKO, K., and G. SCHWICK: Proc. 11th Colloq. Protides of the Biological Fluids. Brügge 1963 Amsterdam: Elsevier 1964. p. 411.
[29] LAURELL, C.-B., u. S. ERIKSSON: 70. Tag. Dtsch. Ges. innere Med., Wiesbaden, April 1964.
[30] LAURELL, C.-B., and S. ERIKSSON: Scand. J. clin. Lab. Invest. **15**, 132 (1963).
[31] ERIKSSON, S.: Acta med. scand. **175**, 197 (1964).
[32] Übersicht in: HITZIG, W. H.: Die Plasmaproteine in der klinischen Medizin. Berlin-Göttingen-Heidelberg: Springer-Verlag 1963.

[33] MANCINI, G., J. P. VAERMAN, A. O. CARBONARA, and J. F. HEREMANS: Proc. 11th Colloq. Protides of the Biological Fluids. Brügge 1963, Lp. 370. Amsterdam: Elsevier 1964.
[34] AUGENER, W.: Proc. 12th Coll. Protides of the Biological Fluids. Brügge 1964, im Druck.
[35] URIEL, J., H. GÖTZ u. P. GRABAR: Schweiz. med. Wschr. 87, 431 (1957).
[36] SCHEIFFARTH, F., H. GÖTZ, and H. KNOPFF: Acta haemat. (Basel) 26, 169 (1961).
[37] HESS, M., u. R. BUETLER: In: HITZIG, W. H. „Die Plasmaproteine in der klinischen Medizin". Berlin-Göttingen-Heidelberg: Springer-Verlag 1963.
[38] TISELIUS, A.: Biochem. J. 31, 1464 (1937).
[39] KENDALL, F. E.: J. clin. Invest. 16, 921 (1937).
[40] KENDALL, F. E.: Cold Spring Harbour Symp. quant. Biol. 6, 376 (1938).

Diskussion

SCHULTZE: Zuletzt hörten Sie einige Anwendungen für die Immunpräcipitation, und ich bitte Sie aus dem Vortrag von Herrn SCHWICK zu entnehmen, daß es sich hier nur um *ein* Beispiel handelt. Die Natur liefert uns jeweils eine Fülle von Substanzen, und wir kommen in ein Stadium, wo wir uns nicht mehr damit begnügen, einzelne Antigene zu charakterisieren, beispielsweise durch ihre elektrophoretische Beweglichkeit, sondern, daß wir auch nachdrücklich wünschen, diese Antigene als Einzelmoleküle quantitativ zu erfassen.

WACHSMUTH (Frankfurt): Herr SCHWICK hat eben gezeigt, wie man mit einer nephelometrischen Methode eine *Heidelberger*-Kurve bestimmen könnte. Wir haben zu verschiedenen Zeitpunkten zwischen $1/4$ Std und 14 Std nach Reaktionsbeginn nephelometrisch bei 436 mμ die Heidelberger-Kurve für Kaninchenantiserum gegen Human-Albumin bestimmt. Dabei fiel auf, daß die Kurven sich in ihrer Form nicht wesentlich änderten, in ihrer Höhe aber zunahmen. Daher beschäftigten wir uns mit der Kinetik der Präcipitation. Aus dem Bild (S. 68) geht hervor, daß im Bereich relativen Antikörperüberschusses die Präcipitatbildung innerhalb von 1—2 min praktisch beendet ist und sich schnell einem Sättigungswert nähert, während bei Antigenüberschuß die Präcipitatbildung langsamer vonstatten geht, die Kinetik eine leicht gekrümmte Kurve beschreibt. Will man rasch und genau einen Hinweis auf die Lage des Äquivalenzbereichs und somit für die quantitative Bestimmung des Antikörpergehaltes erhalten, so bestimmt man mit einer niedrigen und einer höheren Konzentration an Antigen bei gleicher Antikörperkonzentration die Kinetik und kann so entscheiden, ob der Äquivalenzbereich dazwischen liegt. Ich glaube dies wäre eine Methode, um innerhalb von Minuten genau zur Bestimmung des Gehaltes an Antikörper in einem Antiserum zu kommen.

SCHULTZE: Ich finde den Vorschlag von Herrn WACHSMUTH sehr gut, denn es ist tatsächlich in manchen Fällen schwierig abzuschätzen, in welchem Bereich der Präcipitationskurve, aufsteigend oder abfallend, sich die gemessenen Werte befinden. Wir führen deshalb stets Doppelt- oder Dreifach-Bestimmungen mit verschiedenen Antigenverdünnungen durch.

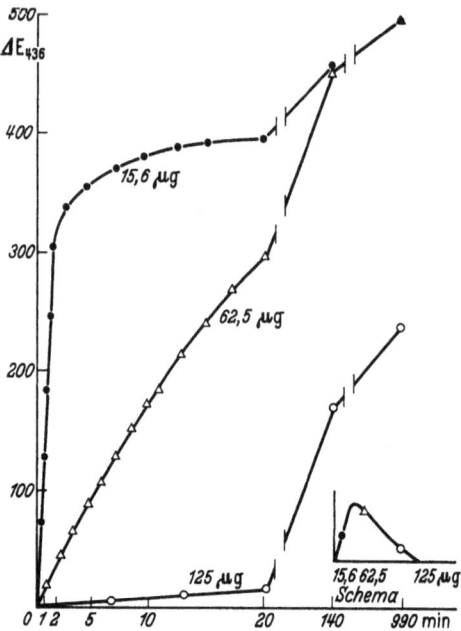

Kinetik der Antigen-Antikörper-Komplex-Bildung

STAUDINGER (Gießen): Ich möchte Herrn RAPP fragen: Sind die Zellfraktionen, mit denen Sie gearbeitet haben, wirklich rein? Nach unseren Erfahrungen ist es kaum möglich, *reine* Zellfraktionen zu gewinnen. Die morphologische Kontrolle genügt *nicht!* Notwendig ist die enzymatische Kontrolle. Dabei zeigt sich z. B., daß Mikrosomen *stets* mit Mitochondrientrümmern verunreinigt sind. Mitochondrien enthalten andererseits häufig Reste des endoplasmatischen Reticulums, d. h. Mikrosomen.

RAPP: Mit Ihrem Einwand stimme ich überein. Prinzipiell kann man sagen, daß absolut reine subcelluläre Fraktionen der menschlichen Magenschleimhaut nicht gewonnen werden können. Die notwendigen Beschleunigungen zur Gewinnung der einzelnen Fraktionen wurden unter elektronenmikroskopischer Kontrolle (Madame N. GRANBOULAN, Service du Dr. W. BERNHARD, Villejuif/Seine) im aufsteigenden und absteigenden Verfahren bestimmt. Die endgültigen Beschleunigungsgrößen waren: Kernfraktion 500 g/10 min in 0,25 M Saccharose, anschließend 10000 g/60 min in 2,2 M Saccharose, Mitochondrienfraktion I 1200 g/10 min, Mitochondrienfraktion II 5700 g/10 min, Mikrosomenfraktion 20000 g/20 min. Da die Mitochondrien zwischen 500 g und 5000 g streuten, war es praktisch unmöglich, eine reine

Fraktion zu gewinnen, denn bereits bei 1500 g waren schwere Mikrosomen vorhanden. Aus diesem Grunde haben wir zunächst eine unreine Fraktion (I) mit überwiegend vorkommenden Mitochondrien und einigen Mikrosomen und eine zweite Fraktion (II) mit wesentlich mehr Mikrosomen gewonnen. Die Mikrosomenfraktion war dagegen relativ rein. Aus diesen Angaben geht hervor, daß die Zellorganellen der menschlichen Magenschleimhaut wesentlich schwerer als jene der Rattenleber sind.

Wir haben folgende enzymatischen Systeme neben der morphologischen Kontrolle zur Charakterisierung der subcellulären Fraktionen gewählt: Carboxylesterasen, saure Phosphatasen, Lactat-, Malat-, Succinat- und Glutamat-Dehydrogenasen, Peroxydasen, Katalasen. Allerdings haben wir von vornherein auf die globalen enzymatischen Bestimmungen verzichtet, da mehrere elektrophoretisch unterscheidbare Enzyme bzw. Isoenzyme existieren. Außerdem hat unseres Wissens noch niemand die subcellulären Fraktionen der menschlichen Magenschleimhaut enzymatisch untersucht. Wir fanden fünf elektrophoretisch unterscheidbare Esterasen in geringerem Ausmaße in den Mitochondrien und in stärkerem in den Mikrosomen-Fraktionen, so daß wir schlußfolgernd doch eine vorwiegende Lokalisierung in den Mikrosomen annehmen. Die Lactat-Dehydrogenasen sind eindeutig im Zellsaft vorhanden, in Spuren in den übrigen Fraktionen. Die Malat- und Glutamat-Dehydrogenasen haben uns allerdings vor einige unerwartete Fragen gestellt. Ich erwähne das Beispiel der Malat-Dehydrogenase, wo ein Teil der elektrophoretisch unterscheidbaren Enzyme in den Mitochondrien und ein anderer Teil im Zellsaft vorkam. So müssen wir uns grundsätzlich fragen, ob die bisherigen enzymatischen Kriterien der Zellfraktionierung hinsichtlich der Beurteilung des Reinheitsgrades einer Zellfraktion ausreichend sind, da die elektrophoretischen Enzymverteilungsmuster häufig nicht beachtet wurden. Es wurden meistens nur globale Aktivitäten bestimmt. Saure Phosphatasen wurden in den Mitochondrien und Mikrosomen gefunden. Eine elektrophoretisch bisher unbekannte Phosphatase fand sich im Zellsaft. Dieses Verteilungsmuster besagt jedoch nicht viel. Man muß sich fragen, ob die sauren Phosphatasen nicht den Lysosomen zugesprochen werden müssen, die unvermeidlich in beiden Fraktionen mit vorhanden waren. Unter Berücksichtigung dieser Beobachtungen wird das von Ihnen angesprochene Kapitel noch wesentlich komplizierter.

GRASSMANN (München): Zu der eben geführten Diskussion über die Schwierigkeiten der Reindarstellung von Mitochondrien und anderen Zellorganellen interessiert vielleicht der Hinweis, daß es Herrn Dr. HANNIG an meinem Institut neuerdings gelungen ist, die trägerfreie kontinuierliche Elektrophorese so weiterzuentwickeln, daß damit eine Trennung von Zellen und Zellfragmenten gelingt [K. HANNIG: Z. physiol. Chem. **338**, 211—27 (1964)]. Wesentlich ist dabei, die Elektrophorese in einem *senkrecht* strömenden Flüssigkeitsfilm durchzuführen, ein Problem, dessen apparative Beherrschung nicht einfach war. Auf diese Weise konnten beispielsweise die Erythrocyten verschiedener Tier-Species, oder die verschiedenen Arten von Leukocyten voneinander getrennt werden. Es gelang, Zellen des Walker-Ascites-Tumors aus einem Gemisch mit überwiegenden Mengen anderer

Zellen praktisch quantitativ und in einheitlicher und virulenter Form zu isolieren. In Homogenaten aus pflanzlichen Zellen konnten Choroplasten, Kerne und Mitochondrien in einem Leberhomogenant Kerne, Mitochondrien und verschiedene Mikrosomen teils vollständig, teils weitgehend voneinander getrennt werden. Die Trennungen erwiesen sich als vollkommen reproduzierbar und vielfach überraschend scharf. Es scheint, daß das Verfahren dem der fraktionierten Zentrifugierung häufig überlegen ist — beispielsweise wandern beschädigte, bzw. zerstrümmerte Mitochondrien oder Zellkerne mit den intakten. Auf jeden Fall ist es eine wertvolle Ergänzung der bisherigen Methoden.

SCHULTZE: Auf jeden Fall haben Sie eine sehr schonende Methode beschrieben.

DECKER (Hannover): In der Magenschleimhaut wurde eine Urease postuliert. Wir fanden in der Pansenschleimhaut eine Urease, von der wir noch nicht genau wissen, ob sie tierischen oder bakteriellen Ursprungs ist. Sie interessiert uns, weil wir fanden, daß der Wiederkäuer eine erhebliche Menge seines Blutharnstoffes wieder in den Pansen zurücktransportiert. Ich wollte Herrn RAPP fragen: ist er der Urease in der Magenschleimhaut begegnet?

RAPP: Die Urease ist ein wichtiges Enzym, das uns gerade im Rahmen der Carcinogenese interessiert. Leider konnten wir es bisher noch nicht charakterisieren, da wir bei den an die Elektrophorese bzw. Immuno-Elektrophorese sich anschließenden Nachweismethoden auf chromogene Substrate angewiesen sind. Wir wären Ihnen für Angabe einer entsprechenden Methode sehr dankbar.

VESTER (Saarbrücken): Es hat mich sehr interessiert, daß Herr RAPP im Tumorgewebe einen verminderten Antigengehalt fand gegenüber der normalen Magenschleimhaut und daß (wie aus dem Diapositiv hervorging) die fehlenden Antigene offenbar auf der basischen Seite liegen. Wir haben vor einiger Zeit aus Pflanzen cancerostatische Proteine isoliert, die außerordentlich stark antigen wirken und ebenfalls im basischen Bereich liegen. Nun wollte ich Herrn RAPP fragen, ob diese fehlenden Antigene ausschließlich basisch sind und mit welchem isoelektrischen pH?

RAPP: Die von uns charakterisierten organspezifischen Antigene wurden im alkalischen Bereich extrahiert. Sie finden sich im wasserlöslichen Totalextrakt und im Zellsaft. Krebsspezifische Antigene mit präcipitierender Wirkung konnten wir nicht feststellen. Die organspezifischen Antigene wie die Pepsinogene und der Vitamin B 12-Binder sind in den Tumorextrakten vermindert. Sie liegen im anodischen und kathodischen Bereich in der Agargel-Elektrophorese. Uns ist jedoch aufgefallen, daß man in der einfachen Agargel-Elektrophorese in den Tumorextrakten im α_1- und α_2-Bereich einen globalen, nicht weiter auftrennbaren Proteinblock findet, ähnlich der Zellkern- und Mitochondrienextrakte, der sich aber immunologisch nicht weiter differenzieren ließ. Wir haben diese Frage mit C. und R. VENDRELY besprochen. Es ist möglich, daß es sich hierbei um Nucleohistone handelt. Dieser Block färbt sich durch Amidoschwarz und durch Pyronin an.

MATHIES (München): Herr SCHWICK hat so hervorragende Präparate von spezifischen Antiseren gezeigt. Durch Absättigung mit Antigenen dürfte sich so etwas ja nicht annähernd erreichen lassen. Es wurde ja auch schon angedeutet, daß es ihm in letzter Zeit gelungen ist, einzelne Antigene weitgehend rein herzustellen. Meine Frage geht dahin: sind neue Methoden entwickelt worden, mit denen so vorgegangen wird, wie wir es z. B. mit den Antigammaglobulinen machen, die wir an γ-Globulin anlagern und dann wieder absprengen, wodurch wir z. B. ein spezifisches β_2-Makro-Globulin bekommen. Arbeiten Sie in ähnlicher Richtung, oder haben Sie andere neue Methoden, um diese Antigene zur Gewinnung der Antiseren rein darzustellen?

SCHWICK: Unsere Antiseren sind durch Immunisierung mit Proteinen gewonnen worden, die durch übliche chemische Fraktionierungsverfahren, einschließlich Chromatographie und präparativer Zonenelektrophorese, isoliert wurden. Wir beschäftigen uns auch mit dem Problem, das Sie angedeutet haben, nämlich der Darstellung von Proteinen über Bindung an Antikörper und nachfolgender Dissoziierung.

SCHULTZE: Herr GRABAR, Sie haben einmal vor einigen Jahren die bis dahin bekannten immunologischen Methoden hinsichtlich ihrer Empfindlichkeit einander gegenübergestellt. Es wäre nun dankenswert, wenn Sie uns noch einmal kurz sagen würden, wie Sie die Methoden der Gelpräcipitation hinsichtlich ihrer Empfindlichkeit einreihen? Es besteht vielfach die Auffassung, daß die aufschlußreiche Geldiffusionsmethode auch die empfindlichste sei.

GRABAR: Seit der Zeit, wo wir diese Bestimmungen gemacht haben, haben wir erkannt, daß leider einige von diesen Bestimmungen nicht richtig interpretiert wurden. Man kann die passive Hämagglutination mit den quantitativen Präcipitinreaktionen nicht ohne weiteres vergleichen, weil wir wissen, daß auch mehrere nicht-präcipitierende Antikörper die passive Hämagglutination geben. Wir haben s. Z. ausgerechnet, daß die passive Hämagglutination bis zu $^3/_{1000}$ µg Antigen erfaßt, aber das muß man jetzt nochmals neu bestimmen. Wir wissen, daß z. B. bei Ratten die Antikörper, welche diese passive Hämagglutination geben, nicht durchweg dieselben sind wie die präcipitierenden Antikörper. Daher muß man also Korrekturen einfügen. In Gelpräcipitationen ist ungefähr ein Mikrogramm Antigen der Limiting Factor. Aber ich glaube, daß man mit einigen Mikromethoden noch wesentlich weiter herunter kommen kann, indem man u. a. auch ein nicht zu großes Gel benutzt. Wenn man in der Ouchterlony-Methode anstatt der großen Petrischalen kleine Objektträger benutzt, so kann man sehr leicht bis auf hundert mal feinere Empfindlichkeit kommen. Wir kennen auch einen anderen speziellen Fall, wo die Empfindlichkeit viel größer sein kann, nämlich da, wo man mit Enzymen zu tun hat. Man beobachtet z. B. in Organextrakten, die Enzymwirkung besitzen, häufig keine Präcipitinlinie. Prüft man aber auf Enzymaktivität, so findet man sie. Mit der immunoelektrophoretischen Analyse haben Dr. RAPP und Dr. ARONSON für einige Enzyme der Magenschleimhaut eine Empfindlichkeit bis zu ungefähr $^1/_{1000}$ µg beobachtet. Aber das ist natürlich indirekt, denn was wir messen, ist die Enzymaktivität.

Eine spezielle Bemerkung: Sehr oft findet man in der Literatur, daß ein Antikörper gegen ein Enzym die enzymatische Wirkung umändert oder ganz inhibiert. Ich muß jedoch sagen, daß das in den Gel-Präcipitinreaktionen meistenteils nicht der Fall ist. Wenn wir einen Antikörper gegen ein Enzym benützten, so wirkte das Präcipitat im allgemeinen — mit wenigen Ausnahmen — noch als Enzym. Man sollte nicht vergessen, daß der Antikörper nicht notwendigerweise mit der katalytisch wirksamen Gruppe des Enzyms reagiert. Die Antigene haben mehrere determinante Gruppen, also auch die Enzymmoleküle, die ja Proteinmoleküle sind.

SCHULTZE: Ich glaube, hier haben wir eine Erklärung für Ihre Beobachtungen. Es hat sich ja bei der Strukturanalyse gezeigt, daß im allgemeinen — und wir freuen uns darüber — diejenigen Gruppen, welche die Artspezifität bedingen, an einem besonderen Teil des Moleküls verankert sind und nicht zu weit in den spezifischen Bereich hineinreichen.

WESTPHAL: Die Diskussion über „Methoden der Herstellung guter Sera", die vielen von uns am Herzen gelegen hätte, weil sie sehr wichtig ist, muß aus zeitlichen Gründen leider ausfallen.

Human Blood-Group Specific Substances

By W. T. J. MORGAN

The Lister Institute of Preventive Medicine, London, S.W. 1

With 3 Figures

The differentiation of human erythrocytes into serologically distinct groups was first made by KARL LANDSTEINER at the beginning of this century, and the discovery proved to be one of outstanding importance.

At that time only one blood-group system was identified, and this was shown to contain two distinct blood-group characters called A and B. Today at least fourteen independent genetical blood-group systems are known, and in these systems there exist more than sixty different blood-group antigens. However, our knowledge of the chemistry of these substances is restricted to those occurring in no more than four of the blood-group systems, and today I shall consider work that has led to our present understanding of the chemistry of the substances associated with two of these genetic groups, the ABO and Lewis (Le) blood-group systems.

Early serological work established that factors responsible for the properties A and B occur on the red-cell singly (A or B), together (AB), or are completely absent (group O), and geneticists showed that these characters are inherited according to Mendelian laws and that the blood-group of an individual within the ABO genetic system depends on the presence of any two of the three allelic genes A, B or O. The blood-group character of the red-cells does not change during life.

Early attempts to isolate and identify the specific blood-group substances were made with erythrocyte or stroma preparations. The A- and B-active substances however were not recovered from the red-cell by extraction with water or saline, but could be obtained if ethanol was employed. The materials recovered were called "alcohol soluble" blood-group substances, but little was known about them chemically except that they were complex fatty materials of low specific activity. It is only recently [2, 3], and following the development of special techniques, that the essential components in these "alcohol soluble" extracts were shown to be glycolipids containing glucose, galactose, amino-sugars, sphingosine and fatty acids, but not amino acids. Although the purification of the A- and B-active glycolipids has been extensively studied, the essential homogeneity of the most carefully prepared substances is not yet established and little detailed information is at present available concerning the nature and sequence of the sugar units that are, as will be described later, responsible for the serological properties of the erythrocyte surface.

The first clear recognition of the nature of the substances of human origin that have group specificity was a direct outcome of an important discovery made independently thirty-five years ago by LEHRS and PUTKONEN. These workers showed that about three-quarters of all white (Caucasian) persons had serologically active materials, closely related to the group substances on their red-cells, in the secretions and body-fluids, such as saliva, gastric juice and urine. These individuals were called "secretors", and the remaining 25% or so of persons who do not secrete their A and B factors in a water-soluble form were designated "non-secretors". Non-secretor persons, however, secrete a serologically active substance, called Le^a substance, that is a product of an *Le* gene which belongs to a different genetic system from that containing the *A* and *B* genes. About 1% of all persons secrete neither A, B, H nor Le^a active substances. Perhaps mention should be made here of the fact that whereas group A or B "secretor" persons have water-soluble A or B substances in their secretions, group O individuals secrete a serologically active substance which, for genetic reasons that need not be considered today, is called H substance and not O substance. The capacity to secrete A, B and H substances in a water-soluble form is controlled by a secretor gene *Se*, the allele of which, *se*, when present in double dose prevents secretion of the group substance but does not influence the presence of the A, B and H specific factors on the red-cell surface.

Meconium, the first stool of the newborn, and the fluid contents of certain kinds of ovarian cysts were found to be very rich sources of group substances, and most of the investigations on these sub-

Table 1. *Typical analytical values for human blood-group substances obtained from ovarian cyst fluids*

Specific substance	% of total substance				
	Nitrogen	Fucose	Acetyl	Hexosamine*	Reduction*
A	5·4	19	9·0	29	54
B	5·6	16	7·0	24	52
H	5·3	18	8·6	28	50
Le[a]	5·0	14	9·9	32	56

* After hydrolysis with 0·5 N HCl at 100° for 18 hr.

stances have been carried out with material isolated from the latter source. The contents of a single specimen of cyst fluid sometimes yields several grams of purified specific substance. The methods used to obtain the group substances from secretions and tissue fluids are already fully described [4,5,6].

The examination of many specimens of each of the four specific (A, B, H and Le[a]) substances, showed them to be closely similar in chemical composition (Table 1) and in physical properties. Each substance contains 80—90% of carbohydrate, the remaining part of the molecule consisting of amino acids. The sugars, D-galactose, L-fucose, N-acetyl-D-glucosamine and N-acetyl-D-galactosamine, occur in all specific substances and in many instances N-acetylneuraminic acid is also a component sugar, but is usually present in relatively small amounts. In a few preparations, however, N-acetylneuraminic acid is an important component, and can make up as much as 18% of the total group substance. There appears to be a reciprocal relationship between this sugar and L-fucose, a high N-acetylneuraminic acid content being associated with a relatively small amount of L-fucose and *vice versa*. The composition of the amino acid-containing moiety is noteworthy in that the hydroxy amino acids, threonine and serine, together make up nearly half the total amino acids, whereas the aromatic and sulphur-containing amino acids are poorly represented. Typical analyses of the amino acid composition of four specific substances are given in Table 2, from which it will be seen that the amino acid-containing moiety has an unusual and characteristic pattern. Although the composition is remarkably constant, the total amount of amino acids can vary considerably (7—26%) from preparation to preparation [7].

Table 2. *Typical analytical figures for of the amino-acid composition of human blood-group specific substances*
Results expressed as μ moles amino-acid/100 μ moles of total amino acid

	A-substance	B-substance	H-substance	Le^a-substance
Aspartic acid	3·7	3·8	2·6	3·9
Threonine	25·3	28·0	29·8	27·4
Serine	16·7	17·6	20·1	15·6
Glutamic acid	6·2	4·3	3·3	5·6
Proline	13·9	14·2	14·2	13·1
Glycine	5·2	5·8	5·0	6·0
Cystine (half)	—	—	0·5	—
Alanine	7·6	10·0	9·5	8·8
Valine	5·1	4·4	4·7	5·5
Isoleucine	2·6	2·0	2·6	2·4
Leucine	3·4	1·9	1·9	2·9
Tyrosine	0·6	0·4	0·2	0·4
Phenylalanine	1·3	0·8	0·6	1·1
Lysine	2·3	1·9	1·6	1·8
Histidine	2·9	2·1	1·1	2·4
Arginine	3·4	2·8	2·3	3·1

The specific substances are macromolecules with molecular weights ranging from $200 \cdot 10^3$ to several millions. It is believed that the sugar-containing units are joined to the amino acid components of the peptide or protein moiety by co-valent bonds and, because of the overall composition and general behaviour of the specific substances, they have been classified as mucopolysaccharides. Mucopolysaccharides are therefore considered to be those substances that fall at one end — the carbohydrate-rich end — of a molecular species now generally designated glycoprotein.

The recognition that each serologically distinct group substance (A, B, H or Le^a) was closely similar in chemical pattern and physical properties offered no simple explanation for their different serological specificities, and it was therefore concluded that a relatively small part only of each mucopolysaccharide was responsible for these characters. The first and most important problem was therefore to determine in what way the specific substances differed from each other. Attempts to do this were made largely through three lines of approach: — (1) by methods which give information based on the specific inhibition of (a) haemagglutination, (b) precipitation and (c) enzymic inactivation. (2) by methods that allow the chemical changes that occur when the serological specificity is destroyed by a specific enzyme, to be identified, and (3) by methods involving the isolation of relatively simple structural fragments obtained by the partial acid hydrolysis or alkaline degradation of the specific substances.

Results obtained by each of the above methods will now be reviewed briefly.

1. Serological inhibition studies

An attempt to establish structural differences and relate these to a particular serological character was first made using an immunological technique based on LANDSTEINER's original discovery that simple substances with structures closely similar to, or identical with, the serologically specific determinant group in a complex antigen can combine with the homologous antibody and block the combination of the antigen with the antibody. The closeness of the structural relationship of the simple test substance to the serologically specific structure in the antigen is reflected in the firmness of the binding with the antibody and this is inversely proportional to the concentration of the test-substance required to bring about inhibition. The earliest method studied, the inhibition of the agglutination of red-cells by blood-group specific iso-antibodies and specific agglutinating reagents of animal and plant origin, gave the first clue to the nature of that part of each determinant structure that was largely responsible for specificity 8,9. The inhibition of the specific precipitation of the group substances with a specific serum was likewise investigated[10], and both methods gave essentially similar results which are summarized in the statement that a non-reducing $O-\alpha-N$-acetyl-L-galactosaminoyl end-group was the structure most closely associated with A specificity, $O-\alpha$-D-galactosyl- with B specificity, $O-\alpha$-D-fucosyl- with H specificity and a branched structure, in which $O-\beta$-D-galactosyl- and $O-\alpha$-L-fucosyl-units were joined by $1 \to 3$ and $1 \to 4$ linkages respectively to the same N-acetyl-D-glucosaminoyl residue, was identified with Le^a specificity. It was concluded from these results that the group specificity was intimately bound up with the carbohydrate structure in the specific substance, and that a simple sugar or small oligosaccharide occurring at the end of a carbohydrate chain was the most important part of the specific determinant structure. The successful application of these methods and the firmness of the structural conclusions reached depends on the availability of test-substances in the form of di-, tri- and higher saccharides of known structure which are closely related to the determinant group in the specific substances. Unfortunately, the test-substances most needed are sometimes not available and one must therefore rely ultimately on serologically active and fully identified sugar fragments obtained by other means, most frequently from the specific substances themselves, before a full identification of the serologically active structure can be made. It is essential that only the inhibition results given by those sugars and oliogosaccharides that are present in the specific substance should be considered. Sometimes sugars and sugar derivatives that do not occur in the specific substance give inhibition. Such a finding is to be anticipated, and is of considerable interest in general studies on antigen-antibody interaction, but such results should not be allowed to confuse the conclusions reached from experiments specifically designed to identify the non-reducing endgroups and their neighbouring structures in carbohydrate chains composed of fully identified sugars. In spite of these limitations and difficulties however, the results obtained by means of the inhibition technique have been of outstanding value in identifying the carbohydrate structures that are involved in immunological specificity, and similar specific inhibition tests have been recently used with success in other fields of study, one of which will be described today by Dr. OTTO LÜDERITZ. The results of all these investigations indicate clearly the way serology can be used as a tool to determine carbohydrate structure, when carbohydrate is associated with serological specificity.

2. Enzymic hydrolysis of the specific substances

Our present knowledge of the nature and sequence of the sugar units in the group specific determinants is the direct result of experiments designed to reveal the exact sequence of attack by enzymes that are known to inactivate the specific substances. It was found, for example, that sugars could be released one at a time from the non-reducing ends of the carbohydrate chains in the intact group substances. In this way the specificity associated with carbohydrate end-groups is destroyed and a new specificity, latent in the penultimate sugar unit, comes into being. It is therefore theoretically possible to degrade the carbohydrate chains step-by-step, identify the order in which the sugar units occur in the chain and determine the serological changes induced as each sugar in turn becomes a non-reducing terminal unit. This important method of attack was developed a few years ago[11,12], and by the action

B substance $\xrightarrow{\text{B enzyme}}$ An H-active substance $\xrightarrow{\text{H enzyme}}$
+
Galactose

An Le^a-active substance $\xrightarrow{\text{Le}^a \text{ enzyme}}$ A mucopolysaccharide
+ possessing Type XIV
Fucose Pneumococcus activity

Fig. 1. Changes in specificity of a group B substance induced by *T. Foetus* enzymes

of specific enzymes isolated from *T. foetus* it was possible to change group B substance into an H-active substance, which was then without B activity, and demonstrate the release of essentially one sugar, D-galactose (Fig. 1). Further incubation of the H-active substance so formed with another selected enzyme isolated from the same *T. foetus* preparation, gave a material that was no longer H-active, but was now strongly Le^a active. As a result of this change a single sugar, L-fucose, was the major sugar released. Finally, the Le^a-active substance formed was further changed enzymically into a mucopolysaccharide that had no A, B, H and Le^a activity, but had the capacity to react strongly with pneumococcus Type XIV antibody. Considered together with the results of other experiments, these results gave the first evidence for the sequence of the sugar units in a blood-group substance and subsequently similar results were obtained for other specific substances, and the findings taken together allowed a possible biosynthetic pathway leading to the formation of the specific substances to be envisaged[13,14].

3. Partial acid hydrolysis of the specific substances

Considerable difficulties were encountered by early workers attempting to obtain and identify the oligosaccharide fragments from the partial acid hydrolysis products of the specific substances[15]. A few important di- and, somewhat later, trisaccharides were isolated and identified, but because the yields were low the homogeneity of some of the smaller fragments was not firmly established and conclusions concerning their structure was sometimes tentative. In the last few years highly purified blood-group substances have become more readily available and a procedure for their partial hydrolysis by the use of a macromolecular water-soluble form of polystyrene sulphonic acid has been developed[16]. Since the earlier investigations there has accumulated much additional practical knowledge in the form of refined and elegant physical, chemical, enzymic and serological techniques for sorting out and characterizing the products of hydrolysis of complex fragments obtained from naturally-occurring macromolecules, and these additional techniques are now being applied.

The partial hydrolysis of a specific mucopolysaccharide with the polystyrene sulphonic acid reagent is conveniently carried out in a Visking tube which is sealed and immersed in a relatively large volume of distilled water maintained at a prearranged temperature. The specific substance is, by this procedure, exposed to a high, localized hydrogen ion concentration associated with the surface of the macromolecular polyanion and is progressively hydrolyzed. The neutral oligosaccharide fragments formed immediately pass from the region of high hydrogen ion concentration to one where the acidity is relatively low, and finally diffuse through the semi-permeable membrane, which retains the catalyst, into the distilled water where they undergo no further hydrolysis. This simple procedure gives a larger yield of tri-, tetra- and pentasaccharides than can be obtained by simple hydrolysis with mineral acid. The polystyrene sulphonic acid also brings about an enhanced rate of hydrolysis of glycosidic bonds compared with the rate of release of acetyl groups from the amino sugars, and therefore the amino sugars in the oligosaccharides are recovered with their N-acetyl groups largely intact.

On the basis of the results of many experiments on the partial acid hydrolysis products of the A, B, H and Le^a substances, ten di- or trisaccharide units have been obtained from A and B substances and fully characterized, and seven from each of the H and Le^a substances (Fig. 2)[17]. It will be noticed that the seven di- and trisaccharides obtained from H and Le^a substances are common to the hydrolysates of all the group substances, and are serologically inactive, whereas the three oligosaccharides that occur only in the hydrolysis products of A substance have A activity and the three that occur in the products from B substance have B activity. The A- or B-active trisaccharides were obtained from A and B substances respectively that had been isolated from single ovarian

(1) Oligosaccharides common to hydrolysates of A, B, H and Le^a substances
    β-Gal-(1 → 3)-GNAc
    β-Gal-(1 → 4)-GNAc
    β-GNAc-(1 → 3)-Gal
    β-Gal-(1 → 3)-GalNAc
    β-Gal-(1 → 3)-β-GNAc-(1 → 3)-Gal
    β-Gal-(1 → 4)-β-GNAc-(1 → 3)-Gal
    β-GNAc-(1 → 3)-β-Gal-(1 → 3)-GalNAc

(2) Active oligosaccharides occurring only in hydrolysates of A substance
    α-GalNAc-(1 → 3)-Gal
    α-GalNAc-(1 → 3)-β-Gal-(1 → 3)-GNAc
    α-GalNAc-(1 → 3)-β-Gal-(1 → 4)-GNAc

(3) Active oligosaccharides occurring only in hydrolysates of B substance
    α-Gal-(1 → 3)-Gal
    α-Gal-(1 → 3)-β-Gal-(1 → 3)-GNAc
    α-Gal-(1 → 3)-β-Gal-(1 → 4)-GNAc

Abbreviations: Gal = D-galactopyranose;
GNAc = N-acetyl-D-glucosaminopyranose;
GalNAc = N-acetyl-D-galactosaminopyranose

Fig. 2. Oligosaccharides isolated from human blood-group A, B, H and Le^a substances

cyst fluids. It must be concluded therefore that each preparation of specific substance, although obtained from a single individual, has at least two different specifically active carbohydrate chains; it cannot be immediately concluded that both these active structures occur in each mucopolysaccharide macromolecule, although this would be a reasonable assumption. On the evidence obtained it was possible to suggest the simplest sequence of five sugar units in each of the main carbohydrate chains in A and B specific substances (Fig. 3). These oligosaccharides do not contain fucose, as this sugar is rapidly removed during acid hydrolysis.

A-substance

(1) α-GalNAc-(1 → 3)-β-Gal-(1 → 3)-β-GNAc-(1 → 3)-β-Gal-(1 → 3)--GalNAc
(2) α-GalNAc-(1 → 3)-β-Gal-(1 → 4)-β-GNAc-(1 → 3)-β-Gal-(1 → 3)--GalNAc

B-substance

(1) α-Gal-(1 → 3)-β-Gal-(1 → 3)-β-GNAc-(1 → 3)-β-Gal-(1 → 3)--GalNAc
(2) α-Gal-(1 → 3)-β-Gal-(1 → 4)-β-GNAc-(1 → 3)-β-Gal-(1 → 3)--GalNAc

H and Le^a substances

(1) β-Gal-(1 → 3)-β-GNAc-(1 → 3)-β-Gal-(1 → 3)-GalNAc
(2) β-Gal-(1 → 4)-β-GNAc-(1 → 3)-β-Gal-(1 → 3)-GalNAc

Fig. 3. Simplest sequence of sugar units in the carbohydrate chains of the blood-groups substances

Alkaline degradation of the specific substances

Because of the large amount of L-fucose in each blood-group substance, it was necessary to determine more exactly the part played by this sugar in specificity, and the results of preliminary experiments indicated that this information could be best obtained if the substances were degraded with an alkaline reagent. Under such conditions many of the carbohydrate fragments formed retained their fucose components. Alkaline degradation of the specific substances most probably commences with rupture of the linkage that binds the carbohydrate chains to the peptide backbone. Thereafter the sugar units, under carefully controlled conditions, are eroded step by step, starting from the reducing end of the liberated carbohydrate chain until a relatively alkali-stable structure is reached. Degradation is readily carried out by heating the specific substance at 60° with an aqueous-methanolic solution of a volatile base, such as triethylamine. After suitable intervals the solution is evaporated, under reduced pressure at room temperature, to a relatively small volume, dialysed, and the indiffusible residue again treated with the alkaline reagent; the process is repeated several times. From H substance two fragments were isolated[18,19] from the combined diffusates and characterised as 2-*O*-α-L-fucosyl-D-galactose and *O*-α-L-fucosyl-(1 → 2)-*O*-β-D-galactosyl-(1 → 4)-*N*-acetyl-D-glucosamine, the latter being strongly H-active. Small amounts of the corresponding *O*-α-

L-fucosyl-$(1 \to 2)$-O-β-D-galactosyl-$(1 \to 3)$-N-acetyl-D-glucosamine, which was also active, were identified earlier in the acid hydrolysis products of H substance, but because this trisaccharide is readily degraded by alkali to give O-α-L-fucosyl-D-galactose, it is not normally recovered from the products of alkaline degradation.

Group A substance under similar conditions of alkaline degradation[18, 20] gave a number of fucose-containing oligosaccharides. One, a tetrasaccharide, was A-active and is now known to be

O-α-N-acetyl-D-galactosaminoyl-$(1 \to 3)$-β-D-galactosyl-$(1 \to 4)$-N-acetyl–
$\qquad\qquad\qquad\qquad\qquad\qquad\qquad\quad |\ (1 \to 2)\quad \beta$-D-glucosamine
$\qquad\qquad\qquad\qquad\qquad\qquad\quad \alpha$-L-fucose

From B substance, under similar conditions, a B-active tetrasaccharide has been obtained and identified as

O-α-D-galactosyl-$(1 \to 3)$-β-D-galactosyl-$(1 \to 4)$-N-acetyl-β-D-glucosamine
$\qquad\qquad\qquad\qquad\qquad\quad |\ (1 \to 2)$
$\qquad\qquad\qquad\qquad\quad \alpha$-L-fucose

Recently similar fucose-containing tetrasaccharides have been obtained by degradation of blood-group substances with alkaline borohydride[21, 22].

The isolation of these serologically active tetrasaccharides establishes one type of fucose-containing determinant structure in group A and B substances.

The alkaline degradation of Le^a substances likewise gave a serologically active, fucose-containing trisaccharide[23],

O-α-L-fucosyl-$(1 \to 4)$ ⟍
$\qquad\qquad\qquad\qquad\qquad\quad N$-acetyl-D-glucosamine
O-α-D-galactosyl-$(1 \to 3)$ ⟋

and thus confirmed the structure of the Le^a-active determinant suggested several years ago on the basis of the results of haemagglutination inhibition experiments[24].

Serological and structural evidence indicates that although N-acetyl-D-galactosamine is the primary determinant of A specificity and D-galactose the primary determinant of B-specificity, the L-fucosyl units situated near the non-reducing end of carbohydrate chains contribute to the complete determinant group in both A and B substances. On the other hand in the carbohydrate structure identified with Le^a specificity, as shown above, the L-fucosyl unit appears to be the primary determinant of the Le^a activity. It is also known that a non-reducing L-fucosyl group is an essential unit in the H specific determinant. It appears therefore that L-fucose plays a role in A, B, H and Le^a specificity. There is, however, no evidence that fucose is associated with the pneumococcus Type XIV cross-reactive structure shown by many of the specific substances.

Comparison of the red-cell glycolipids with the specific substance in secretions

The A and B group specific glycolipids obtained from the red-cell and the corresponding serologically active mucopolysaccharides isolated from secretions are chemically quite different substances. It has always been assumed that the carbohydrate structures associated with each of the two forms of A and B substances were identical or at least closely similar. Analytical figures for the two materials obtained from A red-cells and A-active secretions are given in Table 3. To obtain additional evidence [25] for the very close serological relationship known to exist between the glycolipid and mucopolysaccharide macromolecules the two materials were examined in double diffusion tests in agar gel (Ouchterlony tests) which contained rabbit anti-A or -B precipitating sera produced by injecting human A or B cells or artificial antigens made from A or B specific mucopolysaccharides. The glycolipid gave a pattern of fusion with the corresponding mucopolysaccharides obtained from secretions, a reaction which indicates that the substances contain a common determinant structure. These results and others

Table 3. *Typical analytical figures for human A substance of ovarian cyst and red-cell origin*

%	A substance from	
	Ovarian cyst fluid	Red-cells
Reducing sugar	52	42
Hexosamine	29	12
Fucose	18	2
Sialic acid	1	10
Nitrogen	5	2·5

Taken from WATKINS, KOSCIELAK and MORGAN. *Proc. 9th int. Soc. Blood Transf.* Mexico, 1962.

involving inhibition studies with A and B substances suggest that the carbohydrate structures responsible for these specificities in the mucopolysaccharide substances also exist, at least to the extent of the non-reducing end-groups and the penultimate sugar units, in the blood-group specific red-cell glycolipids. The oligosaccharide components of the glycolipids have not yet been isolated and their structures determined.

The amino acid-containing moiety of the specific substances

As already indicated, the composition of the amino acid-containing moiety in highly-purified blood-group substances is remarkably constant, whereas the total amount of this component is variable. It is generally observed that of the group specific mucopolysaccharide fractions obtained from a single cyst fluid, those having the highest viscosity and molecular size are those possessing the greatest amount of total amino acid.

The specific substances are largely resistant to the action of the proteolytic enzymes trypsin and pepsin which do not reduce the amount of amino acid in the substances. Papain and ficin on the other hand bring about a limited degradation of the specific macromolecules, dividing them essentially into two mucopolysaccharides of similar composition [26]. Both these materials are similar in carbohydrate composition to the starting substance, and one mucopolysaccharide accounts for about three-quarters of the total substance and has a size equivalent to approximately two-thirds of the original material. The second mucopolysaccharide is of relatively small molecular weight. In view of the changes brought about, in which the carbohydrate structures remain intact, it is surprising to find that each material has a much reduced specific activity compared with the original substance when this property is measured by inhibition of haemagglutination. However, the largest material obtained from the specific substance by papain or ficin digestion still precipitates with a specific serum but is nevertheless less active in this respect than is the starting substance.

Although there is no appreciable release of diffusible amino acids or small peptides during digestion, the quantitative amino acid composition of the products is appreciably different for each substance and these fractions differ again from the amino acid composition of the original group substance from which they were derived. The results suggest that the amino acids are not evenly distributed in the peptide moiety and an increase in the proportion of hydroxy amino acids in the larger of the digestion products, compared with that in the original substance or in the smaller of the two digestion products, is usually found. For example the values for serine and threonine together amount to 61% of the total amino acids in the largest digestion product and 38% in the smallest fragment; the original substance in this instance, an H substance, had 47% of its total amino acids as hydroxy-amino acid. Acidic and basic amino acids tend to increase in amount in the smaller of the two hydrolysis products.

Treatment of the specific substances with pronase, a powerful, broad specificity proteolytic enzyme obtained from *Streptomyces griseus*, brings about essentially the same structural changes as do papain and ficin, but there is some evidence that more of the smaller-sized degradation products are formed. They are however similar in composition to those that arise after digestion with papain or ficin. In one experiment the smallest of the digestion products obtained from a group substance was estimated to have a molecular weight of about 11,000 (Archibald method). This substance did not precipitate, but readily inhibited precipitation, when added to a suitable serum before the addition of the corresponding material of largest size obtained from the products of digestion[27].

The absence of any reactivity of the undegraded blood-group substances with dinitrofluorobenzene makes it appear that the substances have no free N-terminal groups in the peptide moiety. It seems probable that the peptide N-terminal groups are masked in some way, as yet undetermined, possibly by steric hindrance due to the oligosaccharide sidechains or by *N*-acetyl or similar substitution. After repeated digestion with papain or ficin the smaller fragments obtained reacted with dinitrofluorobenzene and gave, after hydrolysis, DNP-glycine and DNP-leucine/isoleucine, but these amino acids are possibly components of the peptide chains that gave rise to N-terminal groups during proteolysis[27].

Conclusions

The chemical evidence obtained so far supports the belief that the specific substances are macromolecules built up on the basis of relatively short oligosaccharide chains attached to a peptide backbone. There is to date no worthwhile direct chemical evidence for the mode of attachment of the oligosaccharides to the amino acid-containing moiety. On the assumption that the oligosaccharides are composed of a minimum of seven sugar units and that the group substance has a molecular weight of 500,000 and contains 85% of carbohydrate, there would be about 350 oligosaccharide chains per molecule of group substance. There is however some evidence that certain of the disaccharide units might be repeated in the carbohydrate sequence. If this is so then the number of carbohydrate chains in the molecule would be smaller than 350. The group substances contain 4—5 times as many hydroxy amino acids (serine and threonine) as dicarboxylic amino acids (aspartic and glutamic acids) and, on the simplest assumption that all the carbohydrate chains are of about the same length and that they are joined exclusively to either the hydroxy- or dicarboxylic-amino acids, the latter structure would require carbohydrate chains 4—5 times as long as would be needed if the hydroxy amino acids were alone involved. At the moment it is not known to what extent either type of amino acids is involved in the structure of the intact blood-group substance, but it would be surprising if serine and threonine were not heavily involved in the linkage joining the carbohydrate chains to the peptide moiety.

The specific mucopolysaccharide preparations obtained from ovarian cyst fluids vary considerably in their solubility in water. Some are obtained as sparingly-soluble gel-like preparations, whereas others are readily soluble. Both types of substance however have a similar composition, but it has been observed that the sparingly soluble substances have a significantly higher content of N and cystine than have the soluble materials. Some of the gel-like substances can be readily solubilized in water by the addition of reducing agents, such as thioglycollate, cysteine or sulphite, and it seems reasonable to believe that the sparingly soluble materials are giant macromolecules built up from the smaller, water-soluble mucopolysaccharide molecules (Mol. wt. $200—500 \cdot 10^3$) through the formation of a small number of intermolecular disulphide (—S — S—) bonds [28].

In proposing an overall structural pattern for the group specific substances it is necessary to take into account the serological observations that the carbohydrate chains in the intact A and B substances obtained from a single individual do not always end in those carbohydrate structures that are believed to be responsible for A and B specificity but react serologically as if carbohydrate structures associated with H, Le^a and pneumococcus Type XIV activity are also present. These findings presumably mean that the lengths, as well as the nature of some of the non-reducing end-groups of the carbohydrate chains in a mucopolysaccharide preparation, differ from each other.

All the evidence collected to date supports the belief that the characteristic serological specificity of blood-group substances associated with the A, B, O and Lewis (Le) genetic systems arises from the relatively small carbohydrate chains and more particularly depends on the fine structure of the non-reducing sugar end-units and their immediate neighbours in these chains. It is believed that the amino acid-containing moiety in each specific substance probably has no direct influence on blood-group specificity as such, but functions as a structural framework and imparts rigidity to the whole macromolecule. By this means there is achieved an essential conformational relationship of carbohydrate end-groups to each other and to the rest of the molecule and this brings about maximum reactivity with antibody. A structural function of this kind for the peptide moiety might help to explain the serological behaviour of the products of digestion of the specific substances with papain, ficin and pronase. These hydrolysis products have their carbohydrate determinant structure intact, but nevertheless are much less able to combine firmly with specific antibody than are the molecules of the native specific substance.

The results described today offer an explanation, in terms of chemical structure, of inherited differences in the mucopolysaccharides that occur in the secretions and tissue constituents in man. The conclusions reached are of considerable importance in the rapidly developing subject of biochemical genetics, especially perhaps because the specific blood-group substances are under genetic control but are not proteins. They are presumably built up by the action of different enzymes (proteins) that are under the direct control of the genes. The enzymes are specific in their action and when present bring about the addition of specific sugars, by definite linkages, to certain sugar units in a carbohydrate chain. A study of the biosynthesis of the blood-group specific substances is now being undertaken and the results will certainly be awaited with keen interest as they will contribute much to our understanding of the action of genes on each other, in biochemical terms.

References

[1] RACE, R. R., and R. SANGER: Blood Groups in Man, 4th ed. Oxford: Blackwell 1962.
[2] KOSCIELAK, J.: Biochim. biophys. Acta (Amst.) **78**, 313 (1963).
[3] YAMAKAWA, T., R. IRIE, and M. IWANAGA: J. Biochem. (Tokyo) **48**, 490 (1960).
[4] GIBBONS, R. A., W. T. J. MORGAN, and M. GIBBONS: Biochem. J. **60**, 428 (1955).
[5] KABAT, E. A.: Blood Group Substances. New York: Academic Press 1956.
[6] PUSZTAI, A., and W. T. J. MORGAN: Biochem. J. **80**, 107 (1961).
[7] PUSZTAI, A., and W. T. J. MORGAN: Biochem. J. **88**, 546 (1963).
[8] WATKINS, W. M., and W. T. J. MORGAN: Nature (Lond.) **169**, 825 (1952).
[9] MORGAN, W. T. J., and W. M. WATKINS: Brit. J. exp. Path. **34**, 94 (1953).
[10] KABAT, E. A., and S. LESKOWITZ: J. Amer. chem. Soc. **77**, 5159 (1955).
[11] WATKINS, W. M.: Bull. Soc. Chim. biol. (Paris) **42**, 1599 (1960).
[12] WATKINS, W. M.: Immunology **5**, 245 (1962).
[13] WATKINS, W. M.: Proc. 7th Congr. Intern. Soc. Blood Transf. 1958, 692 Rome.
[14] WATKINS, W. M., and W. T. J. MORGAN: Vox Sang. **4**, 97 (1959).
[15] CÔTÉ, R., and W. T. J. MORGAN: Nature (Lond.) **178**, 1171 (1956).
[16] PAINTER, T. J., and W. T. J. MORGAN: Nature (Lond.) **191**, 4783 (1961).
[17] REGE, V. P., T. J. PAINTER, W. M. WATKINS, and W. T. J. MORGAN: Nature (Lond.) **200**, 4906 (1963).
[18] MORGAN, W. T. J., T. J. PAINTER, and W. M. WATKINS: Proc. 9th Congr. int. Soc. Blood Transf. Mexico, 1962. 220 (1964).
[19] REGE, V. P., W. M. WATKINS, T. J. PAINTER, and W. T. J. MORGAN: Nature (Lond.) **203**, 4943 (1964).
[20] PAINTER, T. J., W. M. WATKINS, and W. T. J. MORGAN: (Unpublished observations).
[21] SCHIFFMAN, G., E. A. KABAT, and E. A. THOMPSON: Biochemistry, **3**, 587 (1964).
[22] LLOYD, K. O., and E. A. KABAT: Biochem. biophys. Res. Commun. **16**, 385 (1964).
[23] REGE, V. P., T. J. PAINTER, W. M. WATKINS, and W. T. J. MORGAN: Nature (Lond.) **204**, 140 (1964).
[24] WATKINS, W. M., and W. T. J. MORGAN: Nature (Lond.) **180**, 1038 (1957).
[25] WATKINS, W. M., J. KOSCIELAK, and W. T. J. MORGAN: Proc. 9th Intern. Congr. Blood Transf. Mexico, 1962. 213. Basel/New York: Karger 1964.
[26] MORGAN, W. T. J., and A. PUSZTAI: Biochem. J. **81**, 648 (1961).
[27] PUSZTAI, A. (Unpublished observations).
[28] DUNSTONE, J.: (Unpublished observations).

Diskussion

GOEBEL (New York) (Diskussionsleiter): We are deeply grateful to you, Professor MORGAN, for bringing clarity to a problem which, for decades, has proved to be fantastically complex... We will now ask Dr. SPRINGER to continue the discussion of blood group substances.

Die Beziehung blutgruppenaktiver Substanzen zu Bakterien, höheren Pflanzen und Viren*

Von G. F. Springer

*Immunochemistry Department** and Department of Microbiology, Northwestern University, Evanston Hospital Association, Evanston, Illinois, USA*

Mit 2 Abbildungen

Der Vortrag von Herrn Morgan hat Ihnen die biochemische Genetik der menschlichen Blutgruppensubstanzen A, B, 0 und Lewis und ihre strukturelle Basis in übersichtlicher Weise geschildert. Die Funktion der Blutgruppensubstanzen, von denen wir heute beim Menschen 14 Systeme mit weit über 60 Faktoren kennen, ist aber noch weitgehend ungeklärt. Wir wollen hier auch nicht deren wichtige Rolle bei Mutter-Foetus-Inkompatibilitäten[1,2,3], als Bifidusfaktor[4], die Beziehung zum Intrinsicfaktor[5] oder zu den Virusreceptoren[6,7,8] besprechen.

Es ist uns gelungen nachzuweisen, daß blutgruppenaktive Substanzen ein in der belebten Natur ubiquitäres Strukturprinzip darstellen, das in den Zelloberflächen der primitivsten wie höchsten Lebensformen angetroffen wird und welches die Natur anscheinend durch alle phylogenetischen Entwicklungsstufen beibehalten hat[7]. Das faszinierende an den Blutgruppensubstanzen, die also keineswegs auf das Blut noch auf den Menschen beschränkt sind, beruht z. T. auch darauf, daß sie als Oberflächenstrukturen Receptoren im Sinne Paul Ehrlichs darstellen[9,10].

Der Name ,,Blutgruppensubstanz" hat für die A, B 0(H)-Substanzen, glaube ich, nur mehr historische Bedeutung; und ich hoffe, Ihnen klarzumachen, daß diese Bezeichnung eher ein ,,Misnomer" ist und darauf zurückzuführen, daß derartige Substanzen auf den menschlichen roten Blutkörperchen von Karl

---

* Eigene hier berichtete Arbeiten werden durch National Science Foundation Grant Nr. GB-462, und durch National Institutes of Health Grant Nr. AI-05681 unterstützt.

** Unterhalten durch den Susan Rebecca Stone Fund for Immunochemistry.

LANDSTEINER um 1900 zum ersten Male gefunden wurden[11,12]. Gleiche oder sehr ähnliche Strukturen finden sich von den niedrigsten bis zu den höchsten Lebewesen[4,7,13–18], das heißt von Viren über Bakterien, höhere Pflanzen bis zu einfachen sowie höheren Tieren hinauf zum Menschen. Ich möchte kurz darauf hinweisen, daß wir vor kurzem in den Meeresschwamm-Glykopeptiden, die Dr. McLENNAN isoliert hat[19], ebenfalls Substanzen gefunden haben, die *in vitro* mäßig blutgruppenaktiv sind (immunologische Untersuchungen an diesen letzteren Substanzen stehen noch aus).

Anhand von Vertretern der drei zu diskutierenden Klassen, den Bakterien, den höheren Pflanzen und den Viren, möchte ich zeigen, daß die immunologische Identität oder Ähnlichkeit A, B und H(0) blutgruppen-aktiver Makromoleküle nicht notwendigerweise auch chemische Identität dieser Strukturen bedeutet. Auf die Beziehung von Influenzaviren mit den menschlichen Blutgruppenantigenen M und N wird ebenfalls hingewiesen werden.

Am Beispiel des Blutgruppen-B-spezifischen *Escherichia coli* O_{86} B:7 wollen wir immunologische und chemische Beziehungen der bakteriellen B-spezifischen Substanz zu der menschlichen Ursprunges untersuchen. Tab. 1 zeigt die im Hämagglutinationshemmungstest bestimmte Blutgruppenaktivität dieses Bakteriums im Vergleich zu den höchstaktiven Substanzen von Säugetieren. Einige dieser Präparate besaßen auch ganz niedrige A-Aktivität ($<2\%$ der B-Aktivität). Bereits das ganze Bakterium zeigt hohe Aktivität, und das isolierte Lipopolysaccharid oder Protein-Lipopolysaccharid ist mindestens so aktiv wie hoch gereinigte menschliche B-Substanz aus Ovarcysten. Der blutgruppenaktive Komplex wurde entweder mit Pyridin-Wasser[20] oder Phenol-Wasser[21] extrahiert und dann weiter mit Alkohol und der Ultrazentrifuge

Tabelle 1. *Blood group B active polysaccharides*

Most highly active polysaccharide from:	Minimum amount (mg/ml) completely inhibiting 4 hemagglutinating doses human anti-B
E. coli O_{86} whole bacteria	0.01—0.02
E. coli O_{86} lipopolysaccharide	0.001
Human ovarian cyst mucoid	0.001—0.002
Human meconium mucoid	0.002
Horse stomach mucoid	0.01

Tabelle 2. *Blood group B active oligosaccharides from E. coli O_{86} and their monosaccharide constituents*

Oligosaccharide	Minimum amount (mg/ml) completely inhibiting 4 agglutinating doses human anti-B	Monosaccharide constituents			
		Fucose	Glucose	Galactose	Hexosamine
C—15	0.3	1(1)*	2(2)	2—3(1—2)	0
C—25	2.5	1	1	4	1
PA—12	2.5	1	1	2	2
PA—0	1.2	1	2—3	2	2
0-α-D-galactopyranosyl-(1→3)-D-galactose ..	5—10			2	

* Molar proportions; value in brackets after $NaBH_4$ reduction.

fraktioniert[22], bis im Agar-Gel-Diffusionstest nur eine Linie mit menschlichem anti-Blutgruppen-B-Serum nachweisbar war.

Milde Säurehydrolyse mit löslichem Ionenaustauscher erlaubte es uns, in Zusammenarbeit mit E. WANG, J. NICHOLS und B. KOLECKI eine Anzahl blutgruppen-B-spezifischer Oligosaccharid-Fraktionen vom *E. coli* O_{86} Lipopolysaccharid vermittels präparativer Papierchromatographie zu isolieren[23, 24]. Tab. 2 zeigt Ihnen, daß das aktivste dieser Präparate mehr als zehnmahl so aktiv war wie α-D-Galaktopyranosyl-(1→3)-D-Galaktose, das aktive Disaccharid der menschlichen Blutgruppensubstanz B[25]. Die Bausteine dieser von uns isolierten Oligosaccharide sind ebenfalls in Tab. 2 angeführt. Alle untersuchten Fraktionen enthalten eine Einheit Fucose, verschiedene Mengen Galaktose, Glucose und mit einer Ausnahme Hexosamin. In jedem Falle erwies sich das Hexosamin als Galaktosamin (chromatographisches Ergebnis bestätigt durch Ninhydrinabbau nach STOFFYN und JEANLOZ[26]).

Tab. 3 zeigt die Resultate, die wir mit α-Galaktosidase von der Kaffeebohne erzielt haben[27]. Wie Sie aus der vierten senkrechten Spalte dieser Tabelle entnehmen können, zerstört dieses Enzym >90% der B-Aktivität des Lipopolysaccharids, und aus Spalte 5 ist ersichtlich, daß gleichzeitig etwas Blutgruppen-H(0) Spezifität *de novo* auftritt. Diese Befunde sind ähnlich denen, die früher von ZARNITZ und KABAT[28] sowie von WATKINS, ZARNITZ und KABAT[29] für die Wirkung dieser Glykosidase auf menschliche Blutgruppen-B-Substanz erhoben wurden. Tab. 3 gibt auch Resultate wieder,

Tabelle 3. *Inhibition of anti-human blood group agglutinins by blood group cross-reactive substances, before and after the action of coffee bean α-galactosidase*

Group	Substance	Enzyme treatment	Mg/ml of material completely inhibiting 4 agglutinating doses of serum	
			Human anti-B B cells	Eel anti-H (O) O cells
B	*E. coli* O_{86} lipopolysaccharide	no yes	0.005 0.1	N.A.* 1.2—2.5
	E. coli O_{86}, PA-0 oligosaccharide	no yes	1.2—2.5 N.A.	N.A. 5
0	Sassafras polysaccharide XII	no yes	N.A. N.A.	0.01 0.01

* N.A. = not inhibiting at 10 mg/ml.

Tabelle 4. *Highly blood group active bacteria*

Organism	0-Antigen	Specificity	Sugars shared with human blood group mucoids			
			Fucose	Galactose	Galactosamine	Glucosamine
E. coli	86	B	+	⊕	+	+
	127	H(O)	⊕	+	+	+
	128	H(O)	⊕	+	+	+
S. poona	13, 22	H(O)	⊕	+	+	+
S. grumpensis . . .	13, 23	H(O)	⊕	+	+	+
S. atlanta	13, 23	H(O)	⊕	+	+	+
S. berkeley	43	B	+	⊕	+	+
Arizona	9	H(O)	⊕	+	+	+
	21	B	+	⊕	+	+

⊕ = sugar responsible for most of a given activity in human blood group mucoid.

die mit einer blutgruppen-B-aktiven Oligosaccharidfraktion von *E. coli* O_{86}-Lipopolysaccharid erzielt wurden. Wiederum wird die B-Aktivität durch das Enzym zerstört und H(O)-Spezifität entsteht durch seine Einwirkung, als einzige Hexose wird α-glykosidisch gebundene Galaktose abgespalten.

Tab. 4 führt eine Anzahl weiterer gramnegativer Bakterien mit hoher Blutgruppen-Aktivität an. Sie enthalten stets zumindest 3 der 4 Zucker[14], die den Zuckeranteil der menschlichen A-, B- und H(O)-Substanzen ausmachen[30, 31]. Die Analyse der Zuckerbausteine dieser Bakterien verdanken wir vor allem WESTPHAL,

LÜDERITZ, KAUFFMANN und ihren Mitarb.[32,33] sowie DAVIES[34]. Das Vorhandensein dieser Monosaccharide ist jedoch keine Garantie für die Blutgruppenaktivität der untersuchten Organismen, es kommt auf ihre Verteilung und Bindungsweise innerhalb des Lipopolysaccharidmoleküls an[14]. Unsere bisherigen Untersuchungen sprechen dafür, daß die blutgruppenspezifischen Haptene von *E. coli* O_{83} denen der menschlichen, Glucose-freien, Blutgruppenmucoide sehr ähnlich sind[23]. Auch haben wir nunmehr eine Blutgruppen-B spezifische Tetrasaccharidstruktur an der Oberfläche von *E. coli* O_{86} charakterisiert, die der des Menschen sehr ähnlich ist[69].

In den höheren Pflanzen, die wir untersucht haben[35-38], nämlich in der Eibe *(Taxus cuspidata* und *baccata)*, sowie im Sassafrasbaum *(Sassafras albidum)* ist die Situation anders. [Die Eibe ist ein in Deutschland naturgeschützter Baum, während Sassafras in Deutschland, wenn überhaupt, dann nur auf Bodenseeinseln vorkommt. Das Öl des Sassafras spielte aber wegen seiner lichtbrechenden Eigenschaften in der Polemik zwischen GOETHE und NEWTON eine Rolle (s. GOETHEs Farbenlehre)]. Wir haben physikalisch-chemisch einheitliche Polysaccharide aus den Zweigen dieser Bäume vermittels Wasserextraktion und Fraktionierung mit organischen und anorganischen Lösungsmitteln isoliert[38]. Die Blutgruppen-H(0)-Aktivität dieser Präparate ist so hoch wie die der aktivsten Präparate menschlichen Ursprungs, wenn die Aktivität mit Aalserum gemessen wird (Tab. 5). Im Gegensatz zu den Blutgruppenmucoiden des Menschen hemmen aber diese pflanzlichen Polysaccharide anti-H(0)-Agglutinine aus Pflanzen oder vom Menschen nur ganz schwach oder gar nicht*. Nicht nur Hämagglutinations-Hemmungsteste, sondern auch Agar-Gel-Diffusionsteste und quantitative Präcipitinteste, wie sie in der ersten Abbildung dargestellt sind, ergaben die immunologische Äquivalenz dieser drei „Blutgruppen-H(0)-Substanzen", wenn mit Aalseren gemessen wurde, obwohl erstaunlicherweise die chemische Struktur in diesen drei Fällen sehr verschieden ist. Zwar ist die Molekülgröße der drei Substanzen ähnlich, etwa 250000 für das homogene Sassafraspolysaccharid[38] und 300000 für menschliche Blutgruppensubstanzen[38a], doch enthalten die pflanzlichen blutgruppen-H(0)-aktiven Substanzen im Gegensatz zu denen des Menschen kein N

---

* Vor kurzem haben wir jedoch Praecipitation menschlichen anti-H(0) Serums durch *Sassafus* und *Taxus*polysaccharide beobachtet[38].

Tabelle 5. *Carbohydrate components of blood group H (O) active macromolecules*

	Human blood group substances	Sassafras albidum	Taxus cuspidata	E. coli O₁₂₈
Blood group activity; unit in mg/ml* measured with eel serum and human O erythrocytes	0.003	0.003	0.003	0.006
Monosaccharides upon hydrolysis	*N-Acetyl*-D-*glucosamine* *N-Acetyl*-D-*galactosamine* D-*Galactose* L-*Fucose*	*Galactose* *Glucose* L-*Arabinose* *Xylose* *Rhamnose* *Galacturonic acid* 3-O-*Methyl*-D-*galactose*	*Galactose* *Arabinose* *Xylose* *Rhamnose* *Glucose* 2-O-*Methyl*-L-*fucose*	*N-Acetylglucosamine* *N-Acetylgalactosamine* *Galactose* *Fucose* *Glucose* *Heptose(s)*

* see Table 1.

und auch keine Fucose, obwohl die L-enantiomorphe Form dieses Zuckers in glykopyranosidischer Bindung als hauptverantwortlich für die Blutgruppen-H(0)-Spezifität menschlicher H(0)-Substanzen erachtet wird. Es zeigte sich hingegen, daß der „blutgruppenaktive" Zucker in der Eibe, 2-O-Methyl-L-fucose[35], ein bis dahin in der Natur noch nicht gefundener Zucker war, während die Blutgruppenaktivität im Sassafras-Polysaccharid durch die sehr seltene 3-O-Methyl-D-galaktose bedingt ist[37, 38].

Tab. 5 zeigt Ihnen auch die Resultate der chemischen Analyse dieser beiden H(0)-aktiven Pflanzenpolysaccharide. Zum Vergleich

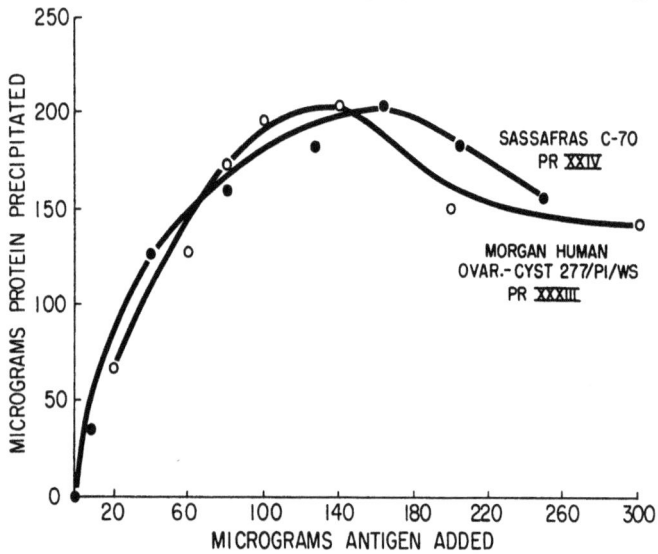

Abb. 1. Präcipitation blutgruppen-H(0)-aktiver Makromoleküle durch Aal-anti-H(0)-Serum

sind die Zuckerbausteine menschlicher Blutgruppenmucoide und des blutgruppen-H(0)-spezifischen *E. coli* O_{128} angeführt.

Tab. 6 zeigt die physikalischen und chemischen Eigenschaften des Sassafras-Polysaccharids. Es fand sich <0,3% N kein S und P. Beachten Sie den hohen Anteil an OCH_3-Gruppen, die ganz auf die in der Natur erst einmal zuvor gefundene[39] 3-O-Methyl-D-galaktose entfallen. Die Arabinose, die wir ebenfalls kristallisiert haben, ist L-Arabinose[38]. Sie besitzt keine H(0)-Spezifität.

Diese überraschenden Befunde veranlaßten uns, Verwandte dieser Zucker zu studieren; wir haben in diesem Zusammenhang

8 Fucosemethyläther und 14 Methylglykopyranoside dieser Zucker synthetisiert und charakterisiert[37, 40]. Die Mehrzahl haben wir kristallisiert, und 9 dieser Zucker sind neu. Tab. 7 zeigt einige besonders eklatante Beispiele und demonstriert deutlich, daß

Tabelle 6. *Chemical and physical properties of blood group H (O) active homogeneous Sassafras polysaccharide*

Elemental analysis	%	Monosaccharide constituents	%
Chemical			
C	47.0	Galactose	8'
H	5.82	L-Arabinose	5'
OCH$_3$	4.00	3-O-Methyl-D-galactose	25,0*
CCH$_3$ (includes COCH$_3$)	6.03	Xylose	9'
COCH$_3$	11.33	Galacturonic acid	5.6'
COOH	6.26	Rhamnose	26,0+ (22.6)**
Ash (wet)	0.48	Glucose	2'
Physical			
S 20, $\bar{w}$ ($\times 10^{-13}$)		8.5 (at zero conc.)	
		(0.13 M NaCl + 0.01 M PO$_4$; pH 6.8)	
Absorption spectrum		No peak between 220—625 mμ	
Electrophoresis		anodic, 1 peak in borate 0.1 M; pH 9.2	
$[\alpha]_D^{23}$		+63.2° (c 0.25, H$_2$O, 1 dm)	
η_r		1.54 (c 0.5, 0.85% saline, 37° C)	

' By paper chromatography. * Calculated from OCH$_3$. + Spectrophotometric. ** Calculated from C-CH$_3$.

Tabelle 7. *Different highly blood group H (O) active sugars*

Test substance	Minimum amount (mg/ml) completely inhibiting 4 hemagglutinating doses*
	Eel serum agglutinin
L-Fucose series:	
L-Fucose	0.1
2-O-Methyl-L-fucose	0.05
3-O-Methyl-L-fucose	0.05—0.1
2,3-Di-O-methyl-L-fucose	0.05
D-Fucose series:	
3-O-Methyl-D-fucose	0.05
2,3-Di-O-methyl-D-fucose	0.05
D-Galactose series:	
3-O-Methyl-D-galactose	0.1
2,3-Di-O-methyl-D-galactose	0.1

* Inhibitor concentration before dilution with agglutinin solution and erythrocyte suspension.

gleich hohe Aktivitäten bei Enantiomorphen existieren, z. B. den 3-0-Methylfucosen und 2,3-Di-0-methylfucosen. Aber nicht nur Enantiomorphe können gleiche Aktivität besitzen, sondern auch zwei ganz verschiedene Zucker, wie L-Fucose und 3-O-Methyl-D-galaktose. Diese Resultate wurden mit der Hämagglutinationshemmungsmethode erzielt, und ihre, auch bei der von uns ausgeübten sorgfältigen Standardisierung, erhebliche Fehlerbreite läßt Kritik an den quantitativen Aussagen zu. Wir haben daher strikt quantitative Präcipitationshemmungsteste ausgeführt und

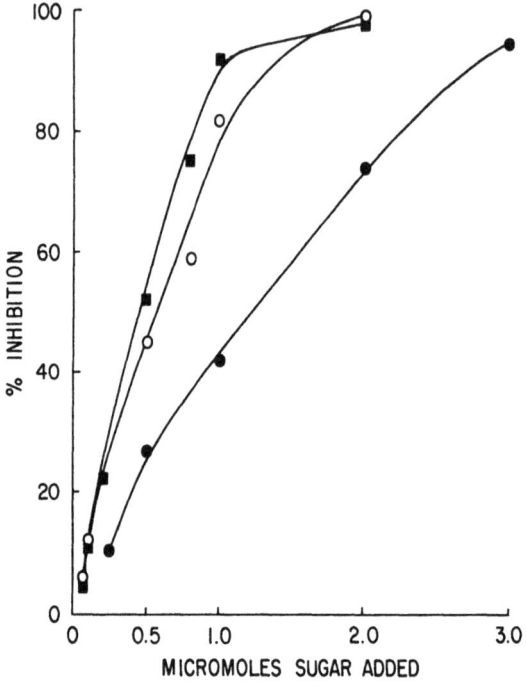

Abb. 2. Inhibition of precipitation by di-0-methyl ethers of fucose. ●, L-fucose; ■, 2,3-di 0-methyl-L-fucose; ○, 2,3-di-0-methyl-D-fucose (antigen, 150 μg Ca II b 2 + 3; antiserum 0.5 ml eel H')

das präcipitierte Antikörpereiweiß colorimetrisch bestimmt[67,68]. Ein typisches Beispiel ist in Abb. 2 wiedergegeben. Wie Sie sehen, geben 2,3-Di-O-methyl-D- und -L-fucose innerhalb der Fehlergrenze gleiche Präcipitationshemmungskurven.

Diese völlig unerwarteten Befunde lassen sich wohl am besten mit der neuartigen Annahme erklären, daß die Minimalstruktur für

Aktivität mit dem Aalserum-Antikörper einem Zuckerbereich entspricht, der kleiner als ein Monosaccharid ist. Diese Struktur scheint aus einem Methylsubstituenten in äquatorialer Stellung an einem Pyranosering zu bestehen. Ein Äthersauerstoff muß sich in unmittelbarer Nähe dieser Methylgruppe finden, zusätzlich muß ein axialer sauerstofftragender Substituent in cis-Stellung zur Methylgruppe an einem benachbarten Kohlenstoffatom vorhanden sein[37,38].

Ein mit den Vorstellungen der klassischen Immunchemie schwer zu vereinbarendes Phänomen ist die Präcipitation von anti-H(0)-Antikörpern mancher, aber nicht aller Aal-anti-H(0)-Seren durch 3-0-Methyl-D-fucose und 3-0-Methyl-D-galaktose[37,38,41]. Das durch diese Monosaccharide erzeugte Präcipitat besteht aus dem anti-H(0)-spezifischen Eiweißkörper des Aalserums, der quantitativ aus dem Präcipitat wiedergewonnen werden kann. Die Menge des Präcipitates ist der Haptenkonzentration proportional[41]. Unter den benutzten experimentellen Bedingungen fungierten die beiden Monosaccharide als Hemmer in Konzentrationen, die weniger als 0,6 μM betrugen. Oberhalb dieser Konzentration präcipitierten sie. Es wurde eine typische quantitative Präcipitinkurve erhalten mit Verminderung des Präcipitates in der Region des „Antigenüberschusses"[41]. Diese beiden Zucker dürften die kleinsten bisher beschriebenen ungeladenen Haptene sein, die in der Lage sind, Antikörper zu präcipitieren[37,38,41].

Es sei am Rande bemerkt, daß wir während dieser Studien auch die Blutgruppen-H(0)-Aktivität einiger Herzglykoside und Antibiotica entdeckten und in zwei Fällen, nämlich beim Antibioticum Chartreusin und beim Herzglykosid Streblosid den organischen Chemikern sich als richtig erweisende Vorhersagen bezüglich der Struktur und Bindung des Kohlenhydratanteiles dieser Glykoside machen konnten[42,43].

Hiermit verlassen wir die höheren Pflanzen, bei deren Studium es sich gezeigt hat, daß die chemischen Grundlagen der beobachteten biologischen Blutgruppen-H(0)-Spezifitäten sich von denen der menschlichen H(0)-Blutgruppensubstanz unterscheiden.

Wir wenden uns nun den Myxoviren zu. Zunächst wollen wir ein Problem ihrer Struktur betrachten, sodann das Substrat ihrer Interaktion mit menschlichen Erythrocyten.

Wir haben Influenzaviren des Typs A und B sowie das Virus der Geflügelpest auf Blutgruppenaktivität untersucht. Letzteres

Tabelle 8. *Blutgruppenaktivität von Influenzaviruspräparaten (makromolekularer Anteil nach Erhitzen auf 95° C)*

Präparat	C.C.A.* per mg (errechnet nach Bestimmungen vor Erhitzen und Dialyse)	Kleinste Menge Substanz (mg/ml)** die vier hämagglutinierende Dosen vollständig hemmt	
		A_1	A_2
Käuflicher Impfstoff (nicht dialysierbar 0,4—1,13 mg/ml)..	800	1,2	0,3—0,6
Asian Jap. 305 A_2-Influenza-Virus chromatographiert			
1. nicht dialysierbar	2000	0,3	0,05—0,1
Zentrifugation von 1. bei 1600 g			
2. Überstand 11,5% von 1. ...		0,05	0,01
3. Sediment von 1.		0,6	0,1

* C.C.A. = Hühnererythrocyten agglutinierende Einheiten.
** Hemmkonzentration vor Verdünnung mit ausgewählten Immunseren und Erythrocyten-Suspension. Teile durch drei für Endkonzentration.
Keine Hemmung im B-anti-B- und O-anti-H(O)-System (Konzentration bis 10 mg/ml).

erhielten wir von Prof. W. SCHÄFER und Prof. R. ROTT. *Alle Viren wurden auf Hühnereiern gezüchtet.* Alle Viruspräparate und Vaccine, inklusive chromatographisch gereinigte, besaßen signifikante Blutgruppen-A- und Forssman-Antigen-Spezifität in ihrem *nicht* dialysierbaren, die Antigenität besitzenden, Rückstand. Diese Aktivität ließ sich vom intakten Virus nicht entfernen und nahm mit zunehmender Reinigung des Virus zu (vgl. Tab. 8). Bei der A-ähnlichen Substanz des Influenza- und Geflügelpestvirus handelt es sich wahrscheinlich um cytoplasmatische Wirtskomponenten [45–49]. Es ist wohl bekannt, daß der Hühnerembryo Blutgruppenantigen A und Forssman-Antigen besitzt[50–53]. Die Spaltung der erwähnten Myxoviren mit Äther ergab, daß die A-Aktivität vorwiegend in der Ätherphase und mit Hämagglutininen zusammen auftritt[44b]. Subcutane Injektion des makromolekularen Anteiles kommerzieller Influenzavirusvaccine, wie auch hochgereinigter Influenzaviren in Menschen führten zu einer erheblichen anti-A-Isoagglutinin- und Isohämolysinbildung[44b, 44c, 54] (Tab. 9 u. 10). Die außerordentlich nahe Verwandtschaft der Blutgruppen-A- und Forssman-Antigene ist auch chemisch erwiesen[55]. Die mögliche nachteilige Bedeutung dieser Befunde für Mutter-Fetus-Beziehungen

(Mutter 0, Fetus A), besonders für Aborte, ist anderen Ortes diskutiert worden[44b].

Tabelle 9. *Maximal change in isohemagglutinin titre following injection of non-dialyzable part of pooled commercial influenza virus vaccine (approx. 800 C.C.A./mg non-dialyzable material)*

Volunteers	Blood group	Approx. amount injected mg	Hemagglutinin titers (reciprocal)					
			A_1 cells		A_2 cells		B cells	
			Pre-inj.	Post-inj. (10—17 days)	Pre-inj.	Post-inj. (10—17 days)	Pre-inj.	Post-inj. (10—17 days)
Dr. Rawnsley	O	2.2	16	256—512*	8	128*	32	256*
Dr. Raymond	O	2.2	32	128*	16	64*	32	128*
Mr. Tegtmeyer	O	2.2	32	128*	2	128*	16	128*
Dr. Cornog	O	2.2	32—64	128	32	128*	32—64	128
Mr. Nichols	B	2.2	32	64—128	16	128*	128	128
Dr. Sagura	O	10.0	16	128*	8	64*		
Dr. Springer	O	10.0	64	256*	32	128—256*	64	128
Mrs. Tegtmeyer	O	10.0	64	256—512*	64	512*	16—32	128*
Mr. Whting	O	10.0	16	64*	8	64*	16	32
Mr. Haesler	O	10.0	8—16	64*	8	32*	16	32

* Significant increase in titer.

Unsere mit verhältnismäßig großen Dosen (3 oder mehr Influenzavirusschutzdosen) durchgeführten Experimente beschränkten sich auf Hühnerei-gezüchtete Influenzaviruspräparate, aber

Tabelle 10. *Anstieg der Isohämolysine in zehn Freiwilligen* nach subcutaner Injektion (2—5 mg innerhalb 24 Std) des nicht dialysierbaren Anteiles eines chromatographierten Influenzaviruspräparates***

Maximaler Hämolysintiter-Anstieg*** (zweifache geometrische Verdünnung)	Anzahl der Fälle		
	Seren getestet gegen Erythrocyten		
	A_1	B	Schaf
64fach			1
16—32fach	3	2	1
4—8fach	4	6	4
<4fach	3	2	4

* Blutgruppe 0.
** Asian Jap. 305 A_2-Virus.
*** Endpunkt: Letztes Röhrchen mit zumindest 25% Hämolyse.

das Problem der Immunisierung mit Agentien, die antigene Komponenten mit dem Embryo, aber nicht seiner Mutter gemein haben, ist von allgemeiner Bedeutung. Nach unseren Untersuchungen scheint das A-ähnliche Antigen eine Komponente des Wirtscytoplasmas zu sein, das von Myxoviren nahezu unverändert übernommen und möglicherweise angereichert wird. Im auf natürlichem Wege infizierten Individuum dürften sich vermehrende Influenzaviren daher dessen eigene blutgruppenaktive Substanzen inkorporieren, die für den Wirtsorganismus normalerweise nicht antigen sind. Eine Isoantikörpervermehrung als Resultat *natürlicher* Infektion ist daher unwahrscheinlich[44b] und in neuesten epidemiologischen Untersuchungen auch nicht beobachtet worden[56].

Wir haben noch weitere Beziehungen der Influenzaviren zu Blutgruppensubstanzen aufgedeckt. Es zeigte sich, daß diese Viren in spezifischer Weise die Hauptantigene des zweiten der menschlichen Blutgruppensysteme, des von LANDSTEINER und LEVINE entdeckten[57] MN-Systems, zerstören[58,59]. Andere Arbeitsgruppen haben sich nach diesen Befunden auch für die M- und N-Blutgruppen interessiert, besonders KLENK und UHLENBRUCK[60] in Deutschland und BARANOWSKI, ROMANOWSKA und LISOWSKA in Polen[61]. Es ist uns gelungen, hochaktive immunogene MM-, MN- und NN-Substanzen aus Erythrocyten zu isolieren. Aus menschlichen Meconien erhielten wir neuerdings ein N-ähnliches, immunogenes Mucoid in guter Ausbeute[62]. Wir haben die MM-, NN- und N-ähnlichen Antigene biologisch, chemisch und physikalisch-chemisch teilweise charakterisiert[70,71]. Die Erythrocytensubstanzen

Tabelle 11. *Purification of human N N-substance*

1. Packed red cells NN (1.5 l)

   ↓ Hemolyze and wash 7 × with 10 Vol. H_2O, pH 5.3

2. NN stroma (1.6% of 1)

   ↓ Extraction at 23°C with 0.85% aqu. NaCl/45%

3. Crude NN substance (2% of 2)

   ↓ Sedimentation at 35,000 g then at 96,600 g

4. Sediment between 35,000—96,600 g (20% of 3)

   ↓ Ethanol fractionation

5. Ethanol 50—55% ppt. (12.4% of 3)

   ↓ Agar gel (7%) column chromatography (twice) elution with 10% ethanol (4.5% of 3)

6. Eluate

   ↓ Sedimentation between 35,000—96,600 g

7. Highly purified N substance (4% of 3)

waren einander sehr ähnlich, während die Substanz aus Meconium andersartige Eigenschaften besaß. Als Beispiel wollen wir die NN-Erythrocytensubstanz und das N-ähnliche Meconiumantigen anführen (Tab. 11). Erythrocytenstroma wurde mit wäßrigem Phenol in Gegenwart eines Elektrolyten bei Zimmertemperatur durch Schütteln extrahiert. Ohne Anwesenheit von Elektrolyten wird keine N- oder M-Substanz extrahiert, und Temperaturen von über 60° C führen zu chemisch nachweisbarer Veränderung im Antigen sowie zu einer etwa neunzigprozentigen Verminderung der N-Aktivität, wenn sie mit menschlichem anti-N gemessen wird (mit tierischem und pflanzlichem anti-N konnten wir diesen Abfall nicht nachweisen). Alkohol-Fraktionierung, Auftrennung durch Ultrazentrifugieren und Chromatographie an Agar-Gel-Säulen ergab hochgereinigte N-Substanz, die 10—100fach so aktiv als Blutgruppensubstanz sowie als hochaktiver Hemmer der Hämagglutination durch Influenzaviren (vgl. Tab. 12) ist, verglichen mit dem

Tabelle 12. *Biological activity of human MM and NN antigens*

Antigens	Agglutinins				In-fluenza
	Anti-M	Anti-N			
	Human (Konu.) and Rabbit (Ortho Nr. 43)	Human (Gersh.)	Rabbit (Ortho Nr. 48)	Vicia graminea	PR8**
Erythrocyte substance					
N-crude.	n.a.+	0.3*	0.6	0.08	0.03
N-highly purified. .	n.a.	0.04	0.3	0.004	0.003
N-hydrolyzed . . .	n.a.	n.a.	n.a.	0.05	0.15
hapten (low molecular)	n.a.	0.6—1.2		2.5	
Meconium substance					
N-like crude. . . .	n.a.	n.a.	n.a.	0.3	0.09
N-like hydrolyzed .	n.a.	n.a.	n.a.	0.6	0.15
hapten (low molecular)	n.a.	1.2—2.5	n.a.	0.6—1.2	

* Minimum amount (mg/ml) completely inhibiting 4 agglutinating doses.
** Chicken and human erythrocytes.
+ n.a. not inhibiting at concentrations of >10 mg/ml.

Rohextrakt. Die höchste Aktivität der N-Substanz wurde mit *Vicia graminea*-Agglutininen beobachtet.

Das N-Antigen wanderte in der Ultrazentrifuge einheitlich und besaß ein Molekulargewicht von etwa 150000. Wir haben mit der gleichen Aufarbeitungsmethode allerdings auch Präparate mit höherem Sedimentationskoeffizienten erhalten [70]. Die Resultate der physikalischen Analyse eines hochgereinigten N-Antigens sind in Tab. 13 wiedergegeben. Analytisch-chemische Daten über die Zusammensetzung des N-Erythrocytenantigens sowie über das neue N-ähnliche Antigen aus Meconium finden sich in Tab. 14 und 15. Die wesentlichen Kohlenhydratbausteine für beide Antigene sind Galaktosamin, Glucosamin sowie Sialinsäure. Die molare Proportion der beiden Hexosamine zu Sialinsäure ist etwa 2:3 im Erythrocytenantigen. Die Meconiumsubstanz enthält dagegen etwa zweieinhalb mal mehr Hexosamin als Sialinsäure. Von

Tabelle 13. *Physical properties of highly purified N substance*

Physical	
$S_{20,w}$ ($\times 10^{-13}$)	7.2 (0.1 M PO_4^{-3}; pH 6.8)
Absorption spectrum	Plateau 260—280 mμ
Electrophoresis	1 component, anodic (0.1 M PO_4^{3-}; pH 7.2)
$[\alpha]_D^{23}$	$-19°$ (0.1%, H_2O, 1 dm)

Tabelle 14. *Analytical data on highly-purified NN- and N-like meconium antigens*

Component analyzed	NN-antigen %	N-like antigen %
Elemental analysis		
C	48.2	47.87
H	6.99	7.09
N	8.39	4.85
$COCH_3$	8.86	12.63
CCH_3 (as CH_3)	6.35	4.35
Ash (with H_2SO_4)	2.79	0.90
*Monosaccharides**		
Hexosamine	9.0	22.2
Sialic acid	24.0	14.2
Methylpentose	0.55	4.85
Galactose**	12.0+	19.4+
Mannose**		

* For amino acids see Tab. 15.
** Identified by paper chromatography.
+ quantitatively determined together by Orcinol method[53] (methylpentose deducted).

Tabelle 15. *Amino acid analysis of highly purified NN- and N-like antigens*

Amino acid	NN-antigen a	NN-antigen b	N-like antigens a
Aspartic acid	*2.70*	6.39	*1.47*
Threonine	*4.39*	11.09	*4.61*
Serine	*3.99*	11.26	*1.93*
Glutamic acid	*4.77*	9.75	*1.80* (2.16)
Proline	2.57	6.73	*2.28*
Glycine	1.59	6.39	0.88
Alanine	2.00	6.73	0.89
Cystine $^1/_2$	0	0	0.72
Valine	*3.01*	7.74	*(6.13)*
Methionine	0.63	1.26	0.20
Isoleucine	*3.01*	6.89	0.92
Leucine	*3.26*	7.40	*1.40*
Tyrosine	1.76	2.94	0.48
Phenylalanine	1.53	2.77	0.85
Lysine	1.96	4.03	0.73
Histidine	2.12	4.12	0.31
Arginine	2.63	4.54	0.67
	42.01	100.03	26.27

a g of amino acid/100 g of substance.
b Mol amino acid/100 M of total amino acids.

Herrn GROHLICH in Prof. WINZLERs Department ausgeführte Untersuchungen im Aminosäuren-Analysator zeigten, daß das Verhältnis Galaktosamin:Glucosamin etwa 4:3 im Erythrocytenantigen war, während die Verteilung im Meconiumantigen etwa 1:1 war. Acetylbestimmungen und chromatographische Analyse lassen es als nicht unwahrscheinlich erscheinen, daß ein Teil der Sialinsäure als Diacetylsialinsäure vorliegt. Glykolylneuraminsäure ließ sich nicht nachweisen. Die am reichlichsten vorhandene Hexose (Papierchromatographie) ist Galaktose, aber kleine Mengen Mannose waren stets ebenfalls nachweisbar im Erythrocyten- sowohl als auch im Meconiumantigen. Der Fucosegehalt des Erythrocytenantigens war sehr niedrig, während er im Meconiumantigen erheblich war. Die Aminosäurenanalyse zeigt die Prädominanz in beiden Antigenen von Threonin und Serin sowie Asparaginsäure, Glutaminsäure, den beiden Leucinen, Valin und Prolin. Glutaminsäure ist im Erythrocytenantigen reichlicher vorhanden. Der Valinwert für das Meconiumantigen ist wahrscheinlich inkorrekt, da Galaktosamin hier interferierte. Kristallisiertes Trypsin, Papain und Pronase inaktivierten das N-Erythrocytenantigen, aber nicht die Meconiumsubstanz[64, 65]. Milde Säurehydrolyse (pH 2,2 etwa 60° C, 5—8 Std) zerstörte über 95% der Aktivität, bestimmt mit menschlichen und tierischen Seren. Etwa 20% der antigenen Gruppen wurden nach derartiger Hydrolyse dialysierbar. Der größte Anteil des dialysierbaren Materials besaß N-Spezifität[64-66]. Derartige Haptensubstanzen ließen sich von NN- und MM-Erythrocytenantigenen sowie auch von der Meconiumsubstanz isolieren. Ein N-aktives Hapten haben wir in chromatographisch reiner Form isoliert. Es enthielt 2 Mole Sialinsäure, 1 Mol Galaktose und 1 Mol Aminosäure. Dieses Resultat ist jedoch präliminar, und das Experiment wird wiederholt.

Auf die für die menschliche biochemische Genetik erhebliche Bedeutung unseres Befundes des Vorkommens N-spezifischer Strukturen (gegen tierische und pflanzliche Agglutinine) im M-Antigen homozygoter Individuen[64, 65, 66] kann hier aus Zeitmangel nicht mehr eingegangen werden.

Ich wollte Ihnen vor allem drei Dinge darlegen:

Einmal, daß die blutgruppenaktiven Substanzen A, B, 0(H) nicht auf die roten Blutzellen des Menschen und auch nicht auf die der Tiere beschränkt sind. Sie sind vielmehr, wie schon eingangs erwähnt, eine universelle Oberflächenstruktur, die die Natur anscheinend brauchbar fand und durch die phylogenetische Entwicklung beibehalten hat. Und zweitens: die ungeheure Komplexität der Blutgruppensubstanzen, denn M und N ist erst das zweite System, und dessen Chemie, trotz mancher Ähnlichkeit mit jener der ABO-Substanzen, ist erheblich verschieden von der der ABO-Substanzen der menschlichen roten Blutzellen. Endlich: Als Oberflächenstrukturen haben die blutgruppenaktiven Substanzen Receptoreigenschaften, von denen die Blutgruppenspezifität wohl häufig nur *eine* von verschiedenen Receptorfunktionen darstellt. Wir haben soeben gesehen, daß die M- und N-Blutgruppensubstanzen hervorragende Influenzavirusreceptoren sind. Gewisse Aspekte der Blutgruppen-Antigen-Antikörperinteraktionen können daher als Modell anderer fundamentaler Prozesse, z. B. in Wirt-Virus-Beziehungen, sowie auch für Toxin- und Pharmakoneffekte dienen. Alle diese Agentien bedürfen eines Receptors, ehe sie ihren Einfluß ausüben können. Gleiches gilt z. B. für Hormone. Sie sehen, das Studium der Blutgruppensubstanzen ist zwar ein spezielles, aber Verständnis hier ist von weitreichender, allgemeiner biologischer Bedeutung.

Anmerkung: Die folgenden Zeitschriften genehmigten Reproduktion:
Abb. 1: Biochemistry **4**, 2099 (1965).
Abb. 2: Biochemistry **3**, 1076 (1964).
Tab. 4: J. exp. Med. **113**, 0, 1077—1093 (1961).
Tab. 8 u. 10: Klin. Wschr. **42**, 16, 821—823 (1964).

Literatur

[1] LEVINE, P., and R. E. ROSENFIELD: Hemolytic disease of the newborn. Advanc. Pediat. **6**, 97 (1953).
[2] WIENER, A. S., and G. J. BRANCATO: J. Lab. clin. Med. **46**, 757 (1955).
[3] RACE, R. R., u. R. SANGER: (übersetzt von O. PROKOP). Die Blutgruppen des Menschen, Kapitel XIX. Stuttgart: Thieme 1958.
[4] SPRINGER, G. F., C. S. ROSE, and P. GYORGY: J. Lab. clin. Med. **43**, 532 (1954).
[5] SPRINGER, G. F., and P. GYORGY: Klin. Wschr. **33**, 627 (1955).
[6] BURNET, F. M., J. F. MCCREA, and S. G. ANDERSON: Nature (Lond.) **160**, 404 (1947).
[7] SPRINGER, G. F.: Immunochemistry, chapter 46, *in*: The Aminosugars, E. A. BALASZ, and R. W. JEANLOZ, Eds. New York: Acad. Press 1965, in press.
[8] SPRINGER, G. F., and N. J. ANSELL: Proc. nat. Acad. Sci. (Wash.) **44**, 182 (1958).

[9] KUHN, R.: Naturwissenschaften **46**, 43 (1959).
[10] EHRLICH, P.: 1901, Nachgedruckt in P. EHRLICH, Gesammelte Arbeiten, Vol. 2, S. 316—323, Springer-Verlag: Berlin-Göttingen-Heidelberg 1957.
[11] LANDSTEINER, K.: Cbl. Bakteriol. XXVII, 8, 361 (1900).
[12] LANDSTEINER, K.: Wien. klin. Wschr. **14**, 1132 (1901).
[13] SPRINGER, G. F.: J. Immunol. **76**, 399 (1956).
[14] SPRINGER, G. F., R. E. HORTON, and M. FORBES: J. exp. Med. **110**, 221 (1959).
[15] ISEKI, S., E. ONUKI, K. KASHIWAGI, and J. GUNMA: Med. Sci. **7**, 7 (1958).
[16] SPRINGER, G. F., P. WILLIAMSON, and W. C. BRANDES: J. exp. Med. **113**, 1077 (1961).
[17] SPRINGER, G. F., and H. TRITEL: Science **138**, 687 (1962).
[18] SPRINGER, G. F., and R. SCHUSTER: Vox Sang. (Basel) **9**, 589 (1964).
[19] MACLENNAN, A. P.: Biochem. J. **89**, 99P (1963).
[20] GOEBEL, W. F., F. BINKLEY, and E. PERLMAN: J. exp. Med. **81**, 315 (1945).
[21] WESTPHAL, O., u. O. LÜDERITZ: Angew. Chem. **66**, 407 (1954).
[22] SPRINGER, G. F., and R. E. HORTON: J. gen. Physiol. **47**, 1229 (1964).
[23] SPRINGER, G. F., J. NICHOLS, and B. KOLECKI: Amer. Chem. Soc. Meeting **147**, 13c, 28 (1964).
[24] SPRINGER, G. F., in: Symposium on Biochemistry of blood group substances, Xth Congr. Int. Soc. Blood Transfusion, Stockholm 1964. Basel, New York: S. Karger, in press.
[25] PAINTER, T. J., W. M. WATKINS, and W. T. J. MORGAN: Nature (Lond.) **193**, 1042 (1962).
[26] STOFFYN, P. J., and R. W. JEANLOZ: Arch. Biochem. Biophys. **52**, 373 (1954).
[27] SPRINGER, G. F., J. H. NICHOLS, and H. J. CALLAHAN: Science **146**, 946 (1964).
[28] ZARNITZ, M. L., and E. A. KABAT: J. Amer. Chem. Soc. **82**, 3953 (1960).
[29] WATKINS, W. M., M. L. ZARNITZ, and E. A. KABAT: Nature (Lond.) **195**, 1204 (1962).
[30] KABAT, E. A.: Blood group substances. New York: Academic Press 1956.
[31] MORGAN, W. T. J.: Dieses Symposium, Vortrag Human Blood-Group Specific Substances.
[32] KAUFFMANN, F., O. LÜDERITZ, H. STIERLIN u. O. WESTPHAL: Zbl. Bakt. **178**, 442 (1960).
[33] KAUFFMANN, F., O. H. BRAUN, O. LÜDERITZ, H. STIERLIN u. O. WESTPHAL: Zbl. Bakt. **180**, 180 (1960).
[34] DAVIES, D. A. L.: Biochem. J. **59**, 696 (1955).
[35] SPRINGER, G. F., N. J. ANSELL u. H. W. RUELIUS: Naturwissenschaften **43**, 256 (1956).
[36] SPRINGER, G. F., in: Chemistry and Biology of Mucopolysaccharides, G. E. W. WOLSTENHOLME, and M. O'CONNOR, eds. p. 216. London: Churchill; Boston: Little, Brown 1958.
[37] SPRINGER, G. F., P. R. DESAI, and B. KOLECKI: Biochemistry **3**, 1076 (1964).
[38] SPRINGER, G. F., T. TAKAHASHI, P. R. DESAI, and B. KOLECKI: Biochemistry **4**, 2099 (1965).
[38a] MORGAN, W. T. J.: Proc. roy. Soc. B **151**, 308 (1960).

[39] HIRST, E. L., L. HOUGH, and J. K. N. JONES: J. Chem. Soc. **1951**, 323.
[40] SPRINGER, G. F., and P. WILLIAMSON: Biochem. J. **85**, 282 (1962).
[41] KOLECKI, B., and G. F. SPRINGER: Fed. Proc. (1965), **24**, 631.
[42] SPRINGER, G. F., and P. WILLIAMSON: Vox Sang. (Basel) **8**, 177 (1963).
[43] EISENHUTH, W., O. A. STAMM u. H. SCHMID: Helv. chim. Acta **47**, 1475 (1964).
[44a] SPRINGER, G. F., and H. TRITEL: Science **138**, 687 (1962).
[44b] SPRINGER, G. F., and R. SCHUSTER: Klin. Wschr. **42**, 821 (1964).
[44c] SPRINGER, G. F., and R. SCHUSTER: Vox. Sang. (Basel) **9**, 589 (1964).
[45] COHEN, S. S.: Proc. Soc. exp. Biol. (N.Y.) **57**, 358 (1958).
[46] HOYLE, L.: J. Hyg. (Lond.) **50**, 229 (1952).
[47] SMITH, W., G. BELYAVIN, and F. W. SHEFFIELD: Proc. roy. Soc. B **143**, 504 (1955).
[48] TYRRELL, D. A. J.: Mechanisms of Cell Infection III. Virus Release, in: Mechanisms of Virus Infection, p. 245—248. London, New York: Academic Press 1963.
[49] HOTCHIN, J. E., S. M. COHEN, H. RUSKA, and C. RUSKA: Virology **6**, 689 (1958).
[50] AMAKO, T.: Z. Immun.-Forsch. **22**, 641 (1914).
[51] SCHIFF, L., u. L. ADELSBERGER: Z. Immun.-Forsch. **40**, 335 (1924).
[52] WITEBSKY, E., et J. SZEPSENWOL: C. R. Soc. Biol. (Paris) **115**, 221 (1934).
[53] HARRIS, R., G. S. HARRISON, and C. J. M. RONDLE: Acta genet. (Basel) **13**, 44 (1963).
[54] *Communicable Disease Center*, Influenza Surveillance (Report No. 73: Influenza vaccine and AB0 incompatibility. US Dept. of Health, Education and Welfare, Public Health Service IV:12—14 (1962).
[55] CHEESE, I. A. F. L., and W. T. J. MORGAN: Nature (Lond.) **191**, 149 (1961).
[56] FAGERHOL, M. K., A. HARBOE, and O. HARTMANN: Nature (Lond.) **203**, 1185 (1964).
[57] LANDSTEINER, K., and P. LEVINE: Proc. Soc. exp. Biol. (N. Y.) **24**, 941 (1927).
[58] SPRINGER, G. F., and N. J. ANSELL: Proc. nat. Acad. Sci. (Wash.) **44**, 182 (1958).
[59] SPRINGER, G. F., and K. STALDER: Nature (Lond.) **191**, 187 (1961).
[60] KLENK, E., u. G. UHLENBRUCK: Hoppe-Seylers Z. physiol. Chem. **319**, 151 (1960).
[61] BARANOSWKI, T., E. LISOWSKA, E. MORAWIECKI, E. ROMANOWSKA, i K. STROZECKA: Arch. Immunol. Terapii Doswiad. **7**, 15 (1959).
[62] SPRINGER, G. F., and K. HOTTA: Fed. Proc. **22**, 2 (1963).
[63] WINZLER, R. J., in: Methods of Biochem. Analysis, L. D. GLICK, Ed. p. 290—292. New York: Interscience Publishers, 1955.
[64] SPRINGER, G. F., and K. HOTTA: 6th Int. Congr. Biochemistry, Abstract volume July 26-August 1 (1964).
[65] HOTTA, K., and G. F. SPRINGER: Proc. Xth Congr. Int. Soc. Blood Transfusion, Stockholm 1964. Basel, New York: S. Karger: in press.
[66] NAGAI, Y., and G. F. SPRINGER: Fed. Proc. **21**, 67d (1962).

[67] HEIDELBERGER, M., and C. F. C. MACRHESON: Science, **97**, 405 (1943); **98**, 63, (1943).
[68] KABAT, E. A.: In: KABAT and MAYERS, Experimental Immunochemistry, p. 241, Springfild, Ill. C. C. Romas.
[69] SPRINGER, G. F., E. T. WANG, J. H. NICHOLS, and J. M. Shear: Annal. N. Y. Acad., (1965); In press.
[70] BEZKOROVAINY, A., G. F. SPRINGER, and K. HOTTA: Biochim. & Biophys. Acta, (1955); In press.
[71] SPRINGER, G. F., and K. HOTTA: Biochemistry, (1965); Submitted for publication.

Diskussion

ZIMMERMANN (Homburg): Ist Ihnen bekannt, ob es durch eine Infektion mit Influenzavirus zu Störungen bei der MN-Bestimmung kommen kann?

SPRINGER: Das ist eine wichtige Frage, die ich nicht beantworten kann, da sie in die forensische Medizin gehört. Theoretisch ist das möglich, wenn Sie eine Virämie haben.

Darf ich vielleicht einige Fragen an Herrn Professor MORGAN stellen? Have you isolated the same oligosaccharide from Le[a] substance from the red cells or from ovarian cyst fluid as is present in human milk? How did you isolate it because it has to have two fucoses on it, if I am correct, and most of the fucose is quite acidlabile in the human blood group substances.

MORGAN: I believe I pointed out that the material isolated by acid hydrolysis had already lost its fucose and the reason for carrying out a second series of hydrolysis with alkaline reagents was to get fragments containing fucose. The work is not yet complete, but it is quite clear already from the fragments that have been obtained that the fucose units are joined on the galactose by a $1 \to 2$ linkage or, for Le[a] substance, to the N-acetyl-glucosamines by a $1 \to 4$ linkage. At the moment this investigation is incomplete, and I must emphasize that we still have much more work to do.

SPRINGER: What is your concentration of the methanolic triethanolamine in the alkaline treatment?

MORGAN: In most instances 2.5% triethylamine in 50% aqueous methanol is used.

SPRINGER: And my last question is: you have isolated H(O) active trisaccharide — the precursor of H(O) substance in the genetic scheme of MORGAN and WATKINS, also from Lewis[a] substance according to a recent paper by your group [REGE, V., et al., Nature (Lond.) **200**, 352 (1963)].

MORGAN: No, we have not, and would not expect to.

STALDER (Göttingen): Ich wollte Herrn SPRINGER fragen, ob die M- und N-Substanz nach der Reinigung durch Präcipitation mit Äthanol und Chromatographie an Agar noch A, B, O-Aktivität enthält, oder ist diese dann eliminiert? Ist die Ausgangssubstanz ohnehin O Stroma?

Die Beziehung blutgruppenaktiver Substanzen zu Bakterien 111

SPRINGER: We worked together on this, Dr. STALDER and I, in the old days and at that time we had great difficulties of separating these substances from one another. We are still using pools of blood group substances and our present pools are free of H(O) and B and Rh_0 (D) specificity but they do possess traces of A_1 and significant A_2 activity (ca. 10% of M or N activity). I may also mention that these physico-chemically homogenous materials are destroyed by proteolytic enzymes whereas the partly purified ones are only partially inactivated by proteolytic enzymes.

STALDER: Um den Punkt ganz klar zu machen: ist das Ausgangsstroma A, B, O NN bzw. A, B, O MM oder A, B, O MN?

SPRINGER: They are always selected strictly for either MM or NN but we have not given any consideration to selection according to ABO groups just because of the amounts needed. Wir haben stets die Blutgruppen MM oder NN getrennt, aber wir haben keine Rücksicht darauf genommen, ob wir A, B oder O haben, da wir große Mengen von Blut verbrauchten.

MIKULASZEK (Warschau): Ich möchte Herrn SPRINGER fragen, ob die vom Vortragenden isolierten bakteriellen Polysaccharide Beziehungen bzgl. Verwandtschaft zum Forssman-Antigen und auch zum Blutgruppen-Rhesus-Faktor aufweisen? Wie bekannt, wurde beim somatischen Polysaccharid aus *Shigella shigae* eine Forssman-Komponente, anscheinend identisch mit der A-Blutgruppensubstanz, nachgewiesen; auch enthält der Rho/D-Faktor Sialinsäure, was denselben in Beziehungen zur N-Blutgruppen-Substanz setzt. In eigenen Untersuchungen wurde bei *Salmonella paratyphi* B mit der Antigenformel 1, 4, 5, 12 Forssman-Antigen gefunden, während Stämme mit der Formel 1, 4, 12 kein Forssman-Antigen besaßen.

SPRINGER: Das ist wohl bekannt seit den Untersuchungen schon von EISLER und SCHIFF [s. SCHIFF, F.: Z. Immun.-Forsch. 82, 46 (1934)]. Es besteht eine Verwandtschaft und das auf Hühnereiern gezüchtete Influenzavirus enthält zweifelsohne Forssman-Antigen [SPRINGER, G. F., and R. SCHUSTER: Vox Sang. (Basel) 9, 589 (1964)]. Professor MORGAN und Dr. CHEESE [Nature (Lond.) 191, 149 (1961)] haben gezeigt, daß das End-Disaccharid des Forssman-Antigens, sowohl als auch der menschlichen A-Substanz α-N-Acetyl-galaktosaminoyl-1—3-D-galaktose ist. Die A-Substanz und das Forssman-Antigen sind so nahe verwandt, daß sie wohl stets gemeinsam auftreten. Der Rh-Faktor ist nicht Thema dieses Vortrags. Wir sind nicht in der Lage gewesen, Berichte über die Aktivität der Sialinsäure, oder von Gangliosiden, die Sialinsäure enthalten, und die Rh-Spezifität besitzen sollen, zu bestätigen. Manche ergeben eine ganz schwache Hemmung im Hemmungstest. Aber sie hemmen dann auch andere Agglutinine. ,,Einfache" Sialinsäure hat mit dem Rh-Faktor wohl kaum etwas zu tun (SPRINGER, G. F., Immunochemistry, in Aminosugars IIb, 267—336 (1965)).

WESTPHAL: Just one question: Persons with blood group B activity infected with B-active bacteria. What are they doing? Are they immunetolerant against this bacterium? Or is there any higher rate of infectivity in persons not having the blood group B character? May be a question to GEORG SPRINGER or to you?

SPRINGER: It would of course be very nice if a person with blood group B specificity would be either tolerant or show a difference to one of blood group A or O in his behavior in being unable to make an antibody against the blood group B active bacterium. I don't think there are any sound studies on this subject. However, one should not forget that even the most potent B active bacterium, such as *E. coli* O_{86}, carries many other antigens and therefore this would be only a very small part of the whole antigenic mosaic. It has been shown [MUSCHEL, L. H., and E. OSAWA: Proc. Soc. exp. Biol. (N. Y.) **101**, 614 (1959)], that human anti-B-serum, hyperimmune serum from mothers which had been sensitized by fetuses of blood group B, were able to kill very nicely *E. coli* O_{86} in the presence of complement but ordinary anti-B sera showed no significant effect.

Über die somatischen Antigene von Salmonella S- und R-Formen

Von O. LÜDERITZ und O. WESTPHAL

Max-Planck-Institut für Immunbiologie, Freiburg

Mit 3 Abbildungen

Bei der serologischen Klassifizierung der *Salmonellaspecies* mit Hilfe des *Kauffmann-White-Schemas* spielen die hitzestabilen somatischen O-Antigene eine wichtige Rolle. Sie sind in der Zellwand der Bakterien lokalisiert und werden im Agglutinationstest mittels verschiedener O-Antiseren nachgewiesen.

Seit den Arbeiten von A. BOIVIN, W. T. J. MORGAN, W. F. GOEBEL u. a. ist bekannt, daß O-Antigene Lipopolysaccharid-Protein-Komplexe darstellen. Sie können mittels verschiedener Verfahren aus den Bakterien oder aus der isolierten Zellwand extrahiert und je nach Art der Aufarbeitung als (Protein-)Lipopolysaccharide oder Polysaccharide erhalten werden.

In Zusammenarbeit mit F. KAUFFMANN haben wir vor einigen Jahren O-Antigene aus etwa 100 verschiedenen *Salmonella*-Serotypen isoliert. Die vergleichende chemische und serologische Analyse der erhaltenen Lipopolysaccharide hat zu folgenden Ergebnissen geführt:

Als Bausteine der O-Antigene können etwa 14 verschiedene Monosaccharide fungieren. In einigen O-Antigenen haben wir bis zu 8 verschiedene Zuckerbausteine gefunden. Bemerkenswert ist, daß alle *Salmonella*-O-Antigene mindestens 5 Zucker enthalten, die wir als „basale" Zucker bezeichnen wollen. Es sind dies eine Heptose (wahrscheinlich stets L-Glycero-D-*manno*heptose), D-Galaktose, D-Glucose, 2-Keto-3-desoxyoctonsäure (KDO, zuerst von E. HEATH im *E. coli* O 111 Lipopolysaccharid entdeckt), sowie D-Glucosamin, welches auch Bestandteil der Lipoidkomponente der Lipopolysaccharide ist. Die *Salmonella* O-Antigene stellen demnach kompliziert zusammengesetzte Heteropolysaccharide aus den fünf *basalen* Zuckern dar, zu denen bei den meisten O-Antigenen noch ein, zwei oder drei weitere „*spezifische*" Zucker hinzukommen können.

Zwischen der Zuckerzusammensetzung der O-Antigene und ihrer serologischen Klassifizierung im Kauffmann-White-Schema besteht ein enger Zusammenhang: O-Antigene, die in der gleichen Sero-Gruppe zusammengefaßt sind, enthalten gleiche Zuckerbausteine, d. h. gehören zum gleichen Chemotyp.

Weiter konnte gezeigt werden, daß die verschiedenen Spezifitäten eines O-Antigens — die verschiedenen O-Faktoren des Kauffmann-White-Schemas — am gleichen Molekül verankert sind; es ist beispielsweise nicht möglich, das O-Antigen von *S. paratyphi* B mit den Spezifitäten (Antigenfaktoren) 1, 4, 12 mittels spezifischer Antiseren (z. B. 1, 9, 12 Antiserum) in Fraktionen verschiedener Spezifität oder chemischer Zusammensetzung zu fraktionieren.

ANNE MARIE STAUB vom Institut Pasteur, Paris, hat sich als erste der Strukturanalyse von O-Antigenen zugewandt. Durch Kombination klassisch chemischer mit spezifisch serologischen Methoden hat sie Beziehungen zwischen Struktur und Spezifität aufzeigen können. In den letzten Jahren wurden die spezifitätsbestimmenden (determinanten) Strukturen folgender O-Faktoren studiert: 1, 2, 4, 5, 9, 12, 19, 27, 37 (A. M. ATAUB), 3, 10, 15, 34 (P. W. ROBBINS und T. UCHIDA).

In Abb. 1 ist nach den von A. M. STAUB publizierten Ergebnissen als ein Beispiel die Struktur des O-Antigens von *S. paratyphi* B (1, 4, 12) aufgezeichnet. Mit A. M. STAUB wissen wir, daß diese Struktur noch nicht in allen Einzelheiten bewiesen ist, aber wir glauben, daß sie im wesentlichen richtig ist und uns ein Bild vom *Strukturprinzip* der O-Antigene vermittelt.

Aus dem Partialhydrolysat des O-Antigens haben A. M. STAUB und R. TINELLI das in Abb. 1 aufgezeichnete Tetrasaccharid neben entsprechenden Tri- und Disacchariden isoliert. In Analogie zu den Ergebnissen von P. W. ROBBINS und T. UCHIDA an anderen O-Antigenen wird angenommen, daß dieses Tetrasaccharid eine Grundeinheit in den O-spezifischen Polysaccharidketten des O-Antigens darstellt. Im intakten Polysaccharid enthält diese "repeating unit" als fünften Zucker noch Abequose in α-glycosidischer säurelabiler Bindung, an Mannose gebunden. Die vergleichende Analyse von verwandten O-Antigenen (z. B.

Über die somatischen Antigene von Salmonella S- und R-Formen 115

4, 12 und 9, 12) sowie die serologische Prüfung von Mono- und Oligosacchariden im spezifischen Präcipitations-Hemmungstest ermöglichten A. M. STAUB schließlich die Identifizierung jener Bezirke im Molekül, die für die Spezifitäten des O-Antigens von *S. paratyphi* B (1, 4, 12) verantwortlich sind. Die determinanten Gruppen sind in der Struktur der Abb. 1 eingetragen. In vielen Fällen stellen sie nicht reduzierende Endgruppen der Seitenketten dar, aber auch in der Kette liegende Strukturen können als determinante Gruppen fungieren.

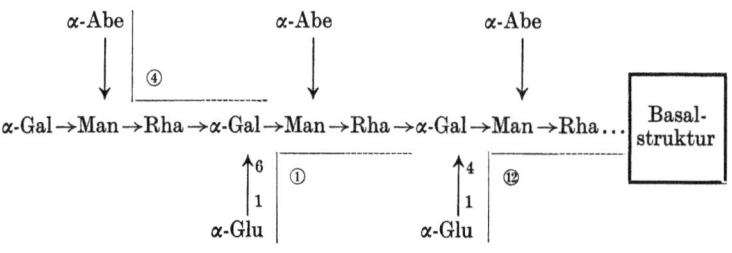

α-Glu-(1→6)—αGal(1→2)—Man→Rha   KDO, Hept, GNAc,
Tetrasaccharid aus   Gal, Glu, Man, Rha, Abe.
Partialhydrolysat.   Zuckerbausteine im Polysaccharid

Abb. 1. O-Spezifisches Polysaccharid von S. paratyphi B (1, 4, 12): Mögliche Struktur und determinante Gruppen (nach A. M. STAUB)

S. paratyphi B gehört zur *Salmonella*-Gruppe B, deren O-Antigene (Chemotyp XIV) aus den in Abb. 1 aufgeführten 8 Zuckerbausteinen aufgebaut sind. Es fällt auf, daß 3 der im O-Antigen aufgefundenen Zucker, nämlich Glucosamin, Heptose und KDO in der Strukturformel der Abb. 1 nicht vorkommen.

Wir haben seit langem vermutet und hierfür in der letzten Zeit Argumente erbracht, daß diese Zucker zusammen mit Galaktose und Glucose einen Polysaccharidkern aufbauen, welcher verschieden ist von den O-determinanten Ketten der Abb. 1. Diese aus den basalen Zuckern aufgebaute Kernstruktur stellt demnach ein *basales Polysaccharid* dar, welches den Kern der O-Antigene bildet (in Abb. 1 als Kästchen symbolisiert) und an welches eine Anzahl O-spezifischer Polysaccharidketten geknüpft sind (in Abb. 1 ist eine solche Kette eingezeichnet).

In Abb. 2 ist diese Basalstruktur auf Grund unserer bisherigen Kenntnisse formuliert. Ebenso wie Abb. 1 zeigt Abb. 2 die Struktur eines (diesmal beliebigen) O-Antigens. Gegenüber dem ersten Bild ist der Standpunkt verändert: Die Basalstruktur erscheint in Abb. 2 als Formel, während die Strukturen der spezifischen Seitenketten hier durch Kästchen symbolisiert sind.

Das basale Polysaccharid besteht aus dem „Rückgrat", einer Kette von Polyheptosephosphat, welche von einer KDO-Einheit abgeschlossen wird. An diese Kette sind kurze Seitenketten aus Glucosyl- und Galaktosylresten geknüpft, welche terminal einen N-Acetylglucosaminylrest tragen. Alle *Salmonella* O-Antigene enthalten diese oder eine verwandte Basalstruktur, an welche die spezifischen Ketten gebunden sind. Unspezifisches basales Polysaccharid und spezifische polysaccharidische Seitenketten bilden zusammen das O-spezifische Polysaccharid-Hapten, wie es durch Extraktion der Bakterien mit verdünnter Essigsäure nach FREEMAN oder durch Säuredegradation von Lipopolysacchariden erhalten werden kann. In der Zellwand stellt dieses Hapten, an Lipoid und Protein gebunden, das komplette O-Antigen dar. Über Bindungen und Struktur dieser hochmolekularen Komplexe wissen wir noch wenig.

Die Basalstruktur stellt mengenmäßig nur etwa 20% der spezifischen O-Polysaccharide dar. Es ist daher nicht verwunderlich, daß A. M. STAUB sowie P. W. ROBBINS und T. UCHIDA, die sich mit der Analyse von O-Antigenen beschäftigt haben, weder Abbauprodukte der Basalstruktur in den von ihnen untersuchten Partialhydrolysaten, noch andere Hinweise für die Existenz der Basalstruktur gefunden haben. Es bestände sicher wenig Hoffnung für eine ergiebige Analyse der Basalstruktur, wenn wir allein auf die O-Antigene angewiesen wären.

Die Natur ist uns hier mit *Salmonella-Mutanten* zu Hilfe gekommen, bei denen eines jener Enzyme ausgefallen ist, welche für die Synthese des intakten O-Antigens notwendig sind, und bei denen daher die Synthese des spezifischen Polysaccharids nur bis zur Stufe R II oder R I oder M verläuft (vgl. Abb. 2). Diese sog. R-Mutanten, in deren Zellwand die Basalstruktur sozusagen vergrößert erscheint, sind in den letzten Jahren Objekt einer intensiven Forschung geworden, deren Ergebnisse uns einen Einblick in Struktur und Mechanismus der Biosynthese der O- und R-Antigene sowie in genetische Zusammenhänge vermitteln.

Im folgenden sollen im wesentlichen unsere eigenen Ergebnisse diskutiert werden, welche zu dem Strukturbild der Abb. 2 führten. Diese Ergebnisse lassen sich am besten verstehen, wenn man die Abb. 2 vor Augen hat, und dies ist der Grund, warum wir das bisherige Resultat unserer Arbeit an den Anfang gestellt haben.

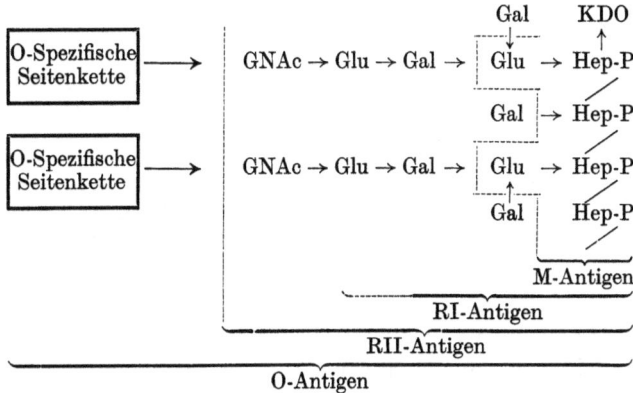

Abb. 2. Schema der Struktur von O-spezifischen Salmonella Polysacchariden

Bei der S-R-Mutation der Salmonellen handelt es sich um eine Spontanmutation. Die Selektion der Mutanten ist dadurch erleichtert, daß die Kolonieform der Mutanten (R — rough, rauhe Kolonieform) in charakteristischer Weise verschieden ist von derjenigen der Wildform (S = smooth, glatte Kolonieform). Darüber hinaus unterscheiden sich die beiden Formen serologisch: R-Mutanten agglutinieren i. a. nicht in O-Seren, welche durch Immunisierung mit der Wildform erhalten wurden. Während das Geißelantigen sowie die fermentativen Eigenschaften durch die Mutation nicht betroffen werden, tritt beim Übergang von der S- zur R-Form ein Verlust der O-Spezifität auf. Im Gegensatz zur Wildform, welche durch das spezifische O-Antigen charakterisiert ist, enthält die R-Mutante ein relativ unspezifisches R-Antigen. Dieses kann mittels Phenol/Wasser aus den Bakterien extrahiert werden und stellt ebenfalls ein Lipopolysaccharid dar.

F. KAUFFMANN hat aus etwa 25 verschiedenen *Salmonella*-Serotypen je eine R-Form isoliert, deren Lipopolysaccharid wir extrahiert haben. Die anschließende Zuckeranalyse zeigte, daß *alle*

R-Antigene, unabhängig vom Serotyp (bzw. Chemotyp) der Wildform, zum *Chemotyp I* gehören, d. h. nur die basalen Zucker enthalten*; die spezifischen Zucker der Wildform fehlen in den Mutanten. Offensichtlich werden sie nicht synthetisiert oder nicht auf das Lipopolysaccharid transferiert.

Mit Hilfe serologischer Methoden konnten wir gemeinsam mit I. BECKMANN unsere *R-Lipopolysaccharide in zwei Serogruppen* klassifizieren.

Für diese Untersuchungen haben wir den passiven Hämagglutinationshemmungstest benutzt. Das Indicatorsystem bestand aus Erythrocyten, die z. B. mit *S. minnesota* R-Lipopolysaccharid beladen waren, und dem homologen *S. minnesota* R-Antiserum, welche zusammen eine makroskopisch sichtbare Hämagglutination ergeben. Wird das Serum mit einem serologisch verwandten Lipopolysaccharid präinkubiert, so bleibt nach Zugabe der sensibilisierten Erythrocyten die Hämagglutination aus; nicht kreuzreagierende Substanzen dagegen hemmen die Hämagglutination nicht.

Wir haben unsere R-Lipopolysaccharide in zwei verschiedenen Indicatorsystemen (*S. minnesota*-R- und *S. inverness*-R-System) untersucht und die zur Hämagglutinationshemmung gerade notwenige Menge R-Lipopolysaccharid bestimmt. Tab. 1 zeigt, daß eine Gruppe von Lipopolysacchariden, die *Serogruppe RI*, die Hämagglutination des *S. minnesota* R-Systems in sehr kleinen Konzentrationen hemmt, dagegen im *S. inverness* R-System selbst in großen Mengen inaktiv ist. Die Lipopolysaccharide der *Serogruppe RII* verhalten sich umgekehrt in den beiden Systemen.

Es ist denkbar, daß mit Hilfe anderer R-Antisera eine Differenzierung in weitere R-Gruppen möglich ist, wobei wir eine Aufspaltung der RI-Gruppe erwarten würden. Andererseits erkennen wir, daß dem bunten Spektrum der O-Spezifitäten nur wenige R-Spezifitäten gegenüberstehen.

Den *Spezifitäten RI und RII* liegen naturgemäß mindestens *2 Polysaccharidstrukturen* zugrunde. Dies erhellt aus den Ergebnissen der quantitativen Zuckeranalyse der R-Antigene, welche ebenfalls in Tab. 1 zusammengefaßt sind, und äußert sich vor allem im Galaktose:Glucose-Verhältnis, welches in der RI-Gruppe nahe 2:1, in der RII-Gruppe nahe 1:1 ist.

---

* Glucosamin ist ein Bestandteil der Lipoidkomponente der Lipopolysaccharide. Die Frage, ob Glucosamin auch Bestandteil der Polysaccharidkomponente der R-Lipopolysaccharide ist, konnte erst später entschieden werden.

Tabelle 1. *Salmonella R-Lipopolysaccharide*
Verhalten im *Hämagglutinationshemmungstest* und *Zuckeranalysen*

R-Sero-gruppe	Lipopolysaccharid aus der R-Form von	Hämagglutinations-hemmung µg/cm³ Lipopolysaccharid notwendig zur Hemmung von		Analyse der Lipopolysaccharide			
		System 1*	System 2**	Hep-tose %	Galak-tose %	Glucose %	Ver-hältnis Galac-tose zu Glucose
I	S. berlin	8,0	250	6,5	0,8	0,4	2
	S. bergen	1,0	250	3,0	6,0	3,0	2
	S. minnesota R_1	1,0	250	10	7,8	3,5	2,2
	S. worthington	2,0	250	6	5,4	2,7	2
	S. monschaui	4,0	250	8	6,4	3,9	1,7
	S. typhimurium R_2	>250	250	10	4,0	4,0	1
II	S. typhimurium R_1	>250,0	2,0	9	6,4	5,6	1,1
	S. hvittingfoss	>250	4,0	6	5,4	4,6	1,2
	S. inverness R_1	>250	1,0	9	6,2	5	1,2
	S. typhi	>250	1,0	7	5,2	5,2	1
	S. minnesota R_2	>250	0,5	13	8	6	1,3
	S. binza	>250	0,5	9	6,1	4,6	1,3
	S. tel-aviv	>125	0,5	10	6,7	5,5	1,2
	S. weslaco	>250	0,5	9	6,8	6,0	1,1
	S. poona	>250	0,5				
	S. bareilly	>250	0,5				
	S. paratyphi C	>125	<0,25	7	6,9	5,8	1,2
	S. inverness R_2	>250	<0,25	9	6,5	5,2	1,2
	S. paratyphi A	>250	<0,25	8	6,5	6,0	1,1
	S. newport	>250	<0,25	8,5	1,0	6,9	—
	S. aberdeen	>125	<0,25	9	6,3	5,2	1,2
	S. greenside	>125	<0,25	7	4,7	5	0,9
	S. deversoir	>250	<0,25	8	6,7	5,6	1,2
	S. dugbe	>250	<0,25	7,5	5,7	4,6	1,2
	S. cerro	>250	<0,25	6	5,3	4,8	1,1
	S. dahlem	>250	<0,25	6	6,5	5,4	1,2
	S. djakarta	>250	<0,25	7	5,9	5	1,2

* System 1: *S. minnesota* R-Lipopolysaccharid, fixiert an Erythrocyten. *S. minnesota* R-Antiserum.
** System 2: *S. inverness* R-Lipopolysaccharid, fixiert an Erythrocyten. *S. inverness* R-Antiserum.

R_1 und R_2: R-Formen, welche zu verschiedenen Zeiten aus der gleichen S-Form isoliert wurden.

Es fällt auf, daß der Zuckergehalt in R-Lipopolysacchariden sehr niedrig sein kann. R-Lipopolysaccharide enthalten einen relativ großen Anteil an Lipoid A und Peptiden.

Wie wir später sehen werden, sollte das Verhältnis Heptose zu Galaktose in den meisten R-Antigenen gleich 1 sein. Das dies nicht so ist, führen wir auf die Ungenauigkeit der Heptosebestimmung (nach DISCHE, modifiziert nach OSBORN) zurück. Glucose wurde mit Glucoseoxydase, Galaktose mit Galaktosedehydrogenase bestimmt.

Einen weiteren Einblick in die strukturellen Beziehungen von RI-, RII- und O-Antigenen gewannen wir, als F. KAUFFMANN aus *S. minnesota* S-Form eine zweite R-Mutante isolieren konnte, welche von der zuerst gewonnenen Mutante RI serologisch verschieden war. Die Prüfung des Lipopolysaccharids dieser zweiten Mutante ergab die Zugehörigkeit zur Serogruppe RII (s. Tab. 1):

$$S.\ minnesota\ \text{S-Form} \begin{array}{c} \nearrow S.\ minnesota\ \text{RI-Form} \\ \searrow S.\ minnesota\ \text{RII-Form} \end{array}$$

Auch aus *S. typhimurium* isolierte F. KAUFFMANN zwei serologisch verschiedene R-Formen, und wir glauben, daß es prinzipiell möglich ist, aus jeder *Salmonella* S-Form RI, RII sowie auch andere Mutanten zu isolieren.

Zusammen mit J. L. STROMINGER und H. J. RISSE haben wir uns mit der vergleichenden chemischen und enzymatischen Analyse der beiden *S. minnesota* R-Mutanten beschäftigt. Tab. 2 zeigt das Ergebnis der quantitativen Analyse der *S. minnesota* O-, RI und RII Polysaccharide, sowie das sich hieraus ergebende Verhältnis der Zuckerbausteine, welche die Polysaccharide aufbauen. Man erkennt, daß beim Übergang von der S- zur RII-Form ein teilweiser Verlust von Galaktose und Glucosamin und ein totaler Verlust von Galaktosamin auftritt. Die Mutation zur RI-Form führt zur vollständigen Abwesenheit beider Hexosamine und damit zu einem

Tabelle 2. *Analyse von S. minnesota S-, RII- und RI-Polysacchariden*

Polysaccharid* aus S. minnesota	% Zucker						
	KDO	Heptose	Phosphor	Galactose	Glucose	Glucosamin	Galactosamin
S-Form.....	etwa 2	etwa 2		25	5	10	25
RII-Form ...	etwa 2	16	2,7	16	17	5,5	0
RI-Form	etwa 2	19		19	9	< 1	0
	Molares Verhältnis der Zucker**						
S-Form.....				12	2	5	12
RII-Form ...	2	2	2	2	2	0,8	0
RI-Form				2	1	0	0

* Die Polysaccharide der S- und RII-Formen wurden nach der Methode von FREEMAN direkt aus den Bakterien isoliert, während das RI-Polysaccharid durch Essigsäurehydrolyse des RI-Lipopolysaccharids gewonnen wurde.
** Es sind angenäherte Werte angegeben.

reduzierteren Antigen. — Diese Ergebnisse zeigten zum ersten Mal, daß Glucosamin Bestandteil von RII-Polysacchariden sein kann.

Wir haben uns weiter gefragt, wo der biosynthetische Defekt der *S. minnesota* R-Mutanten liegt. Das O-Antigen von *S. minnesota* enthält neben den basalen Zuckern N-Acetylgalaktosamin als spezifischen Baustein, welcher im RI- und RII-Antigen der Mutanten fehlt. N-Acetylgalaktosamin wird in Bakterien aus UDP-N-Acetylglucosamin durch Epimerisation in 4-Stellung synthetisiert. Diese Reaktion wird von einer spezifischen Epimerase katalysiert. Die vergleichende Untersuchung von Zellextrakten zeigte, daß Wildtyp und RI-Mutante dieses Enzyms (UDP-N-Acetylglucosamin-4-epimerase) enthalten, daß dieses Enzym in der RII-Mutante jedoch abwesend ist. Damit ist der enzymatische Block, welcher zu dieser RII-Mutanten führt, bekannt. Er betrifft die Synthese eines Zuckers, Galaktosamin, welcher Baustein der spezifischen Seitenkette des *S. minnesota* O-Antigens ist. Als Folge dieses Defekts wird die gesamte spezifische Seitenkette des O-Antigens nicht synthetisiert, welche aus den Zuckern Galaktose, Glucosamin und Galaktosamin aufgebaut ist (vgl. Tab. 1, sowie vorläufige Ergebnisse der Strukturanalyse von *S. minnesota*-O-Antigen [H. SCHULTE-HOLTHAUSEN]).

Aus diesen Ergebnissen konnten wir schließen, daß in RII-Zellen ein „peripherer" Defekt vorliegt, welcher die Synthese der spezifischen Seitenkette des O-Antigens betrifft; RI-Zellen besitzen dagegen einen „tieferen" Defekt, welcher zur Synthese eines im Vergleich zur RII-Struktur reduzierteren Polysaccharids führt. *Bei der Biosynthese des O-Antigens bildet demnach RI eine Vorstufe für RII.*

Im Gegensatz zu *S. minnesota* RII enthalten *S. minnesota* RI-Zellen UDP-N-Acetylglucosamin-4-Epimerase. Sie können daher Galaktosamin synthetisieren. Galaktosamin wird aber nicht in das RI-Lipopolysaccharid eingebaut. Bei der Analyse verschiedener Zellfraktionen wurde eine polysaccharidische Fraktion gefunden, welche Galaktosamin enthält und welche von *S. minnesota*-O-Serum spezifisch präcipitiert wird. Dieses „lösliche" Polysaccharid befindet sich nach Extraktion der RI-Zellen mit Phenol/Wasser und Ultrazentrifugation im klaren Zentrifugationsüberstand (welcher auch Nucleinsäure enthält), während das RI-Lipopolysaccharid im Sediment erscheint*. — *S. minnesota* RI-Zellen synthetisieren demnach zwei verschiedene Polysaccharide: das typische RI-Lipopolysaccharid der Zellwand von Chemotyp I sowie ein zweites, wahrscheinlich intracelluläres, Polysaccharid, welches Galaktosamin enthält und O-Spezifität besitzt.

Schon früher hatte I. BECKMANN aus RI-Mutanten von *S. typhimurium* eine entsprechende Polysaccharid-Fraktion isoliert, welche alle spezifischen Bausteine des *S. typhimurium* O-Antigens enthielt und welche durch O-Seren der *Salmonella* B-Gruppe präzipitiert wurde.

Weiteren Aufschluß über die Struktur des *S. minnesota* RII-Antigens hat schließlich die Analyse von Partialhydrolysaten des RII-Lipopolysaccharids erbracht. Nach Hydrolyse in Schwefelsäure erhielten wir gemeinsam mit I. W. SUTHERLAND eine Anzahl von Fraktionen, von denen bislang vier Oligosaccharide analysiert und identifiziert wurden: α-Glucosyl-Galaktose, N-Acetyl-Glucosaminyl-Glucose, N-Acetylglucosaminyl-Glucosyl-Galaktose und ein Tetrasaccharid, welchem wahrscheinlich die Formel N-Acetylglucosaminyl-Glucosyl-Galaktosyl-Glucose zukommt. Neuerdings wurde ein Pentasaccharid der folgenden Formel isoliert:

$$\text{GNAc} \rightarrow \text{Glu} \rightarrow \text{Gal} \rightarrow \text{Glu}$$
$$\uparrow$$
$$\text{Gal}$$

Das O-Antigen von *S. minnesota* enthält neben Galaktosamin auch Glucosamin als Baustein der spezifischen Seitenkette und es erhob sich die Frage, ob RII-Mutanten anderer Salmonellen ebenfalls Glucosamin als Bestandteil des RII-Antigens enthalten. Wir haben daher die Partialhydrolysate von drei weiteren RII-Antigenen untersucht: *S. typhimurium* RII (No. 371 von B. A. D. STOCKER) und *S. poona* RII (beide RII-Mutanten stammen aus Wildformen, die im spezifischen Teil des O-Antigens kein Glucosamin enthalten) sowie *S. inverness* RII (welches das Test-Antigen zur Klassifizierung der RII-Gruppe darstellt).

Die Partialhydrolysate dieser drei RII-Antigene verhielten sich papierchromatographisch gleich wie *S. minnesota* RII-Antigen; und in den entsprechenden Eluaten der Chromatogramme wurden nach Hydrolyse die erwarteten Monosaccharide gefunden. Wir

---
* Werden RI-Zellen nach FREEMAN mit Essigsäure extrahiert, so erhält man das „lösliche" Polysaccharid im Gemisch mit RI-Polysaccharid und Glucan.

glauben daher, daß die vier bislang untersuchten RII-Antigene eine identische Struktur besitzen, und wir nehmen an, daß auch die übrigen RII-Antigene diese Struktur enthalten*.

Die besprochenen Ergebnisse an *Salmonella* R-Mutanten haben uns zu der in Abb. 2 aufgezeichneten Formel geführt, die in Details vielleicht noch korrigiert werden muß. Wenn es richtig ist, daß sich diese Ergebnisse verallgemeinern lassen und für die ganze Gruppe der *Salmonella*-O-Antigene Gültigkeit besitzen, dann würde die Formel der Abb. 2 die allgemeine Struktur eines beliebigen *Salmonella*-O-Antigens repräsentieren.

Nach diesem Bild stellt das *Antigen der RII-Mutanten die intakte basale Struktur* dar. RII-Mutanten, so nehmen wir an, besitzen einen – von Fall zu Fall verschiedenen – Defekt in der Synthese der spezifischen determinanten Kette. Phänotypisch sind sie identisch. Dies wurde für die *S. minnesota* RII-Mutante nachgewiesen, welcher das für die Synthese von Galaktosamin notwendige Enzym fehlt; als Folge wird die gesamte spezifische Seitenkette nicht synthetisiert.

NIKAIDO hat nachgewiesen, daß eine von B. A. D. STOCKER isolierte RII-Mutante aus *S. typhimurium* einen Defekt in der Synthese von TDP-Rhamnose besitzt und schließlich hat M. J. OSBORN kürlich eine weitere *S. typhimurium* R-Mutante isoliert, deren Block in der Mannose-Synthese liegt. — Rhamnose und Mannose sind nach A. M. STAUB aufeinanderfolgende Zucker in der spezifischen Kette von *S. typhimurium*. Es ist bemerkenswert, daß die aus beiden *Typhimurium* Mutanten — es handelt sich jeweils um Ein-Schritt-Mutanten — isolierten RII-Lipopolysaccharide dem Chemotyp I angehören, also weder Rhamnose noch Mannose enthalten. Dies kann so gedeutet werden, daß zur Synthese der Seitenketten präformierte Nucleotid-Oligosaccharide verwandt werden oder daß die Inkorporation eines Zuckers von der Anwesenheit des Nucleotids des anderen Zuckers abhängig ist. Jedenfalls wird bei Abwesenheit *eines* spezifischen Zuckernucleotids die *gesamte* Seitenkette nicht synthetisiert.

Das *Antigen der RI-Mutanten* stellt eine *inkomplette Basalstruktur* dar. Zur RI-Mutante führende Defekte sind bislang noch nicht identifiziert worden. Vermutlich ist eine Transferase betroffen, welche in der Wildform einen Basalzucker (Glu oder GNAc in Abb. 2) transferiert. In RI-Mutanten werden die Zucker der spezifischen Seitenketten synthetisiert und offensichtlich bis zu einem

---

* Unabhängig hat J. M. OSBORN aus dem Partialhydrolysat einer *S. typhimurium* RII-Mutante offensichtlich identische Oligosaccharide isoliert (persönl. Mitt.).

gewissen Grade auch verknüpft, denn man findet in RI-Zellen das lösliche, S-spezifische Polysaccharid; die spezifischen Zucker werden jedoch nicht auf das R-Antigen transferiert, weil der Acceptor, das terminale N-Acetylglucosamin der Basalstruktur, fehlt.

MILNER et al., aber auch schon A. G. JOHNSON und R. SKARNES, haben gezeigt, daß S-Formen gramnegativer Bakterien neben dem spezifischen Lipopolysaccharid der Zellwand ein lösliches, vermutlich cytoplasmatisches spezifisches Polysaccharid enthalten. Es ist denkbar, daß die Synthese dieses Polysaccharids in RI-Mutanten ungehindert weiterläuft.

Die in Abb. 2 vorgeschlagene Formel enthält eine an Heptose gebundene Galaktose. Entsprechend unseren analytischen Ergebnissen beträgt für RII das Galaktose-Glucose-Verhältnis etwa 1:1, für RI etwa 2:1. Mit I. W. SUTHERLAND haben wir in *S. minnesota* RI Partialhydrolysat eine negativ geladene, papierelektrophoretisch und -chromatographisch einheitlich wandernde Fraktion gefunden, welche Heptose, Phosphat und Galaktose im Verhältnis 2:1:1 enthält, was die Bindung des Galaktosylrestes an Heptose bestätigen könnte. Die analytischen Methoden zur eindeutigen Charakterisierung derartiger Heptosephosphate in bezug auf Reinheit, Polymerisationsgrad, Einheitlichkeit usw. sind jedoch sehr unbefriedigend.

Über die *Struktur des inneren Teiles des basalen Polysaccharids* wissen wir bislang wenig. Diese Struktur stellt das *Antigen der M-Mutanten* von *S. typhimurium* dar. Es handelt sich um eine galaktose-defekte Mutante (Abwesenheit von UDP-Galaktose-4-Epimerase), welche von H. NIKAIDO eingehend untersucht wurde. Da Galaktose nicht synthetisiert wird, bleibt die Biosynthese des O-Antigens auf der Stufe des M-Antigens stehen (Abb. 2).

Die S-spezifischen Zucker werden in Form ihrer Nucleotide synthetisiert und akkumulieren in der M-Zelle. Im Gegensatz zur RI-Mutante wird in der M-Mutante das spezifische, lösliche Polysaccharid nicht gebildet, da Galaktose ein Baustein der O-spezifischen Kette in *S. typhimurium* ist. Andererseits werden die spezifischen Zucker nicht auf das Lipopolysaccharid transferiert, da in Abwesenheit von UDP-Galaktose der Acceptor, die intakte Basalstruktur, nicht synthetisiert wird. Fügt man Galaktose zur wachsenden M-Kultur, so wird nun über Galaktose-1-phosphat UDP-Galaktose gebildet und Galaktose wird transferiert. Das O-Antigen wird aufgebaut, und aus der M-Mutante wird phänotypisch die Wildform.

Die Arbeiten NIKAIDOs über die M-Mutante von *S. typhimurium* wurden bereits 1959 veröffentlicht. Sie haben auf eine Reihe von Arbeitskreisen sehr stimulierend gewirkt und in hervorragender Weise unser Verständnis für das Wesen der S-R-Mutation gefördert. M. J. OSBORN hat das M-Polysaccharid analysiert, welches im wesentlichen aus Glucose und Heptosephosphatketten besteht, an deren Ende reduzierende KDO gebunden ist. Das Glucose:Heptose:Phosphat-Verhältnis ist etwa 0,5:1:1. Über die Art der Glucosebindung sowie über die Verknüpfung der Heptosephosphate ist noch nichts bekannt.

Aufgrund der Ergebnisse von M. J. OSBORN, die mit unseren Analysen übereinstimmen, enthalten R-Antigene etwa 10 Heptosen pro KDO-Molekül. Unter Zugrundelegung einer Länge der zentralen Kette von 10 Heptoseeinheiten berechnet sich für das M-Antigen ein Molgewicht von etwa 4000. M. J. OSBORN gibt aufgrund des Reduktionswertes sowie des Verhaltens an Sephadexkolonnen Werte zwischen 4 und 5000 an. Für das RI-Antigen errechnet sich entsprechend der Struktur in Abb. 2 ein Molgewicht von 5600 und für das RII-Antigen von etwa 7500. Ein spezifisches *Salmonella* O-Polysaccharid, welches pro determinanter Seitenkette 6 Pentasaccharideinheiten enthält, würde mit 5 determinanten Seitenketten (bei 10 Heptoseeinheiten) ein Molgewicht von etwa 30000 besitzen. Werte dieser Größenordnung werden für spezifische, degradierte O-Polysaccharide in der Literatur angegeben.

2-Keto-3-desoxyoctonsäure (KDO, etwa 5% der Lipopolysaccharide) kommt in zwei verschiedenen Bindungsarten vor. Nach M. J. OSBORN liegen etwa 80% der KDO als nicht-reduzierende Endgruppen in säurelabiler Form gebunden vor. Kurzes Erhitzen der Lipopolysaccharide in verdünnter Säure setzt diesen Teil der KDO frei. Die leichte Spaltbarkeit der Glykosidbindung, die Empfindlichkeit des Zuckers gegen Säure und die Art der Bindung im O-Antigen erinnern an Neuraminsäure, mit der KDO strukturelle Verwandtschaft besitzt. Auch die Biosynthese und die Aktivierung in Form des CMP-Derivates sind bei beiden Zuckern ähnlich. — Die restlichen 20% der im Lipopolysaccharid gebundenen KDO erscheinen nach Säurebehandlung im degradierten Polysaccharid, in Form reduzierender, säurestabiler Endgruppen. M. J. OSBORN nimmt an, daß dieser Teil der KDO die Bindung zum Lipoid vermittelt. Es erscheint uns möglich, daß dieser Teil der KDO im intakten Lipopolysaccharid Verknüpfungsstellen zwischen Heptosephosphatketten bildet, an welche jeweils Lipoid A-Einheiten gebunden sind. KDO würde so den Aufbau der hochmolekularen Lipopolysaccharide aus degradiertem Polysaccharid und Lipoid A vermitteln.

In der Formel der Abb. 2 sind die Strukturen der R-Antigene RI, RII und M markiert. Wir müssen annehmen, daß *weitere Klassen von R-Mutanten* existieren. Eine davon ist seit langem bekannt; es handelt sich um Mutanten, welche einen Glucose-Defekt besitzen. So ist in einer *E. coli* K 12-Mutante UDP-Glucose-pyrophosphorylase abwesend, während in einer Mutante aus *S.*

typhimurium Hexose-6-phosphat-Isomerase abwesend ist, so daß beim Wachstum auf Fructose in der Zelle keine Glucose gebildet wird. Beide Mutanten enthalten ein Lipopolysaccharid, dessen Polysaccharid-Komponente nur aus Polyheptosephosphat besteht (T. FUKUSAWA, D. FRAENKEL et al.).— Es ist möglich, daß es sich bei der von F. KAUFFMANN isolierten *S. typhimurium* R 1-Form (vgl. Tab. 1) um einen Vertreter einer weiteren Gruppe von R-Mutanten handelt. Das Lipopolysaccharid gehört weder zur Serogruppe RI noch RII und hat ein Galactose:Glucose-Verhältnis von 1:1.

Eine wesentliche Bestätigung der in Abb. 2 postulierten Basalstruktur erbrachte das *Studium der Biosynthese* dieser Polysaccharide. Ausgehend von der *S. typhimurium* M-Mutante konnten H. NIKAIDO und M. J. OSBORN unabhängig voneinander mittels eines Enzymextraktes aus M-Zellen Galaktose aus UDP-Galaktose auf das M-Lipopolysaccharid übertragen. S. M. ROSEN et al. zeigten, daß die transferierte Galaktose α-glykosidisch in 3-Stellung an die Glucose des M-Lipopolysaccharids gebunden wird. Es gelang ihnen ferner, Glucose aus UDP-Glucose als nächsten Zucker auf das Lipopolysaccharid zu übertragen. Als erkannt wurde, daß N-Acetylglucosamin der nicht-reduzierende Endzucker der Basalstruktur ist, zeigten M. J. OSBORN et al., daß N-Acetylglucosamin aus UDP-N-Acetylglucosamin als nächster Zucker in hoher Ausbeute transferiert wird. Alle Transferierungen sind streng abhängig von der Anwesenheit des in der Formel vorausgehenden Zuckers: Die Transferasen sind spezifisch für das Zuckernucleotid und den Acceptor.

In jüngster Zeit haben wir durch die Arbeiten von B. STOCKER u. Mitarb. einen Einblick in genetische Zusammenhänge bei der S-R-Mutation von Salmonellen erhalten. STOCKER hat in den von ihm isolierten *S. typhimurium* Mutanten 2 Genbezirke identifiziert: rou A und rou B. Mutation in rou A führt zu Mutanten, welche nach den Untersuchungen von I. BECKMANN zur Serogruppe RI gehören, Mutation in rou B zu RII-Mutanten. Demnach ist rou A für die Synthese der Basalstruktur, rou B für die Synthese der spezifischen Seitenketten des O-Antigens wesentlich. Die Biosynthese allgemeiner und spezifischer Strukturen im O-Antigen wird offensichtlich genetisch getrennt gesteuert.

Wir haben gesehen, daß die Biosynthese der *Salmonella* O-Antigene über die Zwischenstufen

$$\text{Polyheptosephosphat} \to \text{M} \to \text{RI} \to \text{RII} \to \text{O-Antigen}$$

verläuft, wobei die ersten Schritte für alle *Salmonella* O-Antigene vermutlich identisch sind. Erst im weiteren Verlauf der Synthese erfolgt die Differenzierung in die etwa 100 verschiedenen bislang bekannten Serotypen, indem spezifische O-determinante Ketten auf die basale Struktur RII aufgesetzt werden.

Die Basalstruktur anderer Enterobacteriaceen ist möglicherweise verschieden von derjenigen der Salmonellen. Man muß dies aus der Tatsache schließen, daß O-Antigene isoliert worden sind, welche nicht alle basalen Zucker enthalten. So fand W. T. J. MORGAN keine Glucose in *Shiga* O-Antigen, und in einigen *E. coli* O-Antigenen haben wir keine Galaktose gefunden.

Obwohl wir bislang viel von der Basalstruktur der *Salmonella* O-Antigene gesprochen haben, müssen wir feststellen, daß der direkte Beweis für die Existenz einer solchen gemeinsamen Struktur in O-Antigenen fehlt. Diejenigen Arbeitskreise, die sich mit der Struktur von O-Antigenen beschäftigt haben, sind an der Chemie und Serologie des spezifischen Teils der O-Antigene interessiert gewesen, welcher etwa 80% des Moleküls ausmacht. Anzeichen für das Vorhandensein einer basalen Struktur wurden von ihnen nicht gefunden. Andererseits wurden Struktur und Biosynthese der Basalstruktur am Beispiel der Antigene von R-Mutanten studiert, denen der spezifische Teil der O-Antigene fehlt.

Es gibt einige indirekte Beweise für das Vorhandensein einer basalen Struktur in O-Antigenen. Alle *Salmonella* O-Antigene enthalten die basalen Zucker, und vor allem Heptosephosphat ist stets eindeutig nachweisbar. Diese basalen Zucker sind Bestandteil der O-Antigene und entstammen nicht Beimengungen an R-Antigen, welches, so könnte man sich vorstellen, von der S-Zelle neben dem O-Antigen synthetisiert wird. Dies konnten wir mittels spezifischer Präcipitation mit S- und R-Antiseren nachweisen. O-spezifische Lipopolysaccharide können nicht fraktioniert werden; sie verhalten sich serologisch einheitlich. — Die meisten O-Antigene reagieren nicht mit R-Antiseren. Werden O-Antigene jedoch der schonenden Hydrolyse mit verdünnter Säure unterworfen, so kann man zeigen, daß die hochmolekularen Abbauprodukte nun mit R-Seren reagieren. Wir nehmen an, daß durch Abspaltung spezifischer Seitenketten im Molekül R-spezifische Strukturen freigesetzt und für das R-Serum zugänglich werden.

In der letzten Zeit haben wir begonnen, die *Struktur verschiedener O-Antigene* zu studieren mit dem Ziel, Oligosaccharide der Basalstruktur zu isolieren. Es interessierte uns weiterhin, ob, ähnlich wie die Biosynthese der Basalstruktur, auch die Biosynthese der spezifischen Ketten über Zwischenstufen verläuft, derart, daß O-Antigene einfacherer Struktur Vorstufen von O-Antigenen komplizierterer Struktur darstellen.

Zum Studium dieser Fragen haben wir chemisch nahe verwandte O-Antigene vom gleichen Chemotyp VI ausgewählt. O-Antigene dieses Chemotyps kommen in den *Salmonella*-Gruppen G, N und U vor (vgl. Tab. 3). Sie enthalten neben den basalen Zuckern Galaktosamin und Fucose und sind damit hinsichtlich ihrer Zuckerzusammensetzung den menschlichen Blutgruppensubstanzen ähnlich. G. F. SPRINGER hat gezeigt, daß Salmonellen der Gruppe G O(H)-Spezifität, diejenigen der Gruppe U B-Spezifität besitzen.

Tabelle 3. *Analyse von Lipopolysacchariden des Salmonella Chemotyps VI*

Lipopolysaccharide		Blutgruppen-aktivität (G. F. SPRINGER)	% Zucker im Lipopolysaccharid					
			Heptose	Galaktose	Glucose	Glucosamin	Galaktosamin	Fucose
Salmonella Gruppe G								
S. friedenau	(13, 22)	H(O)	2	12	6	5	19	8
S. poona	(13, 22)							
Salmonella Gruppe N								
S. godesberg	(30)	—	2	3	15	3	10	8
S. urbana	(30)							
Salmonella Gruppe U								
S. milwaukee	(43)	B	2	22	6	9	9	6

Die Vertreter der *Salmonella* Gruppe U zeigen starke Kreuzreaktion mit *E. coli* 086, dessen O-Antigen ebenfalls starke Blutgruppen B-Aktivität besitzt und von G. F. SPRINGER untersucht wird.

Tab. 3 zeigt die Ergebnisse der Zuckeranalyse der 5 untersuchten Lipopolysaccharide. Galaktose und Glucose sind in einigen Lipopolysacchariden nur in geringer Menge vorhanden (2—5%); wir nehmen an, daß diese Zucker, ebenso wie die in allen O-Antigenen gefundene Heptose, der Basalstruktur entstammen. Wie die folgenden Ergebnisse zeigen, erscheinen diese im O-Antigen in kleiner Menge auftretenden Zucker nicht als Bausteine der spezifischen Strukturen.

Die Partialhydrolyse der Lipopolysaccharide lieferte eine Reihe von Oligosacchariden, deren papierelektrophoretische und -chromatographische Trennung, Isolierung und Identifizierung von A. SIMMONS durchgeführt wurde. Aus allen 5 O-Antigenen wurde ein identisches Disaccharid isoliert: Glucosyl-Galaktose. Aus

Über die somatischen Antigene von Salmonella S- und R-Formen 129

S. poona-Lipopolysaccharid erhielten wir das Disaccharid N-Acetylglucosaminyl-Glucose. Diese Disaccharide erwiesen sich als identisch mit den aus *Salmonella* RII-Antigenen isolierten Disacchariden. Wir glauben daher, daß damit erstmalig Bruchstücke der Basalstruktur aus O-Antigenen isoliert wurden.

Neben den „unspezifischen" Disacchariden isolierte A. SIMMONS aus den Hydrolysaten der O-Antigene jeweils eine Reihe von Oligosacchariden, deren Struktur mittels klassischer Methoden analysiert wurde. Die Ergebnisse zeigen, daß die Oligosaccharide der einzelnen O-Antigene Bruchstücke von Tetra- bzw. Pentasacchariden darstellen, welche als größte Oligosaccharide isoliert wurden. Die Struktur dieser größten Oligosaccharide ist in Abb. 3 aufgezeichnet, wie sie direkt oder durch Kombination der Ergebnisse an niederen Oligosacchariden ermittelt wurde.

In Analogie zu den Ergebnissen von P. W. ROBBINS und T. UCHIDA müssen wir annehmen, daß diese Oligosaccharide sich wiederholende Grundeinheiten in den determinanten Ketten der jeweiligen O-Antigene darstellen. Wir wissen jedoch nicht, in welcher Weise sie in die Kette eingebaut sind, d. h., welcher Teil eines Oligosaccharids *in* der Kette liegt und diese aufbaut, und ein wie großer Teil die Seitenketten bildet. Aufschluß über die Art der Verknüpfung der Oligosaccharide in den spezifischen Seitenketten kann nur das Studium des intakten Polysaccharids erbringen (Methylierung, Perjodatoxydation usw.). Wir müssen uns auch bewußt sein, daß die von uns als Oligosaccharid isolierte „chemische Einheit" nicht mit der „biologischen Einheit" (repeating unit in der Kette) identisch sein muß. Die nach Hydrolyse isolierte chemische Einheit ist im vorliegenden Fall bedingt durch die Säurelabilität der Fucosebindung in diesen O-Antigenen.

Entsprechend der Totalanalyse gehören die untersuchten O-Antigene der Salmonellagruppen G, N und U zum Chemotyp VI. Teilt man die Zuckerbausteine der O-Antigene ein in „spezifische Zucker" (welche die spezifischen Ketten aufbauen) und basale Zucker (welche in allen O-Antigenen gleich sind), so ergibt sich folgende Zuckerverteilung:

Basale Zucker = KDO, Heptose, Galaktose, Glucose, Glucosamin.
Gruppe G:
Basale Zucker + Galaktose, Glucose, Galaktosamin, Fucose.
Gruppe N:
Basale Zucker + Glucose, Galaktosamin, Fucose.
Gruppe U:
Basale Zucker + Galaktose, Glucosamin, Galaktosamin, Fucose.

Wesentlich deutlicher als bei der üblichen Einteilung in Chemotypen treten hier die Verschiedenheiten im Aufbau dieser O-Antigene hervor.

Über die determinanten Strukturen in den untersuchten O-Antigenen wissen wir noch wenig. Bei *S. milwaukee* können wir vermuten, daß die α-Galaktosyl-β-Galaktosyl-Gruppierung Träger der Blutgruppen-B-Spezifität dieses O-Antigens ist, da W. T. J. Morgan gezeigt hat, daß α-Galaktosyl-(1—3)-β-Galaktosyl- die determinante Struktur der Blutgruppensubstanz B ist. Hierzu paßt, daß α-Methylgalaktosid im Complementfixations-Hemmungstest das homologe System *S. milwaukee* O-Antigen/Antiserum hemmt. β-Methylglucosid hemmt im *S. godesberg* und *S. urbana* System, während im System *S. friedenau* und *S. poona* Fucose am stärksten hemmt (neben β-Methylgalaktosid und α-Methylglucosid). Wir schließen hieraus, daß *S. friedenau* und *S. poona* O-Antigen nicht reduzierende Fucose enthalten, welche bei der Partialhydrolyse abgespalten wird. Dies würde die Blutgruppen O(H)-Aktivität dieser O-Antigene erklären.

Aus den Formeln der Abb. 3 geht hervor, daß sich die O-Antigene der drei Salmonellagruppen nicht durch wenige Synthese-

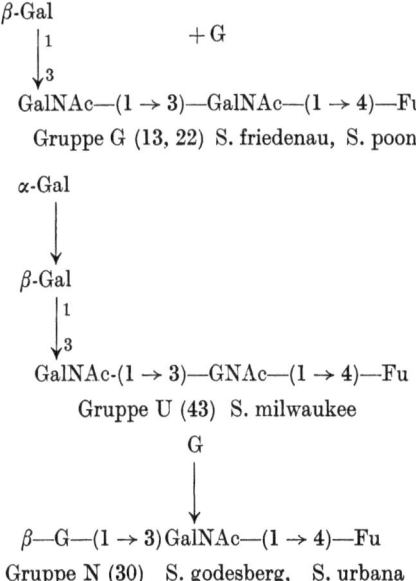

Abb. 3. Struktur von Oligosacchariden aus O-Antigenen der Salm. Gruppen G, N, U

schritte unterscheiden. Keines der O-Antigene kann in einfacher Weise als eine Vorstufe des anderen gedacht werden. Trotzdem läßt sich in diesen drei Formelbildern eine deutliche Ähnlichkeit der Strukturen erkennen. Wir sind dabei, O-Antigene des Chemotyps II zu analysieren, welche keine Fucose enthalten.

Die allgemeine Formel der O-Antigene hat Ähnlichkeit mit den Strukturen anderer Zellbestandteile. Polyzuckerphosphat-Ketten bilden auch im *Lipoid A* ein Gerüst, welches hier aus Glucosaminphosphat-Einheiten besteht. Die OH- und NH_2-Gruppen des Glucosamins sind mit langkettigen Fettsäuren besetzt. Es wird angenommen, daß die Einheiten mittels Phosphatbrücken verknüpft sind. — Bei den Antigenen einiger grampositiver Bakterien, den *Teichonsäuren*, bilden Ketten aus Ribitol- oder Glycerinphosphat eine unspezifische Basalstruktur, an welche die determinanten Zucker in Form kurzer Seitenketten gebunden sind. — Desgleichen findet sich in den menschlichen *Blutgruppensubstanzen* eine basale Struktur, welche hier aus Aminosäure-Einheiten besteht, an welche determinante Zuckerketten gebunden sind. Diese Ketten besitzen ihrerseits einen inneren, unspezifischen, für A-, B- und O-Substanz gleichen Teil, an welchen das spezifische Oligosaccharid als nichtreduzierende Endgruppe gebunden ist. Sowohl bei den Blutgruppensubstanzen wie bei den Teichonsäuren, in Analogie zu den O-Antigenen, kann ein Molekül Träger mehrerer, distinkter Spezifitäten sein. — Schließlich sei das *Mucopeptid* (Murein) der Zellwand aller Bakterien erwähnt. Eine unspezifische Polysaccharidkette aus N-Acetylglucosamin und N-Acetylmuraminsäure ist allen gemeinsam. Die an diese Ketten gebundenen Peptide sind verschieden und für ein Bakterium oder eine Bakteriengruppe spezifisch.

Am Anfang wurde gesagt, daß vornehmlich die Ergebnisse unserer eigenen Untersuchungen in Freiburg beschrieben werden sollten. Trotzdem sollte deutlich geworden sein, daß mehrere Forschergruppen, teilweise in enger Zusammenarbeit, an den Problemen der S- und R-Mutation und an der Struktur der O- und R-Antigene von Salmonellen arbeiten und daß das derzeit gewonnene Bild nur aus den Ergebnissen aller dieser Gruppen zusammengefügt werden kann.

Literatur

Im folgenden sind einige neuere Arbeiten auf dem Gebiet der S-R-Mutation bei Salmonellen aufgeführt.

BECKMANN, I., O. LÜDERITZ u. O. WESTPHAL: Zur Immunchemie der somatischen Antigene von Enterobacteriaceae. IX. Serologische Typisierung von Salmonella R-Antigenen. Biochem. Z. **339**, 401 (1964); LÜDERITZ, O., I. BECKMANN u. O. WESTPHAL: X. R-spezifische Strukturen in Salmonella O-Antigenen. Biochem. Z. **339**, 416 (1964).

FRAENKEL, D., M. J. OSBORN, B. L. HORECKER, and S. M. SMITH: Metabolism and cell wall structure of a mutant of S. typhimurium deficient in phosphoglucose isomerase. Biochem. biophys. Res. Comm. **11**, 423 (1963).

GHALAMBOR, M. A., and E. C. HEATH: The chemical synthesis of 2-Keto-3-deoxyoctonate and its cleavage by a specific aldolase. Biochem. biophys. Res. Comm. **11**, 288 (1963).

HEATH, E.C., and M.A. GHALAMBOR: 2-Keto-3-deoxy-octonate, a constituent of all wall lipopolysaccharide. Biochem. biophys. Res. Comm. **10**, 340 (1963)

KAUFFMANN, F.: Die Bakteriologie der Salmonella Species. Kopenhagen: Munksgaard 1961.

LÜDERITZ, O., H. J. RISSE, H. SCHULTE-HOLTHAUSEN, J. L. STROMINGER, I. W. SUTHERLAND, and O. WESTPHAL: Biochemical studies of the S-R-mutation in Salmonella minnesota. J. Bact. (1964) im Druck.

NIKAIDO, H.: Studies on the biosynthesis of cell wall polysaccharide in mutant strains of Salmonella. I and II. Proc. nat. Acad. Sci. (Wash.) **48**, 1337; 1542 (1962).

OSBORN, M. J., S. M. ROSEN, L. ROTHFIELD, and B. L. HORECKER: Biosynthesis of bacterial lipopolysaccharide. I. Enzymatic incorporation of galactose in a mutant strain of Salmonella. Proc. nat. Acad. Sci. (Wash. **48**, 1831 (1962).

OSBORN, M. J.: Studies on the gramnegative cell wall. I Evidence for the role of KDO in the lipopolysaccharides of S. typhimurium. Proc. nat. Acad. Sci. (Wash. **50**, 499 (1963).

OSBORN, M. J., S. M. ROSEN, L. ROTHFIELD, L. D. ZELEZNICK, and B. L. HORECKER: Lipopolysaccharide of the gramnegative cell wall; biosynthesis of a complex heteropolysaccharide occurs by successive addition of specific sugar residues. Science **145**, 783 (1964).

STAUB, A. M., et M. RAYNAUD: Structure des antigènes O, R, H et Vi des Salmonella in "The world problem of Salmonellosis". Van Oye Edit. 1964, im Druck.

STAUB, A. M., et O. WESTPHAL: Etudes chimiques et biochimiques de la spécificité immunologique des polyosides bactériens. Bull. Soc. chim. biol. (1964), im Druck.

SUBBAIAH, T. V., and B. A. D. STOCKER: Rough Mutants of Salmonella typhimurium. I. Genetics; BECKMANN, I., T. V. SUBBAIAH, B. A. D. STOCKER: II. Serological and chemical investigations; NIKAIDO, H., K. NIKAIDO, T. V. SUBBAIAH, B. A. D. STOCKER: III. Enzymatic synthesis of nucleotide-sugar compounds. Nature (Lond.) **201**, 1298—1302 (1964).

UCHIDA, T., P. W. ROBBINS, and S. E. LURIA: Analysis of the serological determinant groups of the Salmonella E-group O-antigens. Biochem. **2**, 663 (1963).

WESTPHAL, O., u. O. LÜDERITZ: Die biologische Bedeutung der chemischen Feinstruktur bakterieller Zellgrenzflächen. Naturwissenschaften **50**, 413 (1963).

Diskussion

GOEBEL (Diskussionsleiter): Would anyone care to ask Dr. LÜDERITZ a question.

BROSSMER (Heidelberg): Wenn ich Ihr großes Bild über die Struktur der O-Antigene bei Salmonellen richtig verstanden habe, dann besteht das "backbone" aus Heptose-Molekülen, die durch Phosphorsäure miteinander verbunden sind und zwar in Form von Di-esterbrücken. Das erinnert sehr an das "backbone" von Nucleinsäuren und daher meine Frage: Haben Sie versucht, durch Phosphodiesterasen eine Aufspaltung Ihres — doch immerhin sehr großen — O-Antigens zu bekommen? Sie sollten so kleinere Bruchstücke erhalten, die dann leichter aufzuarbeiten wären. Außerdem wäre es zusätzlich ein wertvoller Strukturbeweis für das "backbone" selbst.

LÜDERITZ: Da haben Sie an sich recht. Vielleicht muß man zwei Dinge sagen: 1. Es ist nicht bewiesen, daß es eine Heptose-phosphat-heptose-phosphat-Kette ist, daß also der Phosphor di-esterartig in dieser Kette gebunden ist. 2. Diese Struktur — wenn sie so wäre — würde nicht nur an Nucleinsäuren, sondern auch an Teichoinsäure und Lipoid A erinnern, das wahrscheinlich so aufgebaut ist; und vielleicht gibt es noch andere ähnliche Strukturen. Aber in allen diesen Fällen ist es bisher nicht möglich gewesen, Phospho-diesterasen zu finden, die diese Spaltung katalysieren.

BROSSMER: Ich würde denken, daß gerade aus Ihren Bakterien Phosphodiesterasen zu isolieren sein sollten, die das backbone — wenn es so vorhanden ist — spalten.

LÜDERITZ: Bis jetzt hat niemand m. W. so etwas isoliert. Eine andere Methode wäre natürlich, mit Alkali zu spalten. Auch dann müßte — wenn wirklich eine Diester-Bindung vorliegt und daneben liegende OH-Gruppen frei sind — diese Spaltung zu Monoestern führen, die dann der Phosphoesterase zugänglich wären. Und so etwas hat MARY JANE OSBORN (Einstein Medical College, Bronx, N. Y.) im Falle der M-Mutante versucht, und ich glaube, es ist ihr gelungen. Ich erinnere mich, daß sie uns sehr schöne Kurven gezeigt hat, die denjenigen sehr ähnlich waren, die wir mit Lipoid A erhielten. In Lipoid A ist es möglich, daß Glucosamineinheiten durch sekundäre Phosphoresterbrücken verbunden sind.

WESTPHAL: Bevor wir mit unserem Programm fortfahren, möchte ich sagen, daß Dr. ROBBINS aus Cambridge/USA über lysogene Conversionen nicht sprechen kann. Ich möchte nur mit einem einzigen Wort sagen, was uns da entgangen ist, für diejenigen nämlich, die sich mit dem Problem der *lysogenen Conversionen* bislang noch nicht beschäftigt haben. Es geht dabei — und wir können unmittelbar an den Vortrag von LÜDERITZ anschließen — um die Infektion von Bakterien mit Phagen, die ihre Virulenz soweit eingebüßt haben, daß nur die Nucleinsäure im Bacterium als Einzelmolekül wirksam wird und sich nur soweit redupliziert als das Bacterium sich teilt. Und erst unter ganz bestimmten Bedingungen kann dieser sog. Prophage wieder ein virulenter Phage werden und das Bacterium lysieren und in Freiheit treten. Solange diese Nucleinsäure als Prophage im Bacterium existiert, kann sie in den genetischen Apparat des Bacteriums eintreten und auf diese Weise *biologische Information* vermitteln, die sich in vielen Fällen dahingehend auswirkt, daß just jene O-Antigene, über die Dr. LÜDERITZ gesprochen hat, ihre Struktur in ganz spezifischer Weise ändern. Man hat u. a. gefunden, daß wohlbekannte *Salmonella*-Typen ineinander überführbar sind, mit Hilfe solcher sog. lysogenen Phagen. Schon seit langem bekannte *Salmonella*-Typen sind verbunden durch die genetische Information dieser lysogenen Phagen. Das Thema ist deswegen so außerordentlich wichtig, weil wir hier die volle Kette aller biochemischen Reaktionen haben: mit der biologischen Information beginnend, über die durch die Nucleinsäuren beeinflußten Enzyme bis hin zum Merkmal, in diesem Fall die spezifische Struktur eines Oberflächen-Antigens. Das ist natürlich ein Thema von ganz außerordentlichem Interesse und Herr ROBBINS hätte uns gezeigt, daß man inzwischen gewisse Prophagen oder Phagen durch Bestrahlung weiterhin künstlich mutieren kann, so daß auch hier wiederum die Charaktere, die durch den Prophagen beeinflußt werden, ihrerseits beeinflußt werden können. So möchte ich Ihnen sozusagen dieses moderne genetische Donnerwort entgegenschleudern: *lysogene Conversionen*. Es lohnt sich, sich damit zu befassen. Damit gebe ich das Wort zurück an den Chairman und zugleich folgenden Redner, Dr. WALTHER F. GOEBEL.

The Capsular Antigen of Mucoid Strains of Escherichia Coli

By W. F. GOEBEL

The Rockefeller Institute, New York City

With 7 Figures

The work which I wish to report today concerns a subject which is particularly warm to my heart for it deals with the nature of a capsular polysaccharide. It was some 40 years ago when I left the laboratory of one of your distinguished countrymen, Prof. RICHARD WILLSTAETTER where I had studied for a year, to begin my scientific career at the Rockefeller Institute. The very first work which I was asked to undertake was in a field in which I had had no training, Immunochemistry. I was to assist Dr. HEIDELBERGER and his colleague, the great bacteriologist Dr. OSWALD T. AVERY in their exciting work on the capsular polysaccharides of Pneumococci[1]. I need not tell you of the far reaching importance of their newly made discovery that polysaccharides could play a role in immunity. With this everyone is familiar. My report today deals with but a small facet of this vast subject.

My laboratory has devoted the past decade to a study of a unique class of substances known as colicines[2]. These are bactericidal agents which are elaborated by many strains of Enterobacteriaceae and in essence they are antibiotics, for they are killers of other strains of these same microorganisms. At the time we began our work their chemical nature was entirely unknown. In short, we have shown that two of the colicines, V and K, are nothing more than the specific O antigen of the particular microorganism which elaborates them. It is not of these substances, however, that I wish to speak today, but of another, a mucoid polysaccharide which, on occasion, encapsulates certain strains of *Coli*.

The colicinogenic bacillus with which we worked for many years elaborates colicine K. Its serotype is O—1. In addition, it produces a thermolabile L antigen, K-1. But over the years we noticed that the cultures with which we worked became increasingly mucoid.

Our colicinogenic bacillus no longer grew as smooth, flat, translucent colonies. They had become larger, more succulent, more opaque and more mucoid. We became curious as to the reason

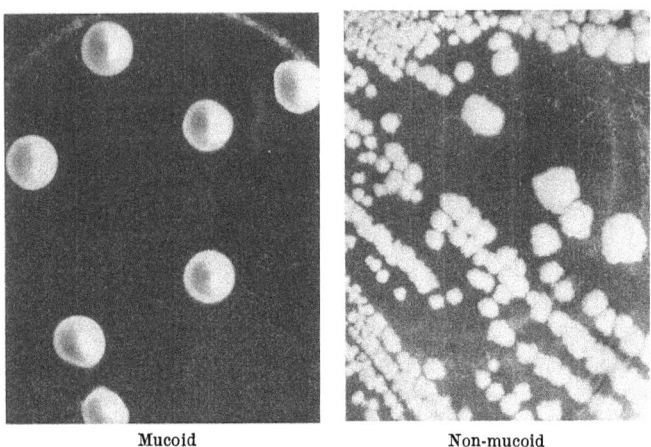

Mucoid   Non-mucoid
Fig. 1. Comparison of the mucoid and non-mucoid variants of E. coli K235

underlying this. From the culture medium in which we grew our bacillus we eventually separated two polysaccharides. One was a polymer of N-acetyl neuraminic acid, which we named Colominic Acid[3]. The other we named Colanic Acid[4]. It is of this substance which I wish to speak today.

Colanic acid was obtained by us as a non-nitrogenous, lipid free carbohydrate which yielded 80 per cent of reducing sugars upon hydrolysis. A somewhat cursory chemical study revealed that colanic acid was constituted from glucose, galactose, fucose and glucuronic acid.

More interesting than its chemical properties, however, were its immunological characteristics, for unlike colominic acid, which is serologically inert, colanic acid is serologically active. It precipitates in the immune serum of rabbits which have been immunized with the parent microorganism and, much to my astonishment, the polysaccharide itself evoked specific precipitating antibodies in the occasional rabbit. We at first thought that this substance was identical with the so-called L antigen of our colon bacillus. This proved not to be the case, however, for if we absorbed an homologous antibacterial serum with colanic acid, there still remained agglutinins for the unheated parent cell, a fact which indicated the presence of residual L antibodies.

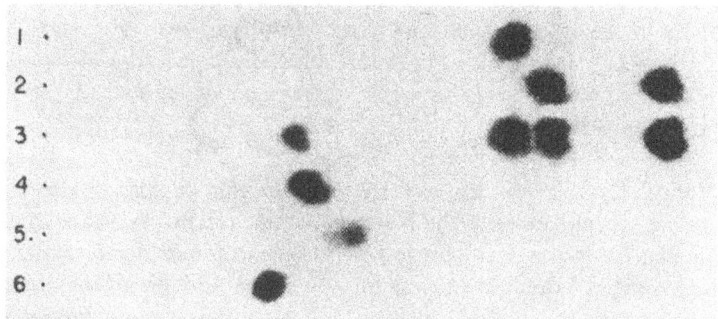

Fig. 2. Chromatogram of sugars present in an acid hydrolysate of colanic acid
1. Galactose 2. Glucose, Fucose 3. Hydrolysate of colanic acid 4. Glucuronic acid
5. Mannuronic acid 6. Galacturonic acid

Table 1. *Agglutination of E. coli K235 L + O (mucoid) in antibacterial serum before and after absorption with colanic acid*

Serum	Final dilution of antiserum					
	1:10	1:20	1:40	1:80	1:160	1:320
Unabsorbed	4	4	4	3	2	0
Absorbed	4	4	3	1	0	0

4 = complete agglutination, clear supernate
3,2,1 = partial agglutination
0 = no agglutination

As one so often does in a research effort which is not one's major concern, we now became greatly interested in searching the literature for earlier accounts dealing with capsular substances elaborated by Enterobacteriaceae. Among the earlier work was a masterful account by THEOBALD SMITH[5] and his daughter DOROTHEA[6] which appeared in the mid-Twenties. In a study of the disease of scours, an intestinal ailment of calves, SMITH observed that many of the animals which had died of the infection yielded mucoid strains of *Escherichia coli* in their intestinal flora. He attempted to correlate the virulence of these microorganisms with the infection in question. His daughter, DOROTHEA, inspired no doubt by the work of HEIDELBERGER and AVERY, subsequently isolated a viscous polysaccharide from one of the strains which she showed had serological activity. There are still older accounts of so-called slime wall substances elaborated by Enterobacteriaceae, some of which go back to the first years of this century[7]. The best of the more modern immunological accounts, however, is that of KAUFFMANN who showed that the slime wall substance of *Salmonella paratyphi* B was a capsular antigen which he named the M (mucoid) antigen.

In his book "Enterobacteriaceae"[8] KAUFFMANN states: "recapitulating, we can say that *Salmonella* bacteria possess a special mucoid antigen, the M antigen, which, if not the same in all *Salmonella* types, has at least a fraction common to all types". I regret that I don't have time for an adequate review of the literature because it is of great interest. Let me say in passing, however, that my good friend Dr. E. S. ANDERSON[9] of London, published a paper nearly simultaneously with our communication on colanic acid in which he described the so-called slime polysaccharides of several Enterobacteriaceae. In this he states that the polysaccharides obtained from *Salmonella paratyphi* B, *S. dublin*, *S. deversoir*, *Arizona* and *E. coli* all bear a close resemblance to one another if indeed they are not identical. Unfortunately, he gave but little experimental data to support this statement.

Today I wish to describe briefly the chemical and immunological work which we have done on a polysaccharide obtained from a mucoid variant of *E. coli* K12. The latter was isolated from a plate which had been heavily seeded with K12 and infected with phage T6. A few resistant colonies developed which proved to be very mucoid indeed. One of these was selected for study.

The mucoid polysaccharide of this bacillus was obtained from the supernate of a culture grown in a casamino acid medium. It was separated by alcoholic precipitation and purified in the conventional manner. This serologically active substance was obtained as a nitrogen free amorphous powder.

We have now completed our chemical and immunological studies of this mucoid carbohydrate. In sum, we have found it to be identical with colanic acid, the acidic polysaccharide derived from our colicinogenic strain of *E. coli* K235. The evidence in support of this is both chemical and immunological and I would like to present a brief account of it here. If a comparison is made of the acid hydrolysates of the two polysaccharides on a paper chromatogram one sees that the monosaccharides present in each are the same.

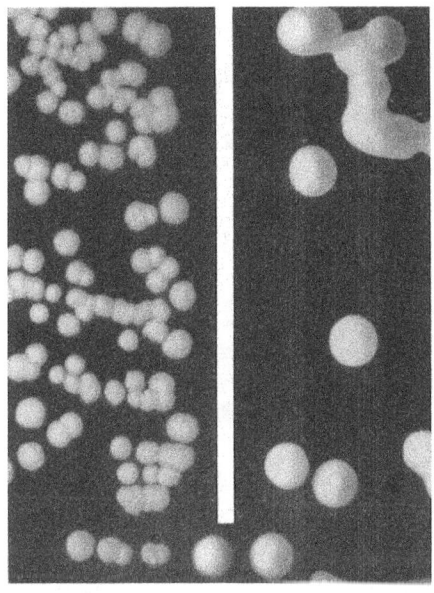

Non-mucoid   Mucoid

Fig. 3. Comparison of the mucoid and non-mucoid variants of E. coli K 12

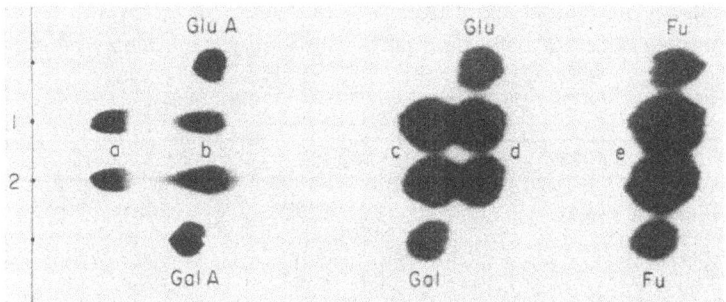

Fig. 4. Chromatogram of sugars present in acid hydrolysates of colanic acid and polysaccharide from *E. coli* K12. 1. Colanic acid; 2. K12 polysaccharide   Glu, glucose; Gal, galactose; Fu, fucose; Glu A, glucuronic acid; Gal A, galacturonic acid

Each carbohydrate is constituted from glucose, galactose, fucose and a uronic acid which proved to be glucuronic acid. The slow moving spot which one saw in the previous chromatogram is apparently an aldobiuronic acid which, on elution and subsequent prolonged hydrolysis yielded galactose and glucuronic acid in the proportion of 1:1.

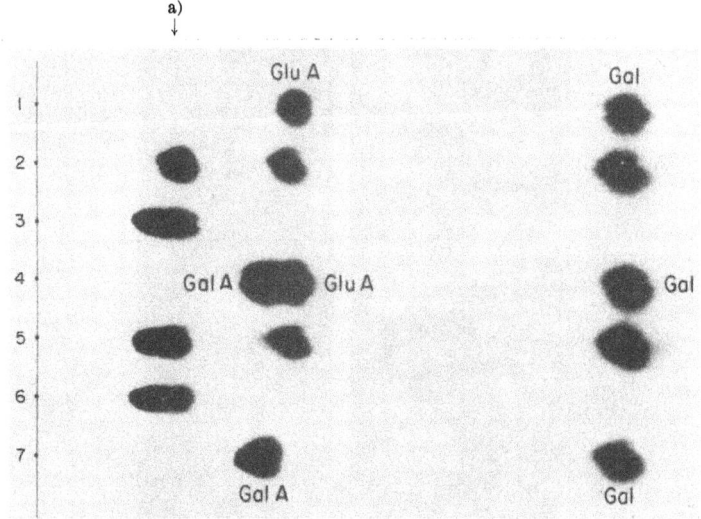

Fig. 5. Chromatogram of aldobiuronic acid (a) after further hydrolysis
(1) Glucuronic acid, galactose (15 γ each). (2) Spot *a* from colanic acid, rehydrolyzed (200 γ). (3) Spot *a* from colanic acid (100 γ). (4) Galacturonic acid, glucuronic acid, galactose (15 γ each). (5) Spot *a* from K12 polysaccharide, rehydrolyzed (200 γ). (6) Spot *a* from K 12 polysaccharide (100 γ). (7) Galacturonic acid, galactose (15 γ each)

A quantitative determination of these sugars was made by eluting individual spots from a similar chromatogram and determining quantitatively their concentration by the cysteine reaction

Table 2. *Per cent sugars present in colanic acid and in polysaccharide from E. coli K 12 (mucoid)*

Analysis	Colanic acid	K 12 polysaccharide
Glucuronic acid	17.1—19.9	16.7—18.0
Galactose	32.9—34.5	31.9—32.7
Glucose	16.2—16.9	15.5—16.8
Fucose	30.4—32.2	33.8—34.6

The total sugars recovered by elution of the chromatograms of colanic acid and K 12 polysaccharide were 82—94% and 74—75%, respectively. The figures in the columns are calculated on the basis of 100% recovery.

and, in the case of glucuronic acid, by the carbazol reaction. Each polysaccharide was found to have essentially the same composition. The percentages of glucuronic acid, galactose, glucose and fucose averaged 17.9, 33.0, 16.3 and 32.7 respectively.

Finally, a comparison was made of the infra-red spectra of the two polysaccharides and these too showed them to be identical.

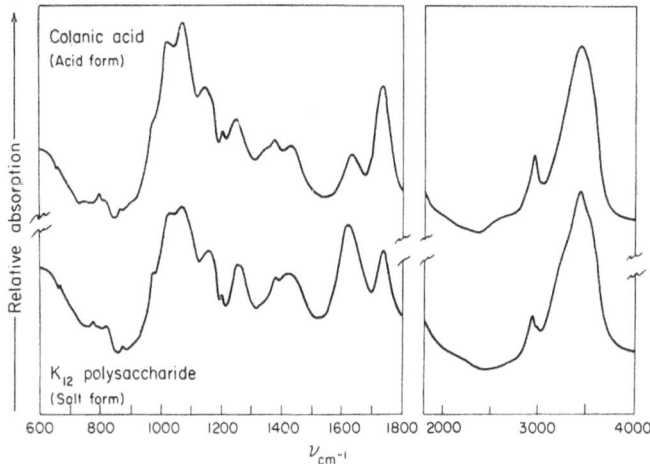

Fig. 6. The infrared spectra of colanic acid and of K 12 polysaccharide in potassium bromide at a concentration of 2 mg-% by weight. Relative absorption

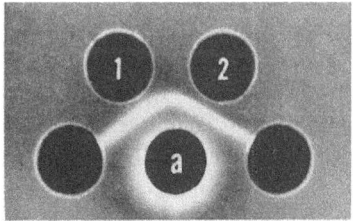 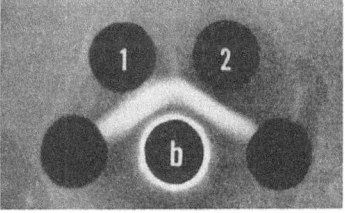

Fig. 7. Gel precipitation reactions of colanic acid and K 12 polysaccharide. 1. Colanic acid 2. K12 polysaccharide a) Antiserum to *E. coli* K 235 (mucoid) b) Antiserum to colanic acid

Our immunological evidence regarding the identity of these two substances is, I believe, equally convincing. I regret that I cannot present it here in its entirety, for it is both lengthy and complex. May I say, however, that if one compares the two substances by means of an agar diffusion test employing an antibacterial serum to *E. coli* K 235, or one to colanic acid itself, the two carbohydrates form but one band, and these do not cross. This in itself indicates that the two must be either identical or at least very closely related.

In addition, both polysaccharides precipitate in sera elicited either by colanic acid or by the K12 polysaccharide. These antibodies may be completely removed by absorption either with the homologous or heterologous polysaccharide, a fact which lends still additional evidence that the two encapsulating substances are indistinguishable.

Table 3. *Precipitin reactions of colanic acid and K12 polysaccharide*

Antiserum tested	Absorbed with	Antigen tested	Final dilution of test antigen			
			1:10,000	1:50,000	1:250 000	1:1,250,000
CA	Unabsorbed	CA	+++	+++	++	+
		K12	+++±	+++±	+++	+
	CA	CA	0	0	0	0
		K12	0	0	0	0
	K12	CA	0	0	0	0
		K12	0	0	0	0
K12	Unabsorbed	CA	±	++	++	+
		K12	±	+++±	+++±	+±
	K12	CA	0	0	0	0
		K12	0	0	0	0
	CA	CA	0	0	0	0
		K12	0	0	0	0

CA = Colanic acid; K12 = K12 polysaccharide

The chemical and immunological evidence which we have presented indicates quite clearly, I think, that colanic acid and the polysaccharide derived from *E. coli* K12 are identical. Let me say in concluding that the ability of the two bacilli to synthesize colanic acid bears no relationship to their serotypes. Some months ago I asked Dr. FRITS ØRSKOV if he would kindly type our variant K12, but he informed me that he was unable to ascertain its serotype with any conviction. The only thing one can say is that *E. coli* K235 is definitely serotype O—1, and K12 is not. No doubt colanic acid will be found in many other Enterobacteriaceae as preliminary accounts from other laboratories now seem to indicate. If this proves to be the case, then perhaps the gentle reprimand given me last summer by Prof. WESTPHAL when I visited him in

Freiburg for having named this polysaccharide Colanic Acid is not as deserving as it seemed at the time.

References

[1] HEIDELBERGER, M., and O. T. AVERY: J. exp. Med. **38**, 73 (1923); HEIDELBERGER, M., and O. T. AVERY: J. exp. Med. **40**, 301 (1924); HEIDELBERGER, M., W. F. GOEBEL, and O. T. AVERY: J. exp. Med. **42**, 727 (1925).

[2] GOEBEL, W. F., G. T. BARRY, and T. SHEDLOVSKY: J. exp. Med. **103**, 577 (1956); GOEBEL, W. F., and G. T. BARRY: J. exp. Med. **107**, 185 (1958); AMANO, T., W. F. GOEBEL, and E. M. SMIDTH: J. exp. Med. **108**, 731 (1958); MATSUSHITA, H., M. S. FOX, and W. F. GOEBEL: J. exp. Med. **112**, 1055 (1960); RÜDE, E., and W. F. GOEBEL: J. exp. Med. **116**, 73 (1962).

[3] BARRY, G. T., and W. F. GOEBEL: Nature (Lond.) **179**, 206 (1957).

[4] GOEBEL, W. F.: Proc. Nat. Acad. Sci. **49**, 464 (1963).

[5] SMITH, T., and R. B. LITTLE: J. exp. Med. **46**, 123 (1927); SMITH, T., and G. BRYANT: J. exp. Med. **46**, 133 (1927); SMITH, T.: J. exp. Med. **46**, 141 (1927).

[6] SMITH, D. E.: J. exp. Med. **46**, 155 (1927).

[7] MÜLLER, R.: Dtsch. med. Wschr. **2**, 2387 (1910); BAERTHLEIN: Arb. Gesundh.-Amt (Berl.) **40**, 433 (1912); MASSINI, R.: Arch. Hyg. **41**, 250 (1907); GRATIA, A.: J. exp. Med. **35**, 287 (1922).

[8] KAUFFMANN, F.: Enterobacteriaceae, p. 53. Copenhagen: Ejnar Munksgaard 1954.

[9] ANDERSON, E. S.: Nature (Lond. **198**, 714 (1963).

Diskussion

WESTPHAL: Thank you very much, Dr. GOEBEL, and I think, we just ask Dr. JANN to add his contribution because there is a very close relation of both subjects.

Immunchemische Untersuchungen an K-Antigenen von Escherichia coli

Von K. JANN

Max-Planck-Institut für Immunbiologie, Freiburg/Br.

Mit 6 Abbildungen

Bei der Auseinandersetzung höherer Organismen mit Bakterien spielen die Bakterienoberflächen eine wesentliche Rolle. Alle gramnegativen Bakterien tragen, eingebettet in die Basalstruktur der Zellwand, O-Antigene (Lipopolysaccharide). Bei den meisten dieser Bakterien, z. B. bei den Salmonellen, sind diese O-Antigene den spezifischen O-Antikörpern eines Immunserums frei zugänglich. Im serologischen *in vitro*-Test agglutinieren die Bakterien im homologen O-Serum.

Bei den *Escherichia coli*-Bakterien befinden sich häufig an der Zelloberfläche zusätzliche antigene Substanzen, welche die Immunreaktion der O-Antigene mit den homologen O-Antikörpern verhindern. Diese Antigene sind in vielen Fällen in einer morphologisch demonstrierbaren Kapsel lokalisiert. Sie wurden von KAUFFMANN K-Antigene genannt (K abgeleitet von Kapsel). KAUFFMANN fand, daß die Hemmwirkung der K-Antigene auf die serologische Reaktion der O-Antigene mit dem O-Antikörper durch Erhitzen der Colibakterien mehr oder weniger leicht verloren geht. Lebende Colikeime, die K-Antigene tragen, agglutinieren also im homologen O-Serum nicht, während sie nach Erhitzen im gleichen Serum agglutinieren.

In Tab. 1 sind die bei Colibakterien vorkommenden Antigenarten zusammengestellt.

Die weitere serologische Untersuchung vieler Colikeime zeigte, daß es oft kaum möglich ist, ein K-Antigen eindeutig einer dieser drei Gruppen (A-, B- und L-Typ in Tab. 1) zuzuordnen. Dies ist eigentlich verständlich, denn das konventionelle Einteilungsschema in A-, B- und L-Antigentypen ist durch Extrapolation der Ergebnisse an einer begrenzten Anzahl von Colitypen auf rein praktischer Grundlage entstanden und entbehrt jeglicher

Immunchemische Untersuchungen an K-Antigenen von Escherichia coli 145

Tabelle 1. *Bei E. coli vorkommende Antigene*

O-Antigene	somatische Antigene		
K-Antigene	Oberflächen- oder Kapselantigene. Vorkommen bei vielen Coli-Stämmen. Verhindern O-Agglutination lebender Coli-Bakterien mit Anti-O-Sera		
	L-Typ	Oberflächenantigen: O-Inagglutinabilität: Antikörperbindungsfähigkeit: kommen vor in vielen Serogruppen	Bakterien besitzen keine demonstrierbare Kapsel thermolabil thermolabil
	A-Typ	Kapselantigen O-Inagglutinabilität: Antikörperbindungsfähigkeit kommen vor allem in Serogruppe 8 und 9 vor	Bakterien besitzen demonstrierbare Kapsel thermostabil thermostabil
	B-Typ	Oberflächenantigen O-Inagglutinabilität: Antikörperbindungsfähigkeit: kommen vor bei säuglingspathogenen Coli-Bakterien [O26:K60(B6); O55:K59(B5); O86:K61(B7); O111:K58(B4); O128:K67]	Bakterien besitzen keine demonstrierbare Kapsel thermolabil thermostabil
H-Antigene	monophasische Geißelantigene		

genetischer oder immunchemischer Basis. Die chemischen Unterschiede der drei K-Antigentypen sind bislang nicht bekannt. WILEY[2] hat vor einigen Jahren 2 A-Antigene chemisch untersucht und gezeigt, daß es sich dabei um saure Polysaccharide handelt. Untersuchungen von BARRY[3] am B4-Antigen aus *E. coli* O111 machten es wahrscheinlich, daß dieses B-Antigen ein colitosereiches neutrales Polysaccharid ist. Zusammengenommen sind unsere Kenntnisse über die Natur der K-Antigene noch recht fragmentarisch.

Wir haben vor einiger Zeit in Zusammenarbeit mit Drs. IDA und FRITS ØRSKOV von der Internationalen *Escherichia*-Zentrale, Statens Seruminstitut in Kopenhagen, mit der immunchemischen

Untersuchung von Coli-Antigenen auf breiterer Basis begonnen[4]. Hierzu wurden die Colibakterien zunächst mit Hilfe des von WESTPHAL und LÜDERITZ[5] beschriebenen Phenol/Wasser-Verfahrens aufgeschlossen (Abb. 1).

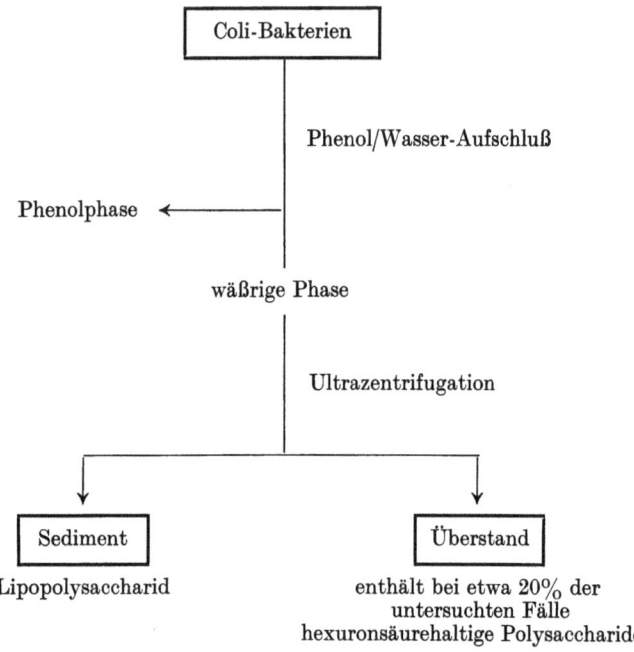

Abb. 1. Wesentliche Fraktionen bei der Aufarbeitung von Colibakterien. B. JANN, K. JANN, F. ØRSKOV, I. ØRSKOV, O. WESTPHAL (1963)

Die wäßrige Phase des Phenol/Wasser-Aufschlusses wurde bei 105000 g zentrifugiert. Die Überstände dieser Ultrazentrifugation enthielten in etwa 20% der untersuchten Fälle neben Nucleinsäure und niedermolekularem Lipopolysaccharid hexuronsäurehaltige saure Polysaccharide. Diese wurden aus den Überständen durch fraktionierte Fällung mit Cetavlon (Cetyltrimethylammoniumbromid)[6] isoliert (Abb. 2).

Das durch Lyophilisation gewonnene Material wurde in 0,25 M Kochsalzlösung aufgenommen. Zugabe von Cetavlon führte zur Präcipitation der Ribonucleinsäure-cetavlonsalze, welche abzentrifugiert wurden. Der Überstand dieser Fällung ergab beim

Verdünnen mit Wasser ein zweites Präcipitat, das aus dem Cetavlonsalz des entsprechenden sauren Polysaccharids besteht. Dieses wurde durch wiederholtes Umfällen mit Alkohol aus kochsalzhaltiger Lösung in das Natriumsalz des sauren Polysaccharids überführt. Aus über 100 untersuchten Colistämmen wurden in

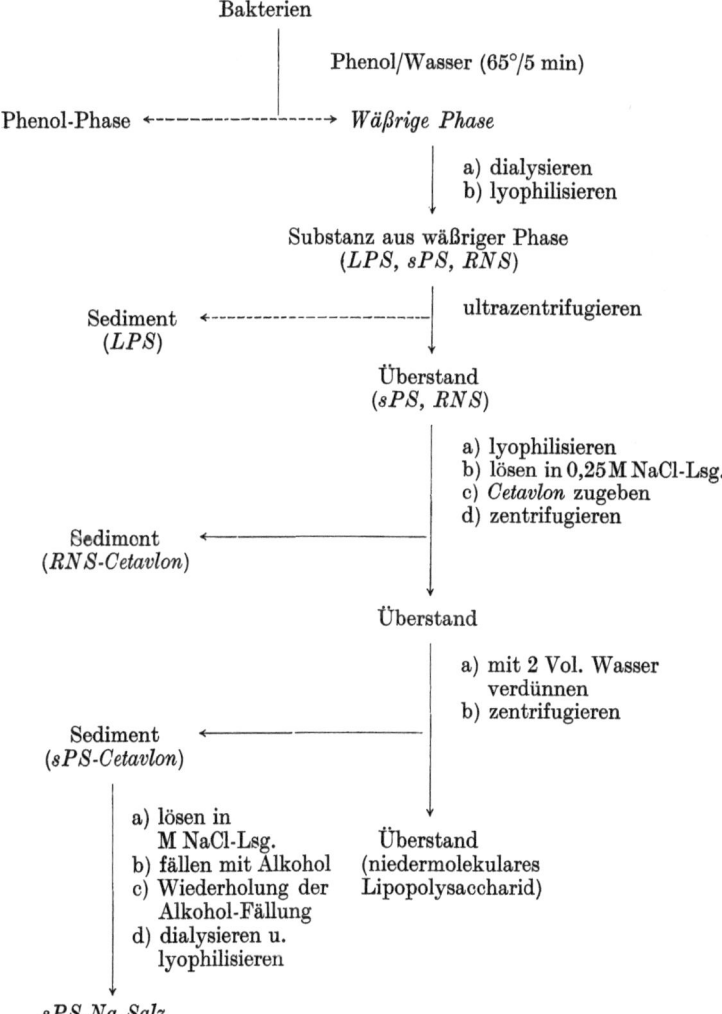

Abb. 2. Schema zur Isolierung der sauren Polysaccharide

folgenden Fällen (Tab. 2) saure Polysaccharide erhalten. Wie man sieht, finden sich in dieser Tabelle Colikeime, deren K-Antigen allen drei Typen (A, B, L) angehören. Eine Reihe der aufgeführten

Tabelle 2. *Qualitative Zuckerbaustein-Analyse der sauren Polysaccharide (K-Typen, oben — M-Typen, unten) von Escherichia coli*

Serotyp	Uronsäuren		Hexosamine			Hexosen			6-Desoxyhexosen	
	Galakturonsäure	Glucuronsäure	Galaktosamin	Glucosamin	2,6-Didesoxy-2-aminohexose	Galaktose	Glucose	Mannose	Fucose	Rhamnose
O 8:K 27(A)				(+)		+	+	+	+	
O 8:K 42(A)		+				+			+	
O 9:K 30(A):H 12		+				+	+			
O 141:K 85a, b—a, c(B)H 4 . . .		+		+			+			+
O 8:K 87(B ?):K 88(L):H 19 . . .		+		+	+	+	+			
O ?:K 87(B ?):H 45.		+		+	+	+	+			
O 5:K 4(L):H 4		+	+			+	+			
O 8:K 8(L):H 4		+	+	+		+		+		
O 20:K 17(L):H·		+		+		+	+			
O 83(O 22):K ?:H 31		+		+		+	+			
O 83:K ?:H 31.		+		+		+	+			
O 27:K ?:H·		+	+			+				
O 32:K ?:H 19		+		+		+				
O 41:K ?		+		+		+			+	
O 46:K ?		+	+	+		+	+			
O 48:K ?	+		+	+		+				+
O 53:K ?:H 3		+		+		(+)	+			+
O 54:K ?	+			+		+	(+)			(+)
O 57:K ?:—		+		+	+	+	+			
O 59:K ?:H 19		+		+				+		
O 93:K ?		+		+		+	+	+		
O 59:K ?:H 19 mucoid		+				+	+		+	
O 128:K 67(B) mucoid		+				+	+		+	
K 12 R-Form mucoid		+				+	+		+	

Colibakterien tragen K-Antigene, die noch nicht serologisch klassifiziert sind. Tab. 3 zeigt die qualitative und quantitative Zusammensetzung von vier ausgewählten und näher untersuchten sauren Polysacchariden. Den sauren Polysacchariden sind jeweils die aus den gleichen Keimen isolierten Lipopolysaccharide gegenübergestellt. Die Ausbeuten an saurem Polysaccharid liegen im allgemeinen höher als die der Lipopolysaccharide. Das K-Antigen des in dieser Tabelle aufgeführten *E. coli* O59:K?:H19 ist ein B-Antigen. Die sauren Polysaccharide und die Lipopolysaccharide haben verschiedene

Tabelle 3. *Ausbeuten und Zusammensetzung einiger saurer Polysaccharide und der entsprechenden Lipopolysaccharide aus Coli-Bakterien*
B. JANN, K. JANN, F. ØRSKOV, I. ØRSKOV u. O. WESTPHAL (1963)

Bakterien	Saure Polysaccharide			Lipopolysaccharide		Chemotyp
	Ausbeute %	Zuckerbausteine	molare Verhältnisse	Ausbeute %	Zuckerbausteine	
E. coli O8:K42(A):—	5—7	Galakturonsäure Galaktose Fucose	1 1 1	1—2	Glucosamin Heptose Galaktose Glucose Mannose	III
E. coli O9:K30 (A):H12	4—5	Glucuronsäure Galaktose Mannose	1 1 1	4—5	Glucosamin Heptose Galactose Glucose Mannose	III
E. coli O59:K?:H19	7—8	Galakturonsäure Glucosamin Mannose	1 1 3	3—4	Glucosamin Heptose Galaktose Glucose Mannose	III
E. coli O141: K85(B):H4	3—5	Glucuronsäure Glucosamin Mannose Rhamnose	1 1 2 1	1—2	Glucosamin Heptose Galaktose Glucose	I

Zuckerzusammensetzung. Man kann also durch Testen auf Anwesenheit oder Abwesenheit bestimmter Zuckerbausteine die Reinheit der entsprechenden Substanzen prüfen. Wir konnten in diesen vier Fällen beweisen, daß die sauren Polysaccharide Träger der serologischen K-Spezifität sind. Werden die mit diesen vier Keimen hergestellten Vollseren (OK-Seren) mit den entsprechenden sauren Polysacchariden absorbiert, so sind die derart absorbierten Seren nicht mehr in der Lage, die homologen lebenden Bakterien zu agglutinieren. Das heißt, aus den OK-Seren wurden die Anti-K-Quoten durch die sauren Polysaccharide spezifisch herausabsorbiert. Testet man die sauren Polysaccharide und die entsprechenden Lipopolysaccharide in der passiven Hämagglutination[7,8] gegen die homologen OK-, O- bzw. K-Seren, so stellt man fest, daß die Lipopolysaccharide nur mit OK- und O-Seren reagieren, während die sauren Polysaccharide nur mit OK- und K-Seren reagieren. Dies ist in Tab. 4 am Beispiel des sauren Poly-

Tabelle 4

Serum	E. coli O8:K42(A)	
	Acid PS	Lipopolysaccharide
Anti-O	1:<10	1: 20480
Anti-OK	1: 20480	1: 20480
Anti-K	1: 20480	1:<10

saccharides aus *E. coli* O8:K42(A):— demonstriert. Wesentlich in dieser Abbildung ist, daß das saure Polysaccharid mit hohem Titer im OK- und K-Serum reagiert, nicht aber im O-Serum. Wir haben hier also eine K-Antigen/K-Antikörper-Reaktion.

Nachdem die K-Antigen-Natur dieser sauren Polysaccharide erwiesen war, erhob sich die Frage nach den serologisch determinanten Gruppen, d. h. nach denjenigen Teilstrukturen der sauren Polysaccharide, gegen die die K-Antikörper spezifisch gerichtet sind. Mit Hilfe der Hemmung von Mikrokomplementfixation[9] und vor allem der Mikropräcipitation[9] konnten wir zeigen, daß diese serologisch determinanten Gruppen hexuronsäurehaltige Teilstrukturen sind. Die Hemmversuche wurden mit folgenden Hemmstoffen durchgeführt: Einmal verwendeten wir die in den sauren Polysacchariden vorkommenden Zuckerbausteine, d. h. Monosaccharide, und zum zweiten nahmen wir Oligosaccharide, die durch Partialhydrolyse aus den sauren Polysacchariden entstanden sind. Ich möchte diese Hemmversuche demonstrieren am Fall des sauren Polysaccharids aus *E. coli* O8:K42(A):—. Durch saure Partialhydrolyse erhielten wir aus diesem sauren Polysaccharid ein Disaccharid (Galakturonido-fucose), ein Trisaccharid (Galaktosido-galakturonido-fucose) und ein Hexasaccharid, von dem wir annehmen, daß es das Dimere des Trisaccharides ist. Abb. 3 zeigt die Ergebnisse dieser Hemmversuche im System K42(A)/Anti-K-42(A).

Die Hemmversuche wurden mit K-Serum im Maximum der Präcipitation durchgeführt. Wie man sieht, hemmt Galakturonsäure selbst schwach, aber deutlich. Die neutralen Zuckerbausteine (Galaktose und Fucose) zeigten keine Hemmwirkung.

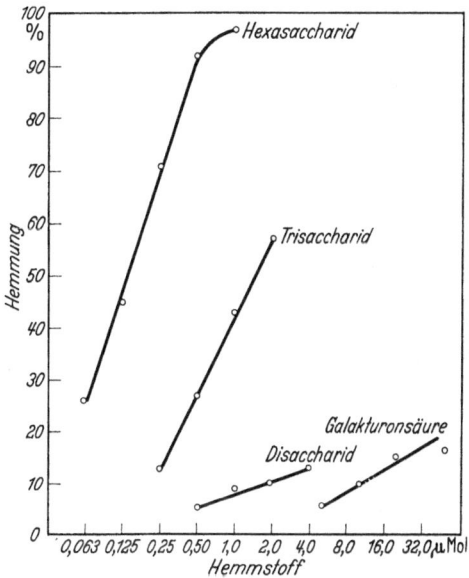

Abb. 3. Präcipitationshemmung im System K 42(A)-Anti K 42(A) durch saure Oligosaccharide
B. JANN, K. JANN, F. ØRSKOV, I. ØRSKOV (1964)

Aus unseren chemischen Untersuchungen (Hydrolyse, Natriumborhydridreduktion und Perjodatoxydation) ergeben sich für das Disaccharid und Trisaccharid die in Abb. 4 wiedergegebenen Strukturen.

Das Trisaccharid entsteht bereits unter sehr milden Hydrolysebedingungen (Autohydrolyse) und geht bei weiterer Hydrolyse in Disaccharid und Galaktose über.

Unter milden hydrolytischen Bedingungen entsteht aus dem sauren Polysaccharid aus *E. coli* O8:K42(A):— vorwiegend das Trisaccharid. Das saure Polysaccharid selbst wird durch Perjodat nicht angegriffen. Bei den serologischen Hemmreaktionen im System K42/Anti-K42 erweist sich das Hexasaccharid (das alle im sauren Polysaccharid vorkommenden Bindungen enthält) als wirksamster Hemmstoff. Das saure Polysaccharid ergibt wäßrige Lösungen sehr hoher Viscosität. Diese Tatsachen veranlassen uns zu dem in Abb. 5 formulierten Vorschlag für das K-Antigen aus *E. coli* O 8 : K 42 (A) :-. Danach ist dieses K-Antigen ein lineares saures Polysaccharid mit dem Trisaccharid als sich wiederholen-

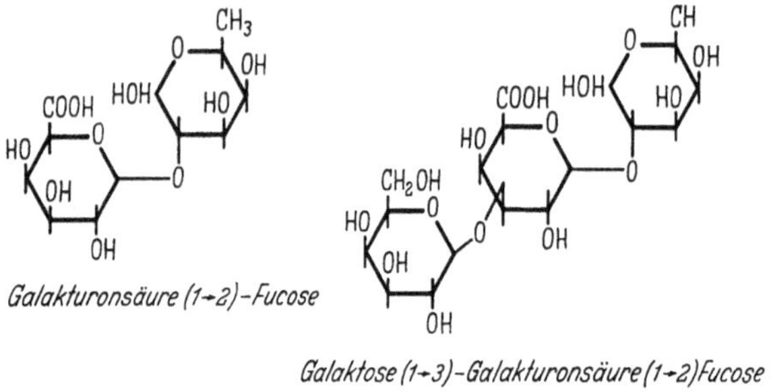

Abb. 4. Disaccharid und Trisaccharid aus dem sauren Polysaccharid von E. coli O8:K42(A):

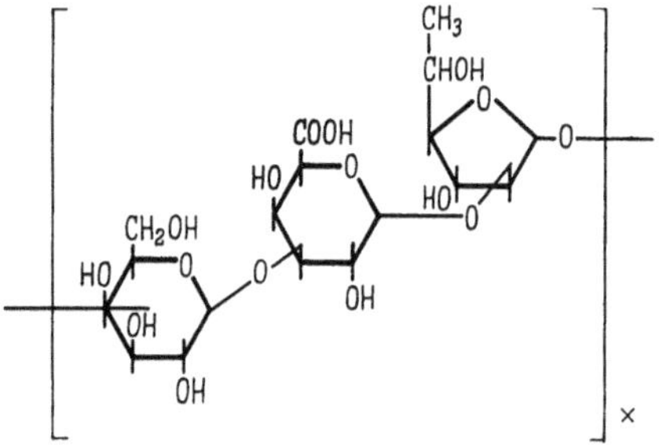

Abb. 5. Vorschlag zur Struktur des sauren Polysaccharids aus E. coli O 8 : K 42 (A):

der Struktureinheit, wobei die Fucose in furanosidischer Form gebunden ist.

Ich möchte das bisher gesagte zusammenfassen: Wir haben aus K-antigenhaltigen Colibakterien (welche A-, bzw. B-Antigene tragen) saure Polysaccharide isoliert. Mit Hilfe immunchemischer Methoden konnten wir diese sauren Polysaccharide als Träger der serologischen K-Spezifität identifizieren und nachweisen, daß die determinanten Gruppen hexuronsäurehaltige Teilstrukturen sind. Unsere Untersuchungen führten in einem Fall zum Strukturvorschlag für ein K-Antigen.

Zum Schluß möchte ich gerne noch auf eine serologische Beziehung zwischen der von Prof. GOEBEL soeben beschriebenen "colanic acid"[10,11] und einem unserer K-Antigene eingehen. FRITS und IDA ØRSKOV fanden, daß das Antiserum gegen einen der von uns untersuchten Colistämme (*E. coli* O 9 : K 30) mit allen von ihnen untersuchten mucoid wachsenden Colibakterien kreuzreagiert. Das K-Antigen aus *E. coli* O 9 : K 30 ist, wie wir gesehen haben, ein saures Polysaccharid. Aus einigen mucoid wachsenen Colibakterien haben wir saure Polysaccharide vom Typ der "colanic acid" isoliert. Die von ØRSKOV an lebenden Keimen erhaltenen serologischen Ergebnisse konnten wir an diesen sauren Polysacchariden verifizieren. Die Zusammensetzung der verschiedenen sauren Polysaccharide ist in Tab. 5 angegeben. Die allen Substanzen gemeinsamen Zucker sind Glucuronsäure und Galaktose. Aus allen

Tabelle 5. *Vergleich der M-Substanz aus einigen mucoiden E. coli-Keimen mit der K-Substanz aus dem kreuzreagierenden E. coli O9:K70:H12*
B. JANN, K. JANN, F. ØRSKOV, I. ØRSKOV u. O. WESTPHAL (1964)

E. coli	saures Polysaccharid		Antigentyp
O9:K30(A):H12	Glucuronsäure, Galaktose	, Mannose	K
K12-R-Form mucoid	Glucuronsäure, Galaktose	, Glucose, Fucose	M
O128:K67(B):— mucoid	Glucuronsäure, Galaktose	, Glucose, Fucose	M
O59:K ?:H19 mucoid	Glucuronsäure, Galaktose	, Glucose, Fucose	M

diesen sauren Polysacchariden haben wir ein Disaccharid (Glucuronido-galaktose) isoliert. Diese Tatsache veranlaßt uns zu der Annahme, daß die Kreuzreaktion zwischen dem Antiserum gegen den nicht mucoiden *E. coli* O 9 : K 30 und den mucoiden Bakterien eine Reaktion der Anti-K-Quote des Serums mit dem nicht typenspezifischen, ubiquitären M-Antigen vom Typ der "colanic acid" ist, wobei das Disaccharid Glucuronido-galaktose die für die Kreuzreaktion verantwortliche determinante Struktur zu sein scheint. Bei mucoid wachsenden Bakterien können zwei saure Polysaccharide nebeneinander vorkommen. So haben wir aus der mucoiden Form von *E. coli* O 59 : K ? die in Abb. 6 bezeichneten Substanzen erhalten[4].

Wie eingangs erwähnt, spielen die K-Antigene von Colibakterien eine wichtige Rolle bei der Coliserologie. Außerdem bilden die

Kapselantigene für pathogene Colibakterien gewissermaßen einen Schutzwall gegen Abwehrmechanismen der von ihnen befallenen höheren Organismen, wie z. B. gegen Phagocytose. Es erscheint uns daher wichtig, ein Verständnis der Natur der K-Antigenen auf immunchemischer Basis zu erhalten. Denn dies trägt wesentlich dazu bei, die biologischen Wirkungen dieser Substanzen zu erklären.

E. coli (O59:K(?)):H19
Mucoide Phase

Lipopolysaccharid (O-Antigen)	(2,5 p. c.)	Glucosamin Heptose Glucose Mannose (Sp. Galaktose)
Schleimsubstanz (M-Antigen)	(9 p. c.)	Glucuronsäure Galaktose Glucose Fucose
saures Polysaccharid (K-Antigen)	(2.7 p. c.)	Galakturonsäure Glucosamin Galaktose Mannose

Abb. 6. B. JANN, K. JANN, I. ØRSKOV, F. ØRSKOV and O. WESTPHAL (1963)

Literatur

[1] KAUFFMANN, F.: Enterobacteriaceae, p. 164 ff. Kopenhagen: E. Munksgard Publ. 1954
[2] WILEY, B. B., and H. W. SCHERP: Canad. J. Microbiol. 4, 505 (1958).
[3] BARRY, G. T., and T. TSAI: Fed. Proc. 22/2, 206 (1963).
[4] ØRSKOV, I., F. ØRSKOV, B. JANN, and K. JANN: Nature (Lond.) 200, 144 (1963).
[5] WESTPHAL, O., O. LÜDERITZ u. F. BISTER: Z. Naturforsch. 7b, 148 (1952).
[6] SCOTT, J. E.: Meth. biochem. Anal. 8, 145 (1960).
[7] NETER, E.: Bact. Rev. 20, 166 (1956).
[8] NETER, E., O. WESTPHAL, O. LÜDERITZ, E. A. GORZYNSKI, and E. EICHENBERGER: J. Immunol. 76, 377 (1956).
[9] KABAT, E. A., and M. M. MAYER: Experimental Immunochemistry, 2. Ausgabe, Teil I. Springfield/Ill. (USA): C. C. Thomas Publ.
[10] GOEBEL, W. F.: Proc. nat. Acad. Sci. (Wash.) 4, 464 (1963).
[11] ANDERSON, E. S., and A. H. ROGERS: Nature (Lond.) 198, 714 (1963).

Diskussion

GOEBEL: Thank you very much, Dr. JANN. Are there now any questions you would like to put either to me or to Dr. JANN.

WESTPHAL: As far as I am informed, M substances are especially produced if the bacteria are cultivated at low temperature, whilst at a temperature of 37°C some of these bacteria do not produce M substances, so that the synthesis of the M substance is temperature-dependent. Have you seen such temperature differences for colanic acid, and I want to ask Dr. JANN, whether I am true with my statement?

GOEBEL: My experience has been confined to the two microorganisms with which I have worked: one is the colicinogenic strain of *E. coli K 235*. I have no evidence that its ability to elaborate colanic acid is dependent upon the temperature at which the microorganism is grown. In this connection may I say that I have read both Dr. WILKINSON's papers and those of Dr. E. S. ANDERSON. I have tried to take my so-called semi-smooth form of *E. coli K 235*, the variant which does not synthesize colanic acid, and grow it at different concentrations of phosphate as well as at temperatures varying from 10 to 37°. I have never seen a spontaneous mutation of this semi-smooth bacillus to a mucoid form. When we grow our mucoid variant of *E. coli K 235* for the preparation of colanic acid, we grow the bacillus at 37°. This is also true of our mucoid strain of *E. coli K 12*. However, when I was in Dr. ØRSKOV's laboratory last spring he showed me beautiful plates of *E. coli K 12* containing the mucoid variant. These plates had been maintained at room temperature. Of course, European laboratories are much colder than American laboratories, and presumably the reduced temperature of incubation was repsonsible for the elaboration of the mucoid form of *K 12*. As I remember, when Dr. ØRSKOV incubated his plates at 37° mucoid colonies were not produced. I have not attempted to grow this particular bacillus at reduced temperatures. From our nonmucoid culture we isolated only one mucoid variant. You must understand that our interest in this entire problem has been quite secondary. Our primary goal has been to elucidate the nature of colicine K. We began our investigations on colanic acid and the polysaccharide of the mucoid variant of *E. coli K 12* out of curiosity and for fun. But eventually we became terribly involved although we had never intended to be.

JANN (Freiburg): In Unterhaltungen mit ØRSKOVS erfuhr ich, daß bei ihnen tatsächlich in vielen Fällen bei 18° gezüchtete Bakterien mucoid wachsen, die bei 37° nicht mucoid wachsen. Das heißt natürlich nicht, daß bei 37° überhaupt keine mucoiden Formen entstehen können. ANDERSON stellte fest, daß in vielen Fällen ein erhöhter Salzgehalt des Mediums (Phosphat- oder Natriumchlorid) Bakterien zu mucoidem Wachstum bringt. Er leitete daraus die Vermutung ab, daß die Schleimsubstanz eine Art osmotischen Schutzwall für das Bacterium darstellt. Hingegen hat WILKINSON gefunden, daß Züchtung in stickstoffarmem Medium Bakterien oft in die mucoide Phase zu zwingen scheint. ØRSKOVS, wie erwähnt, erreichen mucoides Wachstum durch Züchten bei tieferer Temperatur (18°). Die minimalen und notwendigen Bedingungen für die Synthese der Schleimsubstanz sind also bislang noch unbekannt. Ebensowenig weiß man, in welcher Weise geänderte Umweltbedingungen die bakterielle Synthese der Schleimsubstanz ankurbeln.

MIKULASZEK: Zu den Ausführungen von Dr. JANN u. Mitarb. möchte ich hier noch einige Bemerkungen machen: ich glaube, daß die Oberflächenantigene der Enterobacteriaceen eine sehr heterogene Polysaccharidgruppe darstellen. In eigenen Untersuchungen über die Oberflächenantigene der *Alkalescens-Dispar*-Gruppe wurden chromatographisch Unterschiede zwischen A^+- und L^+-Stämmen einerseits und A^-- sowie L^--Stämmen andererseits beobachtet. Stämme, welche die erwähnten Oberflächenantigene besaßen, lieferten Polysaccharide, die als Zuckerbausteine u. a. Rhamnose enthielten, während Polysaccharide aus Stämmen, die keine A- oder L-Antigene in serologisch nachweisbaren Mengen aufwiesen, rhamnosefrei waren.

GOEBEL: There is one other thing I wish to say. After we found that colanic acid contained glucuronic acid, it immediately came to mind that certain pneumococcal polysaccharides also contain glucuronic acid. I therefore sent my two preparations of colanic acid to Dr. HEIDELBERGER who very kindly tested them against a number of antipneumococcal sera. They exhibited no serologic cross reactions.

HEIDELBERGER: Dr. JANN has one containing glucuronic acid, which does give a precipitate with type II pneumococcal antiserum.

KARLSON (Marburg): Herr JANN, Sie haben von Fucose gesprochen und diese in der furanoiden Form formuliert. Welche experimentellen Beweise gibt es für diese Struktur, und liegt die Fucose auch in den Blutgruppensubstanzen und verwandten Stoffen in dieser Form vor ?

JANN: Der zur Diskussion gestellte Strukturvorschlag basiert vor allem darauf, daß das saure Polysaccharid durch Perjodat nicht oxydiert wird. Fucose, die in der Zuckerkette in 2-Stellung substituiert ist, wird durch Perjodat nicht zerstört. Ein weiterer Hinweis auf furanoide Form der Fucose ist die Tatsache, daß bei sehr milder saurer Hydrolyse Oligosaccharide mit Fucose als reduzierendem Ende entstehen.

Zum zweiten Teil Ihrer Frage kann ich Ihnen keine sichere Antwort geben. Meines Wissens wird, mindestens bei Blutgruppensubstanzen, Fucose stets pyranoid formuliert.

SUTHERLAND (z. Z. Freiburg): Can I ask Dr. GOEBEL has he made any attempt to use either enzyme or acid methods to get partial hydrolysis and study of the oligosaccharides so obtainable with colanic acid from *K 12* or *K 235*?

GOEBEL: No, we have not. Prof. WESTPHAL, would you like to say a word ?

WESTPHAL: Ich möchte eigentlich nur noch sagen: die Idee war zu zeigen, daß ganz bestimmte Aspekte und ganz bestimmte Methoden in diesem Gebiet der Immunchemie immer wieder vorkommen, und daß man heute sagen kann, wenn ein Polysaccharid-Antigen zur Debatte steht, es kein prinzipielles Problem mehr ist, die determinanten Gruppen und die prinzipielle Struktur weitgehend oder vollständig aufzuklären. Brillantes Beispiel: Blutgruppensubstanzen und manche bakteriellen Polysaccharid-Antigene — und es war, glaube ich, gut Ihnen zu zeigen, daß man an ein solches Problem heute mit ziemlichem Optimismus herangehen kann. Mit diesem Gefühl können wir die heutige Sitzung schließen.

WESTPHAL: Wir haben uns gestern fast ausschließlich auf das Problem der *antigenen Spezifität* beschränkt, und hier die Gruppe der Polysaccharide besonders hervorgehoben. Aus guten Gründen, denn diese ist bislang am meisten und erfolgreichsten bearbeitet. Sie alle wissen wahrscheinlich, daß das Problem der antigenen Spezifität von Proteinen ein sehr viel schwierigeres Gebiet ist, weil hierbei sekundäre und tertiäre Strukturen mit ins Spiel kommen und damit die Schwierigkeit der Gewinnung serologisch wirksamer Abbauprodukte entsteht. Über dieses Thema wird Herr ANDERER zu uns sprechen. Es ist erfreulich, daß überhaupt darüber gesprochen werden kann, daß schon etwas da ist. Das verdanken wir zum guten Teil der Arbeitsgruppe von Prof. SCHRAMM und Dr. ANDERER. Wir werden dann zu einem Thema kommen, das überraschend viel Zuspruch gefunden hat: Enzyme/Antienzyme. Viele Leute haben gebeten, dabei zu Worte zu kommen. Noch heute vormittag wollen wir uns dann von der Spezifität trennen und daran denken, daß *Antigene zwei Funktionen haben:* 1. eben *antigen* zu sein; und wenn sie antigen sind, haben sie 2. eine bestimmte Spezifität. Das wird sehr oft auch von Fachleuten verwechselt: ob eine Substanz an sich antigen ist, hat überhaupt nichts damit zu tun, welche Spezifität sie dann ausübt. Manchmal überschneiden sich diese Gruppierungen. Aber inwieweit sie sich überschneiden und ob es sich um verschiedene Funktionen handelt, ist wiederum erst in allerneuster Zeit auf dem Wege, erforscht zu werden. Die sicher wichtigsten Arbeiten sind in Israel durchgeführt worden, und Dr. SELA aus Rehovoth hätte uns hier darüber vortragen wollen. Er ist leider erkrankt, aber Dr. RÜDE aus unserem Freiburger Institut, der mit SELA zusammenarbeitet, wird ihn hier vertreten. Wir werden also den Vormittag schließen mit einer Diskussion über das *Problem der Antigenität*, ein im Grunde sehr faszinierendes Problem. Was muß eine Substanz an Kriterien erfüllen, daß sie im höheren Organismus Antikörperbildung bewirkt? Der Nachmittag wird ganz dem Problem der Antikörper gewidmet sein. Wir haben Herrn HAUROWITZ eine riesige Bürde auferlegt, er wird sozusagen 2 Vorträge halten, nämlich sowohl die Chemie wie die Biologie der Antikörper vor uns ausbreiten. Dazu werden einige Beiträge kommen, die dieses Thema ergänzen. Hierzu paßt dann nach einer Pause, daß wir uns einmal ganz in die Biologie begeben, indem Herr HAŠEK über das Phänomen der Immuntoleranz berichtet.

Ich darf jetzt Herrn MORGAN bitten, die Sitzung zu leiten.

MORGAN (London) (Diskussionsleiter): We are continuing yesterday's theme which involved antigenicity and specificity, and we shall continue to discuss this subject the whole of this morning.

Die chemische Basis der Antigenspezifität des Tabakmosaikvirus

Von F. A. ANDERER

Max-Planck-Institut für Virusforschung, Tübingen

Mit 8 Abbildungen

Die Erforschung der Antigenspezifität bei globulären Proteinen erhielt ihren eigentlichen Aufschwung durch die Arbeiten von PORTER[1] und der Arbeitsgruppe unter LAPRESLE[2] am Serumalbumin. Dabei konnte PORTER[3] durch partiellen Abbau von Serumalbumin (Molekulargewicht 64000) Teilantigene vom Molekulargewicht 7—12000 isolieren. Diese Teilantigene verloren jedoch ihre Antigenspezifität und auch ihren Haptencharakter beim weiteren Abbau. Danach ist die antigene Struktur von globulären Proteinen wesentlich komplexer als z. B. bei Bakterienpolysacchariden oder bei Faserproteinen, bei denen relativ kleine terminale Sequenzgruppen die serologisch determinanten Gruppen bilden.

Wir versuchten nun in den letzten Jahren die chemische Basis der Antigenspezifität beim Tabakmosaikvirus (TMV) aufzuklären, dessen Proteinkomponente wir zu den globulären Proteinen zählen. Dabei hatten wir den Vorteil, daß wir außer der Aminosäuresequenz der Proteinuntereinheiten auch das räumliche Strukturprinzip des Virus kannten (Abb. 1). Im Modell, wie es sich nach der Röntgenstrukturanalyse ergibt, repräsentieren diese „Maiskörner" den Raumbedarf, den eine Polypeptidkette im intakten Virus einnimmt. Diese Untereinheiten sind in einer Makrohelix angeordnet; der schwarze Draht repräsentiert die Nucleinsäure. Dabei ist zu bemerken, daß nicht nur alle Polypeptidketten die gleiche Aminosäuresequenz haben, sondern daß sie auch strukturidentisch im Virus eingebaut sind, d. h. daß jede Proteinuntereinheit dieselben Aminosäurensequenzen an der Oberfläche hat und daß so ein periodisch sich wiederholendes Oberflächenmuster zustande kommt. Verschiedene Autoren haben

Die chemische Basis der Antigenspezifität des Tabakmosaikvirus 159

gefunden, daß das Virusprotein allein für das serologische Verhalten des Virus verantwortlich ist[4-6], was uns an diesem Modell ohne weiteres klar wird, denn alle serologischen Reaktionen sind Oberflächenreaktionen und wir sehen im Modell, daß die Nucleinsäure im nativen, intakten Virus im Inneren des Proteins verpackt ist.

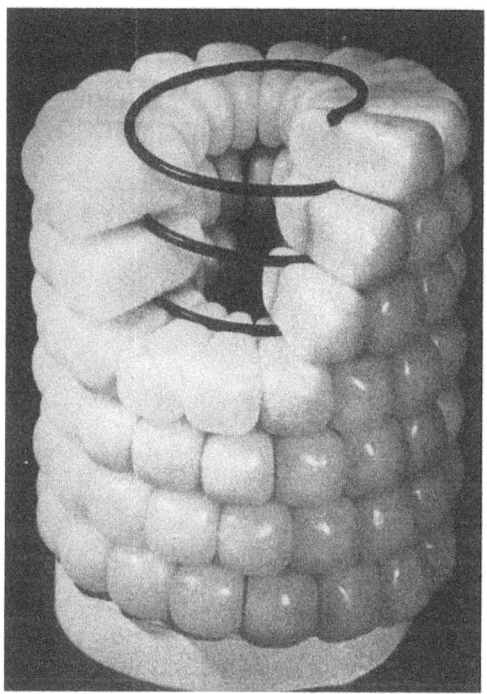

Abb. 1. Modell des Tabakmosaikvirus

Betrachten wir nun dazu im Vergleich ein beliebiges anderes Modell eines asymmetrisch gebauten globulären Proteins (Abb. 2), dann müssen wir annehmen, daß wir nicht nur eine heterogene Antigenspezifität haben, sondern auch eine heterogene Antikörperspezifität und dadurch wird das Testsystem wesentlich komplizierter. Beim Tabakmosaikvirus müssen wir eine solche Kombination nicht unbedingt annehmen, können aber natürlich a priori nicht ausschließen, daß wir nicht auch eine heterogene Antigen- bzw. Antikörperspezifität in unserem Testsystem haben. Es schien uns jedoch dabei das Risiko, mit einem zu komplizierten serologischen Testsystem arbeiten zu müssen, wesentlich geringer zu sein als bei irgendwelchen anderen globulären Proteinen.

Wir gingen einen analogen Weg wie PORTER beim Serumalbumin[3] und versuchten zunächst nach partiellem enzymatischem Abbau des Virusproteins Teilantigene nachzuweisen. Dazu wurde Virusprotein mit verschiedenen Enzymen, Trypsin, Chymotrypsin,

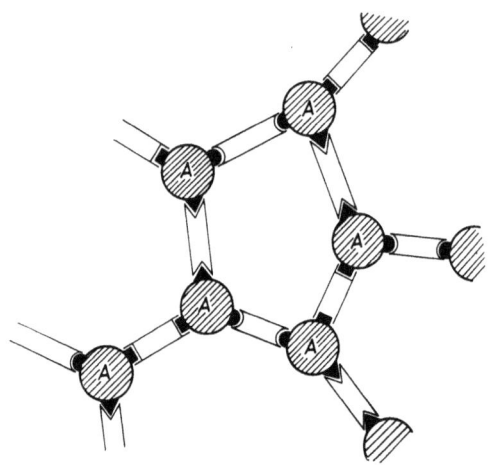

Abb. 2. Schema der Reaktion eines asymmetrischen, globulären Proteinantigens mit spezifischen Antikörpern (A = Antigen)

Pepsin, Papain kurzzeitig gespalten, so daß maximal 4 Peptidbindungen pro Polypeptidkette aufgingen, d. h. daß also Stücke mit 3500—4000 Molekulargewicht im Durchschnitt vorlagen. In allen Fällen ist jedoch keinerlei ursprüngliche Antigenspezifität in diesen partiellen Bruchstücken nachzuweisen gewesen.

Das nächstliegende war, daß wir diese enzymatischen Partialhydrolysate sowie auch Proteinpräparate, die vollständig durch die genannten Enzyme gespalten waren, im Präcipitationshemmungstest untersuchten, und zwar im System Tabakmosaikvirus und seine spezifischen Antiseren von Kaninchen, weil eben bei Kaninchen die γ-Globulinfraktion rein strukturmäßig schon etwas einheitlicher ist als bei anderen Versuchstieren. Wir konnten jedoch auch bei diesen Peptidgemischen keinerlei Hemmeffekte erzielen. Da nun die Hemmwirkung vom molaren Verhältnis der Haptene zu den determinanten Gruppen im Antigen abhängt, war bei einem 60fachen Haptenüberschuß — das war nämlich der Maximalwert, den wir bei unseren Peptidgemischen erhielten — noch keine nennenswerte Hemmung zu erwarten. Bei Polysaccharidantigenen, bei denen ja in vielen Fällen auf diese Weise die serologisch determinanten Gruppen bestimmt wurden, erhält man sehr gute, meßbare Hemmeffekte bei 100—300fachem Haptenüberschuß. Wir

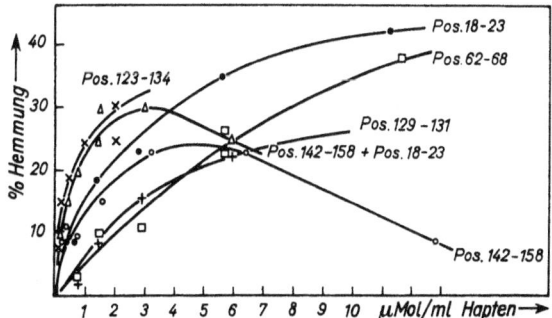

Abb. 3. Präcipitationshemmung in Abhängigkeit von der Konzentration der Peptid-Haptene bei konstanten Mengen TMV und Anti-TMV-Serum [F. A. ANDERER: Z. Naturforsch. 18b, 1010 (1963)]

benutzten daher gereinigte Peptide aus Tabakmosaikvirusprotein, die wir so hoch konzentrieren konnten, daß wir ein Haptenverhältnis von rund 1000—4000 im Test vorliegen hatten. Es wurden 20 gereinigte Peptide aus Virusprotein als Haptene ausgetestet, die in ihrer Gesamtheit den ganzen Sequenzbereich der Polypeptidkette enthielten (Abb. 3). Von diesen 20 Peptiden waren jedoch nur 4 Sequenzbereiche fähig, die quantitative Präcipitation zwischen Tabakmosaikvirus und seinen spezifischen Antikörpern zu vermindern. Diese 4 Sequenzbereiche entsprechen ungefähr 15—25% der Gesamtproteinsequenz, d. h. also daß mindestens 70—80% der Aminosäuresequenz im Innern des Virus liegt. Was läßt sich aus diesem Diagramm weiterhin entnehmen? Die erreichten Hemmwerte sind im Vergleich zu den Hemmwerten, die man bei Polysaccharidantigenen oder bei Faserproteinantigenen erreicht, sehr klein. Ein weiterer Punkt ist, daß die Hemmwerte als solche sehr schwierig zu interpretieren sind, da nämlich die untersuchten Peptide in konzentrierter Lösung, also in Lösung von rund 10 μMol/ml, stark aggregiert sind, und zwar finden sich besonders bei tryptophanhaltigen Peptiden Aggregate bis zu einem Teilchengewicht von 100000. Typisch dafür sind die Hemmkurven, die ein Maximum aufweisen. Die Aggregatgröße der Haptene nimmt in Richtung zunehmender Konzentration zu und die Zahl der monomeren Haptenmoleküle nimmt ab, d. h. also auch die Hemmung nimmt wieder ab. Ein weiterer Punkt, den wir aus diesem Diagramm entnehmen, ist der, daß sich die Hemmwerte der einzelnen Haptene nicht additiv verhalten, wenn man 2-Komponentengemische, 3-Komponentengemische oder 4-Komponentengemische aus diesen wirksamen Peptiden als Haptene einsetzt. Damit kann man nun ausschließen, daß die spezifischen Antikörper gegen das Virus gegen diese einzelnen Aminosäuresequenzen an der Oberfläche gerichtet sind. Wenn wir nämlich spezifische Antikörper gegen isolierte Aminosäuresequenzen hätten, dann müßte die Additivität dieser Hemmungswerte gewahrt bleiben. Das ist nicht der Fall.

Am einfachsten kann man diese Befunde durch die Annahme erklären, daß der serologisch determinante Bereich im Virus durch mehrere Sequenzbereiche gebildet wird, die zusammen durch entsprechende Faltung der Polypeptidketten eine räumlich begrenzte Struktureinheit an der Oberfläche des Virus bilden. Die Antigenspezifität ist dann durch dieses zustande gekommene Flächenmuster gegeben und hängt also letztlich von der Tertiärstruktur ab. Der spezifisch affine Molekülbezirk im spezifischen Antikörper müßte dann ebenfalls entsprechend groß sein, was im Haptenhemmungstest erstens die relativ kleinen Hemmwerte der einzelnen Peptide erklären würde, weil diese untersuchten Peptide nur partial determinant sind, und zweitens sich aber auch damit die Wahrscheinlichkeit für eine unspezifische Wechselwirkung zwischen Testhapten und Antikörper erhöht, weil wir eine relativ große "combining-site" im Antikörper haben. Eine solche unspezifische Wechselwirkung müssen wir mindestens für eines dieser Peptide annehmen, weil die Beteiligung aller 4 hemmenden Sequenzen an der Oberflächenstruktur des Virus nicht möglich ist. Abb. 4 zeigt die Aminosäuresequenz der Polypeptidkette im Virus. Wir haben wirksame Sequenzbereiche bei der Position 20, bei der Position

                            5   10
Acetyl—Ser—Tyr—Ser—Ileu—Thr—Thr—Pro—Ser—GluNH$_2$—Phe—Val—

                15   20
—Phe—Leu—Ser—Ser—Ala—Try—Ala—Asp—Pro—Ileu—Glu—Leu—

         25   30
—Ileu—AspNH$_2$—Leu—CysH—Thr—AspNH$_2$—Ala—Leu—Gly—AspNH$_2$—

               35   40
—GluNH$_2$—Phe—GluNH$_2$—Thr—GluNH$_2$—GluNH$_2$—Ala—Arg—Thr—

                   45   50
—Val—GluNH$_2$—Val—Arg—GluNH$_2$—Phe—Ser—GluNH$_2$—Val—Try—

           55   60
—Lys—Pro—Ser—Pro—GluNH$_2$—Val—Thr—Val—Arg—Phe—Pro—Asp—

  65   70   75
—Ser—Asp—Phe—Lys—Val—Tyr—Arg—Tyr—AspNH$_2$—Ala—Val—Leu—

                     80   85
—Asp—Pro—Leu—Val—Thr—Ala—Leu—Leu—Gly—Ala—Phe—Asp—

         90   95
—Thr—Arg—AspNH$_2$—Arg—Ileu—Ileu—GluNH$_2$—Val—GluNH$_2$—Asp—

         100   105
—GluNH$_2$—Ala—AspNH$_2$—Pro—Thr—Thr—Ala—GluNH$_2$—Thr—Leu—

    110   115   120
—Asp—Ala—Thr—Arg—Arg—Val—Asp—Asp—Ala—Thr—Val—Ala—Ileu—

                   125   130
—Arg—Ser—Ala—Asp—Ileu—AspNH$_2$—Leu—Ileu—Val—Glu—Leu—Ileu—

     135   140   145
—Arg—Gly—Thr—Gly—Ser—Tyr—AspNH$_2$—Arg—Ser—Ser—Phe—Glu—

                    150   155
—Ser—Ser—Ser—Gly—Leu—Val—Try—Thr—Ser—Gly—Pro—Ala—Thr

Abb. 4. Aminosäuresequenz der Polypeptidkette des TMV [F. A. ANDERER u.
D. HANDSCHUH; Z. Naturforsch. 17b, 536 (1962)]

62/67, die C-terminale Sequenz und dann noch von Position 123 bis 130. Wenn wir nun versuchen, im Modell die Polypeptidkette in eines dieser Maiskörner hineinzufalten und zwar so, daß alle vier Sequenzbereiche an der Oberfläche zu liegen kommen, dann erhalten wir eine radiale Verteilung der Elektronendichte im Virus, die den Ergebnissen der Röntgenstrukturanalyse vollkommen widerspricht. Wir müssen daher unbedingt eine unspezifische Hemmung annehmen und mindestens eines dieser Peptide eliminieren. Das heißt, wir brauchen andere Hilfsmittel, um zu entscheiden, welches der als Hapten wirksamen Peptide wirklich an der Oberflächenstruktur beteiligt ist. Eine elektronenmikroskopische Aufnahme von R. MARKHAM läßt nun letzten Endes die Zahl der beteiligten Sequenzbereiche auf drei begrenzen (Abb. 5). Man sieht ein scheibchenförmiges Proteinaggregat, in dem die einzelnen Proteinuntereinheiten zu erkennen sind. Man kann auch ohne weiteres drei Proteinmaximum pro Untereinheit erkennen, und zwar ist der mittlere Abstand von einem Proteinmaxima zum anderen ungefähr 10 Ångström, was ungefähr dem Abstand von einem Sequenzteil zum anderen entspricht. Nach diesem Bild könnte man die beteiligten Sequenzen an der Oberfläche auf drei begrenzen. Ob nun diese Interpretation gerechtfertigt ist, wissen wir leider nicht.

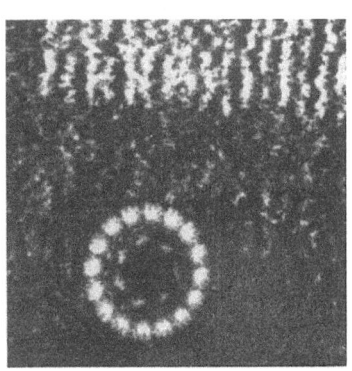

Abb. 5. Elektronenmikroskopische Aufnahme von TMV-A-Protein [R. MARKHAM, S. FREY, and G. J. HILLS: Virology 20, 88 (1963)]

Es gibt noch weitere Strukturselektionskriterien für die Zugehörigkeit zur Oberflächenstruktur, die ich jedoch erst zum Schluß besprechen werde. Zunächst möchte ich einige Versuche diskutieren, die den Einfluß der tertiären Struktur auf die Antigenspezifität beweisen sollen.

Beim Tabakmosaikvirus bestimmt die Primärstruktur der Untereinheiten die sekundäre und Tertiärstruktur, da nämlich ein denaturiertes Protein, also ohne eine definierte Tertiärstruktur, den ursprünglichen nativen Zustand wieder ausbilden kann. Durch Substitution der Polypeptidketten kann diese Rückfaltung zum nativen Zustand verhindert werden. Für die serologische Untersuchung solcher substituierter Proteinderivate, die eigentlich dem Nachweis einer Veränderung der tertiären Struktur dienen soll, muß man natürlich zuerst ausschließen, daß die zu substituierenden Gruppen an der Virusoberflächenstruktur beteiligt sind. Nach den

Erfahrungen LANDSTEINERs mit chemospezifischen Antigenen ist nämlich anzunehmen, daß eine Substitution von Oberflächenbereichen sowieso zu einer Änderung des serologischen Verhaltens führt (Abb. 6).

TMV-Protein-Derivat	quaternäre Struktur nach Renaturierung	Präcipitation mit Anti-TMV-Serum
partiell enzymatisch abgebaut	—	—
vollständig dinitrophenyliert	—	—
ε-Amino-lysinreste dinitrophenyliert .	—	+
S-Carbamidomethyl-substituiert . . .	+	+
S-Mercuribenzoat substituiert	+ (—)	+ (—)

Abb. 6. Eigenschaften von Derivaten des TMV-Proteins nach Renaturierung
[F. A. ANDERER u. D. HANDSCHUH: Z. Naturforsch. 18 b, 1015 (1963)]

Wir haben einige Proteinderivate hergestellt, in denen je nach Bedarf die beiden ε-Aminogruppen der Lysinreste, die 4 Hydroxylgruppen der Tyrosinreste oder die einzelne SH-Gruppe in der Polypeptidkette substituiert waren. Alle drei Gruppentypen sind an der Oberfläche des Virus nicht nachweisbar. Das Virusprotein wurde im völlig dissoziierten Zustand substituiert und anschließend bei Bedingungen gehalten, bei denen sich die quaternäre und tertiäre Struktur zurückbilden sollte. Die Rückbildung der Quaternärstruktur konnte im Elektronenmikroskop kontrolliert werden, da das Virusprotein stäbchenartige Aggregate bilden müßte, die die gleichen Abmessungen wie das Virus haben. Proteinpräparate, die die ursprüngliche Quaternärstruktur zurückbilden, müssen natürlich auch die ursprüngliche serologische Spezifität zurückbilden. Dies ist z. B. der Fall bei einer ausschließlichen Substitution der SH-Gruppe (wir haben nur 1 SH-Gruppe in der Polypeptidkette). Wenn wir die SH-Gruppe mit Jodacetamid oder mit p-Chlormercuribenzoat umsetzen, dann erhalten wir Proteinpräparate, die die quaternäre Struktur des Virus zurückbilden können und daher auch mit Anti-TMV-Serum präzipitieren. Bei Proteinpräparaten, die keine quaternäre Struktur mehr zurückbilden können, sind zwei Ursachen zu diskutieren. Erstens die Untereinheiten haben wieder die ursprüngliche Tertiärstruktur und nur die Aggregation zur korrekten quaternären Struktur ist durch die Substituenten gestört oder zweitens die Ausbildung der Tertiärstruktur in der Proteinuntereinheit selbst ist schon gestört und deswegen kommt keine quaternäre Struktur zustande. Beispiele für diese Annahmen sind die beiden dinitrophenylierten Proteinderivate. Beide haben die intakte Aminosäuresequenz und sie unterscheiden sich nur dadurch, daß in einem die vier Tyrosylseitenketten zusätzlich substituiert sind, und zwar in dem völlig dinitrophenylierten Präparat. Da nun die substituierten Gruppen nicht an der Oberflächenstruktur beteiligt sind, muß der Unterschied im serologischen Verhalten auf Änderungen in der Tertiärstruktur zurückzuführen sein. Das vollständig dinitrophenylierte Präparat reagiert nämlich nicht mehr mit Anti-TMV-Serum, d. h. also, es hat keinerlei ähnliche Tertiärstruktur entsprechend dem nativen Zustand des Virusproteins. Das Proteinderivat, das nur partiell dinitrophenyliert ist, kann jedoch noch mit Anti-TMV-Serum reagieren, d. h. die Untereinheiten haben wieder die ursprüngliche Tertiärstruktur zum mindesten in dem Bereich, der die Oberflächenstruktur im Virus bildet. Auch wenn die quaternäre Struktur fehlt, so kann man sich denken, daß die substituierten Lysinreste vermutlich an den Wandbezirken der „Maiskörner" liegen, die für eine korrekte Aggregation verantwortlich sind. (Das vollständig dinitrophenylierte Proteinpräparat wird im Zusammenhang mit einem anderen serologischen System noch näher besprochen.) Aus der Tabelle wird außerdem offensichtlich, daß die Antikörper gegen das Virus nicht gegen einzelne Aminosäuresequenzen gerichtet sind, denn alle diese Proteinderivate haben noch die intakten Aminosäuresequenzen, wie sie an der Virusoberfläche vorliegen, und trotzdem reagiert eines davon nicht mit Anti-TMV-Serum.

Die Probe aufs Exempel ist möglich, wenn man das ursprüngliche Antigen, also TMV und sein vollkommen substituiertes Proteinderivat mit Antiseren austestet, deren spezifische Antikörper gegen isolierte Aminosäuresequenzen gerichtet sind. Solche Seren erhält man durch chemospezifische Antigene vom Typ der Landsteinerschen Azoproteine, deren serologisch determinante Gruppen durch die als Haptene wirksamen Peptide gebildet werden. Gleichzeitig sollte in diesem System durch serologische Kreuzreaktion entschieden werden können, welche der 4 hemmungswirksamen Peptide wirklich zur Oberflächenstruktur des Virus gehören.

Wir präparierten zunächst ein chemospezifisches Antigen mit dem C-terminalen Hexapeptid als serologisch determinante Gruppe und zwar nahmen wir das p-Aminobenzoylderivat von Threonyl-Seryl-Glycyl-Prolyl-Alanyl-threonin, diazotierten es und kuppelten es an ein Trägerprotein. Die Wahl dieses Sequenzbereiches versprach nämlich am ehesten positive Resultate, weil die sterisch exponierte Lage dieses Peptids an der Virusoberfläche auch mit Exopeptidasen nachgewiesen werden kann[7]. Wir nannten dieses

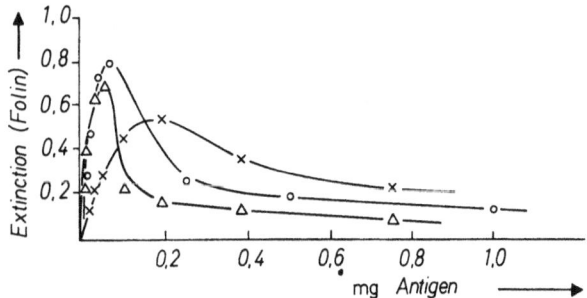

Abb. 7. Quantitative Präcipitinkurven des Antiserums gegen das Hexapeptidantigen mit dem Hexapeptidantigen (○), mit TMV (×) und mit dem Trägerprotein (△)
[F. A. ANDERER: Biochim. biophys. Acta (Amst.) **71**, 246 (1963)]

chemospezifische Antigen Hexaheptidantigen, und haben diesen Namen im weiteren beibehalten (Abb. 7).

Das mit diesem Hexapeptidantigen erhaltene Serum reagiert nun mit dem homologen Antigen, dem Hexapeptidantigen. Es reagiert ferner mit dem Trägerprotein (d. h. wir haben Spezifitäten gegen die chemospezifischen Gruppen wie auch gegen das Trägerprotein in unserem gewonnenen Serum) und es reagiert mit TMV, dem ursprünglichen Virus. Dagegen reagiert dieses Hexapeptidantigen nicht mit Anti-TMV-Serum. Diese areziproke Kreuzreaktion weist wiederum darauf hin, daß das C-terminale Hexapeptid selbst nur eine partielle determinante Gruppe im Virus bildet und die eigentliche Antigenspezifität im Virus durch einen wesentlich größeren Strukturbereich repräsentiert wird. Von großem Interesse war natürlich auch die Reaktion des Serums gegen dieses Hexapeptidantigen, mit dem vollständig substituierten Proteinderivat, das nicht mehr mit dem Anti-TMV-Serum reagierte. Dieses Präparat gibt auch mit dem Serum gegen dieses Hexapeptidantigen keinerlei Präzipitat, obwohl die C-terminale Sequenz völlig intakt ist. Wir haben das Präparat dann im Präcipitationshemmungstest ausgetestet und folgende Ergebnisse erhalten (Abb. 8): Die Hemmungskurven beziehen sich auf zwei verschiedene serologische Systeme: Das untere Kurvenpaar wurde im System TMV als Antigen und Anti-TMV-Serum (also Antikörper gegen eine Flächendeterminanz) ausgetestet und man sieht, daß das vollständig dinitrophenylierte Proteinderivat in diesem System ebenfalls ganz schlecht als Hapten wirkt und seine Hemmkapazität ungefähr vergleichbar mit der des freien Hexapeptids ist. Wenn wir nun diese beiden Substanzen

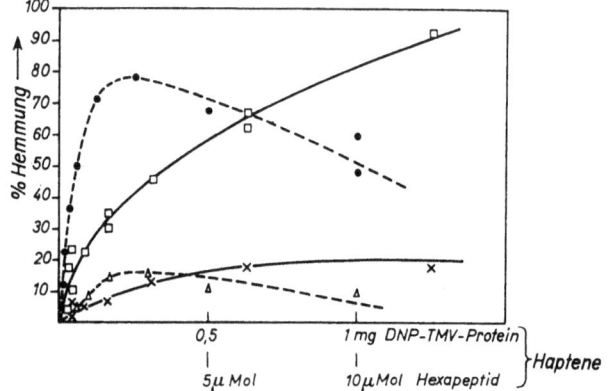

Abb. 8. Präcipitationshemmung in Abhängigkeit von der Haptenkonzentration. Hemmkurven des C-terminalen Hexapeptids im System TMV/Anti-TMV-Serum (- - - △ - - -) und im System TMV/Antiserum gegen das Hexapeptidantigen (- - - - ● - - - -) sowie Hemmkurven des vollständig dinitrophenylierten TMV-Protein im System TMV/Anti-TMV-Serum (—×—) und im System TMV/Antiserum gegen das Hexapeptidantigen (—□—) [F. A. ANDERER u. D. HANDSCHUH: Z. Naturforsch. 18b, 1015 (1963)]

in System TMV und den spezifischen Antikörpern gegen das Hexapeptidantigen, also Antikörpern mit einer Lineardeterminanz, austesten, dann sind die Hemmungswerte entsprechend hoch. Das völlig dinitrophenylierte Proteinderivat ist also ein ausgezeichnetes Hapten; es hat ja auch die intakte C-terminale Aminosäuresequenz und ist in seiner Hemmkapazität vergleichbar mit dem freien Hexapeptid. Aus diesem Diagramm wird der Unterschied ziemlich klar zwischen Antikörper gegen eine Flächendeterminanz und Antikörper gegen eine Lineardeterminanz.

Nun war natürlich zu folgern, daß man in analoger Weise auch die anderen drei hemmungswirksamen Peptide in der Form von chemospezifischen Antigenen austesten und untersuchen kann, ob ihre entsprechenden Seren mit TMV kreuz-reagieren.

Das wäre dann letzten Endes eine Methode zur Bestimmung von Oberflächenstrukturen. Diese Aufgabe ist jedoch zunächst etwas in den Hintergrund getreten, weil wir gemerkt haben, daß die Seren gegen dieses Hexapeptidantigen unser Tabakmosaikvirus im Infektionstest neutralisieren konnten. Es war daher von besonderem Interesse, wie groß diese serologisch determinante Gruppe sein muß, um noch kreuzreagierende und neutralisierende Antikörper zu erzeugen. Wir stellten daher die homologen chemospezifischen Antigene mit dem homologen Pentapeptid, mit dem Tetrapeptid und mit dem Tripeptid her. Die entsprechenden Seren reagieren ebenfalls mit Tabakmosaikvirus und neutralisieren dessen Infektiosität. Die Versuche sind noch im Gange. Es ist jedoch schon zu sagen, daß mit abnehmender Größe der determinanten Gruppe die Spezifitätsbreite zunimmt. Das ist ohne weiteres verständlich und kann über Kreuzreaktionen mit verwandten TMV-Stämmen gemessen werden. Die Ergebnisse sind noch nicht abgeschlossen.

Zum Schluß möchte ich Herrn Prof. SCHRAMM für sein großes Interesse an dieser Arbeit und die glänzenden Arbeitsbedingungen, die er in seinem Institut geschaffen hat, herzlich danken.

Literatur

[1] PORTER, R. R.: Biochem. J. **66**, 677 (1957).
[2] LAPRESTE, C.: Ann. Inst. Pasteur **89**, 62 (1957).
[3] PRESS, E. M., and R. R. PORTER: Biochem. J. **83**, 172 (1962).
[4] STARLINGER, P.: Z. Naturforsch. **10b**, 339 (1955).
[5] AACH, H. G.: Biochim. biophys. Acta (Amst.) **32**, 140 (1959).
[6] KLECZKOWSKI, A.: J. Immunol. **4**, 130 (1961).
[7] HARRIS, J. I., and C. A. KNIGHT: J. biol. Chem. **214**, 215 (1955).

Diskussion

MORGAN: I am sure you would wish me to thank Dr. ANDERER for the very excellent account he has given us of his researches. Those of us who were studying Immunochemistry as early as 1932 will remember the excitement that a series of relevant publications from the Rockefeller Institute produced. In particular a paper from Dr. LANDSTEINER's laboratory concerned the specificity of a number of dipeptides joined separately to the same protein. This work showed for the first time the influence of the nature of the end amino acid on specificity, and this paper can be read with both pleasure and profit today. We have moved forward considerably since that time and I believe you will agree that the experiments we have heard about today are really quite outstanding. The paper is now open for discussion.

HAUROWITZ (Bloomington): Ich möchte Herrn ANDERER fragen, ob es sicher ist, daß nur *ein* Antikörper gegen all diese determinanten Gruppen gerichtet ist, oder ob es mehrere Antikörper gegen verschiedene Teilgruppen sind.

ANDERER: Zu diesem Problem Stellung zu nehmen, ist eigentlich für uns noch etwas verfrüht. Wir versuchen gegenwärtig die Struktur von spezifischen Antikörpern gegen Tabakmosaikvirus aufzuklären. Es ist nicht von vornherein zu entscheiden, ob wir eine Heterogenität in unserer Antikörperprobe haben, insbesondere da man weiß, daß die Antikörper-Spezifität mit der Zahl und der Dauer der Immunisationsperioden breiter wird. Das heißt, daß Kreuzreaktionen zu anderen Stämmen von Tabakmosaikvirus zunehmen. Es ist also nicht anzunehmen, daß innerhalb desselben Versuchstieres die Antikörperspezifität über eine längere Zeit konstant bleibt. Wir können diese Vorstellungen jedoch durch keinerlei chemische Befunde untermauern.

WESTPHAL: Ich möchte Herrn ANDERER fragen: Von welchen Tieren sind Ihre Antisera? Vermutlich Kaninchen?

ANDERER: Ja!

WESTPHAL: Und Sie wissen natürlich auch, daß Kaninchen die schärfsten Antiseren geben. Wenn wir möglichst saubere spezifische Sera haben wollen, nehmen wir Kaninchen, doch wenn wir möglichst viel Kreuzreaktionen haben wollen, nehmen wir, wenn wir es haben, Pferde oder sonst kleinere Tiere: Ziegen z. B. sind auch sehr geeignet. Haben Sie je andere Antiseren als von Kaninchen gemacht?

ANDERER: In unserer chemischen Abteilung sind wir für immunologische Forschung nicht eingerichtet. Deswegen ist es vorderhand schwierig für uns, andere Versuchstiere als Kaninchen zu benützen.

HEIDELBERGER: Es ist vielleicht in diesem Zusammenhang nützlich an die Arbeiten von HARRIS und KNIGHT zu erinnern, denn diese zeigten auch einen sehr schönen Zusammenhang zwischen Spezität und Struktur. Sie haben gefunden, daß wenn man mit Carboxypeptidase die Endgruppe abspaltet, nicht nur eine verminderte Spezifität gegen TMV-Antiserum, sondern auch eine neue Spezifität beobachtet wird. Man findet neue terminale Alaningruppen anstelle der ursprünglich vorhandenen terminalen Threoningruppen.

$$\ldots\text{-Thre-Ser-Gly-Pro-Ala-}\underset{\text{Spaltung}}{\overset{\downarrow}{\text{Threo}}}\text{OH}$$

ANDERER: HARRIS und KNIGHT haben s. Z. keine quantitative Auswertung publiziert. Wenn wir Seren gegen normales und Carboxypeptidasebehandeltes Virus (ohne terminales Threonin verwenden), dann erwarten wir folgende Kreuzreaktionen:

Antigen / Antiserum gegen	TMV normal	TMV behandelt mit Carboxypeptidase
TMV normal	+++	(+)
TMV behandelt mit Carboxy peptidase	+++	+++

Antiserum gegen normales Virus reagiert ohne weiteres, weil es die größere "combining site" hat. Das normale Antigen müßte mit dem Antiserum gegen die verkleinerte determinante Gruppe schwächer reagieren. Die genannten Autoren fanden eine starke Kreuzreaktion, die sie aber damals nicht quantitativ ausgewertet haben. Die determinante Struktur hängt ja von der sterischen Lage an der Oberfläche ab. Wird diese kleiner, so sollten Unterschiede bei einer quantitativen Auswertung festzustellen sein.

GRABAR: Sie sagten, daß bei Ihnen die Reaktionen sehr leicht verschwinden. Wie ich verstanden habe, benützen Sie eigentlich nur Präcipitationen. Meine Mitarbeiter, Drs. LAPRESLE und WEBB, benützen auch die passive Hämagglutination und die Hemmung dieser Reaktion. Da können Sie weitere Bruchstücke analysieren. Haben Sie dazu etwas zu sagen?

ANDERER: Das Tabakmosaikvirus nimmt als Antigen eine Sonderstellung ein. Es hat immerhin ein Molekulargewicht von 40 Millionen. Wir brauchen daher nicht unbedingt die Hämagglutinationsreaktion zu nehmen. Wir haben ein sehr großes Antigen, das sehr gut präcipitiert.

GRABAR: Auch wenn es schon gespalten ist?

ANDERER: Wir wollen nur eine Differenz messen. Wir nehmen eine bestimmte Menge Antigen zur Präcipitation und brauchen etwa 100 μg Tabakmosaikvirus, um das Präcipitat genau messen zu können. Die Fehlergrenze ist ± 5% in unserem Hemmungstest, und ich weiß nicht, ob Ihr Test so empfindlich ist. Unser Test ist jedenfalls chemisch besser zu handhaben, weil man — chemisch gesehen — genau weiß, welche Komponenten beteiligt sind. Wenn Sie eine zusätzliche unbekannte Komponente dazunehmen, kann man weniger aussagen, z. B. über die molaren Verhältnisse usw.

GRABAR: Ich habe mich vielleicht nicht klar genug ausgedrückt. Es ist möglich, weitere kleinere Bruchstücke von einem Proteinmolekül nachzuweisen, wenn man passive Hämagglutination benützt, weil dann auch monovalente Antigene noch wirksam sind. Für die Präcipitation müssen Sie wenigstens bivalente oder besser trivalente Bruchstücke haben. Wenn Sie aber kleinere Spaltprodukte haben, dann können Sie diese serologisch noch mit der passiven Hämagglutination und der Hämagglutinations-Hemmung nachweisen. — Wie Sie sagten, wenn die quaternäre Struktur zerstört ist, kann man zwar nicht mehr präcipitieren, aber mit der genannten Methode lassen sich nicht-präcipitierende Bruchstücke noch analysieren.

ANDERER: Ich verstehe. Wenn man partiell abgebaute Teile aus dem ursprünglichen Antigenmolekül hat, die nicht mehr präcipitieren, so braucht man im Hemmungssystem sehr hohe Konzentrationen von Hapten. Wenn Sie einen etwas sensibleren Test haben, ist es natürlich von großem Wert. Ich bin an der Methode von LAPRESLE u. Mitarb. sehr interessiert. Sie haben es etwas schwieriger, weil die primäre Struktur ihres Proteins nicht bekannt ist. Das ist eben unser Vorteil, daß wir mit wohldefinierten Substanzen arbeiten.

WEIDEL (Tübingen): Ihre Vorstellung von der „großen combining site" scheint auf der Annahme zu beruhen, daß das TMV-Protein im Kaninchen bleibt, wie es ist. Haben Sie irgendwelche Anhaltspunkte dafür, daß das Protein hier nicht umgefaltet oder gar zerlegt wird, so daß die Antikörper tatsächlich gegen solche Produkte gebildet werden?

ANDERER: Ich möchte annehmen, daß das Virus, das über Jahrzehnte und Jahrhunderte seine exquisite physikalische Stabilität beibehalten hat, wahrscheinlich auch im Kaninchenorganismus noch ziemlich stabil bleibt. Man bekommt ja effektiv eine Kreuzreaktion gegen Oberflächenstrukturen, die man nicht serologisch, sondern mit Enzymen bestimmt hat. Und es ist auch wirklich so, daß nur Peptide hemmen, die kein Lysin und kein Tyrosin besitzen. Das findet man auch in vitro am intakten Virus. Man kann keine ε-Aminogruppe und keine Tyrosingruppe an der Oberfläche chemisch nachweisen. Bisher sprechen die chemischen und enzymatischen Untersuchungen direkt am Virus und die serologischen Untersuchungen, bei denen das Virus-Antigen im Kaninchenorganismus verändert worden sein könnte, nicht gegeneinander.

MORGAN: I want to thank Dr. ANDERER for his contribution and we will move to the next paper by Dr. RAJEWSKY.

Enzymprotein als Antigen
Immunologische Studien an Lactatdehydrogenasen

Von K. RAJEWSKY

*Institut für Biochemie im Institut für Organische Chemie
der Universität Frankfurt*

Mit 12 Abbildungen

Das System Enzym-Antienzym ist charakterisiert durch die doppelte Spezifität des Enzymproteins: Das Enzym reagiert spezifisch mit seinem Substrat und mit seinem Antikörper.

Die Strukturen, an denen die beiden Prozesse ablaufen, werden schematisch als aktives Zentrum und als serologische Determinante bezeichnet. Über deren Lage zueinander und schließlich auch über die Strukturen selbst hofft man Auskünfte zu bekommen, indem man die Wechselwirkung zwischen Antigen-Antikörper-Reaktion und enzymatischer Katalyse studiert. Dies ist das erste Problem, über das ich kurz sprechen möchte. Weiterhin möchte ich an Beispielen zu zeigen versuchen, wie man häufig bei ganz unterschiedlichen Fragestellungen in Biologie und Chemie die doppelte Spezifität des Systems nutzbringend verwenden kann.

Die Vielseitigkeit der Immunologie der Lactatdehydrogenasen (LDH) gibt mir die Möglichkeit, einen Teil der Ausführungen anhand eigener Experimente zu erläutern. Diese wurden größtenteils bei P. GRABAR in Paris durchgeführt, zum Teil in Zusammenarbeit mit S. AVRAMEAS. Sie gingen hervor aus einer Zusammenarbeit des Pariser Instituts und des Frankfurter Instituts für Biochemie, wo G. PFLEIDERER und E. D. WACHSMUTH die reinsten LDH-Isozympräparationen verfügbar machten. Der Firma C. F. Boehringer u. Söhne, vor allem W. GRUBER, sei für eine Reihe von Isozympräparaten gedankt. Ein Teil der Resultate der Untersuchungen ist bereits veröffentlicht[3] oder im Druck[62].

Wenn man in vitro ein Enzym mit seinem spezifischen Antikörper kombiniert, so wird in vielen Fällen seine enzymatische Aktivität gehemmt. Nachdem bis heute derartige Untersuchungen an über vierzig Enzymen angestellt worden sind, weiß man, daß die Aktivitätshemmung durch Kombination mit dem spezifischen Antikörper alle möglichen Ausmaße haben, ja sogar ganz fehlen kann[14]. Systeme mit 100%iger Hemmung stehen neben solchen, in denen der Antigen-Antikörper-Komplex volle enzymatische Aktivität besitzt; und kürzlich ist sogar von Enzymen — Penicillinasen — berichtet worden, deren Aktivität gegenüber bestimmten Substraten durch Kombination mit Antikörpern bis auf das 10fache gesteigert werden konnte[58].

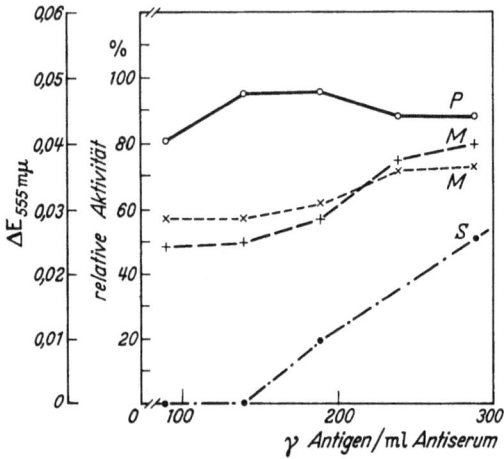

Abb. 1. Darstellung des Systems LDH (Isozym I vom Schwein)-anti-LDH (Kaninchenantiserum). Ordinate: Präcipitiertes Eiweiß, nach der Biuret-Methode bestimmt (Ein Δ E von 0,01 entspricht etwa 90 γ Protein. Eingesetzt jeweils 0,5 ml Antiserum), bzw. relative enzymatische Aktivität, bezogen auf eingesetztes freies Enzym. Abszisse: Eingesetztes Antigen (Isozym I) pro ml. Antiserum. P: Präcipitationskurve. M: Rel. Aktivitäten der Reaktionsgemische, 20′ (fein gestrichelt) u. 24 h nach der Reaktion. S: Rel. Aktivitäten der Überstände. Im Bereich des Äquivalenzpunktes erscheint enzymatische Aktivität im Überstand. Die Hemmung der enzymatischen Aktivität ist bis in die Gegend leichten Antikörperüberschusses unvollständig

Unser System LDH-anti-LDH zeigt unter den Bedingungen des Experiments eine partielle Hemmung der Enzymaktivität bis in Gegenden mäßigen Antikörperüberschusses. Die Verhältnisse werden gut wiedergegeben, wenn man die klassische Heidelbergersche Präcipitationskurve[29, 33] aufstellt und in ihrem Bereich die enzymatische Aktivität in den einzelnen Phasen des Systems mißt* (Abb. 1).

---

* Die LDH-Aktivität wurde mit Hilfe des Warburgschen optischen Tests gemessen, wie in [62] angegeben.

Ganz allgemein ist das Ausmaß der Enzymhemmung in erster Linie vom molaren Verhältnis von Antigen zu Antikörper abhängig. In unserem System ließ sich leicht berechnen, daß die spezifische Aktivität der Präcipitate mit steigender Antigen-Konzentration und entsprechend zunehmendem Antigen-Antikörper-Quotienten zumindest bis in Bereiche mäßigen Antigen-Überschusses zunahm. Um die Verhältnisse im extremen Antikörper-Überschuß besser wiedergeben zu können, wählt man bei enzym-immunologischen Studien häufig eine andere Darstellung des Systems als die in der ersten Abbildung und bestimmt die Aktivitätsabnahme (Ordinate) einer konstanten Enzymmenge durch Zusatz steigender Mengen von Antiserum (Abszisse). Daraus resultieren typische Enzymhemmkurven, die nach einem nicht obligaten Plateau einen linearen Abfall zeigen und schließlich einem mehr oder weniger hohen Hemmwert entsprechend der Abszisse parallel laufen, als Ausdruck der sog. Residualaktivität[58].

Die Antigen-Antikörper-Relation ist aber nicht der einzige Parameter, von dem die Hemmung eines Enzyms durch seinen spezifischen Antikörper abhängt. Während Variation der Inkubationszeit meist ohne großen Einfluß auf die gemessene Aktivitätshemmung ist — von Ausnahmen abgesehen (so z. B.[23]), wird maximale oder fast maximale Hemmung in Minuten erreicht —, ist die absolute Konzentration von Antigen und Antikörper im Reaktionsgemisch häufiger von Bedeutung.

Weiterhin können verschiedene Antiseren ein Enzym (bezogen auf entsprechende Antigen-Antikörper-Quotienten) verschieden stark hemmen, als Ausdruck der Heterogenität der Antikörper, die damit eine entscheidende Rolle bei allen Überlegungen zum Mechanismus der Enzymhemmung durch Antikörper spielt. CINADER und LAFFERTY haben wahrscheinlich machen können, daß im Antiserum gegen Ribonuclease sowohl hemmende als auch nicht hemmende Antikörper vorliegen, und daß diese Antikörper um das Antigen konkurrieren[15]. Einen ähnlichen Befund haben CITRI und STREJAN an einem anderen System erhoben[15a]. Im Verlauf langdauernder Immunisation erscheinen relativ mehr hemmende Antikörper im Serum[6].

Schließlich hängt das Ausmaß der Enzymhemmung durch Kombination mit dem Antikörper in den meisten Fällen von An- oder Abwesenheit von Substrat und Coenzym im Reaktionsgemisch ab.

Die Diskussion aller dieser Faktoren, die die Wechselwirkung zwischen Antigen-Antikörper-Reaktion und enzymatischer Aktivität des Antigens beeinflussen, führt zu der Frage nach dem Mechanismus dieser Wechselwirkung.

Durch Bildung großer Antigen-Antikörper-Aggregate könnte die Mehrzahl der aktiven Zentren des Enzyms unzugänglich werden. Dagegen spricht zunächst die Geschwindigkeit der Hemmreaktion — Hemmung tritt rascher ein als Präcipitation — und die Tatsache, daß die höchsten Hemmwerte im Antikörper-Überschuß gefunden werden, wo die Proteinaggregate nicht am größten sind[42]. Für zwei Systeme widerlegt wird die Annahme schließlich durch den von MARSHALL und COHEN[41] sowie von CINADER und LAFFERTY[15] erhobenen Befund, daß univalente, nicht präcipitierende Antikörper-Fragmente — die Fraktionen I und II von PORTER[60] — ebenso starke Aktivitätshemmung hervorrufen können wie die kompletten Antikörper.

Von ganz besonderem Interesse wäre eine Aktivitätshemmung durch spezifisch gegen das aktive Zentrum gerichtete Antikörper. In vielen Fällen scheinen solche Antikörper allerdings bestenfalls in sehr niedrigen Konzentrationen vorzuliegen, worauf die zahlreichen Experimente hinweisen, in denen die enzymatische Aktivität zerstört wurde, ohne daß das Enzymprotein seine antigene Struktur meßbar veränderte. LDH kann z. B. durch p-Chloromercuribenzoat vollständig gehemmt werden, zeigt sich aber in der Komplementbindungsreaktion unverändert[34]. Auch die von der Monod'schen Gruppe entdeckten Cz-Proteine aus Mutanten von *E. coli*, welche, ohne β-Galaktosidase-Aktivität zu tragen, mit β-Galaktosidase um deren Antikörper konkurrieren[54], wären ein Beispiel.

Für die Existenz von gegen das aktive Zentrum von Enzymen gerichteten Antikörpern scheint freilich das schon erwähnte und fast generell beobachtete Phänomen zu sprechen, daß Enzyme durch ihr Substrat und Coenzym vor der Aktivitätshemmung durch Antikörper geschützt werden können. Tatsächlich wurde an einigen Enzymen sogar eine Abhängigkeit dieses Schutzes von der Substrat- bzw. Coenzym-*Konzentration* gefunden: Antikörper und Substrat bzw. Coenzym schienen hier zu konkurrieren[8, 72, 83, vgl. aber 13]. Ein solcher Befund ließe sich auch durch das Vorkommen von Antikörpern erklären, die nicht am aktiven Zentrum selbst, sondern in dessen Nähe angreifen. Diese könnten die enzymatische Aktivität durch sterische Hinderung der enzymatischen Katalyse hemmen. Sterische Hinderung konnte von CINADER am System Ribonuclease-Antiribonuclease durch Verwendung von Substraten verschiedenen Molekulargewichts sehr wahrscheinlich gemacht werden. Es wurde gezeigt, daß die Hemmung der enzymatischen Aktivität durch die Antikörper mit zunehmendem Molekulargewicht des Substrates zunimmt[6]. Auch beim System Neuraminidase/Anti-Neuraminidase scheint sterische Hinderung eine Rolle zu spielen[22]. CINADER erwähnt schließlich in diesem Zusammenhang die Tatsache, daß ganz allgemein Enzyme mit Substraten hohen Molekulargewichts stärker durch Kombination mit Antikörpern gehemmt werden als solche mit Substraten niedrigen Molekulargewichts[14].

Es muß allerdings abgewartet werden, ob sterische Hinderung im beschriebenen Sinn generell von Bedeutung ist. Möglicherweise müssen Antikörper nicht unbedingt am aktiven Zentrum oder in dessen Nähe angreifen, um die enzymatische Aktivität des Antigens zu hemmen. Der Schutz des Enzyms durch Substrat und Coenzym könnte anders zu erklären sein als durch deren Kompetition mit dem Antikörper am aktiven Zentrum. Aus der Enzymchemie ist in vielen Fällen bekannt, daß das „arbeitende" Enzym eine andere Konfiguration besitzt als das „ruhende". Ist der Antikörper bevorzugt gegen die „Ruhekonfiguration" gerichtet oder ruft seine Kombination mit dem Enzym eine Änderung von dessen Gesamtkonfiguration hervor, so könnten Substrat und Coenzym ihren Schutz durch Überführung und Fixierung des Enzyms in seine „Arbeitskonfiguration" ausüben. Mit solchen Vorstellungen, wie sie zuerst von NAJJAR und FISHER formuliert wurden[47a], befaßt sich beispielsweise SAMUELS in seinen Studien über Kreatin-Kinase[64, 65].

Zur weiteren Aufklärung des Mechanismus der Enzymhemmung durch Kombination mit dem spezifischen Antikörper wird es notwendig sein, die Antigen-Antikörper-Reaktion weiter zu spezifizieren, d. h. mit Antikörperfraktionen zu arbeiten, die einen möglichst scharf definierten, bekannten Angriffspunkt am Enzymprotein haben.

Dabei spielt zunächst die Darstellung gereinigter Antikörper eine Rolle, wie sie uns an der LDH ohne Schwierigkeiten möglich ist. Über solche Reindarstellung von Antikörpern gegen Enzymproteine, wie sie auch von SUMNER und KIRK[73] sowie von TRIA[73a] angegeben worden ist, wird in einem anderen Vortrag berichtet werden, und ich möchte nicht vorgreifen.

Die Antikörper wären dann weiter zu fraktionieren. Abgesehen von unspezifischen Methoden, können dazu alterierte Antigene und Antigenfragmente benutzt werden, mit denen man bestimmte Antikörpergruppen der heterogenen Antikörper-Population entfernen oder durch Dissoziation der spezifischen Komplexe rein darstellen kann. Ebenso läßt sich mit ihnen die Bildung von Antikörpern mit besser bekanntem Angriffspunkt stimulieren.

Ein weiterer Weg zur Spezifizierung der Antigen-Antikörper-Reaktion geht von der Möglichkeit aus, Polypeptide an Enzyme zu kuppeln, ohne daß deren enzymatische Aktivität zerstört wird (s. z. B.[2, 34]). Spezifisch gegen diese Polypeptide gerichtete Antikörper lassen sich erzeugen, und die Auswirkung ihrer Kombination mit dem alterierten Enzym auf dessen enzymatische Aktivität kann beobachtet werden.

Untersuchungen in der angedeuteten Richtung, wie sie in Ansatzpunkten bereits vorhanden sind, werden in einer Reihe von Laboratorien durchgeführt.

Ich möchte jetzt einige Anwendungsmöglichkeiten der Enzymimmunologie besprechen.

Die doppelte Spezifität des Systems Enzym-Antienzym gestattet häufig die sichere Identifizierung und Auffindung von Enzymen in sehr heterogenen Proteingemischen, z. B. Gewebsextrakten. Durch quantitative oder halbquantitative Präcipitation kann die Menge vorhandenen Enzyms in einfacher Weise titriert werden. Der Antigen-Antikörper-Äquivalenzpunkt ist durch das Auftreten von enzymatischer Aktivität im Überstand charakterisiert. Will man die Inkorporation radioaktiver Substanzen, z. B. markierter Aminosäuren, in das Enzymprotein bestimmen, so wird die Aktivität des Präcipitats gemessen. Derartige Messungen hat KENNEY am System Transaminase/Antitransaminase vorgenommen und festgestellt, daß bei der Induktion des Enzyms in der regenerierenden Rattenleber durch Corticoide eine de novo-Synthese des Enzymproteins erfolgt[35].

Mit der immunchemischen Identifizierung und Reinigung von Enzymen mit Hilfe der Agarpräcipitationstechniken — vor allem immunelektrophoretischer Analyse (IEA)[27] und doppelter Diffusion[51] — haben sich besonders URIEL und AVRAMEAS aus der Grabarschen Schule befaßt[75]. Die Methode dieser Autoren beruht auf der Tatsache, daß fast alle Enzym/Antienzym-Präcipitate enzymatische Aktivität tragen. Durch jeweils spezifische Anfärbung der Präcipitationslinien in der IEA gelingt es, die Konstituenten sehr heterogener Enzymgemische sicher und in äußerst empfindlicher Weise zu identifizieren. Bei der Isolierung bestimmter Komponenten des Gemisches wird jeder Reinigungsschritt immunchemisch

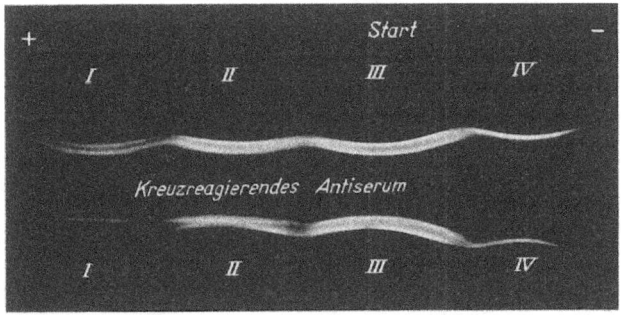

Abb. 2. Immunelektrophoretische Analyse (IEA) von vier LDH-Isozymen aus menschlichem Gehirn. Diese und alle folgenden Elektrophoresen wurden bei pH 8,2 ausgeführt, Anfärbung der Präcipitationslinien durch eine LDH-spezifische Reaktion[7]. Die Präcipitationslinien der 4 Isozyme gehen kontinuierlich ineinander über. Die zu den Isozymen I, II und III gehörigen Präcipitationslinien sind gedoppelt. (Entnommen aus [3])

kontrolliert. Ein Schulbeispiel ihrer Methode haben die Autoren kürzlich geliefert, als ihnen die Darstellung von mehreren Hydrolasen, darunter zwei neuentdeckten, aus dem Pankreas des Schweins in immunologisch reinem Zustand gelang[4, 76, 77, 78]. Soll die Kontamination von Enzympräparaten mit Fremdproteinen ausgeschlossen werden, so erscheint heute die immunchemische Reinheitsprüfung unumgänglich. Wir sind unter diesen Umständen sehr erfreut gewesen, daß unsere reinsten LDH-Isozym-Präparationen sich auch immunchemisch als frei von Fremdproteinen erwiesen haben. Ein eigenartiges Phänomen bei der Prüfung unserer Enzympräparate in der IEA wurde allerdings beobachtet: Besonders die den menschlichen Isozymbanden entsprechenden Präcipitationslinien waren häufig gedoppelt[3] (Abb. 2). Dieser Befund könnte durch eine Inhomogenität der entsprechenden Isozyme, z. B. das Vorliegen von Polymeren, bedingt sein. Das Molekulargewicht der

LDH wird seit Jahren diskutiert[69]. Anstelle des üblicherweise angegebenen von 117000—150000 hat MILLAR an RH-LDH in hoher Verdünnung ein Molekulargewicht von 70000 gemessen[44, 69].

Eine wichtige Rolle spielt die Enzym-Immunologie weiterhin bei der Untersuchung der Verwandtschaft von Enzymproteinen miteinander oder mit anderen Proteinen. Die Suche nach kreuzreagierendem Material (CRM) ist auf den modernen Gebieten der

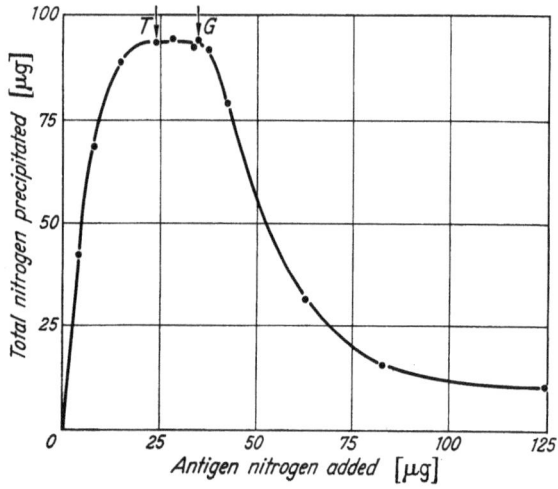

Abb. 3. Präcipitationskurve eines Gemisches aus β-Galaktosidase (Gz) und kreuzreagierendem Pz-Protein, welches mit einem Antiserum gegen β-Galaktosidase präcipitiert wurde. Bei T ist das Maximum der Präcipitationskurve erreicht. Es folgt ein bis G reichendes Plateau, danach fällt die Kurve ab. Bei G erscheint enzymatische Aktivität im Überstand. Die Kurve ist in folgender Weise zu deuten: Bei T sind alle Antikörper unter Bedingungen der Äquivalenz durch Antigen (Gz u. Pz) präcipitiert. Von T bis G geht unter weiterem Antigen-Zusatz (Gz u. Pz) kontinuierlich Pz in Lösung, und Gz, welches bevorzugt mit dem Antikörper reagiert, wird weiter gebunden. Bei G schließlich sind alle Antikörper mit Gz besetzt und weiteres Gz kann nicht mehr präcipitiert werden. Durch Bestimmung der Punkte T u. G können die Konzentrationen von Gz und Pz im Gemisch leicht berechnet werden (entnommen aus COHN u. TORRIANI[16])

Proteinbiosynthese, der Zellregulation und der Genetik von besonderem Interesse. Beim CRM kann es sich um Vorstufen von Enzymen handeln, um dissoziierte Teile von Enzymkomplexen oder um genetisch alterierte Enzyme in Mutanten. CRM kann mit raffinierten Mitteln immunologisch titriert werden. Ein Beispiel derartiger Untersuchungen bietet das Studium von Proteinen, die mit der induzierbaren β-Galaktosidase verwandt sind, in *E. coli* und deren Mutanten durch die Monod'sche Gruppe. Zwei kreuzreagierende Proteine bzw. Proteingruppen wurden entdeckt: Pz, dessen Produktion zu der von β-Galaktosidase (Gz) in reziprokem Verhältnis steht. Seine Titration in Gegenwart von Gz beruht auf dem Befund, daß zunächst alle Gz mit zugesetztem spezifischem Antikörper reagiert und dann erst die Kreuzreaktion mit Pz beginnt[16,17] (Abb. 3). Mit Cz bezeichnete Proteine kommen in Mutanten vor, die kein Gz erzeugen können[52]. Bei ihrer Titration wird die Tatsache ausgenutzt, daß Cz im Gegensatz zu Pz mit Gz um deren spezifische Antikörper konkurriert[52,54]. Ein Teil der Cz-Proteine hat keine enzymatische Aktivität und keinerlei Affinität zu β-Galaktosid; dieses kann aber zu ihrer Induktion dienen[53]. Damit liefert das Studium dieser Proteine, deren Entdeckung auf immunchemische Untersuchungen zurückgeht, eine wichtige Stütze der Vorstellungen von der Steuerung der Proteinbiosynthese, die MONOD u. Mitarb. entwickelt haben[31,32,45,46].

Ganz abgesehen von der prinzipiellen Bedeutung der geschilderten Experimente ist es instruktiv zu sehen, welch verschiedenen Regeln Kreuzreaktionen zwischen Proteinen folgen können und wie vorteilhaft es sein kann, diese Regeln zu kennen.

Eine ganze Reihe unserer LDHs aus verschiedenen Organismen zeigt serologisch Kreuzreaktionen, wie später noch im einzelnen ausgeführt werden wird, und ich möchte Ihnen jetzt von einigen Experimenten an einem solchen kreuzreagierenden System berichten. Mit ihnen wurden Anhaltspunkte dafür gewonnen, daß heterologes durch homologes Antigen vom Antikörper verdrängt werden kann, und es ist offenkundig, daß eine solche Möglichkeit bei den verschiedenen immunologischen Titrationen von CRM beachtet werden muß.

Voraussetzung des Experiments war die Möglichkeit, den Antigen-Antikörper-Äquivalenzpunkt durch Kombination von spezifischer Präcipitation und Agarelektrophorese zu ermitteln. Gibt man zu konstanten Mengen von Antiserum oder gereinigten Antikörpern steigende Mengen Antigen und führt nach vollständiger Präcipitation eine Agarelektrophorese der Überstände mit anschließender LDH-spezifischer Anfärbung durch, so ergeben sich die in Abb. 4a und b dargestellten Verhältnisse.

Im Bereich des Äquivalenzpunktes erscheint enzymatische Aktivität in der Gegend des Startpunktes (β- und schnelle γ-Globuline), die löslichen Antigen-Antikörper-Komplexen im Reaktionsgemisch entsprechen dürften. Bei höherem Antigen-Zusatz wird auch freies Antigen an typischer Stelle nachweisbar*. Allerdings läßt sich nicht aussagen, ob dieses vom gleichen Punkt an auch im Reaktionsgemisch vorliegt; es entsteht sicherlich zu einem Teil durch Dissoziation löslicher Komplexe nach dem Auftragen der Proben auf die Agarplatte, bedingt durch die Änderung der Antigen-Konzentration im Milieu.

Da wir über ein System homologer und heterologer kreuzreagierender LDHs mit verschiedenen elektrophoretischen Mo-

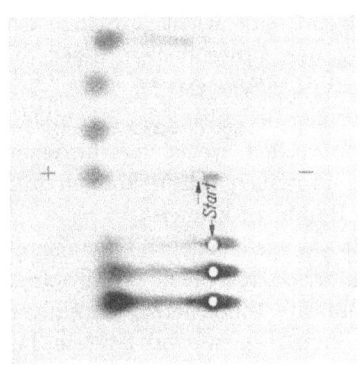
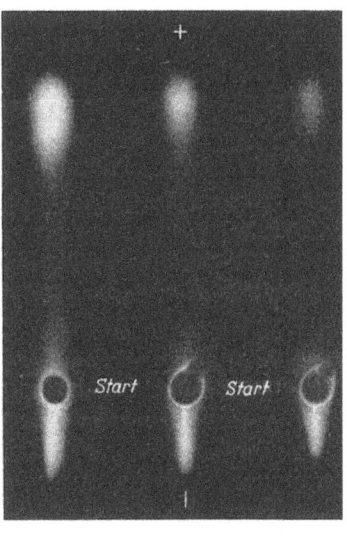

a   b

Abb. 4 a u. b. Elektrophorese der Überstände nach Zusatz steigender Enzymmengen (Isozym I vom Schwein) zu konstanten Mengen von Antiserum (4a) bzw. gereinigten Antikörpern (4b) (s. S. 177). 4a) LDH-spezifische Färbung, im Original violett, in der Abb. dunkelgrau. Zusätzlich Anfärbung der Serumeiweißkörper mit Ponceaurot, in der Abbildung hellgrau. In den drei ersten Proben von oben keine enzymatische Aktivität im Überstand. Die beiden folgenden Proben zeigen Aktivität im Startbereich, und schließlich wird auch freies Antigen im Bereich der Albumine sichtbar (4b). Auch bei Verwendung reiner Antikörperfraktionen erscheint neben freiem Antigen Aktivität im Startbereich, die löslichen Komplexen entsprechen dürfte. LDH-spezifische Färbung.

bilitäten verfügten, konnte unter Ausnutzung der beschriebenen Methode „halbquantitativer Präcipitation" leicht festgestellt werden, ob durch Zusatz homologen Antigens heterologes Antigen aus dem spezifischen Präcipitat in den Überstand verdrängt werden kann. Dazu wurde folgendes Experiment durchgeführt: Heterologes Antigen — Rinderherz-LDH — wurde mit kreuzreagierendem

---

* Bei der Titration einiger Antiseren ließen sich mit dem ersten Auftreten enzymatischer Aktivität im Überstand elektrophoretisch sogleich lösliche Komplexe *und* freies Antigen nachweisen.

Antiserum — anti-Schweineherz-LDH — in solchen Proportionen inkubiert, daß die gesamte Aktivität präcipitiert war. Nach Aufbewahrung über 2 Std bei 37° C und 1—2 Tagen bei 0° C wurde das Präcipitat sorgfältig resuspendiert, und zu konstanten Mengen der Suspension wurden steigende Mengen homologen Antigens — Schweineherz-LDH — zugesetzt. Nach erneuter Inkubation über 24 Std wurden die Überstände der einzelnen Proben elektrophoriert

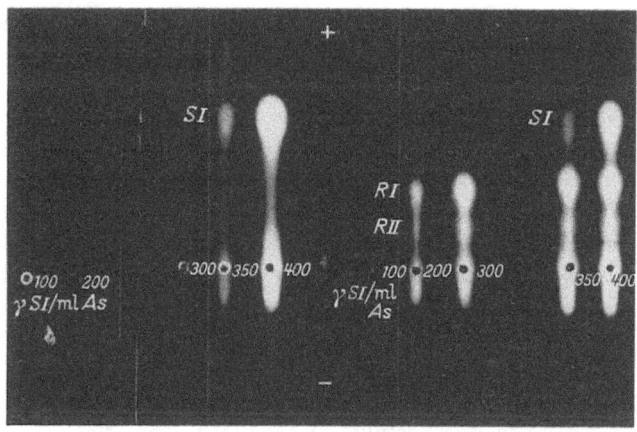

Abb. 5. Linke Hälfte: Zugabe steigender Mengen von LDH-Isozym I vom Schwein (*SI*) (im Bild am Startpunkt angegeben) zu konstanten Mengen eines Antiserums. Elektrophorese der Überstände mit anschließender LDH-spezifischer Färbung. Äquivalenzpunkt zwischen 300 und 350 γ Antigen/ml Antiserum. Rechte Hälfte: Gleiche experimentelle Bedingungen wie oben. Dem Antiserum wurde hier vorher kreuzreagierende heterologe Rinderherz-LDH (Isozym I und II — RI, RII) in einer Konzentration von 75 γ/ml Antiserum zugesetzt. Die Rinderherz-LDH war vollständig präcipitiert. Vor Zugabe der homologen LDH vom Schwein wurde das Präcipitat resuspendiert. Heterologes Antigen (Rinderherz-LDH) wird durch homologes Antigen (SI) aus dem Präcipitat verdrängt. Freies homologes Antigen erscheint wie in der entsprechenden Probe im linken Bild bei Zusatz von 350 γ SI/ml Antiserum

und enzymatische Aktivität durch LDH-spezifische Färbung sichtbar gemacht. Homologes und heterologes Antigen sind durch ihre unterschiedliche elektrophoretische Mobilität differenzierbar. Das Resultat des Experiments zeigt Abb. 5. Im Rahmen der Empfindlichkeit der Methode wird die Reaktion zwischen Schweineherz-LDH und ihrem spezifischen Antikörper nicht gestört, wenn vorher ein Teil der Antikörper durch kreuzreagierende Rinderherz-LDH präcipitiert wird. Diese scheint weitgehend aus ihrer ursprünglichen Bindung an den Antikörper verdrängt zu werden. Eine entsprechende Beobachtung haben MAYER und HEIDELBERGER schon

1942 an kreuzreagierenden Pneumokokkenpolysacchariden gemacht[64], und COHN und TORRIANI[16] (vgl. auch Abb. 3) sowie RANGEL[63] konnten ähnliche Verhältnisse an Systemen mit Proteinantigenen beschreiben. Bei dem von HEIDELBERGER beschriebenen System ist das Ausmaß der Reversibilität der heterologen Reaktion stark davon abhängig, wie lange vor dem Zusetzen des homologen Antigens heterologes Antigen mit dem Antikörper inkubiert wird; dies wurde auf eine langsam fortschreitende, weitgehend irreversible Aggregation der Komplexe zurückgeführt. Demgegenüber ist es bemerkenswert, daß die von uns beobachtete Reaktion noch nach zweitägiger Inkubation ablief.

Wir stehen mit Untersuchungen dieser Art noch am Anfang. Ob sie, über den Zusammenhang hinaus, in den sie hier gestellt werden, Bedeutung gewinnen können, scheint mir eine interessante Frage zu sein. In jedem Fall aber demonstrieren sie, wie vorteilhaft die Verwendung von Enzymprotein als Antigen, hier infolge seiner spezifischen Nachweisbarkeit, bei der Untersuchung eines immunologischen Problems sein kann.

Ich komme jetzt auf den immunchemischen Vergleich von Enzymen gleicher Funktion, aber verschiedener Species- oder Organherkunft zu sprechen, wie er in den letzten Jahren an sehr vielen Enzymen durchgeführt worden ist*. Zum Nachweis serologischer Unterschiede genügt es hier häufig, die Hemmung der entsprechenden Enzyme im Organextrakt durch das heterologe Antiserum zu messen und mit der am homologen Enzymantigen erzielten zu vergleichen. Freilich gibt es feinere Unterschiede zwischen den antigenen Strukturen zweier verwandter Enzymproteine, die nur durch Anwendung besonderer Methoden entdeckt werden können. POLLOCK hat am Beispiel der Penicillinase gezeigt, daß man mit partiell absorbierten Antiseren Unterschiede finden kann, die zu entdecken das komplette Antiserum nicht erlaubt[59]. CINADER u. Mitarb. konnten Ribonuclease A und B, die sich chemisch nur durch Fehlen bzw. Vorhandensein einer Carboxylgruppe unter-

---

* Wenigstens für einige recht intensiv untersuchte Enzymgruppen seien Literaturhinweise gegeben: Glucose-6-Phosphat-Dehydrogenasen[9, 40]; Lactatdehydrogenasen[3, 10, 19, 28, 34, 36, 38, 39, 48–50, 56, 57, 61, 62]; Amylasen[23–26]; Carbamylphosphatsynthetasen[41]; Catalasen[11, 21, 66, 73a]; Pepsine bzw. Pepsinogene[70, 71, 79]; Penicillinasen[58, 59]; Phosphatasen[5, 47, 67, 68]; Phosphohexoseisomerasen[8, 37]; Phosphorylasen[30, 82]; Ribonucleasen[7a, 12]; Xanthin-Oxidasen[74].

schieden, immunologisch durch den Nachweis verschiedener Löslichkeit der jeweiligen Antigen-Antikörper-Komplexe differenzieren[14]. Auch die unterschiedlichen Antikörper-Populationen in den verschiedenen Antiseren spielen eine Rolle. CROISILLE gelang es, zwei einander sehr ähnliche Enzyme mit einem Antiserum zu differenzieren, nachdem vorher 25 Antiseren eine Identitätsreaktion gegeben hatten[20]. Ganz allgemein kann gesagt werden, daß der Nachweis von immunologischer Nichtidentität stets höheren Aussagewert besitzt als der einer Identitätsreaktion.

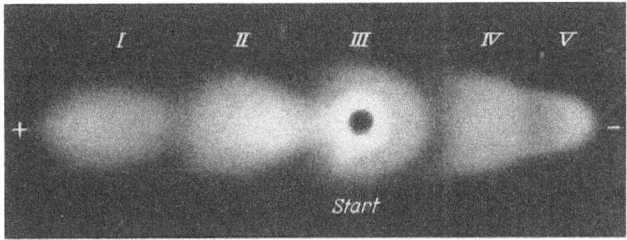

Abb. 6. Auftrennung der fünf LDH-Isozyme aus menschlichem Gehirn in der Agarelektrophorese. LDH-spezifische Färbung

Auch die immunologischen Verwandtschaftsverhältnisse von Isozymen sind in einigen Fällen untersucht worden, weitaus am gründlichsten an den Isozymen der LDH, auf die ich mich hier beschränken möchte. Aus biochemischen und chemischen Untersuchungen weiß man schon lange, daß sich die LDHs aus Herz- und Skeletmuskel in vielen höheren Organismen deutlich voneinander unterscheiden[81]. Dies hat WIELAND und PFLEIDERER 1959 zur Prägung der Begriffe „Herztyp" und „Skeletmuskeltyp" geführt[81]. Man weiß heute, daß in fast allen Organen höherer Organismen fünf LDH-Isozyme vorkommen (Abb. 6). Eine Organspezifität der Isozyme konnte bisher nicht festgestellt werden; organspezifisch ist aber das Muster ihrer Verteilung[55]. APPELLA und MARKERT konnten 1961 zeigen, daß die LDH in vier Untereinheiten aufgespalten werden kann, von denen es zwei Typen gibt. Bezeichnet man diese mit „A" und „B", so ist nach den Autoren Isozym I aus vier Untereinheiten „B", Isozym V aus vier Untereinheiten „A" zusammengesetzt, die Isozyme II, III und IV stellen die entsprechenden Hybriden dar[1] (vgl. Abb. 7). Dieses Schema, dem neueste

Aminosäureanalysen der fünf menschlichen Isozyme, die im Frankfurter Institut präpariert wurden, genau entsprechen[80],

	Species 1		Species 2	
I	B_1 B_1 B_1 B_1		B_2 B_2 B_2 B_2	I
II	B_1 B_1 B_1 A_1		B_2 B_2 B_2 A_2	II
Isozym III	B_1 B_1 A_1 A_1		B_2 B_2 A_2 A_2	III
IV	B_1 A_1 A_1 A_1		B_2 A_2 A_2 A_2	IV
V	A_1 A_1 A_1 A_1		A_2 A_2 A_2 A_2	V

Abb. 7. Schematische Darstellung des Aufbaues der LDH-Isozyme zweier höherer Organismen aus zwei Typen von Untereinheiten nach dem Vorschlag von MARKERT. Angedeutet sind einige typische Kreuzreaktionen, wie sie jeweils zwischen den Isozymen einer Species und schließlich zwischen den Isozymen der beiden Species erwartet werden müssen und auch weitgehend experimentell bestätigt wurden

müßte sich mit Hilfe von immunchemischen Methoden überprüfen lassen. Die Untereinheiten „B" und „A" sollten unterschiedliche antigene Struktur besitzen und demgemäß auch die Isozyme I und V. Diese sollten weiterhin mit den Hybriden jeweils partiell immunologisch identisch sein (vgl. Abb. 7 links). Entsprechende Experimente sind von mehreren Gruppen durchgeführt worden und weitgehend den Erwartungen gemäß verlaufen. MARKERT u. Mitarb. haben die Isozyme des Rindes untersucht[39], KAPLAN u. Mitarb. die von Rind und Huhn[10, 34], NISSELBAUM und BODANSKY die menschlichen Isozyme[50]. Unsere Untersuchungen, von denen ich Ihnen jetzt kurz berichten möchte, sind an Isozymen von Schwein, Rind und Mensch durchgeführt worden.

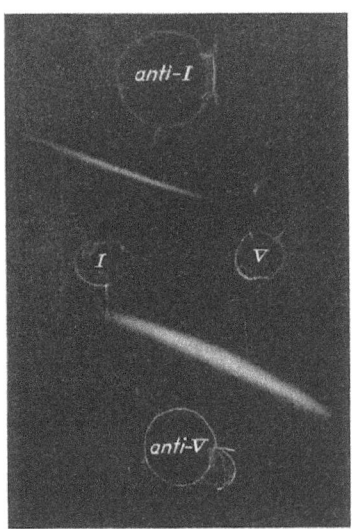

Abb. 8. Reaktionen reiner Isozyme I und V vom Schwein mit spezifischen Antiseren in der doppelten Diffusion. Aus der Abb. ergibt sich die immunologische Nichtidentität der beiden Isozyme

Wir haben hauptsächlich Agarpräcipitationstechniken benutzt, deren Empfindlichkeit durch die Verwendung einer LDH-spezifischen Färbung[7] erheblich gesteigert werden konnte. Folgende Befunde konnten erhoben werden:

1. Die Isozyme I und V vom Schwein besitzen unterschiedliche antigene Struktur. Abb. 8 zeigt den Nachweis in der doppelten Diffusion unter Verwendung zweier spezifischer Antiseren.

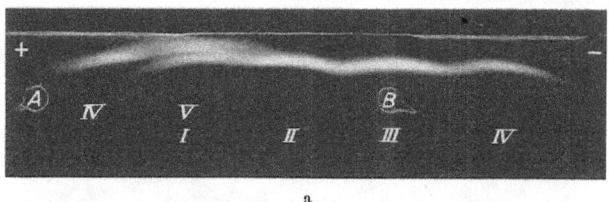

a

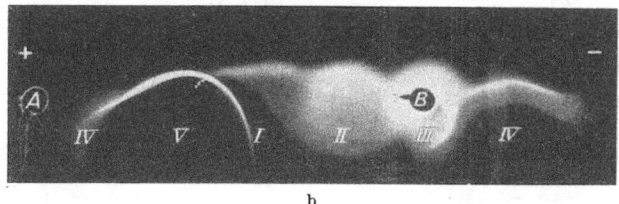

b

Abb. 9a u. b. Vergleich der antigenen Strukturen der Isozyme I und V des Menschen. Es wurde eine Variante der IEA verwendet. In A wurde ein Gemisch der Isozyme IV und V aufgetragen, in B eines der Isozyme I—IV. Die Lage der Isozymbanden nach der Elektrophorese ist in der Abb. vermerkt. 9a) Diffusion gegen ein kreuzreagierendes Antiserum (anti-Rinderherz-LDH). Die zu Isozym I bzw. V gehörigen Präcipitationslinien sind deutlich voneinander getrennt. Sie gehen beide in die Isozym II korrespondierende Präcipitationslinie über. 9b) Diffusion gegen ein Gemisch von zwei kreuzreagierenden Antiseren, deren eines bevorzugt mit Isozym V reagierte; das zweite Antiserum ist das in 9a verwendete. Die Isozyme I und V zeigen eine klare Nichtidentitätsreaktion. Das im Bild punktiert eingezeichnete Ende der zu Isozym I gehörigen Präcipitationslinie war im Original deutlich sichtbar. (Im Bereich der Isozyme II und III herrscht starker Antigen- und Antikörperüberschuß.)
(Entnommen aus[62])

Das gleiche gilt für die Isozyme I und V vom Menschen. Da wir hier nur über Isozym*gemische* verfügten, war zum direkten Nachweis eine Variierung der IEA notwendig[62] (Abb. 9a u. b).

2. Die Isozyme I und V sind mit den Hybriden eng verwandt. Die Abb. 2 zeigt kontinuierliche Präcipitationslinien für die Isozyme I—IV vom Menschen. Antiseren gegen Gemische aus den Isozymen I, II und III vom Schwein und auch gegen solche vom Rind enthielten häufig auch Antikörper gegen Isozym V (Abb. 10). Die theoretisch zu erwartende partielle Identität der Isozyme I bzw. V mit den Hybriden konnte mit bestimmten Antiseren für die

Kombination I/II von Rind, Schwein und Mensch sowie für die Kombinationen V/II und V/III vom Schwein nachgewiesen werden. Abb. 11 zeigt ein Beispiel.

Spezifische Antikörper gegen hybride Isozyme konnten wir nicht sicher nachweisen, obwohl wir sie in einigen Antiseren gegen

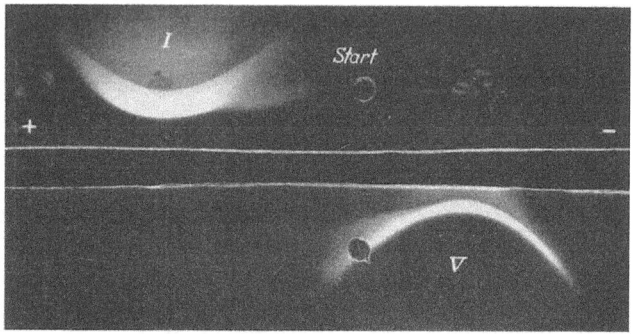

Abb. 10. Reaktion eines Antiserums gegen ein Gemisch der Isozyme I, II und III vom Schwein mit den Isozymen I und V vom Schwein in der IEA. (Entnommen aus [62])

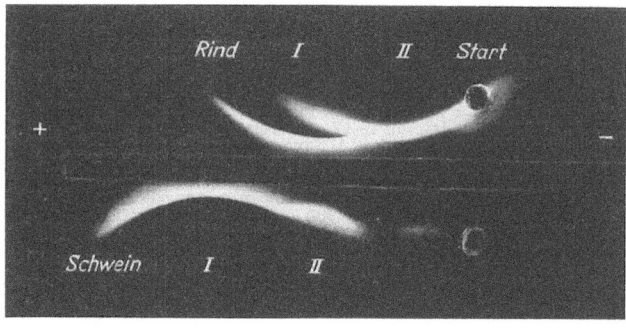

Abb. 11. Reaktion partieller Identität der Isozyme I und II vom Rind in der IEA (oben). Im unteren Teil des Bildes Kreuzreaktion des Antiserums gegen Rinder-LDH mit den Isozymen I und II vom Schwein. (Entnommen aus [62])

menschliche LDH vermuten. Prinzipiell könnten durch die Kombination der Untereinheiten durchaus neue, spezifische antigene Bezirke gebildet werden. Vielleicht wird es mit Hilfe immunologischer Methoden gelingen, Aufschlüsse über die Anordnung der LDH-Untereinheiten im Molekül zu erhalten.

Sehr genau haben wir die Spezifität der Kreuzreaktionen zwischen den drei Species Schwein, Rind und Mensch untersucht.

Über Kreuzreaktionen dieser Art lagen in der Literatur einander widersprechende Angaben vor [28, 39, 57]. Wir haben gefunden, daß alle unsere Antiseren mit heterologen Isozymen kreuzreagierten.

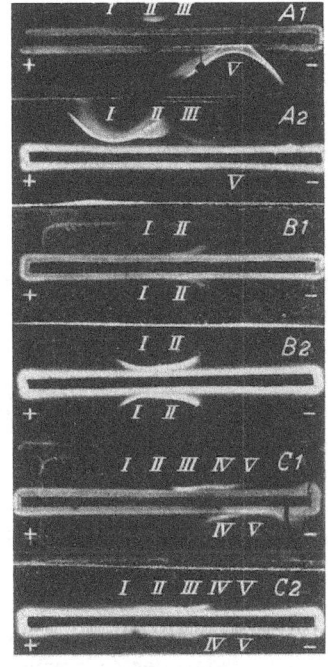 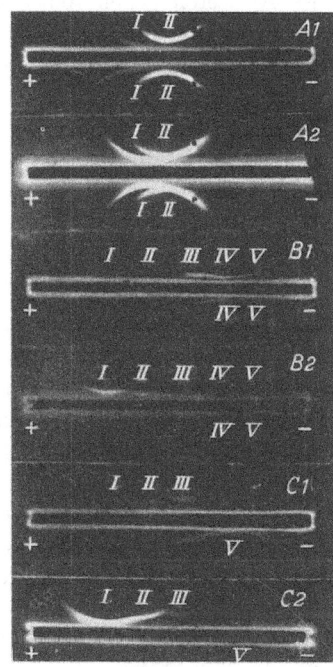

a b

Abb. 12 a u. b. Untersuchung der Kreuzreaktionen von Antiseren, die alle 5 Isozyme präcipitierten, nach Absorption mit Isozym I bzw. V in der IEA. a) Absorption eines Antiserums gegen die Isozyme des Schweines mit reinen Isozymen I bzw. V vom Schwein. *A 1.* Absorption mit Isozym I. Positive Reaktion mit den Isozymen II, III (im Original deutlich) und V vom Schwein. Keine Reaktion mit Isozym I. *A 2.* Absorption mit Isozym V. Positive Reaktion mit den Isozymen I, II und III vom Schwein. Keine Reaktion mit Isozym V. *B 1.* Absorption mit Isozym I. Schwach positive Reaktion mit Isozym II vom Rind. Keine Reaktion mit Isozym I. *B 2.* Absorption mit Isozym V. Positive Reaktion mit den Isozymen I und II vom Rind. *C 1.* Absorption mit Isozym I. Positive Reaktion mit den Isozymen III, IV und V des Menschen. Keine Reaktion mit den Isozymen I und II. *C 2.* Absorption mit Isozym V. Positive Reaktion mit den Isozymen I, II und III des Menschen. Keine Reaktion mit den Isozymen IV und V.

b) Absorption eines Antiserums gegen die Isozyme des Rindes mit reinen (heterologen) Isozymen I bzw. V vom Schwein. Das Antiserum enthielt relativ wenig Antikörper gegen Isozym V. *A 1.* Absorption mit Isozym I. Positive Reaktion mit Isozym II vom Rind. Schwach positive Reaktion mit Isozym I. *A 2.* Absorption mit Isozym V. Deutlich positive Reaktion mit den Isozymen I und II vom Rind. *B 1.* Absorption mit Isozym I. Positive Reaktion mit den Isozymen III, IV und V vom Menschen (im Original deutlich). Keine Reaktion mit den Isozymen I und II. *B 2.* Absorption mit Isozym V. Positive Reaktion mit den Isozymen I, II und III vom Menschen. Keine Reaktion mit den Isozymen IV und V. *C 1.* Absorption mit Isozym I. Positive Reaktion mit den Isozymen II, III und V des Schweines. Keine Reaktion mit Isozym I. *C 2.* Absorption mit Isozym V. Positive Reaktion mit den Isozymen I, II und III des Schweines. Keine Reaktion mit Isozym V.

Es war auffallend, daß die Antiseren, welche Antikörper gegen die homologen Isozyme I und V enthielten, meist mit allen heterologen Isozymen, über die wir verfügten, reagierten, während beispielsweise Antiseren gegen reines Isozym V vom Schwein nicht die heterologen Isozyme I und II, wohl aber die Isozyme IV und V vom Menschen präcipitierten. Kurz gesagt: Es schien, als verliefen auch die Kreuzreaktionen im Sinne des Markert'schen Schemas, wie in der Abb. 7 angedeutet wird. Daß übrigens ein solches Verhalten für eine etwaige klinische Anwendung der LDH-Immunologie vorteilhaft wäre, liegt auf der Hand; es könnten einfacher zu erhaltende Antiseren gegen kreuzreagierende tierische Isozyme verwendet werden.

Um die Vermutung zu sichern, wurden Antiseren, die Antikörper gegen alle fünf Isozyme enthielten, mit reinen Isozymen I und V absorbiert, und die verbleibenden Kreuzreaktionen wurden analysiert. Das Ergebnis zeigen die Abb. 12a und b. Es entspricht voll der Erwartung. Der Verlauf der Kreuzreaktionen zwischen den Isozymen verschiedener Species läßt sich durch die Annahme erklären, daß die einzelnen Untereinheiten „B" bzw. „A" ähnliche antigene Determinanten besitzen.

Die Erforschung der Zusammensetzung und Struktur der LDH-Isozyme führt schließlich zu Fragen der Genetik und der Zellregulation. Die Synthese der fünf LDH-Isozyme, die offensichtlich in der Phylogenese bereits früh aufgetreten sind, sollte von zwei Orten der Erbsubstanz ausgehen. Je nach Bedarf der Zelle würden die Untereinheiten „A" und „B" in verschiedenen Relationen produziert. Dr. HENNING wird Ihnen gleich von Untersuchungen berichten, die sich unmittelbar mit genetischen Problemen befassen.

Literatur

[1] APPELLA, E., and C. L. MARKERT: Biochem. biophys. Res. Commun. **6**, 171 (1961).
[2] ARNON, R., and G. E. PERLMANN: Ann. N. Y. Acad. Sci. **103**, 744 (1963).
[3] AVRAMEAS, S., and K. RAJEWSKY: Nature (Lond.) **201**, 405 (1964).
[4] AVRAMEAS, S., and J. URIEL: Abstr. 1st Meeting Fed. Europ. Biochem. Soc. A **19** (1964).
[5] BOYER, S. H.: Ann. N. Y. Acad. Sci. **103**, 938 (1963).
[6] BRANSTER, M., and B. CINADER: J. Immunol. **87**, 18 (1961).
[7] BROUN, G., and S. AVRAMEAS: Nature (Lond.) **197**, 1208 (1963).
[7a] BROWN, R. K., B. C. TACEY, and C. B. ANFINSEN: Biochim. biophys. Acta (Amst.) **39**, 528 (1960).

[8] BUEDING, E., and J. MAC KINNON: J. biol. Chem. **215**, 507 (1955).
[9] BUSSARD, A. E.: Ann. N. Y. Acad. Sci. **103**, 890 (1963).
[10] CAHN, R. D., N. O. KAPLAN, L. LEVINE, and E. ZWILLING: Science **136**, 962 (1962).
[11] CAMPBELL, D. H., and L. FOURT: J. biol. Chem. **129**, 385 (1939).
[12] CARTER, B. G., B. CINADER, and C. A. ROSS: Ann. N. Y. Acad. Sci. **94**, 1004 (1961).
[13] CINADER, B.: Biochem. Soc. Symp. Cambridge **10**, 16 (1953).
[14] CINADER, B.: Ann. N. Y. Acad. Sci. **103**, 495 (1963).
[15] CINADER, B., and K. J. LAFFERTY: Ann. N. Y. Acad. Sci. **103**, 653 (1963).
[15a] CITRI N., and G. STREJAN, Nature (Lond.) **190**, 1010 (1961).
[16] COHN, M., and A. M. TORRIANI: J. Immunol. **69**, 471 (1952).
[17] COHN, M., and A. M. TORRIANI: Biochim. biophys. Acta (Amst.) **10**, 280 (1953).
[18] COHN, M., et A. M. TORRIANI: C. R. Acad. Sci. (Paris) **232**, 115 (1951).
[19] CROISILLE, Y.: C. R. Acad. Sci. (Paris) **258**, 2214 (1964).
[20] CROISILLE, Y.: mündl. Mitteilung 1963.
[21] DEUTSCH, H. F., and A. SEABRA: J. biol. Chem. **214**, 455 (1955).
[22] FAZEKAS DE, GROTH, S.: Ann. N. Y. Acad. Sci. **103**, 674 (1963).
[23] MC. GEACHIN, R. L.: Ann. N. Y. Acad. Sci. **103**, 1009 (1963).
[24] MC. GEACHIN, R. L., and J. M. REYNOLDS: J. biol. Chem. **234**, 1456 (1959).
[25] MC. GEACHIN, R. L., and J. M. REYNOLDS: Biochim. biophys. Acta (Amst.) **39**, 531 (1960).
[26] MC. GEACHIN, R. L., J. M. REYNOLDS and J. I. HUDDLESTON: Arch. Biochem. **93**, 387 (1961).
[27] GRABAR, P., and S. WILLIAMS: Biochim. biophys. Acta (Amst.) **17**, 67 (1955).
[28] GREGORY, K. F., and F. WROBLEWSKI: J. Immunol. **81**, 359 (1958).
[29] HEIDELBERGER, M., and F. E. KENDALL: J. exptl. Med. **62**, 697 (1935).
[30] HENION, W. H., and E. W. SUTHERLAND: J. biol. Chem. **224**, 477 (1957).
[31] JACOB, F., and J. MONOD: J. molec. Biol. **3**, 318 (1961).
[32] JACOB, F., and J. MONOD: Cold Spr. Harb. Symp. quant. Biol. **26**, 193 (1961).
[33] KABAT, E., and M. MEYER: Experimental Immunochemistry, 2nd edition (1961).
[34] KAPLAN, N. O., and S. WHITE: Ann. N. Y. Acad. Sci. **103**, 835 (1963).
[35] KENNEY, F. T.: Ann. N. Y. Acad. Sci. **103**, 1083 (1963).
[36] KUBOWITZ, F., u. P. OTT: Biochem. Z. **314**, 94 (1943).
[37] LIPSETT, M. N., R. B. REISBERG, and O. BODANSKY: Arch. Biochem. **84**, 171 (1959).
[38] MANSOUR, T. E., E. BUEDING, and A. M. STAVITSKY: Brit. J. Pharmacol. **9**, 182 (1954).
[39] MARKERT, C. L., and E. APPELLA: Ann. N. Y. Acad. Sci. **103**, 915 (1963).
[40] MARKS, P. A., and E. A. TSUTSUI: Ann. N. Y. Acad. Sci. **103**, 902 (1963).
[41] MARSHALL, M., and P. P. COHEN: J. biol. Chem. **236**, 718 (1961).
[42] MARUCCI, A. A., and M. M. MAYER: Arch. Biochem. **54**, 330 (1955).
[43] MAYER, M., and M. HEIDELBERGER: J. biol. Chem. **143**, 567 (1942).

[44] MILLAR, D. B. S.: J. biol. Chem. **237**, 2135 (1962).
[45] MONOD, J., and F. JACOB: Cold Spr. Harb. Symp. quant Biol. **26**, 389 (1961).
[46] MONOD, J., J. P. CHANGEUX, and F. JACOB: J. molec. Biol. **6**, 306 (1963).
[47] MOOG, F., and P. U. ANGELETTI: Biochim. biophys. Acta (Amst.) **60**, 440 (1962).
[47a] NAJJAR, V. A., and J. FISHER: Biochim. biophys. Acta (Amst.) **20**, 158 (1956).
[48] NISSELBAUM, J. S., and O. BODANSKY: J. biol. Chem. **234**, 3276 (1959).
[49] NISSELBAUM, J. S., and O. BODANSKY: J. biol. Chem. **236**, 401 (1961).
[50] NISSELBAUM, J. S., and O. BODANSKY: Ann. N. Y. Acad. Sci. **103**, 930 (1963).
[51] OUCHTERLONY, O.: Acta path. microbiol. scand. **25**, 186 (1948).
[52] PERRIN, D., A. BUSSARD et J. MONOD: C. R. Acad. Sci. (Paris) **249**, 778 (1959).
[53] PERRIN, D., F. JACOB et J. MONOD: C. R. Acad. Sci. (Paris) **251**, 155 (1960).
[54] PERRIN, D.: Ann. N. Y. Acad. Sci. **103**, 1058 (1963).
[55] PFLEIDERER, G., u. E. D. WACHSMUTH: Biochem. Z. **334**, 185 (1961).
[56] PLAGEMANN, P. G. W., K. F. GREGORY, and F. WROBLEWSKI: J. biol. Chem. **235**, 2282 (1960).
[57] PLAGEMANN, P. G. W., K. F. GREGORY, and F. WROBLEWSKI: J. biol. Chem. **235**, 2288 (1960).
[58] POLLOCK, M. R.: Ann. N. Y. Acad. Sci. **103**, 989 (1963).
[59] POLLOCK, M. R.: J. gen. Microbiol. **14**, 90 (1956).
[60] PORTER, R. R.: Biochem. J. **73**, 119 (1959).
[61] RAJEWSKY, K.: in Vorbereitung.
[62] RAJEWSKY, K., S. AVRAMEAS, P. GRABAR, G. PFLEIDERER, and E. D. WACHSMUTH: Biochim. biophys. Acta (Amst.) **92**, 248 (1064).
[63] RANGEL, H. A.: Proc. 11th Coll. Protides of the biological fluids. Bruges H. Peeters editors 1963.
[64] SAMUELS, A. J.: Biophys. J. **1**, 437 (1961).
[65] SAMUELS, A. J.: Ann. N. Y. Acad. Sci. **103**, 858 (1963).
[66] SAHA, A., O. H. CAMPBELL, and W. A. SCHROEDER: Biochim. Biophys. Acta (Amst.) **85**, 38 (1964).
[67] SCHLAMOWITZ, M.: J. biol. Chem. **206**, 369 (1954).
[68] SCHLAMOWITZ, M., and O. BODANSKY: J. biol. Chem. **234**, 1433 (1959).
[69] SCHWERT, G. W., and A. D. WINER: in: "The Enzymes", Vol. VII, Chapt. 6 (1963).
[70] SEASTONE, C. V., and R. M. HERRIOTT: J. gen. Physiol. **13**, 789 (1930).
[71] SEASTONE, C. V., and R. M. HERRIOTT: J. gen. Physiol. **20**, 797 (1936/37).
[72] SEVAG, H. G., M. D. NEWCOMB, and R. E. MILLER: J. Immunol. **72**, 1 (1954).
[73] SUMNER, J. B., u. J. S. KIRK: Z. physiol. Chem. **205**, 219 (1932).
[73a] TRIA, E.: J. biol. Chem. **129**, 377 (1939).
[74] ULTMANN, J. E., and PH. FEIGELSON: Ann. N. Y. Acad. Sci. **103**, 724 (1963).
[75] URIEL, J.: Ann. N. Y. Acad. Sci. **103**, 956 (1963).
[76] URIEL, J., et S. AVRAMEAS: C. R. Acad. Sci. (Paris) **257**, 1731 (1963).

[77] URIEL, J., et S. AVRAMEAS: Ann. Inst. Pasteur, **106,** 396 (1964).
[78] URIEL, J., and S. AVRAMEAS: Abstr. 1st Meeting Fed. Europ. Biochem. Soc. A 18 (1964).
[79] VUNAKIS, H. VAN, and L. LEVINE: Ann. N. Y. Acad. Sci. **103,** 735 (1963).
[80] WACHSMUTH, E. D., G. PFLEIDERER u. TH. WIELAND: Biochem. Z. **340,** 80 (1964).
[81] WIELAND, TH., G. PFLEIDERER, J. HAUPT u. W. WÖRNER: Biochem. Z. **332,** 1 (1959).
[82] YUNIS, A. A., and E. G. KREBS: J. biol. Chem. **237,** 34 (1962).
[83] ZAMECNIK, P. C., and F. LIPMANN: J. exp. Med. **85,** 395 (1947).

Der Autor dankt den Professoren P. GRABAR und G. PFLEIDERER sehr für ihre Unterstützung beim Zustandekommen des Manuskripts.

Gegenwärtige Anschrift:
Institut für Genetik der Universität Köln

Diskussion

MORGAN: I thank Dr. RAJEWSKY for his lucid communication. I do feel rather moved to say a few words of special congratulation about the way his experimental work has been planed and carried out; it is clear that there is an enormous amount of original thought behind this approach and it is evident that the results are of quite outstanding quality. Thank you very much.

WESTPHAL: Ich möchte vorschlagen, if the chairman agrees, daß Herr HENNING jetzt spricht, dann Herr WACHSMUTH, dann Herr GUNDLACH, dann Prof. LANG und Herr MATZELT. Diskussion nach diesen Beiträgen.

Mutationsbedingte Synthese enzymatisch inaktiver Komponenten des Pyruvat-Dehydrogenase-Komplexes von Escherichia coli K 12

Von U. HENNING*, C. HERZ und K. SZOLYVAY*

Max-Planck-Institut für Zellchemie, München

Mit 5 Abbildungen

Sie haben von Dr. RAJEWSKY gehört, wie bei Studien mit Antienzymen die Hypothese entwickelt wurde, daß die multiplen Formen der Lactat-Dehydrogenasen eine genetische Basis haben, eine Hypothese, die ja kürzlich auch durch genetische Versuche[9] mit einer Maus, deren Lactat-Dehydrogenasen elektrophoretisch von denen normaler Mäuse unterscheidbar waren und die sich für dies Merkmal als homozygot erwies, eine sehr starke Stütze erhielt.

Auf die Verwendung von Antienzymen kann in der biochemischen Genetik seit der Entdeckung der Synthese inaktiver Enzyme als Folge von Mutationen[10] nicht verzichtet werden und ich möchte ihnen in Kürze anhand einiger Versuchsdaten eine begrenzte Auswahl von Beispielen vorstellen, die zeigen, welche Art von Fragen mit welcher Technik angegangen werden können und müssen.

Wir haben uns von einer bestimmten Frage der Enzym-Biosynthese her mit dem Einfluß von Mutationen auf den Pyruvat-Dehydrogenase-Komplex von *E. coli* (K 12) beschäftigt. Es handelt sich um einen Multienzym-Komplex vom Molekular-Gewicht $4,8 \cdot 10^{6}$ [6], der die oxydative Decarboxylierung des Pyruvates katalysiert. Er besteht aus 3 verschiedenen Enzym-Komponenten, der Carboxylase, der Liponsäure-Reduktase-Transacetylase und der Dihydroliponsäure-Dehydrogenase, die im Komplex in verschiedenen molaren Anteilen vorhanden sind[5] (Abb. 1). Tab. 1 zeigt einige der Typen von Mutanten, bei denen die Mutation zum

---

* Gegenwärtige Anschrift: Institut für Genetik der Universität Köln.

Verlust der enzymatischen Aktivität des Enzymkomplexes geführt hat. Genetische Studien führten zur Identifizierung der nahe benachbarten Strukturgene für die Carboxylase und Liponsäure-Reduktase-Transacetylase[3]. Das Struktur-Gen für die Dihydroliponsäure-Dehydrogenase ließ sich bisher nicht lokalisieren, eine

1 Mol Pyruvat-Dehydrogenase-Komplex (MW = $4,8 \cdot 10^6$) besteht aus etwa
16 Molen Carboxylase (MW = $1,83 \cdot 10^5$)
1 Mol Liponsäure-Reduktase-Transacetylase (MW = $1,6 \cdot 10^6$)
8 Molen Dihydroliponsäure-Dehydrogenase (MW = $1,12 \cdot 10^5$)

Katalyse von
Pyruvat + DPN$^+$ + CoASH → Acetyl-CoA + CO_2 + DPNH + H$^+$
mit den Teilreaktionen

1. Carboxylase
   Pyruvat + TPP → Hydroxyäthyl-TPP + CO_2
2. Liponsäure-Reduktase-Transacetylase
   a) Hydroxyäthyl-TPP + E-Lip(S)$_2$ → S-Acetyl-Lip(SH)—E + TPP
   b) S-Acetyl-Lip(SH)—E + CoASH → Acetyl-CoA + E-Lip(SH)$_2$
3. Dihydroliponsäure-Dehydrogenase
   E-Lip(SH)$_2$ + DPN$^+$ $\xrightarrow{(FAD)}$ E-Lip(S)$_2$ + DPNH + H$^+$

Abb. 1. Zusammensetzung und katalytische Aktivitäten des Pyruvat-Dehydrogenase-Komplexes. (Molekular-Gewichte und molare Anteile der Komponenten am Komplex nach REED u. Mitarb.[5,6])*

* Abkürzungen: CoASH, Coenzym A; TPP, Thiaminpyrophosphat; E-lip(S)$_2$, Enzym-Liponsäure; E-lip(SH)$_2$, Enzym-Dihydroliponsäure; S-Acetyl-lip(SH)-E, S-Acetyl-Derivat der Enzym-Dihydro-Liponsäure; FAD, Flavin-Adenin-Dinucleotid. Die Reaktionen 2a und b sind bisher nicht streng bewiesen.

Tabelle 1. *Typen von Mutanten mit defektem Pyruvat-Dehydrogenase-Komplex*

Stamm	Genetischer Defekt	Produkt (enzymatisch gemessen)	spez. Akt.
Wildtyp	CBX ⊢ LRT	CBX—LRT—DHLipDH	20
Ac 2		LRT—DHLipDH	20
Ac 7		LRT—DHLipDH	2
Ac 16		CBX	20
Ac 10		CBX	90
Ac 8		keines	—

Die benachbarten Struktur-Gene für die Carboxylase (CBX) und die Liponsäure-Reduktase-Transacetylase (LRT) sind durch die waagerechte Linie, die Mutationsorte der Stämme Ac 2—Ac 8 durch die fetten senkrechten Striche symbolisiert. CBX—LRT—DHLipDH steht für den kompletten Pyruvat-Dehydrogenase-Komplex (DHLipDH: Dihydroliponsäure-Dehydrogenase). Spezifische Aktivität ist definiert als μM Acetyl-CoA gebildet pro Stunde und mg Protein bei 30°.

Reihe indirekter Hinweise lassen jedoch wenig Zweifel daran, daß auch das letztere Gen den beiden bekannten Struktur-Genen benachbart ist. Der Pyruvat-Dehydrogenase-Komplex läßt sich in seine 3 Komponenten zerlegen und aus ihnen in vitro wieder zusammensetzen[5]. Die enzymatische Aktivität der getrennten Komponenten kann daher als Pyruvat-Dehydrogenase-Aktivität gemessen werden, wenn die dem zu messenden Enzym (z. B. Carboxylase) komplementäre Protein-Komponente (z. B. der von Carboxylase befreite Teilkomplex Liponsäure-Reduktase-Transacetylase-Dihydroliponsäure-Dehydrogenase) des Komplexes im Überschuß zugesetzt wird, mit anderen Worten, die Komponenten des Komplexes lassen sich gegeneinander titrieren. Mutation im Carboxylase- oder Liponsäure-Reduktase-Transacetylase-Struktur-Gen kann verschiedene Folgen haben. In den meisten Fällen verliert nur eine Komponente des Komplexes ihre enzymatische Aktivität und die Zelle produziert die Reste des Komplexes, deren spezifische Aktivitäten in der erwähnten Weise der Titration gemessen wurden. Mutation im Carboxylase-Gen resultiert in der Synthese des Teilkomplexes Liponsäure:Reduktase-Transacetylase—Dihydroliponsäure-Dehydrogenase; seine spezifische Aktivität in zellfreien Extrakten war bei einer Klasse dieser Mutanten ähnlich der des kompletten Wildtyp-Enzymes, bei einer anderen Klasse war sie auf etwa $1/10$ der Wildtyp-Werte abgesunken. Mutation im Liponsäure-Reduktase-Transacetylase-Gen kann zur Synthese von freier, d. h. nicht zu einem größeren Komplex assoziierter Carboxylase führen, ihre spezifische Aktivität war bei einer Klasse dieser Stämme wieder ähnlich der des Wildtyp-Enzymes, bei einer anderen Klasse war sie auf das 3—5fache angestiegen. In Extrakten eines dritten Typs von Mutanten schließlich war enzymatisch keine der 3 Komponenten des Komplexes mehr auffindbar.

Die Fragen, die zu lösen und rationell nur mit Hilfe immunologischer Technik anzugehen sind, wenn ein solches System enzymatisch und genetisch hinreichend entwickelt ist, sind unschwer zu erkennen:

1. Ist Anstieg oder Abfall einer spezifischen Aktivität identisch mit Mehr- oder Minderproduktion des entsprechenden Proteins?

2. In welchen Fällen bedeutet enzymatisches Fehlen einer Komponente Synthese eines inaktiven Proteins?

3. Wenn ein solches enzymatisch inaktives Protein gebildet wird, wieviel wird davon produziert?

4. Wie ist das Fehlen der enzymatischen Aktivität aller Komponenten des Komplexes als Folge einer Punktmutation zu interpretieren?

Die immunologischen Methoden, die meist zur Beantwortung derartiger Fragen verwendet werden, richten sich nach den Eigenschaften des Enzym-spezifischen Antiserums. Präcipitierendes Serum gestattet die Benutzung aller Varianten der Immuno-Diffusion und der Immuno-Elektrophorese. Inaktivierendes Serum — wie in den meisten Fällen (2) — erlaubt Prüfung der fraglichen Extrakte oder Proteinfraktionen, ob sie das Wildtyp-Enzym vor der Wirkung des Antiserums schützen können. Im letzteren Fall wird nicht selten die Empfindlichkeit des Testes auf enzymatisch inaktives, immunologisch kreuzreagierendes Material erheblich gesteigert, wenn als Hilfssystem eine Komplement-benötigende Reaktion (z. B. Hämolysin-Reaktion) angeschlossen werden kann: Fixierung von Komplement aus dem Antiserum durch das Enzym oder das kreuzreagierende Material führt bei Zusatz des Hämolysin-Systems zur Hemmung der Hämolyse (z. B. [1, 4]).

Antiserum aus Kaninchen gegen isolierten Pyruvat-Dehydrogenase-Komplex aus *E. coli* wurde uns freundlicherweise durch das Entgegenkommen von Professor O.

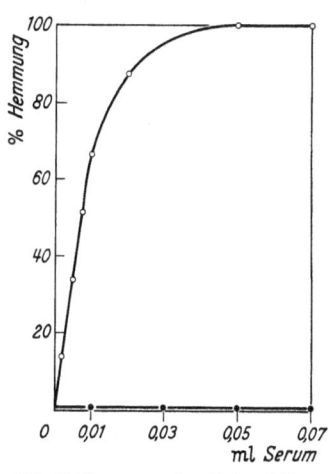

Abb. 2. Hemmung der Pyruvat-Dehydrogenase-Aktivität durch Antiserum. Isolierte Pyruvat-Dehydrogenase aus E. coli K 12 (8 µg der spez. Akt. 1200) wurde mit Antiserum (○——○) oder Serum aus nicht behandelten Kaninchen (●——●) in 0,1 M K-Phosphat-Puffer, pH 7,0, im Vol. = 0,5 ml 10 min im Eisbad inkubiert. Die verbleibende enzymatische Aktivität (Gesamtreaktion der Abb. 1) wurde danach gemessen. Die Einheit des Antiserums ist definiert als die Menge des Serums, das 1 Enzym-Einheit neutralisiert. Es ist von Interesse und zu beachten, daß auch im linearen Bereich der Inaktivierungskurve (Überschuß an Enzym) noch reaktionsfähige Antikörper vorliegen, was auch in anderen Enzym-Antienzym-Systemen beobachtet wurde (z. B.[7]).

WESTPHAL in seinem Institut hergestellt. Das Serum hemmt die Aktivität des Enzym-Komplexes vollständig (Abb. 2). Es reagiert nicht nur inaktivierend und präcipitierend (Abb. 3) mit dem Enzym-Komplex, sondern auch mit seinen Komponenten. Mit abnehmender Wirksamkeit schützen Carboxylase, der Teilkomplex Liponsäure-

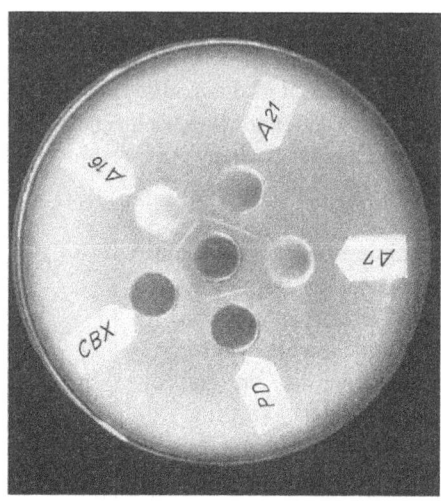

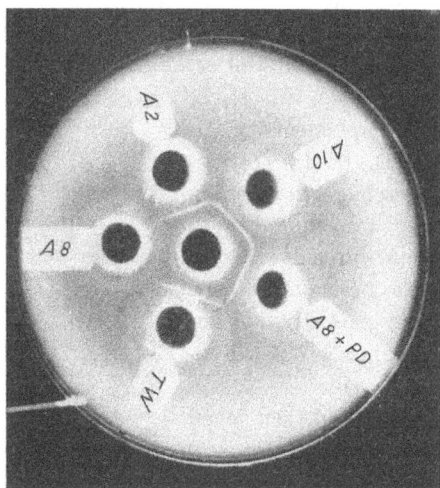

Abb. 3. Immuno-Diffusion nach OUCHTERLONY. Im mittleren Loch befand sich Antiserum (30 Einheiten) in den äußeren Löchern zellfreie Extrakte (je 4 mg Protein) der Mutanten. Die Eigenschaften der Stämme Ac 2, 7, 8, 10 und 16 sind in den Tab. 1 und 2 aufgeführt, Ac21 ähnelt Ac10. *PD*: enthielt 22 Einheiten isolierter Pyruvat-Dehydrogenase (20 μg) *WT*: enthielt 1 mg eines Wildtyp-Extraktes (20 Pyruvat-Dehydrogenase-Einheiten); *CBX*: enthielt 44 Einheiten angereicherter Carboxylase-Komponente aus der Mutanten Ac10 (spez. Akt.: 350). Die Aufnahmen wurden nach Aufbewahren der Platten über 72 Std bei 4° angefertigt

Reduktase-Transacetylase—Dihydroliponsäure-Dehydrogenase und die Dihydroliponsäure-Dehydrogenase den Enzym-Komplex vor der Inaktivierung durch das Serum, jedoch geht von den Komponenten nur die Carboxylase mit dem Serum eine Präcipitations-Reaktion ein (vgl. Abb. 3). Bemerkenswert ist, daß Carboxylase und Pyruvat-Dehydrogenase bei der Immuno-Diffusion Präcipitations-Linien

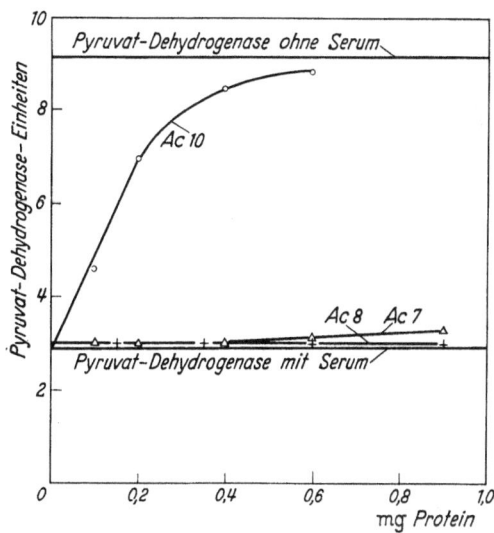

Abb. 4. Reaktion von Mutanten-Extrakten mit Antiserum. Eine konstante Menge Antiserum (6,2 Einheiten) wurde mit steigenden Mengen von Extrakten der Mutanten Ac10, Ac7 und Ac8 (deren Eigenschaften s. Tab. 1 und 2) versetzt und 15 min in 0,1 m K-Phosphat-Puffer, pH 7,0, im Vol. = 0,5 ml im Eisbad inkubiert. Danach wurden 9,1 Einheiten isolierter Pyruvat-Dehydrogenase (8,3 µg) zugegeben und weiter 10 min im Eisbad inkubiert, wonach die Messung der Pyruvat-Dehydrogenase-Aktivität erfolgte. Mit dem Serum reagiert bei Ac10 die freie Carboxylase-Komponente, bei Ac7 der Teilkomplex Liponsäure-Reduktase-Transacetylase — Dihydroliponsäure-Dehydrogenase, in Ac8 ist keine der 3 Komponenten des Komplexes enzymatisch nachweisbar

kompletter Fusion geben, was sehr dafür spricht, daß ausschließlich die Carboxylase-Komponente des Enzym-Komplexes die die Präcipitationsreaktion determinierende Struktur darstellt.

Diese Umstände erlaubten, unmittelbar die unter 4. aufgeworfene Frage zu prüfen. Abb. 4 zeigt, daß zellfreie Extrakte des Stammes Ac8 im Gegensatz zu anderen Stämmen die Pyruvat-Dehydrogenase des Wildtyps nicht vor der Inaktivierung durch das Serum schützen können: Ac8 produziert keine meßbaren ($<1/100$ des Wildtyp-Enzyms) Mengen kreuzreagierenden Proteins einer Komponente des Komplexes. Interpretation der übrigen Daten der Fig. 4 hinsichtlich Ab- oder Anwesenheit enzymatisch inaktiver Proteine ist nicht möglich, da ja die vorhandenen Reste des Enzym-Komplexes ohnehin schon mit dem Serum reagieren. Einen Ausweg boten die großen Unterschiede in den Molekular-Gewichten zwischen Komponenten und kompletten oder Teilkomplexen: Zentrifugieren in einem Rohrzucker-Gradienten erlaubte vollständige Trennung etwa von Carboxylase und dem Teilkomplex

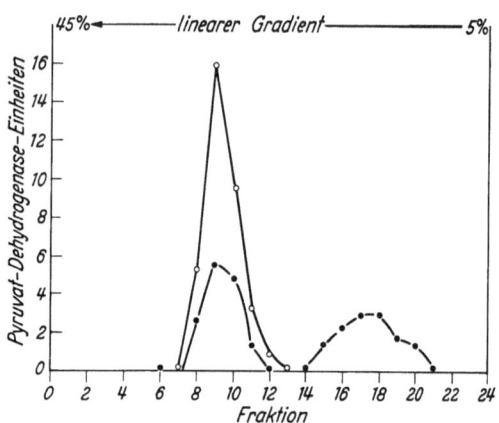

Abb. 5. Analyse von Ac2 im Rohrzucker-Gradienten. Zellfreier Extrakt (1,5 mg in 0,15 ml) von Ac2 (s. Tab. 1 und 2) in 0,05 M K-Phosphat-Puffer, pH 7,0, wurde auf einen linearen Rohrzucker-Gradienten (5—45%, im gleichen Puffer, Vol. = 4,3 ml) gesetzt und 3 Std bei 115000 · g im Rotor SW 39 der Spinco-Ultrazentrifuge Modell L zentrifugiert. Fraktionen von je 20 Tropfen wurden durch eine Kanüle durch den Boden des Zentrifugen-Bechers gesammelt. Nach Zusatz eines Überschusses (40 Einheiten) von Carboxylase zu Aliquoten der Fraktionen erschien wie mit o———o angegeben, Pyruvat-Dehydrogenase-Aktivität (infolge Anwesenheit des Teilkomplexes Liponsäure-Reduktase-Transacetylase—Dihydroliponsäure-Dehydrogenase aus Ac2). Prüfen von Aliquoten der Fraktionen mit der Test-Anordnung der Abb. 4 zeigte Antikörperbindende Aktivität (●———●), die als die Enzym-Einheiten angegeben sind, um die jede Fraktion die Pyruvat-Dehydrogenase des Wildtyps vor der Wirkung des Antiserums schützte. Die Carboxylase-Komponente des Wildtyps sedimentiert in einen Bereich des Gradienten, der den Fraktionen 16—19 entspricht

Liponsäure-Reduktase-Transacetylase—Dihydroliponsäure-Dehydrogenase. Ein Beispiel für eine solche Analyse gibt Abb. 5. Die enzymatische Analyse der Fraktionen des Gradienten ergab erwartungsgemäß, daß auf Zusatz von Carboxylase in der für den Teilkomplex Liponsäure-Reduktase-Transacetylase—Dihydroliponsäure-Dehydrogenase typischen Dichtezone Pyruvat-Dehydrogenase-Aktivität erschien, bei diesem Stamm hatte die Mutation im Carboxylase-Gen zum Verlust der Aktivität dieses Enzymes geführt. Prüfen der Fraktionen auf ihre Fähigkeit,

Wildtyp-Pyruvat-Dehydrogenase vor der Inaktivierung durch das Antiserum zu schützen, zeigte, daß neben dem Teilkomplex (der wie oben erwähnt auch mit dem Serum reagiert) noch Fraktionen kreuzreagierendes Material enthielten, deren Dichte der der Carboxylase-Komponente des Wildtyps entspricht. Daß es sich hierbei um ein enzymatisch inaktives Carboxylase-Protein handelt, dem zudem die Fähigkeit zur Komplex-Bildung verloren gegangen ist, ließ sich durch Komplementations-Teste sichern; einige andere defekte Carboxylasen können nach Mischen mit der beschriebenen inaktiven Komponente kleine Mengen aktiver Carboxylase bilden.

In analogen Versuchen wurde in mehreren Stämmen ohne Liponsäure-Reduktase-Transacetylase-Aktivität immunologisch kreuzreagierendes Material im Rohrzuckergradienten gefunden, das sehr wahrscheinlich aus dem mehrfach erwähnten Teilkomplex besteht, in dem die Liponsäure-Reduktase-Transacetylase inaktiv ist und der die Carboxylase-Komponente nicht mehr binden kann. Als Regel — bisher ohne Ausnahme unter einigen 30 verschiedenen Mutanten — fand sich, daß in allen Mutanten, die die enzymatisch aktiv gebliebenen Teile des Enzym-Komplexes in Wildtyp-ähnlichen Mengen produzieren, die enzymatisch fehlenden Komponenten immunologisch nachweisbar waren, dagegen war kein kreuzreagierendes Material in den Mutanten zu finden, die entweder erhöhte oder erniedrigte Mengen der enzymatisch aktiven Komponenten synthetisieren.

Natürlich kann mangelnde Nachweisbarkeit eines solchen Proteins nicht dahingehend interpretiert werden, daß kein Protein-Produkt des mutierten Genes mehr existiert. Zum Beispiel wurde kürzlich bei einigen Tryptophan-Auxotrophen von *Neurospora crassa*, in deren Extrakten mit einem dem hier benutzten analogen immunologischen Test keine enzymatisch inaktive Tryptophan-Synthetase nachweisbar war, mit Hilfe der Komplement-Bindungs-Reaktion doch die Anwesenheit eines Produktes des mutierten Genes gefunden[4]. Weiter ist schon länger bekannt, daß von einem infolge Mutation enzymatisch inaktiven Protein nicht selten mehr zur Neutralisation eines Antiserums benötigt wird als von dem Enzym, mit dem das Serum gewonnen wurde. Kürzlich wurde die Synthese von Bruchstücken von Polypeptidketten als Folge von Mutation beschrieben[8]. Es ist damit experimentell gezeigt, daß Aussagen über totale Abwesenheit eines Proteins als Mutationsfolge unberechtigt sind, solange nicht wenigstens andere unabhängige Daten — meist genetischer Art — mit der Synthese von Protein oder -Fragmenten unvereinbar erscheinen.

Es geht hieraus weiter hervor, daß die exakte immunologische Messung der Menge eines inaktiven Enzymproteins erst nach Isolierung des Proteins möglich ist, da erst dann der Titer des Serums gegen das Wildtyp-Enzym mit seinem Titer gegen das alterierte Enzym vergleichbar wird. Weitgehende Reinigung der inaktiven Carboxylase des Stammes Ac2 (vgl. Abb. 5) ließ einen annähernden Vergleich dieser Titer zu, mit dem Ergebnis, daß die Mengen der defekten Carboxylase im Extrakt von Ac2 der Menge des vorhandenen Teilkomplexes Liponsäure-Reduktase-Transacetylase—Dihydroliponsäure-Dehydrogenase etwa äquivalent sein

Tabelle 2. *Vergleich enzymatischer und immunologischer Daten*

Stamm	Produkte	
	enzymatisch	immunologisch
Wildtyp	CBX—LRT—DHLipDH (20)	
Ac2 ..	LRT—DHLipDH (20)	CBX defekt, äquivalent
Ac7 ..	LRT—DHLipDH (2)	keines
Ac16 .	CBX (20)	LRT defekt DHLipHD
Ac10..	CBX (90)	keines
Ac8 ..	keines	keines

Die Abkürzungen sind die gleichen wie in Tab. 1, in Klammern: die spezifischen Aktivitäten der entsprechenden Enzym-Komponenten. Zur äquivalenten Synthese der defekten Carboxylase-Komponente in Ac2 vgl. Text.

muß. Es bedarf keiner weiteren Erläuterung, daß auf analoge Weise die Mengen der jeweils vorliegenden aktiven Komponenten des Enzymkomplexes in Mutanten getestet werden konnten; in jedem Fall entsprach Zu- oder Abnahme einer spezifischen Aktivität dem gleichen Ausmaß von Zu- oder Abnahme von Antikörper bindender Aktivität. Tab. 2 stellt die enzymatischen und immunologischen Resultate gegenüber. Sie gibt so einen Teil der Antworten auf die Fragen, die Tab. 1 aufgibt. Die Unentbehrlichkeit der immunologischen Methode ist offensichtlich.

Herrn Prof. F. Lynen sind wir für sein Interesse und großzügig gewährte Zuwendungen zu Dank verpflichtet. Für weitere finanzielle Unterstützungen danken wir der Deutschen Forschungsgemeinschaft und den National Institutes of Health, Bethesda, Maryland (Grant GM 10098-01).

Literatur

[1] CAHN, R. D., N. O. KAPLAN, L. LEVINE, and E. ZWILLING: Science **136**, 962 (1962).
[2] CINADER, B.: Ann. N. Y. Acad. Sci. **103**, 495 (1963).
[3] HENNING, U., u. C. HERZ: Z. Vererbungsl., **95**, 260 (1964).
[4] KAPLAN, S., E. ENSIGN, D. M. BONNER, and S. E. MILLS: Proc. nat. Acad. Sci. (Wash.) **51**, 372 (1964).
[5] KOIKE, M., L. J. REED, and W. R. CARROLL: J. biol. Chem. **238**, 30 (1963).
[6] KOIKE, M., L. J. REED, and W. R. CARROLL: J. biol. Chem. **235**, 1924 (1960).
[7] LERNER, P., and C. YANOFSKY: J. Bact. **74**, 494 (1957).
[8] SARABHAI, A. S., A. O. W. STRETTON, S. BRENNER, and A. BOLLE: Nature (Lond.) **201**, 13 (1964).
[9] SHAW, C. R., and E. BARTO: Proc. nat. Acad. Sci. (Wash.) **50**, 211 (1963).
[10] SUSKIND, S. R., C. YANOFSKY, and D. M. BONNER: Proc. nat. Acad. Sci. (Wash.) **41**, 577 (1955).

Reindarstellung von Enzymantikörpern

Von E. D. WACHSMUTH, Z. KOPITAR und G. PFLEIDERER

*Institut für Biochemie im Institut für Organische Chemie
der J.-W.-v.-Goethe-Universität Frankfurt am Main*

Mit 1 Abbildung

In Versuchen zur Reindarstellung von Enzymantikörpern wurden als Antigene kristallisierte Alkoholdehydrogenase aus Hefe der Firma Boehringer sowie Glyceraldehydphosphatdehydrogenase aus Hefe verwendet. Die GAPDH wurde gewonnen nach der von WARBURG[2] angegebenen Methode unter Einschaltung einer Säulenchromatographie über DEAE-Sephadex als letztem Schritt. Die Antikörper wurden erhalten durch Immunisieren von Kaninchen mit steigenden Dosen i. v., total etwa 10 mg, des Antigens im Abstand von 2 Tagen. Die quantitative Ausfällung der Antikörper aus dem Serum erfolgte im Äquivalenzbereich der nephelometrisch nach 15 min erhaltenen Heidelberger Kurve. Das Präcipitat wurde danach 3—5 mal mit m/30 Phosphatpuffer pH 7,2 oder 0,9%iger NaCl-Lösung gewaschen. Das so gewonnene Präcipitat wird im sauren Milieu dissoziiert. Mit N/10 HCl wird der ADH-Antikörperkomplex auf pH 1,5, der GAPDH-Antikörper-Komplex auf pH 2,5 eingestellt. Nach 5 min bis $^1/_2$ Std wird das pH mit N/10 NaOH auf pH 7,0 zurückgestellt, wobei das Enzym ausflockt. Das so denaturierte Antigen wird abzentrifugiert. Dieser gesamte Vorgang kann dann wiederholt werden.

Das pH spielt für die Dissoziation eine entscheidende Rolle. Maximal kann man mit ADH 90% Antikörperausbeute, mit GAPDH 100% erhalten. Die Antikörper wurden auf ihre Reinheit bzw. Einheitlichkeit mit verschiedenen Methoden geprüft: Niederspannungselektrophorese — 1 Bande; Ultrazentrifuge — 1 scharfer Peak; Molekularsiebe G 100 und G 200 — 1 Peak; Hochspannungselektrophorese in Stärkegel — 1 Bande; immunoelektrophoretische Analyse — 1 Bande; CM-Cellulose-Chromatographie — 1 Peak. Bei der Anwendung der Säulenchromatographie auf DEAE-

Sephadex hatten sich im Rohserum, ebenso wie das bereits von SELA erstmalig beschrieben wurde, zwei präcipitierende Chargen trennen lassen. Gereinigter Antikörper nach beschriebener Methode liefert drei etwa gleichgroße Eiweißchargen, von denen zwei Antikörpereigenschaften haben, während die dritte völlig inaktiv ist. Die Präcipitationsfähigkeit der beiden aktiven Fraktionen Eiweiß (pro mg) entspricht sich.

Die immunelektrophoretische Analyse ergab im γ-Globulin-Bereich zwei praktisch identische Banden, die im Gemisch sich nicht trennen und in der getrennten Phase vielleicht etwas unterschiedlich laufen könnten. Beide, I und II, werden durch Kaninchen-Antiserum im γ-Globulin-Bereich präcipitiert. Nach den Befunden von SELA[1] am Rohserum entsprechen die beiden ersten Fraktionen im wesentlichen je einer reinen Papainfraktion mit einer Fraktion III gemischt. Das gleiche Verhalten reiner Antikörper macht es somit wahrscheinlich, daß durch die DEAE-Sephadex-Methode die reinen Papainbruchstücke ohne denaturierende Dissoziation erhalten werden können. Die noch laufenden Untersuchungen scheinen für eine solche Tatsache zu sprechen, wobei dann die Frage nach dem Bruchstück III an Bedeutung gewinnt. Mit dem reinen Antikörper gegen Enzyme wurden einige Untersuchungen durchgeführt.

So interessierte das Molverhältnis zwischen Antikörper und seinem Antigen im aufsteigenden Teil der Heidelberger-Kurve. Dieses wurde berechnet unter der Annahme der Molekulargewichte für den Antikörper mit 160000, für ADH mit 150000, für GAPDH mit 120000. Nimmt man gleiche Molekulargewichte an, so erhält man identische Molverhältniskurven für beide Enzyme. Es läßt sich ein Abfall des Molverhältnisses Ak/Ag von 8 auf 1 für die ADH feststellen. Diese Werte ergaben die beiden Fraktionen I und II. Trägt man zu der gekrümmten Molverhältniskurve die Werte auf, die man bestimmt durch Messen der enzymatischen Restaktivität in dem Antikörperkomplex, so erhält man eine Gerade (Abb. 1).

Das gleiche gilt für die GAPDH. Hier ist die prozentuale Hemmung der enzymatischen Aktivität nur geringer, die Kurve ist aber in ihrem Verlauf, d. h. hier in ihrer Steigung, ebenfalls wieder identisch mit der von der ADH. Es liegt daher der Gedanke nahe, bei beiden Antikörperreaktionen handele es sich um den gleichen Mechanismus, wobei aber enzymatisch aktive Gruppen

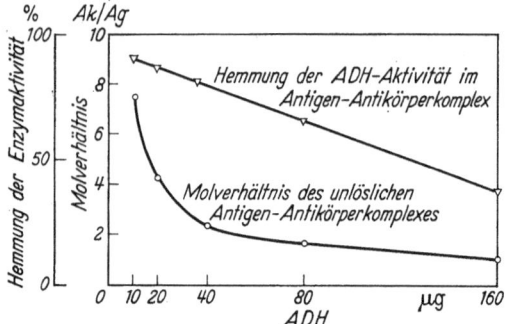

Abb. 1. Aufsteigender Teil der Heidelberger-Kurve. Steigende Mengen ADH auf der Abszisse aufgetragen

in ihrer sterischen Konfiguration nur mittelbar, nicht direkt proportional betroffen werden. Daher führte auch ein Schutz der aktiven Zentren nicht zu einer Beeinflussung der Präcipitation.

Prof. SCHULTZE deutete gestern vormittag in seiner Diskussion die Möglichkeit für ein derartiges Verhalten bereits an.

Literatur

[1] SELA, M., D. GIVOL u. E. MOZES: Biochim. Biophys. Acta **78**, 649 (1963).
[2] WARBURG, O. u. W. CHRISTIAN: Biochim. Z. **303**, 40 (1939).

Einige immunchemische Versuche zur Chymotrypsinstruktur

Von G. GUNDLACH

Physiologisch-chemisches Institut der Universität Würzburg

Mit 1 Abbildung

Ich möchte Ihnen einige Versuche erläutern, die wir in bezug auf die Chymotrypsinstruktur mit immunchemischen Methoden durchführten. Dabei will ich insbesondere auf Probleme eingehen, die bereits Herr ANDERER und Herr RAJEWSKY angeschnitten haben. Herr ANDERER deutete an, daß ein determinanter Bezirk eines Antigens, d. h. der Teil des Moleküls, an dem die Bindung eines spezifischen Antikörpermoleküls erfolgt, nicht auf *eine* Peptidkette beschränkt ist, sondern einen größeren Bereich des Moleküls umfaßt.

Wenn man Chymotrypsin, das mit seinem homologen Antikörper Präcipitate bildet, mit Harnstoff denaturiert, so erhält man keinen Antigen-Antikörper-Niederschlag mehr. Diese Harnstoffdenaturierung verläuft sehr schnell. Qualitativ möchte ich dieses im folgenden Bild in Diffusionstests veranschaulichen.

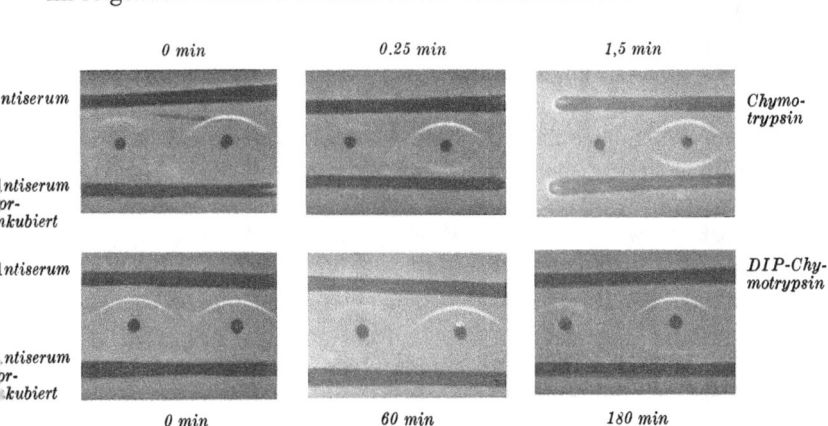

Abb. 1. Denaturierung von Chymotrypsin und DIP-Chymotrypsin in 8 M Harnstoff (pH 6,9, 30°C). Erläuterung im Text.

Die obere Rinne enthält Antiserum gegen Diisopropylphosphoryl-Chymotrypsin, das auch mit Chymotrypsin reagiert. In den linken Löchern befinden sich mit Harnstoff inkubierte Chymotrypsinlösungen, in den rechten Löchern jeweils natives DIP-Chymotrypsin. In den unteren Rinnen ist ein Antiserum, das mit dem harnstoffdenaturierten Chymotrypsin reagiert. Zur Zeit 0 min kann das Chymotrypsin noch alle Antikörper binden. Wir sehen deshalb nahe der unteren Rinne keine Präcipitationsbande. Wird die Denaturierung bei 30° C durchgeführt, so erkennt man bereits nach einer viertel Minute eine Abschwächung der Chymotrypsin-Präcipitation und das Auftreten einer Bande bei der Diffusion des vorinkubierten Serums gegen DIP-Chymotrypsin, was beweist, daß das Chymotrypsin die Antikörper nicht mehr vollständig binden konnte. Bereits nach 1,5 min ist die Antigen-Antikörper-Reaktion des denaturierten Chymotrypsins erloschen.

Die Einführung eines Diisopropylphosphoryl-Restes in das Chymotrypsin ändert die Denaturierungsgeschwindigkeit erheblich. Im unteren Teil der Abbildung wurde das Antiserum mit Harnstoff vorbehandeltem DIP-Chymotrypsin inkubiert und in die linken Löcher das für die angegebene Zeit mit Harnstoff behandelte DIP-Chymotrypsin gegeben. Wie man erkennt, wird für diese Substanz noch nach 180 min ein Bild erhalten, das dem des Chymotrypsins für eine Inkubation einer viertel Minute entspricht. Diese Befunde deuten darauf hin, daß die Konformation des Chymotrypsins durch den Einfluß des Hemmstoffes Diisopropylfluorphosphat erheblich stabilisiert wird.

In Analogie zu den Ausführungen von Herrn RAJEWSKY finden wir auch für das Chymotrypsin, daß der Antigen-Antikörper-Niederschlag eine enzymatische Aktivität besitzt; jedoch nur bei Prüfung mit niedermolekularen Estern vom Typ des Acetyltyrosinmethylesters und nicht bei Verwendung hochmolekularer Substrate wie Casein und Hämoglobin. Die Aktivität gegen die Ester ist auch erheblich herabgesetzt. Wir finden sie in der Größenordnung um 10—12% (verglichen mit normalem Chymotrypsin). Aber sie ist immerhin vorhanden, und man kann sich vorstellen, daß das niedermolekulare Substrat erst zu dem von Antikörpermolekülen umgebenen Chymotrypsin diffundieren muß.

Zur Untersuchung der antigenen Eigenschaften des Chymotrypsins hat man die Möglichkeit dieses chemisch zu modifizieren.

Die Carboxymethylierung der ε-Aminogruppen der im Chymotrypsin vorhandenen Lysinreste bewirkt, daß dieses Produkt kein Präcipitat mit den Antikörpern gegen DIP-Chymotrypsin bildet. Durch nachträgliche Zugabe von DIP-Chymotrypsin kann man jedoch nachweisen, daß etwa 40% der Antikörper an das Carboxymethyl-Chymotrypsin gebunden sind. Durch Inaktivierung des enzymatisch aktiven Carboxymethyl-Chymotrypsins mit Diisopropylfluorphosphat wird das Molekül in seiner Konformation so geändert, daß mit dem Antiserum eine Niederschlagsbildung möglich ist. Mit Hilfe anderer „modifizierter" Chymotrypsine — wie z. B. Chymotrypsinogen vom Rind und Schaf usw. — läßt sich zeigen, daß mindestens 5 verschiedene die Antigen-Antikörper-Reaktion determinierende Gruppen im DIP-Chymotrypsin vorhanden sind. Diese Zahl stimmt gut mit den Untersuchungen an der Ribonuclease[1], am Eialbumin[2] und am Serumalbumin[3] überein, wo man gefunden hat, daß maximal 4 bzw. 5 bzw. 7 Antikörpermoleküle von einem Antigenmolekül gebunden werden können. Die quantitativen Untersuchungen am Chymotrypsin deuten an, daß die gefundene minimale Zahl der Determinanten gleichzeitig die maximal mögliche Zahl ist.

Literatur

[1] STELOS, P., J. E. FOTHERGILL, and S. J. SINGER: J. Amer. chem. Soc. **82**, 6034 (1960).
[2] SINGER, S. J., and D. H. CAMPBELL: J. Amer. chem. Soc. **77**, 4851 (1955).
[3] Singer, S. J., and D. H. CAMPBELL: J. Amer. chem. Soc. **77**, 3499 (1955).

Immunologische Untersuchungen an Transaminasen*

Von N. LANG und S. MASSARRAT

Medizinische Universitäts-Poliklinik Marburg/Lahn

Mit 3 Abbildungen

Es werden einige Beobachtungen über die Antigenspezifitäten der Transaminasen und die Art der Antikörperwirkung mitgeteilt, die die mit biochemischen Methoden gewonnenen Vorstellungen über Transaminasen und ihre Isoenzyme ergänzen.

Die durch Immunisierung von Kaninchen mit Schweineherz-GPT und -C-GOT** erhaltenen Antikörper sind enzymspezifisch; sie hemmen und präcipitieren nur die korrespondierende Transaminase[2,3]. Immunhemmung und -präcipitation gehen nicht parallel. Bei variabler Antigen-Antikörperrelation im Heidelberger-Test fanden wir im Präcipitationsmaximum*** noch immunologisch gehemmtes Enzym in löslichen Komplexen.

Ein derartiger Versuch ist in Abb. 1 dargestellt. In der linken Teilabbildung ist die Bindung der C-GOT durch C-GOT-Antikörper aufgezeigt, rechts die Bindung der GPT durch GPT-Antikörper. Das im Präcipitat gebundene Enzym (mittlere Kurven) wurde mit Hilfe der Jod 131-Etikettierung bestimmt, das im löslichen Komplex befindliche (obere Kurven) aus der Differenz von insgesamt gehemmtem und präcipitiertem Enzym. [Im Parallelversuch wurde das Antikörperglobulin radioaktiv markiert und seine Bindung im Präcipitat (untere Kurven) bestimmt.]

Im gewaschenen Immunpräcipitat war Enzymaktivität nie nachweisbar.

Die zur Erfassung der maximal möglichen immunologischen Enzymhemmung optimalen Bedingungen haben wir durch Variation der Versuchsbedingungen ermittelt[7]; Inkubationsdauer, -temperatur, -volumen, Substrat- und Coenzymzusatz (Menge und

---

* Mit Unterstützung der Deutschen Forschungsgemeinschaft.
** Hochgereinigte Enzyme der Fa. Boehringer/Mhm. GPT = Glutamat-Pyruvat-Transaminase, C-GOT = Glutamat-Oxalacetat-Transaminase aus Cytoplasma.
*** „Äquivalenzzone"; 30 min Inkubation bei 37° C und 16 Std bei 4° C, 10 min Abzentrifugieren bei 5000 g.

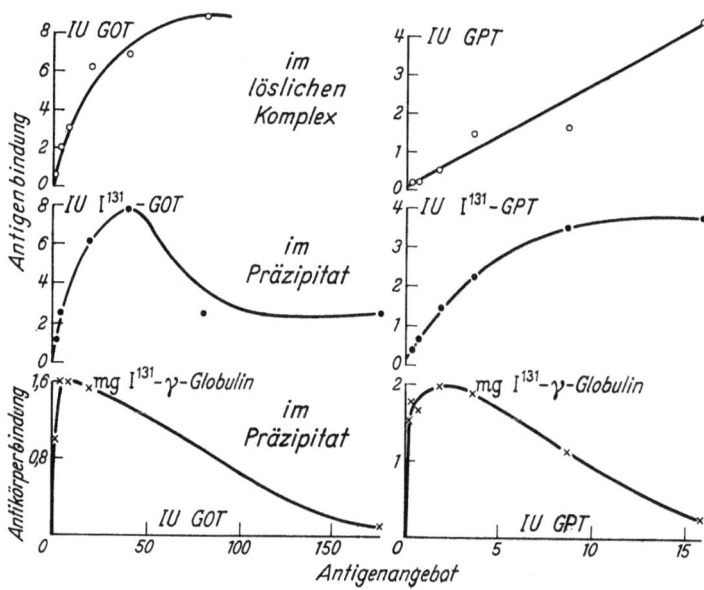

Abb. 1. Immunhemmung und Immunpräcipitation der Transaminasen bei variablem Enzymangebot (links GOT, rechts GPT)

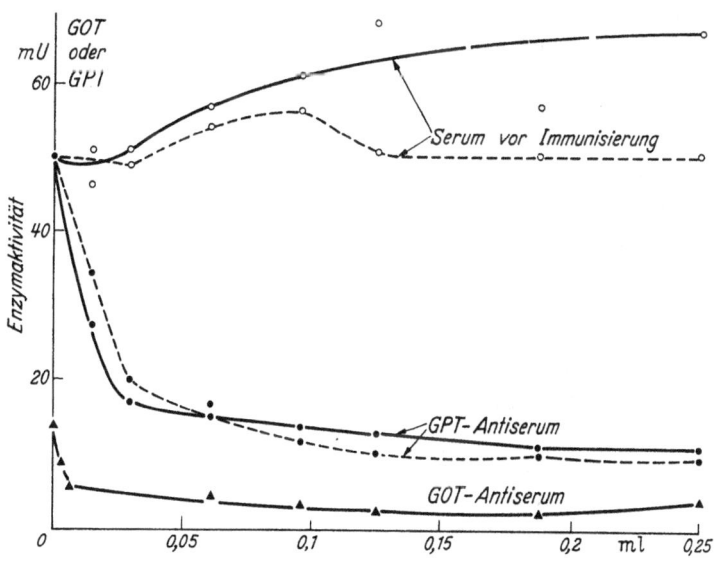

Abb. 2. Immunhemmung der Transaminasen bei variablem Antiserumangebot

Reihenfolge) wurden variiert, ebenso die Antigen-Antikörper-Konzentration und -Relation. Den Einfluß des Antikörperangebots bei 30 min Inkubation zeigt Abb. 2 (Abszisse) für GPT und GOT; die Enzymausgangskonzentration entspricht dem Kurvenausgangspunkt in der Ordinate. Die maximale Hemmung betrug bei GOT und GPT um 80%.

Das Substratangebot hatte einen geringen, bei beiden Enzymen teilweise gegensinnigen Effekt[7], wahrscheinlich über eine substratinduzierte Änderung der Molekülform[1] und dadurch bedingte abweichende Antigenspezifität bei Substratunterangebot und Substratoptimum.

Eine Kompetition von Antikörper und Substrat um das Apoenzymmolekül konnte nicht nachgewiesen werden und war auch bei dem niedrigen Molekulargewicht der Transaminasensubstrate kaum zu erwarten.

Die beobachtete inkomplette Immunhemmung ist in der Enzymimmunologie die Regel (s. bereits [5]); sie kann u. a. durch Konkurrenz enzymaktivitätshemmender und nichthemmender Antikörper erklärt werden.

Unterschiede der maximalen GOT-Immunhemmung in verschiedenen Organen[6] sind nicht auf eine Organspezifität der Enzyme zu beziehen; eine solche ließ sich in Absorptionsversuchen nicht nachweisen. Die Organunterschiede spiegeln nur die unterschiedliche Isoenzymzusammensetzung wider, bei nachgewiesener Isoenzymspezifität unserer GOT-Antikörper[4]. Die mitochondriale GOT wird durch Antikörper gegen die cytoplasmatische weder gehemmt noch präcipitiert und umgekehrt. Parallel dazu besteht eine Abweichung der Michaeliskonstanten beider Isoenzyme für jeweils das gleiche Substrat, ebenfalls ohne Organspezifität (s. [4], dort weitere Lit.).

Die Untersuchung der Immunhemmung und -präcipitation der Transaminasen anderer Species durch Schweineherz-Transaminasen-Antikörper zeigte eine nur relative Speciesspezifität; die maximale Immunhemmung (Tab. 1) zeigte wie die Präcipitation eine quantitative Abstufung.

Demgegenüber stimmten die Michaeliskonstanten eines GOT-Isoenzyms bei den verschiedenen Species für jedes Substrat weitgehend überein[4].

Die *Abstufung* der Immunhemmung der C-GOT verschiedener Species bei *Übereinstimmung* der Michaeliskonstanten spricht dafür,

Tabelle 1. *Prozentuelle Aktivitätshemmung von 360 ± 36 mU C-GOT durch 0,3 ml Antiserum*

Species / Organ	Herz	Muskel	Leber	Niere
Schwein....	77*	80	78	81
Mensch....	60	63	56	61
Meerschweinchen	55			
Ratte.....	45			
Kaninchen..	0			

* Standardabweichung ± 4,8 bei $n = 6$.

daß die Antikörper nicht direkt gegen das (bei verschiedenen Species am ehesten übereinstimmende) aktive Zentrum gerichtet sind, sondern vielmehr gegen eine in der Kaninchen-C-GOT nicht vorkommende Molekülkonfiguration der Schweine-C-GOT, die z. B. auch in der Human-C-GOT vorhanden ist, wenngleich in leicht modifizierter, weniger gut an die Antikörper angepaßter Form. Die Isoenzymspezifität der GOT-Antikörper erlaubt es, die Isoenzymzusammensetzung in Organextrakten und Seren immunologisch zu bestimmen. Der nach der Immunhemmung errechnete Anteil der C-GOT an der Gesamt-GOT-Aktivität (als Abszisse in Abb. 3 dargestellt) wurde

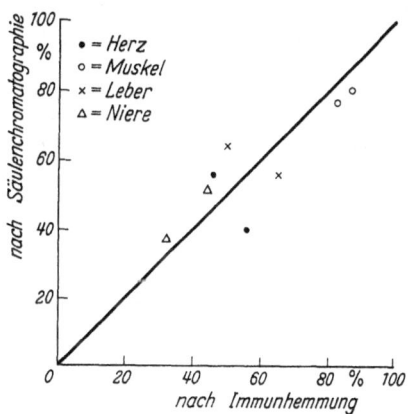

Abb. 3. Immunologisch und säulenchromatographisch bestimmter Anteil der C-GOT an der Gesamt-GOT in Organextrakten

für verschiedene Organextrakte in Korrelation gesetzt zu dem säulenchromatographisch ermittelten Anteil (Ordinate) [Methodik s.[4]]. Die Abweichungen von der Idealbeziehung (= eingezeichnete Diagonale) sind überwiegend auf unterschiedliche Isoenzymverluste bei der chromatographischen Auftrennung der Extrakte zu beziehen.

Die immunologische GOT-Isoenzymbestimmung in Seren von 7 Patienten mit akuter und chronischer Hepatitis und 2 Patienten mit Herzinfarkt zeigte bei den Leberkranken einen fast ausschließlichen Austritt des cytoplasmatischen Isozyms, bei einem der beiden Infarktpatienten nur am ersten Tag (4 Std nach dem Infarkt) einen Austritt von etwa 30% Mitochondrien-GOT. Weitere Untersuchungen müssen klären, wieweit etwa unterschiedliche GOT-Isoenzymmuster im Serum bei Infarktpatienten einem unterschiedlichen Schweregrad des Zellschadens korreliert sind und sich daraus die Möglichkeit einer klinischen Nutzanwendung der Transaminasen-Immunologie ergibt.

Literatur

[1] CITRI, M.: J. Amer. chem. Soc. 84, 440 (1961).
[2] LANG, N., and B. HOEFFGEN: Proc. 11th Coll. "Protides of the Biol. Fluids" p. 377. Brügge 1963. Amsterdam, London, N. Y.: Elsevier 1964.
[3] LANG, N., u. S. MASSARRAT: Verh. dtsch. Ges. inn. Med. 68, 275 (1962).
[4] LANG, N., and S. MASSARRAT: Proc. 12th Coll. "Protides of the Biol. Fluids" Brügge 1964. Amsterdam, London, N. Y.: Elsevier (im Druck).
[5] LÜERS, H., u. F. ALBRECHT: Fermentforsch. 8, 52 (1926).
[6] MASSARRAT, S., and N. LANG: Transact. 7th Internat. Congr. Intern. Med. 1962 (I), p. 509. Stuttgart:Thieme 1963.
[7] MASSARRAT, S., u. N. LANG: Klin. Wschr. (I.—III. Mitt. Im Druck).
Weitere Lit. bei [2,3,4] und [7].

Über Antikörper gegen Diphospho-Fructose-Aldolase (ALD)

Von D. Matzelt†, Hamburg

Ich möchte in Bestätigung dessen, was Herr Rajewsky bereits andeutete, über Untersuchungen berichten, die gemeinsam mit den Herren Schwick, Störiko, Globig und Frau von Hein durchgeführt wurden. Wir immunisierten Hammel mit mehrfach umkristallisierter Kaninchenmuskelaldolase. Einer dieser

Tabelle 1. *Hemmung der ALD-Aktivität mehrerer Organe verschiedener Species durch Antikörper gegen Kaninchenmuskel-ALD aus dem Serum immunisierter Hammel*

	Muskel %	Herz %	Hirn %	Leber %	Niere %
Taube	0	0		0	0
Maus	37	39	0	0	22
Ratte	59	50	30	0	4
	48			0	6
	56	22	23	4	0
Meerschweinchen	72	55	17	6	24
	47	55	33	12	32
Kaninchen	57	42	43	0	6
	62	38	22	0	2
	65	49	35	4	13
Hammel (Antikörper-Bildner)	0	0	0	0	0
Rhesus-Affe	0		0	3	7
	0	0	0	0	
Mensch (postmortal) Neugeborener	58	41		9	39
10jähriger		47	33	0	4
62jähriger			34	0	0
Muskel-Biopsiematerial	61	(Diagnose: Paresen nach Poliomyelitisimpf.)			
	51	(Diagnose: Periarteriitis nodosa)			
	62	(Diagnose: Myasthenia gravis)			
	52	(Diagnose: Dystrophia musculorum progressiva)			

Zum Test wurden 2 mg Protein der Globulinfraktion gegeben. Die Werte geben die prozentuale Hemmung gegenüber dem in der Globulinfraktion eines normalen Hammelserums gemessenen Wert an.

Tabelle 2. *ALD-Aktivitäten einiger Kaninchenorgane und ihre Hemmbarkeit durch Antikörper gegen Kaninchenmuskel-ALD*

	Muskel	Herz	Hirn	Leber	Niere	Serum
Normal-Hammelserum	4870 = 0%	284 = 0%	284 = 0%	110 = 0%	107 = 0%	3,8 = 0%
Immun-Hammelserum	3896 = 21%	243 = 14%	213 = 25%	103 = 6%	100 = 6%	—
Globulin-Fraktion	2164 = 57%	166 = 42%	163 = 43%	110 = 0%	110 = 6%	1,8 = 52%

ALD-Aktivitäten in μMol/Substratumsatz/Std/g Frischgewicht bei 37° C. — Die Prozentzahlen geben die Hemmung gegenüber dem in Normalserum gemessenen Wert an. Von Sera und Globulinfraktion wurden jeweils 2 mg Protein zum Testansatz gegeben.

Hammel bildete nicht präcipitierende Antikörper gegen 1,6-Diphospho-Fructose-Aldolase (ALD). Durch Salzfällung der Albumine konnten wir die Antikörper anreichern.

Tab. 2 stellt die Hemmung der Enzymaktivität verschiedener Kaninchenorgane durch natives Immunserum bzw. dessen Globulinfraktion gegenüber den in Normalserum gemessenen Werten dar. Tab. 1 zeigt in einer größeren Zusammenstellung die Hemmung der ALD-Aktivitäten mehrerer Organe verschiedener Species. Ähnlich wie beim Kaninchen finden wir bei allen untersuchten Tieren — abgesehen von der Taube und erstaunlicherweise vom Rhesusaffen — eine hochgradige Hemmung der Muskel- und Herzmuskel-Aktivität. Hingegen wird die Leber-ALD kaum gehemmt. Die ALD-Aktivität der Niere wird — je nach der untersuchten Species — unterschiedlich beeinflußt. Die Hemmung der ALD-Aktivität des Gehirns erreicht etwa ein Drittel bis ein Halb der Hemmung der Muskelaktivitäten. Es ergibt sich die Frage, die ich hier auch stellen möchte, ob die fehlende Organ- und Species-Spezifität vielleicht zu einem Teil durch unseren Antikörperbildner, den Hammel, bedingt ist. Es gibt Untersuchungen[2], in denen z. B. die von der Ziege gewonnenen Antikörper Phosphorylasen des Menschen und des Schweines unterscheiden können, während die von Hühnern gebildeten Antikörper diese Unterscheidung nicht treffen.

Tab. 3 schließlich zeigt die Hemmung der ALD-Aktivitäten verschiedener menschlicher Seren. Die im Serum gesunder Personen meßbaren Enzymaktivitäten entstammen der normalen Zellmauserung. Unsere Antikörper hemmen die ALD-Aktivität im Serum gesunder Personen um 60—70%, das dürfte etwa der Anteil sein, der der Muskulatur — und vielleicht zu einem kleinen Teil auch Gehirn und Niere — entstammt. Bei Muskeldystrophikern ist die im Serum meßbare ALD-Aktivität enorm gesteigert, und zwar — wie man sieht — durch Aldolase, die aus der Muskulatur stammt, während wir bei Lebererkrankungen die ebenfalls erhöhten Werte durch unser Antiserum gegen Muskel-ALD nicht hemmen können.

Tabelle 3. *ALD-Aktivitäten in menschlichen Seren und ihre Hemmbarkeit durch Antikörper gegen Kaninchenmuskel-ALD*

	Patient	Bezugswert	Wert nach Zusatz von Antikörpern	Differenz	Aktivitäts-hemmung in %
Gesunde	♀ 23 J.	0,29	0,09	0,20	69
	♂ 24 J.	0,36	0,10	0,26	72
	♂ 24 J.	0,31	0,12	0,19	61
	♂ 33 J.	0,40	0,16	0,24	60
	♂ 37 J.	0,41	0,13	0,28	68
Muskel-Dystrophie	♂ 14 J.	1,89	1,15	0,74	39
	♂ 12 J.	1,69	0,67	1,02	60
	♂ 8 J.	11,10	3,70	7,40	67
Hepatitis	♂ 25 J.	1,54	1,39	0,15	10
	♂ 35 J.	0,93	0,80	0,13	14
	♂ 22 J.	0,89	0,88	0,01	1

Aktivitäten angegeben in μMol Substratumsatz/Std/ml Serum bei 37° C. Als „normal" gilt ein Mittelwert von 0,31 μMol $\pm 2\sigma = 0,16$; als pathologisch wird jeder Wert über 0,47 beurteilt.

Literatur

[1] GLOBIG, W., D. MATZELT, G. SCHWICK, and K. STÖRIKO: Clin. chim. Acta (im Druck).
[2] YUNIS, A. A., and E. G. KREBS: J. biol. Chem. **237**, 34 (1962).

Diskussion

MORGAN: We now come to the discussion, which will be concerned with this morning's general theme of multiple activity of individual molecules, both enzymic and immunological specificity.

ANDERER: Ich hätte eine Frage an Herrn GUNDLACH. Sie bezieht sich auf die Esteraseaktivität, die in seinen spezifischen Präcipitaten von Chymotrypsin mit Serum gegen Chymotrypsin gefunden wurde. Haben Sie zuvor Komplement im Antiserum inaktiviert? Es gibt ja Komplementkomponenten, die Esterasen sind. Und wenn Sie eine Antigen-Antikörper-Reaktion mit einer Präcipitatbildung haben, so wird Komplement gebunden, und es wäre denkbar, daß die Esterase, welche Sie messen, von gebundenem Komplement stammt.

GUNDLACH: Das glaube ich nicht, denn man kann ja vorher im Serum die Esteraseaktivitäten messen. Die sind nicht entsprechend der Konzentration an Chymotrypsin im Antigenantikörper-Präcipitat.

ANDERER: Die Konzentration der Esterasen im Serum dürfte relativ gering sein, aber die Konzentration des gebundenen Komplements im Präcipitat ist wesentlich höher (Zehnerpotenzen).

GUNDLACH: Aber die Chymotrypsinesteraseaktivität ist immer noch wesentlich höher.

MASSARRAT (Marburg): Wir haben bei der Glutamat-Pyruvat-Transaminase aus Schweineherz beobachtet, daß das Substrat L-Alanin in einem bestimmten Konzentrationsbereich die Aktivitätshemmung durch Antikörper beeinflußt, wobei es sich nicht um eine einfache Kompetition zwischen Substrat und Antikörper handeln kann; vielmehr sprechen unsere Untersuchungen für eine gewisse Änderung der Spezifität des Enzyms unter Substrateinfluß. KUBOWITZ und OTT haben 1943 eine Änderung der Hemmung der LDH-Aktivität durch Antikörper bei Substratunterangebot beobachtet. Haben Sie, Herr RAJEWSKY, die Wechselwirkung zwischen Substrat, Enzym und Antikörper untersucht?

RAJEWSKY: Die Frage der Substrat- und Coenzymabhängigkeit der Hemmung von LDH durch Kombination mit Antikörpern ist ein Streitpunkt in der Literatur. Die Arbeit von KUBOWITZ und OTT aus dem Jahre 1943 [Biochem. Z. **314**, 94 (1943)] gibt eine solche Substratabhängigkeit an. Amerikanische und englische Autoren haben in der Zwischenzeit entsprechende Untersuchungen durchgeführt und bei Säuger-DHS keine Abhängigkeit gefunden. Die Frage scheint mir aus zwei Gründen bei der LDH besonders schwierig zu beantworten. Zum ersten ist in LDH-Präparationen in unterschiedlichem Maß sog. DPNH-X fest an das Enzym gebunden. Zum zweiten ist in den Antiseren stets Pyruvat enthalten. Diese beiden Faktoren sind, soweit ich sehe, in der neueren Literatur nicht genügend berücksichtigt worden. Wir selbst haben entsprechende Untersuchungen an der LDH noch nicht durchgeführt.

Die höchsten Hemmungswerte der LDH-Aktivität, die wir gemessen haben, lagen bei etwa 60%. Aber wir haben, wie schon betont, nicht bis in Bereiche hohen Antikörperüberschusses gemessen. MARKERT hat gefunden [Ann. N. Y. Acad. Sci. **103**, 915 (1963)], daß mit zunehmender Antikörperkonzentration die Hemmung sehr stark werden kann, bis zu 80%. Andere

Autoren wie GREGORY und WROBLEWSKI [J. Immunol. **81**, 359 (1958)] und KAPLAN u. Mitarb. [z. B. N. O. KAPLAN, and S. WHITE: Ann. N. Y. Acad. Sci. **103**, 835 (1963)] geben komplette oder fast komplette Hemmung an.

Bezüglich der Hemmung der enzymatischen Aktivität heterologer Lactatdehydrogenasen durch das kreuzreagierende Antiserum wäre folgendes zu sagen: Wir konnten an der LDH solche Untersuchungen leider noch nicht durchführen, weil wir nicht in ausreichendem Maß über reine Isozyme verfügten. Es gibt jedoch in der Literatur an anderen Systemen Befunde, die hier zu erwähnen sind. MARSHALL und COHEN [J. biol. Chem. **236**, 718 (1961)] haben an der Carbamylphosphatsynthetase (CPS) zeigen können, daß die mit CPS anderer Herkunft kreuzreagierenden Antikörper das Enzym stärker hemmten als die nicht kreuzreagierenden Antikörper. Wenn hier die hemmenden Antikörper wirklich mehr oder weniger gegen das Gebiet des aktiven Zentrums gerichtet sind, so ist der Befund gut mit der Vorstellung zu vereinbaren, daß die aktiven Zentren entsprechender Enzyme verschiedener Species sich sehr ähnlich sind, und daß die Unterschiede *in anderen Teilen* der Moleküle liegen. Auf Grund dieser Vorstellung muß man, wenn man mit Enzymantigenen aus Warmblüterorganismen arbeitet, erwarten, daß im immunisierten Warmblüterorganismus Antikörper gegen das aktive Zentrum nur in geringer Konzentration und erst nach langer Immunisationszeit entstehen. In einer anderen Arbeit [F. MOOG, u. P. U. ANGELETTI: Biochim. biophys. Acta (Amst.) **60**, 440 (1962)], wird folgendes berichtet: Ein Antiserum gegen eine Darmphosphatase juveniler Mäuse präcipitierte das Enzym, hemmte aber nicht seine Aktivität. Das Antiserum kreuzreagierte mit einer Darmphosphatase adulter Ratten unter Präcipitation und starker Aktivitätshemmung. Aus den beiden zitierten Befunden wird ersichtlich, daß sich eine allgemeine Regel zumindest heute noch nicht aufstellen läßt, die beschriebe, wie sich Antikörper im kreuzreagierenden System bzgl. der Aktivitätshemmung des heterologen Enzymantigens verhalten.

KARLSON: Herr RAJEWSKY, Sie hatten erwähnt, daß eine Lactat-Dehydrogenase, deren aktives Zentrum mit SH-Reagentien (z. B. Chloromercuribenzoat) blockiert ist, noch Antikörper bindet. Wenn man nun ein Antiserum mit einem so blockierten Enzym erschöpft, bleiben dann Antikörper zurück, die spezifisch gegen das aktive Zentrum gerichtet sind?

RAJEWSKY: Genau diese Experimente sind z. Z. im Gange.

POST (Frankfurt): Dem Vortrag von Dr. RAJEWSKY war zu entnehmen, daß entsprechend den verschiedenen determinanten Oberflächenbezirken für ein und dasselbe Antigen offenbar eine ganze Reihe von Antikörpern gebildet werden können. Nun zeigen die Immunglobuline — im Gegensatz zu den übrigen Plasmaproteinen — bei der Elektrophorese eine in weiten Grenzen variierende Ionenbeweglichkeit. Es liegt nahe, das in Zusammenhang zu bringen; und es wäre doch verlockend, das Prinzip der Immunelektrophorese in der Weise umzukehren, daß man das Antikörpergemisch elektrophoretisch auftrennt und nach der Elektrophorese die „Antikörperrille"

mit dem Antigen füllt. Vielleicht gelänge es auf diese Weise doch, chemisch einheitliche Antikörper-,,Individuen" nachzuweisen[*].
Sind derartige Versuche bereits unternommen worden ?

RAJEWSKY: Die elektrophoretische Auftrennung des Antiserums und anschließende Diffusion gegen das Antigen wird häufig durchgeführt. Zu der Frage verschiedener elektrophoretischer Mobilität von Antikörpern gleicher Klasse, aber verschiedener Spezifität gibt es eine ganze Reihe von Untersuchungen, die mit wenigen Ausnahmen unklare Ergebnisse gebracht haben. Wir haben selbst in Paris solche Untersuchungen an 7 S-Antikörpern gegen menschliches γ-Globulin durchgeführt, die mit verschiedenen Teilen des γ-Globulin-Moleküls spezifisch reagierten (T. WEBB, G. SCHIERZ, A. PINTO, K. RAJEWSKY u. P. GRABAR, unveröffentlicht). Es machte außerordentliche Schwierigkeiten, minimale Migrationsunterschiede der verschiedenen Antikörpergruppen sicher nachzuweisen, die auf der Elektrophorese wie die Gesamtfraktion des γ-Globulins keine scharfe Bande bildeten.

SCHULTZE: Die *Immunogenität* (eine Bezeichnung, die dem Ausdruck *Antigenität* vorgezogen wird) aktiver Zentren in Proteinmolekülen mit Hormon-, Enzym- oder Antikörperfunktion scheint nach allen bisherigen Erfahrungen viel geringer zu sein als die für die Artspezifität verantwortlichen Aminosäuregruppierungen. Es kann dies daran liegen, daß die immunogenen Determinanten biologischer und artspezifischer Aktivitäten strukturell stark voneinander abweichen. Da es zahlreiche Hinweise dafür gibt, daß die erwähnten biologischen Aktivitäten durch eine sterische Abstimmung von Aminosäuresequenzen *aus zwei* räumlich benachbarten *Peptidketten* induziert werden, könnte es vielleicht nützlich sein, durch eine künstliche Vernetzung die Raumstruktur der aktiven Zentren zu stabilisieren. Auf diese Weise könnten auch evtl. maßgebliche Faltungs- bzw. Helixstrukturen soweit stabilisiert werden, daß ein Zerfall der für die biologische Aktivität bedingenden Konfigurationen beim Antikörperproduzenten verhütet wird. Die vielfach in interhelikalen Peptidabschnitten lokalisierte Artspezifität ist nach allen Erfahrungen weniger labil und vielleicht deshalb immunogen wirksamer.

GUNDLACH: Vielleicht darf ich in bezug auf das Chymotrypsin noch einiges sagen: Uns wäre es sehr lieb, wenn wir wüßten, daß im Chymotrypsin — insbesondere am aktiven Zentrum — eine Helix vorhanden ist. Das würde uns die Strukturuntersuchung des aktiven Zentrums erheblich erleichtern. Nun sind die Röntgenstrukturanalytiker jedoch der Auffassung, daß im Chymotrypsin überhaupt keine Helix vorhanden ist. Wir müßten infolgedessen damit rechnen, daß wir eine irgendwie gefaltete Peptidkette vor uns haben, bei der wir nichts über die Form aussagen können, weil wir diese bisher nicht kennen.

---

[*] Die von Herrn Dr. RAJEWSKY berichtete Präcipitation mit nachfolgendem LDH-Nachweis sollte dann im Idealfall eine Lücke in der Präcipitationsbande hinterlassen, dort nämlich, wo der Antikörper die aktive Gruppe des Ferments blockiert hat.

ANDERER: Ich bin der Ansicht, daß wir für die Antigenität oder Immunogenität eines Partikels eine relativ starre Struktur brauchen, also eine definierte Überstruktur. Sobald wir ein Makromolekül haben, dessen Struktur zu viele Freiheitsgrade besitzt, haben wir kein definiertes Oberflächenmuster mehr. Die spezifischen Antikörper sind aber alle gegen definierte Strukturen gerichtet. Moleküle, die nicht gefaltet sind, also keine definierte Überstruktur haben, sind relativ labil. Sie haben sehr viele Freiheitsgrade und deswegen würde ich nicht sagen, daß ein entfaltetes Molekül mit vielen Freiheitsgraden besonders immunogen ist.

GRASSMANN: Ist die Aussage, daß im Chymotrypsin kein Helix-Anteil enthalten sei, aus Röntgenstrukturdaten abgeleitet (die ich nur bei einer sehr eingehenden Untersuchung für beweisend halten könnte), oder stützt sie sich noch auf andere, z. B. polarimetrische Messungen?

GUNDLACH: Diese Daten basieren auf Röntgen-Analysen aus der Gruppe um KRAUT und der Gruppe um BLOW, die Kristallstrukturuntersuchungen bis zu einer Auflösung von — soviel ich weiß — 4 Å gemacht haben. Das wurde jetzt in London (1st Fed. Meeting of Europ. Biochem. Soc.) diskutiert.

MORGAN: We will now move on to the last part of this moring's programme. I believe you all know that Dr. SELA is unfortunately not able to be with us to give his paper, but we have been fortunate in that Dr. RÜDE from Freiburg will replace Dr. SELA.

Synthetische Polypeptide als Modell-Antigene

Von E. RÜDE*

Max-Planck-Institut für Immunbiologie Freiburg (Br.)

Mit 6 Abbildungen

Eine Vielzahl immunchemischer Arbeiten der letzten Jahrzehnte befaßte sich mit dem Zusammenhang zwischen chemischer Struktur und serologischer Spezifität. Verhältnismäßig wenig bearbeitet wurde dagegen das vorgelagerte Problem der strukturellen Voraussetzungen, die notwendig sind, damit eine Substanz überhaupt antigen ist, d. h. die Frage nach dem Zusammenhang zwischen chemischer Struktur und Antigenität**. Ein möglicher Weg, dieses Problem anzugehen, besteht in der immunologischen Untersuchung von makromolekularen Modellsubstanzen, die auf möglichst übersichtliche Weise synthetisiert wurden. Besonders geeignet hierzu erwiesen sich synthetische Polypeptide oder Poly-α-aminosäuren. Der Name Poly-α-aminosäuren soll andeuten, daß es sich dabei nicht um Polypeptide definierter Aminosäure-Sequenz handelt, sondern um Polymere bzw. Misch-Polymere von Aminosäuren.

Die Synthesen derartiger Poly-α-aminosäuren beruhen praktisch alle auf der Polymerisation von N-Carboxy-aminosäureanhydriden mit basischen Startern wie z. B. primären Aminen (s. Abb. 1).

Das Amin reagiert mit dem Aminosäureanhydrid unter Bildung eines Säureamids. Nach Abspaltung von CO_2 wird erneut eine primäre Aminogruppe frei, die nun mit einem weiteren Anhydridmolekül reagiert und so fort. Es entsteht ein Polypeptid. Die Methoden zur Polymerisation von N-Carboxy-aminosäureanhydriden sind im letzten Jahrzehnt soweit entwickelt worden, daß

---

* Vortrag, gehalten anstelle des erkrankten Professor Dr. M. SELA, Rehovoth, Israel.

** Anstatt des Begriffes „Antigenität" für die Fähigkeit einer Substanz, im höheren Tier die Bildung von Antikörpern auszulösen, wird neuerdings auch oft der Begriff „Immunogenität" verwendet.

es gelingt, Polypeptide verschiedensten Molekulargewichts sowie verschiedenster Molekülform und Zusammensetzung zu synthetisieren[1].
Von SELA u. Mitarb., aber auch von anderen Autoren, wie z. B. STAHMANN, MAURER, GILL und DOTY[2], wurden nun hauptsächlich

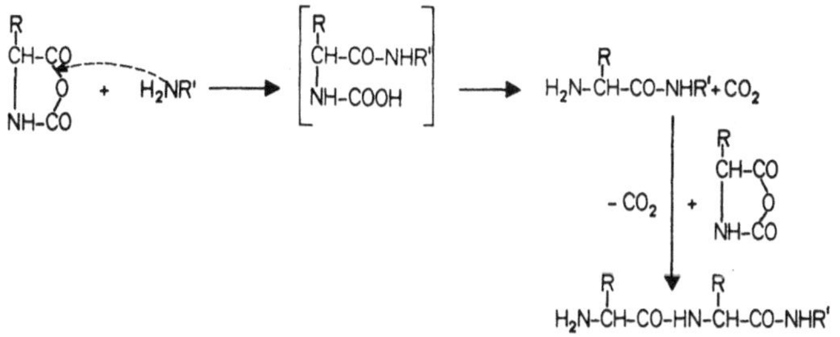

Abb. 1. Polymerisation von N-Carboxy-aminosäureanhydriden mit primären Aminen als Startern

folgende drei Gruppen von Polypeptiden oder Poly-α-aminosäuren als Modellantigene verwendet:
1. Lineare Polymere oder Mischpolymere verschiedener Aminosäuren.
2. Polypeptidderivate von Gelatine, sozusagen also nur halbsynthetische Makromoleküle.
3. Hochverzweigte, synthetische Polypeptide, sog. "multichain" Poly-α-aminosäuren.

Alle diese Modellantigene wurden — wenigstens soweit es die Versuche von SELA betrifft — zusammen mit komplettem Freundschen Adjuvans Kaninchen injiziert[3]. Die erhaltenen Seren wurden mittels der quantitativen Präcipitationsreaktion auf ihren Gehalt an Antikörpern getestet.

Die erste Gruppe linearer Polypeptide soll hier nur kurz erwähnt werden. Polymere aus nur einer einzigen Aminosäure sind, wie bisher gefunden wurde, nicht antigen[4]. Mischpolymere aus zwei und besonders aus mehr Aminosäuren sind bei entsprechender Zusammensetzung in vielen Fällen gute Antigene. Copolymere aus Glutaminsäure, Tyrosin und Alanin mit Molekulargewichten von nur etwa 4000 sind z. B. antigen[3]. Nach GILL sind Copolymere aus L-Lysin und L-Glutaminsäure antigen, die entsprechenden Produkte aus den D-Aminosäuren jedoch nicht[5]. Weitere Beispiele von

MAURER zeigen ebenfalls, daß lineare Polymere, die lediglich aus D-Aminosäuren bestehen, nicht antigen sind, selbst wenn man sie noch zusätzlich mit stark determinanten Haptenen kuppelt. Die entsprechenden Produkte aus L-Aminosäuren sind dagegen antigen[6].

Bei der zweiten Gruppe, den Polypeptidderivaten von Gelatine, dient Gelatine als mehr oder minder inerter Träger für die zu untersuchenden Aminosäuren (Abb. 2). Die freien Aminogruppen

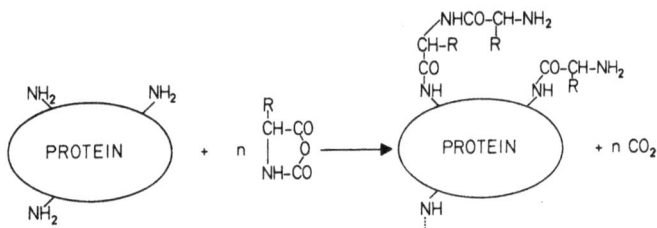

Abb. 2. Synthese von Polypeptidderivaten eines Proteins (Gelatine)

von Gelatine oder eines anderen Proteins können nämlich ebenfalls als Starter für die Polymerisation von N-Carboxy-aminosäureanhydriden dienen[7]. Bei dieser Reaktion werden längere oder kürzere Peptidketten der gewünschten Aminosäuren an die Aminogruppen anpolymerisiert. Gelatine ist nun selbst schon antigen, wenn auch nur äußerst schwach. Es wird in diesem Falle also untersucht, welche Art von angehängten Peptidketten die Antigenität von Gelatine zu steigern vermögen[8]. Bei diesen Versuchen wurden von der Sela'schen Arbeitsgruppe folgende Ergebnisse erzielt (Tab. 1): Eine Anreicherung von Gelatine mit Tyrosin, Phenylalanin oder Tryptophan ergab eine sehr starke Steigerung der Antigenität, je nach der Länge der angehängten Peptidketten. Keine Steigerung der Antigenität wurde beobachtet mit Aminosäuren wie Alanin, Serin, Lysin und Glutaminsäure. Bemerkenswert ist, daß die Einführung der polaren Aminosäuren wie Glutaminsäure allein oder Lysin allein zu keiner verstärkten Antigenität führt. Die Kombination dieser beiden Aminosäuren als Copolymeres verstärkt die Antigenität jedoch beträchtlich. Ebenso ergibt die Kombination von Tyrosin mit Glutaminsäure ein besseres Antigen als Tyrosin allein. Ursprünglich lag die Vermutung nahe, daß der aromatische Charakter der eingeführten Aminosäuren

Tabelle 1. *Antigenität von Polypeptidderivaten von Gelatine und "multichain" Poly-α-aminosäuren nach* M. SELA u. Mitarb.

Gelatine		"multichain" Poly-D,L-alanin (poly Ala--poly Lys)	
anpolymerisierte Peptide	Steigerung der Antigenität	anpolymerisierte Peptide	Antigenität
poly Phe	+	poly Tyr	+
poly Try	+	poly (Tyr, Glu)	+
poly Tyr	+	poly (Phe, Glu)	+
poly (Tyr, Glu)	+	poly (His, Glu)	+
poly (Lys, Glu)	+	poly (Leu, Glu)	+
poly Lys	—	poly (Lys, Glu)	+
poly Glu	—	poly Glu	—
poly Ala	—		
poly Ser	—		
poly Cyclohexylala	+		

wesentlich für die Steigerung der Antigenität sei. Dies konnte jedoch, abgesehen von den obigen Ergebnissen, dadurch widerlegt werden, daß auch Cyclohexylalanin die Antigenität von Gelatine deutlich verstärkt [8c, 9].

Die dritte Gruppe von Modellantigenen besteht aus hochverzweigten, synthetischen Polypeptiden, sog. "multichain" Poly-α-aminosäuren [10]. Als Rückgrat dieser Substanzen dient eine lineare Kette von Poly-L-Lysin (Abb. 3). An die freien ε-Aminogruppen der einzelnen Lysinreste werden Peptidketten von durchschnittlich etwa 20 D,L-Alaninresten anpolymerisiert. Ein derartiges verzweigtes, wasserlösliches Polypeptid wurde von SELA als "multichain" Poly-D,L-alanin bezeichnet und mit „polyAla--polyLys" abgekürzt. Es kann mit Molekulargewichten von 20000 bis 200000 hergestellt werden. "Multichain" Poly-D,L-alanin ist selbst überhaupt nicht antigen und dient ähnlich wie Gelatine als Trägersubstanz für die zu untersuchenden Aminosäuren [3]. Die Alaninseitenketten dieses Grundgerüstes besitzen nämlich jeweils wieder eine endständige Aminogruppe, an die nun Peptidketten verschiedener Aminosäuren anpolymerisiert werden können. Schon durchschnittlich 1,7 Tyrosinreste pro Seitenkette genügen, um dieses nicht antigene Polymere in ein Antigen zu verwandeln. Wird Tyrosin durch ein Mischpolymerisat aus Tyrosin und Glutaminsäure ersetzt, so wird die Antigenität ähnlich wie bei den Gelatinederivaten noch gesteigert. Glutaminsäure allein, an das nicht antigene

Grundgerüst polymerisiert, ergibt dagegen eine Substanz, die nicht antigen ist. In weiteren Versuchen konnten FUCHS und SELA[11] zeigen, daß auch Copolymere aus Phenylalanin, Histidin, Leucin oder Lysin, jeweils kombiniert mit Glutaminsäure, gute Antigene ergeben, wenn sie an "multichain" Poly-D,L-alanin anpolymerisiert werden (Tab. 1). Insgesamt sind die mit Gelatine und "multichain" Poly-α-aminsäuren erhaltenen Resultate sehr ähnlich. Besonders

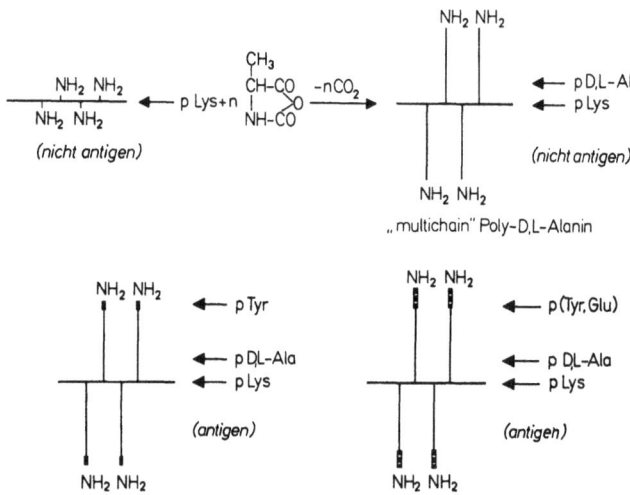

Abb. 3. Schematische Darstellung des Aufbaus von "multichain" Poly-α-aminosäuren nach M. SELA, S. FUCHS und R. ARNON, 1962. p Lys = Poly-L-lysin, p D,L-Ala = Poly-D,L-alanin, p Tyr = Poly-L-tyrosin, p (Tyr, Glu) = Copolymeres aus L-Tyrosin und L-Glutaminsäure

gute Antigene erhält man meist durch Kombination verschiedener Aminosäuren, vor allem Tyrosin, aber auch Histidin, Phenylalanin und Lysin mit Glutaminsäure. Glutaminsäure allein aber genügt nicht, um ein nicht antigenes Polymeres antigen zu machen.

"Multichain" Polymere eignen sich auch besonders gut für Versuche über den Zusammenhang zwischen der Antigenität und dem räumlichen Bau einer Substanz[3]. Bei derartigen Versuchen diente als Rückgrat eines verzweigten Polypeptids wiederum eine lineare Kette aus Poly-L-Lysin (s. Abb. 4). Daran wurden nun direkt kurze Copolymere aus Tyrosin und Glutaminsäure anpolymerisiert, ohne wie zuvor Poly-D,L-alaninketten dazwischen zu schalten. Ein derartiges verzweigtes Polymeres ist antigen. Werden die kurzen Seitenketten durch etwa 20 D,L-Alaninreste verlängert, so entsteht ein Produkt, das im Molekulargewicht und in der Zusammensetzung dem vorher besprochenen (s. Abb. 3) entspricht. Die Tyrosin-Glutaminsäurepeptide befinden sich lediglich im Innern des Moleküls statt außen. Diese Substanz ist jedoch nicht mehr antigen. Man kann ein solches Produkt aber sozusagen wieder zum Antigen machen, indem man dafür sorgt, daß die Seitenketten

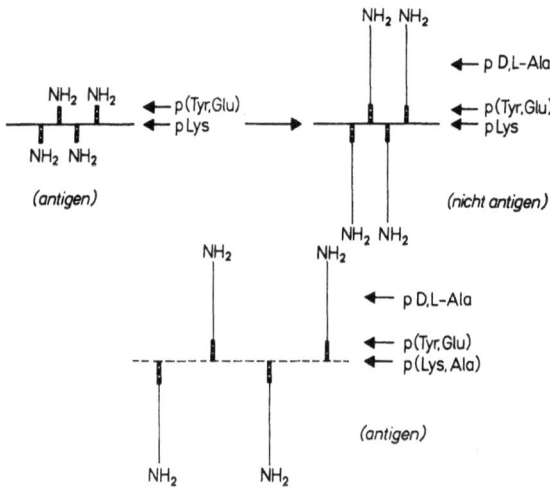

Abb. 4. Schematische Darstellung des Aufbaus von "multichain" Poly-α-aminosäuren nach M. SELA, S. FUCHS und R. ARNON, 1962. p Lys = Poly-L-lysin, p D,L-Ala = Poly-D,L-alanin, p (Tyr, Glu) = Copolymeres aus L-Tyrosin und L-Glutaminsäure, p (Lys, Ala) = Copolymeres aus L-Lysin und D,L-Alanin

genügend große Abstände erhalten. Man erreicht dies dadurch, daß man als Rückgrat statt reinem Lysin ein Copolymeres aus Lysin und Alanin verwendet. An dieses Rückgrat werden wieder kurze Copolymere aus Tyrosin und Glutaminsäure angehängt, und die Seitenketten wie zuvor durch etwa 20 D,L-Alaninresten verlängert (s. Abb. 4). Ein solches verzweigtes Polymeres ist antigen, wenn man das Verhältnis von Lysin und Alanin im linearen Grundpolymeren entsprechend wählt, das heißt, wenn — wie schon gesagt — die Seitenketten genügend große Abstände besitzen. Daraus ergibt sich, daß die für die Antigenität wichtigen Strukturen einer Substanz sterisch zugänglich sein müssen, damit Antikörpersynthese stattfinden kann. Die Gesamtmolekülform scheint dagegen für die Antigenität von Poly-α-aminosäuren keine entscheidende Rolle zu

15*

spielen. Auch das Molekulargewicht kann in weiten Grenzen variieren. Synthetische Polypeptide besitzen, soweit sie antigen sind, determinante Gruppen von definierter und ziemlich enger serologischer Spezifität[12]. Sie führen ferner nach Injektion nicht nur zur Bildung präcipitierender Antikörper, sondern können auch den verzögerten Typ der Allergie und Immuntoleranz auslösen[13,14]. Man fragt sich nun natürlich, ob die geschilderten Versuche schon allgemeine Zusammenhänge zwischen Antigenität und chemischer Struktur erkennen lassen. Nach einer von SELA vertretenen Hypothese sind starre Strukturen, z. B. bestimmte Ringsysteme, oder starre Bezirke am Makromolekül wichtig für die Antigenität einer Substanz[8c]. Damit allein läßt sich aber z. B. die Antigenität der nur Glutaminsäure und Lysin oder nur Lysin und Alanin[15] enthaltenen Polymeren nicht recht verstehen. Vermutlich sind anstelle von starren Strukturen auch andere Strukturmerkmale von Bedeutung. Nach MAURER muß z. B. eine Substanz zumindest teilweise enzymatisch abgebaut werden können, damit sie antigen ist[6].

In vielen natürlichen Antigenen sind Kohlenhydrate von besonderer Bedeutung, wie ja auch in diesem Colloquium zum Ausdruck kommt. Wir begannen deshalb zu untersuchen, welchen Einfluß Zucker auf die Antigenität, aber auch auf die serologische Spezifität synthetischer Polypeptide haben*. Der Pyranosering eines Zuckers sollte ja im Sinne der zuvor erwähnten Hypothese ebenfalls eine relativ starre Gruppierung sein. Dazu war es notwendig, eine neue Methode zu finden, um Zucker auf möglichst natürliche Weise an nicht antigene, also tyrosinfreie Polypeptide zu kuppeln. Der Einbau der Zucker darf nicht, wie z. B. bei dem üblichen Phenylazoverfahren, über aromatische Ringe als Bindeglieder zwischen Zucker und Polypeptide erfolgen. Diese allein könnten ja schon antigenitätsfördernd wirken. Wir synthetisierten deshalb Serin-tetraacetyl-β-glucosid, welches in das entsprechende N-Carboxy-aminosäurenanhydrid übergeführt wurde (s. Abb. 5). Mit Hilfe dieses Anhydrids kann Seringlucosid wie jede andere Aminosäure prinzipiell beliebig in synthetische Polypeptide eingebaut werden. Zunächst wurde Seringlucosid an das nicht antigene "multichain" Poly-D,L-alanin anpolymerisiert und zwar sowohl an ein Präparat vom Molekulargewicht 20000 als auch an ein anderes

---

* Diese Untersuchungen erfolgten in Zusammenarbeit mit S. FUCHS, E. HURWITZ und M. SELA in Rehovoth/Israel.

vom Molekulargewicht 180000 (s. Abb. 6). Beide Produkte enthalten etwa 11% Glucose oder 1,3 Seringlucosidreste pro Seitenkette. Die Acetylschutzgruppen von Glucose wurden anschließend schonend bei 0° mit Ammoniak in absolutem Methanol entfernt.

Abb. 5. Synthese des N-Carboxy-aminosäureanhydrids von O-[Tetra-O-acetyl-β-D-glucopyranosyl]-L-serin

Beide Substanzen erwiesen sich als nicht antigen für das Kaninchen. Seringlucosid vermag also nicht wie Tyrosin, das nicht antigene "multichain" Poly-D,L-Alanin in ein Antigen zu verwandeln.

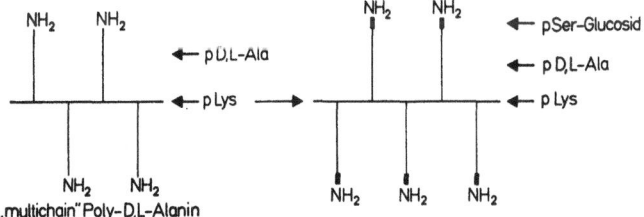

Abb. 6. Schematische Darstellung des Aufbaus seringlucosidhaltiger "multichain" Poly-α-aminosäuren

Möglicherweise wäre dies aber durch ein Copolymeres aus Seringlucosid und einer anderen Aminosäure wie Glutaminsäure oder durch ein Oligosaccharid möglich. Eine andere Frage ist, ob Seringlucosid wenigstens als determinante Gruppe wirkt, wenn es an das tyrosin- und glutaminsäurehaltige "multichain" Polymere (s. Abb. 3) anpolymerisiert wird. Über den Einfluß des Zuckers auf die Antigenität läßt sich in diesem Falle selbstverständlich nichts aussagen, da das Trägerpolymere selbst schon antigen ist. Die

Prüfung der gegen dieses Kupplungsprodukt erhaltenen Antiseren erfolgte mittels der quantitativen Präcipitationsreaktion und durch Hemmungsexperimente. So hemmt Seringlucosid die Präcipitation sehr gut, während Serin-tetraacetylglucosid nicht hemmt. Daraus ergab sich eindeutig, daß unter anderem Antikörper speziell gegen die β-Glucosidgruppierung gebildet werden. In Kombination mit einem schon antigenen Polymeren wirkt Seringlucosid also durchaus als determinante Gruppe.

Antigene mit Zuckern als künstlich eingeführten determinanten Gruppen stellt man üblicherweise durch Kupplung des Zuckers nach dem Phenylazoverfahren an ein natürliches Trägerprotein her. Wir fragten uns, ob nicht auch ein tyrosinhaltiges, synthetisches Polypeptid mit Vorteil als Träger verwendet werden kann. Galactose wurde deshalb nach dem Azoverfahren an das antigene tyrosin- und glutaminsäurehaltige "multichain" Polymere (s. Abb. 3) und zum Vergleich auch an Rinderserumalbumin gekuppelt. Wie zu erwarten, wirkt die Azophenylgalactosidgruppierung in beiden Fällen als determinante Gruppe. Im Falle des synthetischen Polypeptids wird die serologische Spezifität jedoch ganz überwiegend durch die neu eingeführte Gruppe bestimmt, während beim Albuminderivat ein großer Teil der Antikörper gegen den Träger selbst gerichtet ist.

Zusammenfassend kann also gesagt werden: Es gelingt, völlig synthetische Poly-α-aminosäuren herzustellen, die antigen sind. Derartige Polymere aus Aminosäuren können sozusagen nach Maß synthetisiert werden. Durch Anfügen oder Weglassen einzelner Aminosäuren kann die Rolle eben dieser Aminosäuren für die Antigenität des Polymeren abgeschätzt werden. Auch nicht aromatische Aminosäuren und solche, die keine Ringsysteme enthalten, können eine nicht antigene Substanz in ein Antigen verwandeln. Dies war bisher mit Seringlucosid nicht möglich. Doch ist Seringlucosid als determinante Gruppe wirksam. Wie aus neueren Veröffentlichungen SELAs zu ersehen ist, können Poly-α-aminosäuren darüber hinaus mit Erfolg zur Bearbeitung einer Reihe weiterer immunchemischer Probleme verwendet werden[16].

Literatur

[1] KATCHALSKI, E., and M. SELA: Advances in Protein Chemistry, Vol. XIII, 244. New York: Academic Press Inc., Publishers 1958.

[2] *Polyamino Acids*, Polypeptides and Proteins, M. A. Stahmann Editor. Madison, Wisconsin: University of Wisconsin Press 1962.

[3] SELA, M., S. FUCHS, and R. ARNON: Biochem. J. **85**, 223 (1962).

[4] MAURER, P. H., D. SUBRAHMANYAM, E. KATCHALSKI, and E. R. BLOUT: J. Immunol. **83**, 193 (1959).

[5] GILL III, T. J., H. J. GOULD, and P. DOTY: Nature (Lond.) **197**, 746 (1963).

[6] MAURER, P. H.: Proc. Soc. exp. Biol. (N. Y.) **113**, 553 (1963); BENACERRAF, B., A. OJEDA, and P. H. MAURER: J. exp. Med. **118**, 945 (1963).

[7] BECKER, R. R., and M. A. STAHMANN: J. biol. Chem. **204**, 745 (1953).

[8] a) SELA, M., and R. ARNON: Biochem. J. **75**, 91 (1960); b) ARNON, R., and M. SELA: Biochem. J. **75**, 103 (1960); c) SELA, M., and R. ARNON: Biochem. J. **77**, 394 (1960).

[9] SELA, M., and R. ARNON: J. Amer. Chem. Soc. **82**, 2625 (1960).

[10] SELA, M., E. KATCHALSKI, and M. GEHATIA: J. Amer. Chem. Soc. **78**, 746 (1956).

[11] FUCHS, S., and M. SELA: Biochem. J. **93**, 566 (1964).

[12] FUCHS, S., and M. SELA: Biochem. J. **87**, 70 (1963).

[13] BEN-EFRAIM, S., S. FUCHS, and M. SELA: Science **139**, 1222 (1963).

[14] SELA, M., S. FUCHS and M. FELDMANN: Science **139**, 342 (1963).

[15] GILL III, T. J., and L. S. MATTHEWS: J. biol. Chem. **238**, 1373 (1963).

[16] SELA, M., and S. FUCHS: Biochim. biophys. Acta (Amst.) **74**, 796 (1963); GIVOL, D., S. FUCHS, and M. SELA: Biochim. biophys. Acta (Amst.) **63**, 222 (1962); GIVOL, D., and M. SELA: Biochem. **3**, 444 u. 451 (1964).

GRABAR (Diskussionsleiter): Ich habe das große Vergnügen, Prof. HAUROWITZ zu bitten, seinen Vortrag zu halten. Er wird zuerst über die Strukturanalyse und dann — nach Diskussion zu diesem Problem — über die Biologie der Antikörper sprechen.

Structure and Formation of Antibodies

By F. HAUROWITZ

Department of Chemistry, Indiana University
Bloomington, Indiana USA

With 1 Figure

It has been known since the end of the 19th century that antibodies are found in the globulin fraction of the immune sera[1]. Their nature remained unknown and their action, like that of the enzymes, was attributed to contaminants of the isolated globulins. Quantitative analyses of antigen-antibody precipitates revealed, however, that the precipitating action of the antibodies paralleled the amount of globuline in the antigen-antibody precipitate. Analyses of this type were first carried out by WU et al.[2] and by HEIDELBERGER and KENDALL[3], both groups of investigators making use of chemically determinable protein antigens such as iodoproteins, azoproteins or hemoglobin. At the same time BREINL and I[4] analyzing the non-antigen part of hemoglobin-antihemoglobin precipitates found that its amino acid composition was similar to that of the normal serum globulins. We suggested therefore that the antibodies were indeed serum globulins which were in some manner complementarily adjusted to the determinant groups of the antigen. Similar views were advanced by S. MUDD[5] and J. ALEXANDER[6]. We further supported this view by the observation that the amount of serum globulin bound to an azoprotein antigen increased when we made the antigen multivalent by introducing into it an increasing number of determinant azophenylarsonate groups[7].

It was clear from these experiments that the determinant groups of the antigen interfere with the formation of serum globulins in such a manner that antibodies are formed. This view is quite generally accepted. However, we still do not know in which phase of the antibody biosynthesis the antigen interferes. Various contradictory views on this process have been advanced. Before reviewing these, it might be useful to discuss the purification of antibodies, their properties and their structure.

Purification of antibodies can be accomplished by nonspecific and by specific methods. The former are essentially methods for the isolation of globulins. Ultracentrifugation reveals that most of the antibodies have a molecular weight close to 150,000. When TISELIUS introduced the fractionation of serum globulins by electrophoresis, the antibodies were found in the γ-globulin fraction. They can be salted out by one-third saturation with ammonium sulfate or by raising the sodium sulfate content of the globulin solution to 12%. In the alcohol fractionation method of E. J. COHN the antibodies are found in the fraction which is precipitated by 20% ethanol at $-5°$. Although these methods are useful in the separation of antibodies from serum albumin and from α- and β-globulins, they are not able to separate antibodies of different specificity from each other. This can be accomplished only by specific methods. In the first phase of these the antibody is either precipitated with the homologous antigen or bound to an insoluble resin formed by the antigen. In a second phase of the process, the antigen-antibody complex is dissociated and the soluble antibody separated from the antigen. Although this sounds simple in theory, it is frequently difficult to accomplish isolation of the antibody in an active state. Several methods have been suggested for the dissociation of antigen-antibody precipitates. It seems to me that the best method is dissociation by acid which we used first for the dissociation of antibody from azoprotein antigens[8]. We investigated at that time systematically the dissociation of the precipitate and found that it proceeds at pH values between 0 and 3 according to the equation:

$$Ag_xAb_y \to Ag_xAb_{y-z} + z\,Ab$$

where Ag and Ab are molecules of antigen and antibody, respectively. Good yields of pure antibody were obtained when the dissociation was carried out at low temperatures in the presence of 5% NaCl. The acid dissociation has been widely used by other authors and is also applied in the elution of antibodies from specific immunosorbents. These are insoluble complexes of various resins with the antigen. The simplest of them is formed by coupling of a protein antigen to diazotized aminobenzylcellulose[9]. Higher yields of antibody were obtained when cellulose was first coupled with m-nitrobenzyl-N-oxymethylpyridinium chloride, reduced to the amino derivative, diazotized and then coupled with the antigen[10]. The usefulness of this method has recently been confirmed by PORTER[11] who dissociated and eluted the antibody from the column of immunosorbent by acidification to pH 2.4.

It is possible to prepare 'pure' antibodies either by the dissociation of specific precipitates or by elution from columns of insoluble antigens. However, the term 'pure' means only serological purity in so far as these preparations are specifically bound to the antigen and contain therefore only protein which is adjusted to the determinant portion of the antigen. Part of this biological activity is lost during the isolation procedure, probably owing to denaturation by the acidic medium. Hence, the isolated antibody consists of a mixture of fully active and inactivated antibody molecules. It is also a mixture of 7S γ-globulins, 19S γ_1-macroglobulins and β_{2A}-globulins. The 7S γ-globulins form the bulk of the human antibodies; their molecular weight is approximately 150,000. They are formed somewhat later than the 19S globulins whose molecular weight is close to 10^6. Most probably, the three types of antibodies are formed in different cell types[12]. Another type of heterogeneity is attributed to genetically different forms of the antibodies. OUDIN[13] has first discovered that the γ-globulins of rabbits belong to different genetic types. They are determined by two different loci a and b and occur in six different allotypes[14]. In man two different genetic markers have been found. Genetic differences exist also in the γ-globulins of mice[15]. All these differences between γ-globulins are also found in the antibodies and contribute to their heterogeneity[15].

The heterogeneity of the antibody population causes at present the greatest difficulty in their structural analysis. Nevertheless important advances have been made in clarifying the general structure of the 7S antibody molecules. Originally, a single N-terminal group per molecule had been found in these antibodies[16]. Hence they seemed to contain a single peptide chain. PORTER[17] found recently, that incubation of the native antibodies with papain in the presence of cysteine or mercaptoethanol resulted in the hydrolysis of only a few peptide bonds and in the formation of three large fragments, designated as I, II and III. They can be separated from each other by chromatography on carboxymethylcellulose. Fragment III crystallizes on dialysis against slightly acidic salt solutions at low ionic strength whereas the fragments I and II remain dissolved. Fragment III does not combine with the antigen and is identical in all investigated antibodies and γ-globulins of the same species. The fragments I and II are still able to combine with the antigen but, in contrast to the original antibody, do not form insoluble precipitates. Apparently they have lost the ability to form an alternate antigen-antibody lattice. Each of them has a single combining site. If the SH groups of fragment I and II are reoxidized by passing O_2 through their solutions, they combine by means of a disulfide bond and form again a divalent antibody molecule which is able to precipitate the antigen. The natural antibodies contain always identical half-molecules. However, when a mixture of fragments from two different antibodies is reoxidized, hybrid antibodies are formed[18]. Further investigations have revealed that the fragments I and II are derived from different antibody molecules of the types $(I)_2III$ and $(II)_2III$.

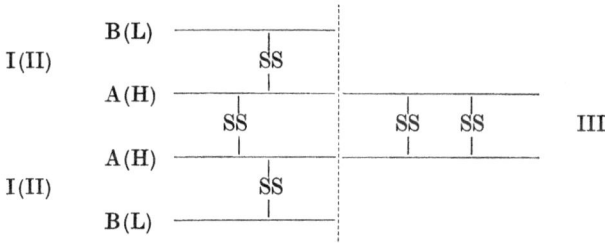

Fig. 1. Antibody structure (according to R. R. PORTER). The vertical broken line indicates the cleavage by papain

Since the action of papain is not well understood, attempts have been made, chiefly by EDELMAN in the Rockefeller Institute in New York[19], to dissociate antibodies by non-enzymatic cleavage. When purified antibodies are exposed to the action of urea or guanidine in the presence of mercaptoethanol and reoxidation is prevented by alkylation of the SH groups with iodoacetate or iodoacetamide, cleavage of the antibody molecule into four peptide chains occurs. Two of the peptide chains have molecular weights of about 25,000 and have been designated as light L chains; two others, denoted as heavy or H chains, have molecular weights of about 50,000. All these chains are biologically inactive because of denaturation by urea or guanidine. Active chains of low molecular weight were obtained when PORTER et al.[20] replaced the denaturing agents by N-acetic or N-propionic acid. The short chains were called B chains, the long chains A chains. They are identical with the L and H chains, respectively. The formation of three fragments by papain digestion and four fragments by reduction is explained by a structure proposed by PORTER (see Fig. 1) and based on the fact that fragment III, the crystallisable nonspecific portion of the antibody molecule is derived entirely from the A chains. The N-terminal amino acids of the A chains are acetylated; their fragment III is rich in carbohydrates.

As mentioned earlier, the structure problem is complicated by the genetic heterogeneity of the antibodies. Genetic differences have been found in both the A and the B chains. The heterogeneity can be demonstrated by starch gel electrophoresis. The A chains yield a wide band indicating the presence of various similar peptides. The B chains yield usually 8—10 different bands in the starch gel. Their intensity and distribution is different in antibodies against different antigens[21]. The properties of the B chains of the 7S antibodies and of normal 7S γ-globulins are very similar to those present in pathological macroglobulins or in the Bence-Jones proteins. However, the B chains from Bence-Jones proteins and from macroglobulins produced by myelomas are much more homogeneous; they show on starch gel electrophoresis usually only one or two bands. It has been concluded, therefore, that each of the B chain types is produced by a different type of cells and that the presence of 8—10 bands in the electropherogram merely indicates the formation of antibody in 8—10 different cell types[22]. This makes it difficult to interpret analytical results and to decide whether differences discovered by analytical methods reflect differences in the chemical structure of the combining sites of antibodies or merely differences between antibodies formed in different cells.

The biological activity of the isolated A and B chains is very low, but increases considerably if their solutions are mixed[23]. This seems to indicate that the combining site of the antibody molecule consists of parts of both chains. An increase in the affinity for the antigen is also seen when the specific A chains are combined with B chains of other γ-globulins[24]. Since the reverse experiment, combination of a specific B chain with a nonspecific A chain, does not result in an increase in affinity, it has been concluded that the specific combining site of the antibody molecule is predominately in its A chains, and that the B chains exert merely an auxiliary action[24].

Attempts have been made to gain more insight into the structure of antibodies by amino acid analyses and by 'fingerprinting' of enzymatic digests. Amino acid analyses of purified antibodies against different types of pneumococci were first published by E. L. SMITH et al.[25]. They found no significant differences between antibodies against different types of pneumococci. In analogous experiments we found very similar amino acid composition in antibodies against the acidic azophenylarsonate and the basic azophenyl-trimethylammonium groups[26]. The same two types of antibodies and a third type with a neutral determinant group were analyzed with improved methods and automatic analyzers by M. E. KOSHLAND[27] who confirmed our finding that 16 of the 20 amino acids occur in both antibodies in the same amounts, but also discovered significant differences in the content of aspartic acid, arginine, leucine and isoleucine, as shown by the following data (in moles of amino acid residues per mole of azoprotein antibody). The third antibody had a different content in tyrosine and serine.

	Arginine	Aspartic acid	Leucine	Isoleucine	Tyrosine
Anti-BGG-azophenylarsonate . . .	45	105	89	49	56
Anti-BGG-azophenyl-trimethylammonium	42	111	91	46	56
Anti-BGG-azophenyl-lactoside . . .	45	111	89	47	51

Genetic differences were excluded in these experiments by the injection of each rabbit with both antigens and analysis of each of the rabbits separately[27]. We cannot yet decide whether these results reflect differences in the combining sites of the two antibodies or in other parts of the molecules, or whether they merely indicate differences in the cell types which formed them.

Similar difficulties in interpretation arise in attempts to investigate peptide maps of the antibodies. The first experiments of this type were done by GURVICH and NEZLIN and their co-workers[28] who purified antibodies by means of their highly efficient immunosorbent. They found small but significant differences between peptide maps of antibodies against human and equine serum albumin. GITLIN and MERLER [29] analyzed tryptic digests of antibodies against various types of pneumococcal polysaccharides. Although they did not find differences in the peptide maps of purified antibody molecules, they discovered also small but significant differences when they analyzed digests of the purified univalent fragments I and II. Similarly we found small differences between antibodies to BSA-azophenylarsonate and BSA-azophenyl trimethylammonium antigens [30]. We have not yet been able to decide whether these differences indicate differences in the combining sites of the two antibodies or whether they reflect formation in different cell types. The decision of this question is of the utmost importance for our understanding of the mechanism of antibody formation. Before discussing this problem, I would like to answer any questions concerning the chemistry and structure of antibodies.

Diskussion

LAURELL (Lund): Es wurde gesagt, daß die komplement-fixierende Struktur an Fragment III lokalisiert ist. Soviel ich weiß, hat man gezeigt, daß die komplement-fixierende Kapazität nicht in den Fragmenten I und II zu finden ist. Man nahm darum an, daß diese Fähigkeit dem Fragment III zukommt.

Darf ich fragen, ob man Daten hat, welche die komplementbindende Struktur an Fragment III beweisen?

HAUROWITZ: Soviel ich weiß, hat man nur gezeigt, daß die Gegenwart von Fragment III für Komplementbindung nötig ist. Aber ich weiß nicht, ob das Komplement an III oder an andere Teile des Moleküls gebunden wird.

WESTPHAL: Herr HAUROWITZ, wenn man von *Normalglobulin* spricht, was ist das eigentlich? Ist das ein Globulin, von dem man nicht weiß, gegen welches Antigen es gerichtet ist, oder gibt es wirklich Globuline, die ohne jeden exogenen Einfluß entstehen? Kann man heute dazu schon etwas sagen?

HAUROWITZ: Ich glaube, die Frage sollte an Prof. GRABAR gerichtet werden. Ich würde sagen, es gibt vielleicht alle Übergänge von sog. normalen γ-Globulinen zu Antikörpern. Aber es gibt auch alle Übergänge von Forschern, die annehmen, daß sie verschieden sind, zu Forschern, die annehmen, daß sie ineinander übergehen und ich glaube, Prof. GRABAR ist einer der letzteren.

GRABAR: Ja, die einzige Antwort, die ich geben kann ist: Wenn man Seren von keimfrei aufgezogenen Tieren analysiert, besitzen sie immer eine

Menge von γ-, β-2A- und von β-2M-Globulinen. Man kann natürlich sagen, daß alle Globuline notwendigerweise Antikörper sind. In der Ernährung existieren ja z. B. immer auch Mikroben-Antigene. Ich habe aber gehört, daß Forscher im Lobund Institut den Tieren eine Nahrung gegeben haben, welche keine solchen Antigene enthält; und doch findet man im Serum Immunoglobuline. Nach meiner Meinung — Prof. HAUROWITZ hat mich schon „in die Ecke" gestellt — sind „normale" Globuline ein Transportsystem für Produkte vom Katabolismus und im normalen Organismus müssen auch kleine Mengen existieren, welche normalerweise auftretende Degradationsprodukte transportieren können.

SPRINGER: Daß die Synthese von γ-Globulinen unter genetischer Kontrolle steht, ist nicht zweifelhaft. Ob γ-Globuline ohne antigene Reize in nachweisbarer Menge auftreten, kann die heutige keimfreie Methode kaum generell beantworten. Es gibt jetzt zwar in der Tat eine „chemisch voll definierte Diät", die 34.— Dollar pro Liter kostet (Diet 116, General Biochemicals, Inc., Chagrin Falls, Ohio/USA), aber selbst bei dieser Diät ist zu berücksichtigen, daß z. B. solche Stoffe wie Glucose, Aminosäuren und selbst das Wasser, wenn man genügend davon nimmt, immer noch nachweisbare Spuren makromolekularen Materials enthalten. Darüber hinaus enthalten die keimfreien Behälter selber kleine Mengen Staub, die durch Autoklavieren selbstverständlich nicht zerstört, sondern nur verändert werden. Auch werden keimfreie Tiere immer zu mehreren in einem Tank aufgezogen, und so sind die Exkremente und die Abstoßung von Integumentbestandteilen von einem Tier möglicherweise antigen für das andere Tier oder, wenn genügend denaturiert, antigen für das „Ursprungstier". — Es ist z. Z. ein unlösbares Problem, glaube ich [s. z. B. SPRINGER, Z. Immunitätsf. 118, 228 (1959)].

LANG (Marburg): Hat man einmal die Antigenspezifität der verschiedenen γ-Globulinfragmente verglichen? Ist es möglich, bei Antikörper-Gewebsinkubation die störende „unspezifische" Globulinbindung zu reduzieren, indem man statt der Globuline nur ihre B-Ketten verwendet, welche die Antikörpereigenschaft haben?

HAUROWITZ: Wie ich schon vorher sagte: Die genetischen Unterschiede sind über beide Ketten verteilt, hauptsächlich in den A-Ketten, aber auch in den B-Ketten und beide können genetisch verschieden sein. Das Fragment III ist nicht genetisch verschieden, es hat keine von den genetischen Markern. Ich kann sonst nichts mehr darüber sagen.

GRABAR: Ich kann vielleicht eine partielle Antwort geben. Mein Mitarbeiter BURTIN hat fluorescierende Antikörper für die Fragmente hergestellt, also 2 verschiedene Antikörper: einen für das schwere Fragment, einen anderen für das leichte Fragment. Er hat gesehen, daß die 2 Fragmente in derselben Zelle existieren. Sie sind aber nicht regelmäßig in der ganzen Zelle verteilt. Es gibt Bezirke in der Zelle, in welchen einer der Antikörper stärkere Fluorescenz-Reaktionen gibt als der andere. Man kann sich also vorstellen, daß die beiden Fragmente in derselben Zelle synthetisiert werden, aber nicht exakt in denselben Bezirken.

HAMMER (Freiburg): Experimentelle Untersuchungen haben gezeigt, daß die aktive Seite in einem Immunglobulin-Molekül durch das Zusammenwirken von L- und H-Ketten repräsentiert wird. Wenn man nun eine isolierte H-Kette, die von einem spezifischen Immunglobulin-Molekül stammt, mit einer L-Kette aus sog. normalem γ-Globulin rekombiniert, wie kann man sich erklären, daß man auf diese Weise eine weitgehende Reaktivierung der spezifischen Antikörper-Aktivität erhält?

HAUROWITZ: Man bekommt tatsächlich eine Reaktivierung, aber sie ist nicht sehr weitgehend. Sie ist jedoch weitgehend, wenn Sie die *zugehörige* B-Kette nehmen. EDELMAN hat Reaktivierungen mit fremden und auch sogar mit normalen B-Ketten versucht und es wurde jetzt auch von PRESSMAN und ROHOLT wiederholt — man bekommt etwas Reaktivierung. Also es scheint, daß die B-Ketten von welcher Species auch immer sie sind, etwas reaktivierend wirken. Wir wissen noch nicht weshalb. Aber nur die *homologe* B-Kette von *demselben* Antikörper gibt wirklich weitgehende Reaktivierung.

HAMMER: Sie erwähnten, daß das sog. F-Fragment oder Fragment III bei allen γ-Globulinen gleich ist. In der Zwischenzeit hat BENACERRAF beim Meerschweinchen 2 7 S-γ-Globuline entdeckt, die sich elektrophoretisch unterscheiden. Es handelt sich hierbei um ein 7 S-γ_2-Globulin. Auf Grund seiner Untersuchungen kommt BENACERRAF zu dem Schluß, daß lediglich das 7 S-γ_2-Globulin ein F-Fragment enthält und damit die Eigenschaft besitzt, Komplement zu fixieren. Dies trifft jedoch für das 7 S-γ_1-Globulin nicht zu. In diesem Zusammenhang möchte ich die Frage stellen, ob auch γ_1-M-Globuline ein F-Fragment enthalten können.

HAUROWITZ: Vielleicht kann ich kurz folgendes sagen: Alles was ich gesagt habe bezieht sich auf den typischen Antikörper, den 7 S-Antikörper vom Molekulargewicht ungefähr 150000. Wie ist es mit den 19 S-Antikörpern vom Molekulargewicht von ungefähr 1 Million? Sie lassen sich auch reduzieren, aber sonderbarerweise nicht so leicht. Man muß viel energischere Reduktionsmaßnahmen ergreifen und sie sind nach der Reduktion vollkommen inaktiviert. Man kann sie nicht mehr reaktivieren. Man kann die 7 S-Antikörper in ihre zwei Hälften sprengen oder in I, II und III, kann I und II wieder rekombinieren, das hat NISONOFF getan. Man kann sogar künstliche Hybride bilden — Hybridantikörper — das ist alles leicht, aber mit den großen Antikörpern, mit den Makromolekülen gelingt das nicht.

Role of the Antigen in Antibody Formation
By F. HAUROWITZ

I would like to return now to the *role of the antigen in antibody* formation. With BREINL[4] we had claimed in 1930 that the antigen acts as a template and is thus directly involved in the process of antibody formation. We imagined that the polar groups of the antigen would orient adjacent amino acids in such a manner that they would be linked to each other while remaining close to the determinant group of the antigen, thus forming a peptide chain complementarily adjusted to the determinant group. Ten years later, PAULING[31] modified this view by making the additional assumption that the antigen exerts its action *after* the formation of the peptide chain and causes the chain to fold in such a way that its conformation becomes complementary to that of the determinant group of the antigen. Indeed, PAULING and CAMPBELL[32] claimed to have manufactured antibody in vitro by incubating normal rabbit β-globulin with an antigen under slightly denaturing conditions. We have not been able to confirm these experiments[33], nor could they be repeated in PAULING's laboratory[34]. However, the hypothesis of PAULING on interference of the antigen in the folding process was highly attractive and was considered by me and other immunochemists as an excellent explanation for the action of the antigen. Recently, KARUSH[35] has modified PAULING's view further by assuming that the γ-globulin chains of the antibody molecule are produced *in vivo* in the SH-form of their cysteine residues and that these, after formation of the complementary conformation, are oxidized to the disulfide form of cystine. According to this view the conformation of the antibody molecule is maintained by disulfide bridges between the peptide chains.

In the *template* theory of antibody formation it is assumed that the presence of antigen during antibody biosynthesis is a necessity. We have investigated this problem experimentally by using isotopically labelled antigens and following their fate in the organism of the injected animals. We used in these experiments proteins iodinated with ^{131}I, or azoproteins produced by coupling proteins with diazotized ^{14}C-anthranilic acid, ^{35}S-sulfanilic acid or ^{3}H-arsanilic acid[36-39]. We found that protein-bound radioactivity *persisted* in the injected rabbits for many months, particularly in the spleen, the lung, the liver, and the bone marrow. Fractionation of these tissues by homogenization and differential centrifugation revealed that the radioactive material was first found in the microsomal fraction, later in the mitochondrial fraction. One half year after injection the activity per spleen or liver cell was equivalent to several hundred antigen molecules per cell. This is certainly a significant amount, and may well be responsible for continued antibody formation. Autoradiography shortly after injection revealed that most of the antigen was located in the cytoplasm of macrophages, very little in their nuclei or in lymphoid cells[39-40].

The persistence of our protein antigens is analogous to the persistence of pneumococcal polysaccharide found by FELTON[41] in mice. This was attributed to the lack of enzymes which would hydrolyze the polysaccharide. Since animal cells usually contain proteolytic enzymes, the question has been raised how to explain the persistence of the protein antigens. In answering this question it must be kept in mind that native proteins are extremely resistant to the action of proteolytic enzymes at neutral reaction. Only denatured proteins are rapidly digested. Even denatured proteins may be hydrolysed incompletely and yield frequently an insoluble and undigestible 'core'.

Our finding of the radioactive determinant groups of the iodo- and azoproteins in the cytoplasmic granules indicated that the antigen undergoes a change in the cell. If it remained unchanged, it would be found in the soluble fraction of the cells and not in the microsomal or mitochondrial fraction. GARVEY and CAMPBELL[42] have suggested that antigen fragments combine with RNA and are present as ribonucleoproteins in the cell. This is quite possible although we cannot exclude combination of antigen fragments with other cellular components, for instance with collagen-like proteins which have a long half-life.

The persistence of radioactivity does not prove that fragments of the antigen persisted. However, in the experiments with ^{14}C-anthranilic acid and ^{35}S-sulfanilic acid we found that after hydrolysis of the tissue proteins with HCl, only a very small portion of the radioactivity was bound to the amino acids. Most of it was in a fraction which chemically reacted as if it consisted of derivatives of the haptens used in our experiments. Although persistence of these antigen fragments supports our view that they are involved in antibody formation, it does not prove it beyond any doubt. Many other substances such as carbon particles or colloidal metals persist in the tissues for years and yet do not give rise to the formation of antibodies.

Many immunologists are hesitant to accept the view that persisting antigen is responsible for antibody formation over many years. This has led to a revival of EHRLICH's old theory of preformed receptors by JERNE[44], BURNET[45] and others. Like EHRLICH, JERNE in his 'Natural Selection Theory' assumed that the organism has antibody forming sites for each of the numerous antigens and that these sites produce small amounts of antibodies which trap immediately the injected or invading homologous antigens and carry them to the sites of antibody formation. Similarly BURNET in his 'Clonal Selection Theory' assumed that the injected antigen is bound by those cells which form the homologous antibodies and thus stimulates these cells to multiplication and formation of a clone of antibody forming cells. When it was shown by ATTARDI et al.[46] that isolated lymphoid cells of rabbits sensitized with two antigens can form 2 different antibodies, BURNET modified his theory and admitted that one cell may have the ability to form 2 or another small number of antibodies. However, when TRENTIN and FAHLBERG[47] demonstrated that different cells taken from a clone can form antibodies against all four types of injected antigen, BURNET[48] abandoned his clonal selection theory by stating: "This entirely destroys the original clonal selection theory." I have nothing to add to this blunt statement. It does not mean that BURNET abandoned also the idea of selection. He still believes in the possibility of selection on a subcellular level. This would probably mean selection of certain microsomes or other subcellular units, and stimulation by the antigen of the replication of these units. We have at present no means to test this hypothesis experimentally, nor do we have any test for a somatic mutation produced by the antigen. Although there is no proof for either of these possibilities, we cannot exclude them. In view of the demonstrated long persistence of the antigen it seems to me simpler to attribute to the antigen a role in continued antibody formation rather than to deny it.

Our view on the template role of the antigen is also supported by our investigations on the mechanism of the anamnestic (secondary) response. BURNET and other scientists who adhere to a selective theory claim that the template theory, sometimes called 'instructive theory' of antibody formation, cannot explain the intensity and rapidity of the *anamnestic reaction*. According to the classical observations the primary response is of very short duration. The precipitin test, after a single injection of the antigen, becomes negative after 3—4 weeks. If at that time a second dose of the antigen is injected an intense anamnestic reaction is observed.

How can this be explained? The followers of the selective theories attribute the intensity of the secondary reaction to the multiplication of antibody forming sites, and support this view by the demonstration of a large number of plasma cells at the onset of the anamnestic reaction, i. e., 3—4 days after the second injection of the antigen. However, this multiplication of antibody forming cells takes place *after* the second injection and not between the first and second injection. Consequently, this cannot be the reason for the intensity of the secondary response.

We have found a much simpler reason for the secondary response, namely the presence of circulating antibody *before* the second injection of the antigen, in spite of the negative precipitin test. We detected this circulating antibody when we used the much more sensitive passive hemagglutination test with antigen-coated erythrocytes [49]. Using this test we find that rabbits injected with a single dose of ovalbumin (OA) or bovine serum albumin (BSA) contain in their serum anti-OA or anti-BSA for many months, in some cases for more than a year. If these animals are injected with a second dose of the same antigen, the antibody titer of their serum becomes immediately negative. This indicates that the reinjected antigen combined with the circulating antibody. It is reasonable to assume that the large antigen-antibody complexes are rapidly eliminated by phagocytes and that the reinjected antigen is bound to those cells which are responsible for the continuous formation of the homologous antibody.

The combination of the reinjected antigen with antibody is comparable to the combination of antigen with adjuvants. Both processes may have the same effect, namely rapid phagocytosis of the antigen and its incorporation into those cells which already have the capacity of forming the homologous antibody. In view of our findings it is not necessary to invoke any 'memory' of the cells as explanation for the anamnestic reaction. It is simply the reaction of an organism with circulating antibody in contrast to the primary reaction which is the reaction of an organism whose fluids and cells are free of any antibody to the injected antigen. The distinction between primary and anamnestic reaction is much less pronounced in particulate antigens than in soluble antigens because the former, owing to their particulate nature, lead quite generally to phagocytosis and rapid incorporation into the antibody forming cells.

The proponents of selective theories of antibody formation also claim that the template theory cannot explain the *self-recognition mechanism*, the property of an organism to produce antibodies only against foreign and not against his own proteins. I doubt that such a self-recognition exists. The organism forms antibodies against his own thyroid protein, against his brain proteins, proteins of his eye lens, against his kidney proteins if these by injury of the respective organs pass into the circulation. Many of the diseases which remained unexplainable, can now be explained by the formation of autoantibodies. The sympathetic ophthalmia is one of them. It seems that *the only proteins against which the organism cannot form antibodies are those which continuously circulate in the blood stream*. These include not only the normal serum proteins but also foreign proteins if they are repeatedly infused intravenously. DIXON and his co-workers[50] have demonstrated convincingly that rabbits after repeated injection of large doses of bovine serum albumin are unable to form antibodies to this protein. They are tolerant to BSA as long as there is an excess of BSA in their circulation. It is clear from these observations that the organism does not differentiate between autologous and heterologous proteins but that it differentiates merely between those proteins which circulate in his vascular system and other proteins which do usually not circulate in the blood stream. Antibodies are formed against invading foreign proteins as well as against autologous proteins when these penetrate into the body fluids. In view of these phenomena it seems to me that we are not entitled to claim self-recognition.

The strongest argument in favor of the template role of the antigen and against the selective theories is the formation of antibodies against the synthetic determinants of the azoprotein antigens which never have been observed in nature. It seems to me unreasonable to assume that the organism should contain cells or subcellular units predestined to form antibodies against dinitrophenyl groups, azophenylarsonate residues, quaternary ammonium salts and similar synthetic chemicals, and that each of these haptens after injection should then select among these thousands of cells or subcellular granules those which form the homologous antibody. If we reject this view, we reject all selective theories and are left with the instructive theories according to which the injected or invading antigen interferes with γ-globulin biosynthesis in a manner which leads to the formation of antibodies instead of normal γ-globulins.

We still do not know in which phase of the biosynthesis of antibodies the antigen interferes. According to the views presently held by biochemists and biophysicists information is transmitted from DNA to RNA, and then from RNA to protein, but not in the opposite direction, nor from protein to protein. However, when we inject a protein antigen, information is doubtlessly transmitted from the antigenic protein either to the nucleic acids or to protein. This is in contradiction to the views mentioned above and demonstrates clearly that these views need to be modified. It is not very probable that the antigen interferes in the first phases of globulin biosynthesis, i. e., in the activation of amino acids, and in their linkage to s-RNA. More probably, the presence of the antigen may affect the assembly of the amino acids in the newly formed peptide chain, or it may interfere only in the last phase of protein biosynthesis, in the folding of the newly formed peptide chain and in the combination of the A and B chains.

The interference of the antigen in the assembly of amino acids is supported by the findings of differences in the amino acid content[27] and in the fingerprints[28-30] of antibodies of different specificity. However, the interpretation of all these findings is made uncertain by our inability to prepare pure, homogeneous antibodies. The differences found in the peptide maps of antibodies of different specificity are so small that they might be caused by heterogeneity and need not reflect differences in the combining sites. The necessity for the continuous presence of antigen or its fragments has been demonstrated convincingly by the repeated transfer of antibody forming cells to and their colonisation in neonatal or irradiated animals of the same species[43]. In all these experiments antibody formation ceases when the antigen, owing to division of the cells, is diluted and its concentration decreases to less than a certain minimum value. Antibody formation is resumed again by incubation of the transferred cells with a small amount of antigen. In view of these results we have no reason to invoke selection at the cellular or subcellular level or permanent changes (mutations) in the genetic apparatus.

Many protein chemists assume at present that the conformation of the peptide chains is determined unequivocally by their amino acid sequence. Indeed, this has been proved for several proteins of low molecular weight. This does not mean, however, that a definite conformation can be brought about by only *one* definite amino acid sequence. We know that complementariness to a definite determinant group of the antigen can be accomplished by antibodies of different animal species and that the amino acid composition and sequence of these antibodies are different as shown by our peptide maps of rabbit and chicken antibodies to the azophenylarsonate group.

It seems to me reasonable to assume that the assembly of amino acids and the acquisition of a definite conformation of the growing peptide chain occur almost simultaneously while parts of the peptide chain are still bound to the ribosomes, and that the antigen or its determinant fragment interfere with this process by acting as a template and forcing onto the growing peptide chain a complementary conformation. This need not interfere, in general, with the assembly of the amino acids of the nascent γ-globulin molecule, but may occassionally cause deviations from the normal amino acid sequence either in the combining site or in other parts of the antibody molecule. Further experiments are necessary to find out whether this is the way in which mutual complementariness between the antigenic determinants and the combining groups of the antibody is accomplished.

References

[1] BELFANTI, S., e T. CARBONE: Arch. Sci. med. **22**, 9 (1898).
[2] WU, H., L. CHENG, and C. LI: Proc. Soc. exp. Biol. (N. Y.) **25**, 853 (1927).
[3] HEIDELBERGER, M., and F. E. KENDALL: Science **72**, 252 (1930).
[4] BREINL, F., u. F. HAUROWITZ: Z. physiol. Chem. **192**, 45 (1930).
[5] MUDD, S.: J. Immunol. **23**, 423 (1932).
[6] ALEXANDER, J.: Protoplasma **14**, 296 (1931).
[7] HAUROWITZ, F.: Z. physiol. Chem. **245**, 23 (1936).
[8] HAUROWITZ, F., S. TEKMAN, M. BILEN, and P. SCHWERIN: Biochem. J. **41**, 304 (1947).
[9] CAMPBELL, D. H., E. LUESCHER, and L. S. LERMAN: Proc. nat. Acad. Sci. (Wash.) **37**, 575 (1951); MALLEY, A., D. H. CAMPBELL: J. Amer. chem. Soc. **85**, 487 (1964).
[10] GURVICH, A. E., O. B. KUZOVLEVA, and A. E. TUMANOVA: Biokhimya **26**, 934 (1961).
[11] MOUDGAL, N. R., and R. R. PORTER: Biochim. biophys. Acta (Amst.) **71**, 185 (1964).
[12] BAUER, D. C.: J. Immunol. **91**, 323 (1963).
[13] OUDIN, J.: J. exp. Med. **112**, 125 (1960).
[14] DRAY, S., G. O. YOUNG, and L. GERALD: J. Immunol. **91**, 403 (1963).

[15] FAHEY, J. L.: Advanc. Immunol. 2, 43 (1963).
[16] PORTER, R. R.: Biochem. J. 46, 479 (1950).
[17] PORTER, R. R.: Biochem J. 73, 119 (1959).
[18] NISONOFF, A., and M. M. RIVERS: Arch. Biochem. 93, 460 (1961); PALMER, J. L., W. G. MANDY, and A. NISONOFF: Proc. nat. Acad. Sci. 48, 49 (1962).
[19] EDELMAN, G. M., and B. BENACERRAF: Proc. nat. Acad. Sci. 48, 1035 (1962).
[20] FLEISCHMAN, J. B., R. H. PAIN, and R. R. PORTER: Arch. Biochem. Suppl. 1, 174 (1962).
[21] EDELMAN, G. M.: Proc. nat. Acad. Sci. 50, 753 (1963).
[22] COHEN, S., and R. R. PORTER: Biochem. J. 90, 278 (1964).
[23] FRANĚK, F., and R. S. NEZLIN: Biokhimya 28, 193 (1963).
[24] EDELMAN, G. M., D. E. OLINS, T. A. GALLY, and N. D. ZINDER: Proc. nat. Acad. Sci. 50, 753 (1963).
[25] SMITH, E. L., M. L. MCFADDEN, A. STOCKWELL, and V. BUETTNER-JANUSCH: J. biol. Chem. 214, 197 (1955).
[26] FLEISCHER, S., R. L. HARDIN, J. HOROWITZ, M. ZIMMERMAN, E. GRESHAM, Z. STARY, and F. HAUROWITZ: Arch. Biochem. 92, 328 (1961).
[27] KOSHLAND, M. E., and F. M. ENGLBERGER: Proc. nat. Acad. Sci. 50, 61 (1963).
[28] GURVICH, A. E., R. B. KAPNER, and R. S. NEZLIN: Biokhimya 24, 144 (1959); GURVICH, A. E., L. M. GUBERNYOVA, and K. N. MYASOEDOVA: Biokhimya 26, 468 (1961).
[29] GITLIN, D., and E. MERLER: J. exp. Med. 114, 217 (1961).
[30] GROFF, J. L., and F. HAUROWITZ: Immunochem. 1, 31 (1964.)
[31] PAULING, L.: J. Amer. Chem. 62, 2643 (1940).
[32] PAULING, L., and D. H. CAMPBELL: J. exp. Med. 76, 211 (1942).
[33] HAUROWITZ, F., and P. SCHWERIN: Arch. Biochem. 11, 515 (1946).
[34] MORRISON, J. L.: Canad. J. Chem. 31, 216 (1953).
[35] KARUSH, F.: J. Amer. chem. Soc. 79, 5323 (1957).
[36] HAUROWITZ, F., and CHARLES F. CRAMPTON: J. Immunol. 68, 73 (1952).
[37] CRAMPTON, C. F., H. H. RELLER, and F. HAUROWITZ: Proc. Soc. exp. Biol. (N. Y.) 80, 448 (1952).
[38] CRAMPTON, C. F., H. H. RELLER, and F. HAUROWITZ: J. Immunol. 71, 319 (1953).
[39] ROBERTS, A. N., and F. HAUROWITZ: J. exp. Med. 116, 407 (1962).
[40] CHENG, H. F., M. DICKS, R. H. SHELLHAMER, E. S. BROWN, A. N. ROBERTS and F. HAUROWITZ: Proc. Soc. exp. Biol. 106, 93 (1961).
[41] FELTON, L. D.: J. Immunol. 61, 107 (1949).
[42] GARVEY, J. S., and D. H. CAMPBELL: J. exp. Med. 105, 361 (1957).
[43] NOSSAL, G. J. V.: Immunology 3, 109 (1960).
[44] JERNE, N. K.: Proc. nat. Acad. Sci. 41, 849 (1955).
[45] BURNET, F. M.: The Clonal Selection Theory of Acquired Immunity. Nashville, Tennessee: Vanderbilt Univ. Press. 1959.
[46] ATTARDI, G., E. LENNOX, M. COHN, and K. HORIBATA: J. Immunol. 92, 335 (1964).

[47] TRENTIN, J. J., and W. J. FAHLBERG: In: Conceptual Advances i. Immunol. a. Oncology, p. 66. New York: Hoeber 1963.
[48] BURNET, F. M.: In: Conceptual Advances in Immunology a. Oncology p. 72. New York: Hoeber 1963.
[49] RICHTER, M., and F. HAUROWITZ: J. Immunol. 84, 420 (1960).
[50] DIXON, F. J., P. H. MAURER, and W. O. WEIGLE: J. Immunol. 74, 188 (1955); J. exp. Med. 101, 245 (1955).

Diskussion

GRABAR: Der Beifall zeigt, wie interessiert alle waren an den so gut erklärten Theorien. Und ich muß noch bemerken (leider ist es mir etwas schwer, das in Deutsch zu sagen), daß Sie gezeigt haben, wie neutral Sie sind: Sie haben die Theorien von anderen erklärt und einige Bestätigungen gegeben, und andererseits haben Sie Ihre eigenen Theorien kritisiert. Das war sehr schön.

HEIDELBERGER: Ich möchte zuerst sagen, daß ich noch nie eine so anregende und durchdringende Rede über Antikörper gehört habe. Ich möchte aber auch Herrn HAUROWITZ bitten, eine ganz kleine Modifikation zu machen: Er sagte nämlich, daß Protein-Antigene im Körper bleiben. Ich aber glaube, und wir haben jetzt ziemlich den Beweis dafür, daß wenigstens ein großer Teil der injizierten Proteine verschwindet. Wenn Herr HAUROWITZ die Liebenswürdigkeit haben würde zu sagen, daß *ein Teil* der Proteine bleibt, dann sind wir vollkommen zufrieden. Wenn man Diphtherietoxin in Menschen injiziert, dann bekommt man in 2 Wochen ein scharfes Maximum und dann sinkt die Menge des Antitoxins sehr schnell, kann aber endlich bis zu 65 Jahren nachweisbar bleiben, wie 1930 von KLAUS JENSEN gezeigt wurde. Wenn man aber Pneumokokken-Polysaccharide injiziert, auch bei Menschen, dann steigt die Menge des Antikörpers ebenfalls während 2—6 Wochen, bleibt dann aber monatelang auf demselben Niveau. Hier wissen wir, daß der Körper nicht die Enzyme besitzt, um Pneumokokken-Polysaccharide abzubauen. Wenn man nur 50 µg injiziert, so genügt das, um maximale Antikörperwirkung zu erzielen. Von Diphtherietoxin muß man mehr geben, und ein Teil verschwindet sicher; aber es ist auch klar, daß *ein Teil* lange erhalten bleiben muß.

HAUROWITZ: Ich hoffe, daß ich nicht den Eindruck erweckt habe, daß Antigen ständig liegen bleibt. Die Antigene, die wir injiziert haben, bleiben nur zu einem sehr kleinem Teil im Körper. Wir finden meist schon nach 24 Std 90% im Harn ausgeschieden, nach einer Woche vielleicht 99%. Nach einer Woche bleibt also nur 1% im Körper und nach einem Monat ein viel, viel kleinerer Teil. Nur ganz kleine Teile bleiben zurück, aber es sind immer noch, wenn man es nachrechnet, in der Größenordnung etwa 1000 Antigenmoleküle pro Zelle.

HAŠEK (Prag): Ich möchte ein Beispiel geben, das Ihre Meinung über das Wesen der Autoimmunität nur bestätigt. Schon LANDSTEINER und METSCHNIKOFF immunisierten erwachsene, männliche Meerschweinchen mit Testes, inkorporiert in komplettem Freund-Adjuvans. Die gebildeten Antikörper führten zu einer schweren Schädigung der Testikel der immunisierten Tiere und damit dem Wesen nach zu einer immunologischen Kastration. Wir konnten an einem ähnlichen System zeigen, daß Meerschweinchen, injiziert als Neugeborene mit einem aus Testen stammenden Lipoprotein, nicht mehr in der Lage sind, Autoantikörper gegen ein entsprechendes Antigen zu bilden.

In diesem Zusammenhang möchte ich die Frage stellen, welche Vorstellungen Sie über den zugrunde liegenden Mechanismus haben? Ich denke hier vor allem an Arbeiten, die sich mit Protozoen wie Paramäcien beschäftigt haben. Ich könnte mir vorstellen, daß eine pluripotente genetische Information auch durch äußere Faktoren möglicherweise auf dem Weg über die Ribonucleinsäure beeinflußt werden könnte.

HAUROWITZ: Zu dem 1. Punkt habe ich nicht viel zu sagen. Vielleicht möchte ich eine Sache hinzufügen, da ja hier viele Mediziner sind: Ich glaube der eindrucksvollste Fall von Autoimmunität und Bildung eines Antikörpers gegen ein eigenes Protein ist die sympathische Ophthalmie. Wenn ein Auge verletzt wird, so ist das andere gefährdet. Das verletzte Auge sendet körperfremde Proteine, zirkulationsfremde Proteine in die Zirkulation. Es werden Antikörper gegen Augenproteine gebildet und das andere Auge wird zerstört. Das ist ein sehr eindrucksvoller Fall. Zu der 2. Frage von Dr. HAŠEK: Ich möchte sagen, es ist richtig — mein Kollege SONNEBORN/Bloomington arbeitet über Paramäcien. Und in den Paramäcien findet man ein sonderbares Phänomen. Ihre Oberfläche enthält ein Antigen, ein Protein, das, wenn man es Kaninchen injiziert, Antikörper hervorruft. Wenn man diese Antikörper auf ein Paramäcium oder eine Kolonie von Paramäcien dieser Art wirken läßt, dann werden sie immobilisiert. Nach einer Weile beginnen sie sich wieder zu bewegen und haben nun ein anderes Antigen an ihrer Oberfläche. Sie bilden ein neues Antigen, ein neues Eiweiß; mit diesem kann man wieder Kaninchen injizieren und kann sie wieder stillegen; sie bilden dann ein 3. Antigen. Dies bedeutet, wie Dr. HAŠEK klar sagt, daß man Eiweißbildung beeinflussen kann durch äußere Agentien, in diesem Fall durch Antikörper. Es ist eine Auswahl zwischen verschiedenen Möglichkeiten. Diese Paramäcien haben allerdings in ihrem Cytoplasma sog. $\varkappa$-Teilchen, welche Desoxyribonucleinsäure enthalten. Das Cytoplasma ist verantwortlich für die Modifikation der Eiweißsynthese; dies ist ein gutes Beispiel für Änderung der Eiweißsynthese entgegen dem sog. zentralen Dogma.

SPRINGER: Zwei Fragen: Die eine bezieht sich auf die sympathische Ophthalmie, mit der ich mich aus persönlichen Gründen beschäftigen mußte. Nachdem, was ich in der Literatur gefunden habe — auch von sehr guten Augenärzten — ist es nur die wahrscheinlichste Hypothese, es ist noch nicht nachgewiesen, daß die sympathische Ophthalmie ein Autoimmunvorgang ist. Es wäre wunderbar, wenn einer den wirklich tragischen Vorgang einmal aufklären könnte, daß man etwas dagegen tun kann. Der Vorgang ist so: wenn an einem Auge eine offene Verletzung, besonders des Irisgewebes, existiert, so besteht Gefahr, daß Erblindung auf dem gesunden Auge eintritt.

Und die 2. Frage: Ist es völlig erklärt, warum man keine anamnestische Reaktion gegen Polysaccharide bekommt (s. HEIDELBERGER, Kap. 5, in: The Nature and Significance of the Antibody Response, Columbia Univ. Press, 1953) ? Ist es dadurch erklärt, daß die Enzyme des Organismus Polysaccharidantigene nicht abbauen ?

HAUROWITZ: Ich wußte nicht, daß man bei Polysacchariden keine anamnestische Reaktion bekommt, aber ich würde sagen, daß die Polysaccharide hochmolekular sind und daß die 1. Reaktion, die man bei ihnen bekommt, schon eine sekundäre Reaktion sein mag. Das gilt nämlich für partikuläre Antigene im Gegensatz zu den löslichen Antigenen, die wir immer verwenden. Werden partikuläre Antigene wie Bakterien injiziert, findet man einen viel kleineren Unterschied zwischen primärer und sekundärer Reaktion. Der große Unterschied findet sich bei den löslichen Antigenen.

ROWLEY (Adelaide): In common with the rest of the audience I have been fascinated by the talk from Prof. HAUROWITZ. One thing surprises me however, which is his rejection of the idea of self-recognition. His own slide comparing the elimination by rabbits of BGG or rabbit GG demonstrates, of course, that there is no phase of rapid elimination of the homologous protein. We have to explain this difference. According to BARRET's ideas we would say that there already exists in rabbits serum minute amounts of antibody synthesis. Against the homologous serum globulin there are no circulating antibodies, no complex formation and therefore no phagocytosis of antigenic material. It is perhaps only under conditions where homologous materials are attached or adsorbed to particles which permit phagocytosis, that autoantibody formation can occur.

HAUROWITZ: Es ist richtig, was Dr. ROWLEY sagt. Es besteht ein Unterschied zwischen Injektion von *Kanincheneiweiß* und von *Rindereiweiß* an ein Kaninchen. Während der ersten Tage wird eine enorme Menge ausgeschieden und geht verloren. Es hängt sehr davon ab, in welchem Zustand man diese Antigene injiziert. Wenn man sie, wie auf einem Diapositiv gezeigt war, als lösliche Antigene injiziert, dann findet man am Anfang wirklich keinen großen Unterschied und nach einigen Tagen einen deutlichen Unterschied. Warum findet man ihn nicht gleich ? Das Rinderserumalbumin ist natürlich fremd für Kaninchen und in der Zirkulation vor der Injektion nicht vorhanden. Ich selbst glaube — das ist wieder nur eine Anschauung, die ich nicht beweisen kann —, daß von diesem injizierten Antigen nur ein sehr kleiner Teil in die Zellen gelangt, welche für die Antikörperbildung wichtig sind. Der kleine Teil, der phagozytiert wird, war wahrscheinlich in der Zirkulation irgendwie an größere Teilchen gebunden und gelangt mehr oder weniger zufällig in die Phagocyten. Das ist der Grund für die langsame primäre Reaktion, welche 8, 10 oder 12 Tage beim Kaninchen braucht, beim Menschen 20 Tage, bevor Antikörperbildung eintritt.

ANDERER: Ich stehe auch ungefähr wie Sie unter dem großen Dogma, das Sie gerade angedeutet haben, und ich möchte Sie daher fragen, ob Sie in Ihrem Schema das Vorhandensein einer definierten messenger-RNS ausschließen.

252   Diskussion:

HAUROWITZ: Nein.

ANDERER: Wenn Sie eine messenger-RNS haben, dann brauchen Sie ja keine andere Matrize, denn die messenger-RNS hat ja die gesamte Information für eine definierte Aminosäuresequenz.

HAUROWITZ: Dies zu erörtern, würde eine lange Diskussion geben.

ANDERER: Es gibt eine Arbeit von J. W. UHR, der gefunden hat, daß er mit Actinomycin D eine sekundäre Immunisation (Titeranstieg von spezifischen Antikörpern) hemmen kann. Das heißt, er unterbindet die Synthese einer RNS, die von einer DNS-Matrize abhängig ist. Das weist doch irgendwie in die Richtung des allgemeinen Dogmas.

HAUROWITZ: Ich habe vielleicht in dem Schema vereinfachend nur *eine* RNA gezeigt, nicht die messenger-RNA, nur die sRNA. Natürlich ist die messenger-RNA die, welche wirkt. Aber die Frage ist: Hat das Antigen überhaupt einen Einfluß auf diesen Prozeß? Ich glaube, die Antwort ist: Ja. Sie sagen, daß alle Informationen in der messenger-RNA vorhanden sind — das ist die gegenwärtige Anschauung. Für Chemiker ist es außerordentlich schwer sich vorzustellen, wie eine Sequenz von Nucleotiden, eine Sequenz von Aminosäuren bestimmen soll. Die einzige Vorstellung, die ich mir machen kann, ist die, daß diese Sequenz von Nucleotiden eine Sequenz von enzymatischen Reaktionen mit 20 spezifischen Enzymen katalysiert und dirigiert und daß diese dann die verschiedenen Aminosäuren der Reihe nach einfügen. Dann erhebt sich die Frage, ob so etwas schon die komplementäre Formung voraussehen kann. Das ist für mich genau so schwer zu verstehen, wie die Ehrlichsche ursprüngliche Anschauung.

DECKER: Ich wollte eine allgemeinere Frage stellen. Wir kennen ja eine ganze Reihe von Mechanismen der Informationsübertragung im Organismus. Einerseits die Verdoppelung der Desoxyribonucleinsäure im Kern, das Kopieren der Information durch die messenger-RNS, die ribosomale Eiweißsynthese, die wir nach dem Basenpaarungsprinzip erklären, andererseits aber den Informationsübertragungsmechanismus, nach dem ein Enzym sein Substrat erkennt und den Mechanismus, nach dem der Antikörper das Antigen erkennt. Und ich möchte fragen, kann man da nicht doch etwas Gemeinsames sehen? Könnte man sich nicht denken, daß z. B. die Antikörper-Antigenreaktion, die ja erst beim höheren Tier zu finden ist, eine phylogenetische Weiterentwicklung des allgemeinen Enzymsubstratmechanismus ist? Man kennt ja adaptative Enzyme gegen körperfremde Substanzen, etwa Morphin. Und könnte das nicht eine Verallgemeinerung und gleichzeitige Spezialisierung sein, daß an dem Objekt γ-Globulin unter Verlust der Katalysewirkung nun ein *allgemeiner* Mechanismus aufgebaut worden ist, der sich an alles anpassen kann?

HAUROWITZ: Diese Anschauung wurde tatsächlich von BURNET und FENNER vor ungefähr 12 Jahren vorgetragen in ihrem ersten Buch über Antikörperbildung. BURNET hat sie fallengelassen, weil wir heute wissen, daß die sog. adaptive Enzymbildung eigentlich induzierte Enzymbildung eines in kleinen Mengen vorhandenen Enzyms ist. Ich meine, die Potentialität dazu ist von vorn herein vorhanden. Es würde sehr weit führen, wenn ich darüber sprechen würde. Vielleicht sollte ich damit schließen. Vor einem Jahr hat einer der Vertreter des zentralen Dogmas, wie Sie selbst es nennen, SIDNEY BRENNER, in Philadelphia einen wunderbaren Vortrag gehalten über all diese Ansichten und das zentrale Dogma. Er zeichnete eine Kette von Aminosäuren an die Tafel. Dann zeichnete er eine parallele Kette von Nucleotiden. Und schließlich zeichnete er ein leeres Viereck.

black box | □ |

Als ihn jemand fragte: what is that? sagte er: "this is the black box with the mechanism which explains the coding". — Und so ist es heute noch. Ich glaube, daß wunderbare Arbeiten gemacht worden sind, z. B. die Arbeit von NIRENBERG über coding. Aber ich habe vor 8 Tagen mit NIRENBERG gesprochen und ihn gefragt, ob er etwas mehr über die „schwarze Schachtel" wüßte. Er weiß nicht mehr, und ich weiß es auch nicht.

EIGEN (Göttingen): Ich wollte nur eine kurze Bemerkung zur Klassifizierung von „instruktiv" und „selektiv" machen. Mir scheint, daß diese Unterscheidung nur eine Frage der Bezugsebene ist. Phänomenologisch gesehen ist der Gesamtmechanismus „instruktiv". Die Produktion von Antikörpern wird durch das Antigen stimuliert und wird mit zunehmender Stimulierung effektiver. Auf der untersten molekularen Ebene gibt es nur Selektivität. Auch das Herausfinden des Aminosäurecodes, der Nucleotidsequenz, ist ein selektiver Mechanismus, dessen Programm im Laufe der Evolution entstanden ist. Die Frage, die hier also zu stellen ist, lautet: Bedeutet „instruktiv", daß die Programmierung eines spezifischen Antikörpers nicht in der Evolution stattgefunden hat, sondern erst durch das Antigen herbeigeführt wird, und heißt „selektiv", daß diese Arbeit bereits in der Evolution vorweg genommen wurde, und bei Auftreten des Antigens nur noch eine Zuordnung (mit Produktionsansteuerung) erfolgt. Man sollte also die Diskussion von „selektiv" und „instruktiv" auf die Ebene der Proteinsynthese beschränken. Die Frage läßt sich jedoch z. Z. noch nicht eindeutig beantworten. Es ist sehr wahrscheinlich, daß keiner der beiden Extremfälle vorliegt. Bei einem Selektivmechanismus müssen wir nicht unbedingt annehmen, daß die gesamte Information für die Aminosäuresequenzen sämtlicher Antikörper in den Genen vorcodiert ist und nur noch herausgelesen zu werden braucht. Es kann durchaus ein Mechanismus vorliegen, bei dem innerhalb eines gewissen Zeitabschnitts mutations- bzw. rekombinationsartige Prozesse auftreten, während später dann eine selektive Zuordnung der Antigene zu den statistisch(?) erzeugten Antikörpern vorliegt. Hierbei ist natürlich noch ein Steuerungsmechanismus erforderlich, der für eine verstärkte Produktion im Falle erfolgter Zuordnung sorgt. Ein „semiselektiver" Mechanismus dieser Art wurde z. B. von LEDERBERG vorgeschlagen. Andererseits könnte man sich auch eine Reihe von semi-instruktiven Mechanismen vorstellen, wobei bestimmte vorcodierte Sequenzen in der richtigen Weise nach Instruktionen des Antigens aneinandergesetzt werden. Hier wäre ein instruktives Prinzip wirksam, das die bereits vorhandene Codierung nur noch in eine Sequenz von kategorisierten Teilstücken umsetzt. Da die Antikörper ja Proteine sind, die das Haptenmolekül mit Hilfe ihrer Tertiärstruktur, d. h. ihrer räumlichen Anordnung, „erkennen", kann man natürlich auf diese Weise eine immense Mannigfaltigkeit von Antikörpern aus einer relativ begrenzten, genetisch vererbbaren Informationskapazität erzeugen. Jedenfalls ist es sehr unwahrscheinlich, einen „rein instruktiven" Mechanismus anzutreffen, in dem eine Umkehrung der DNS-RNS-gesteuerten Proteinsynthese, also z. B. eine Protein-gesteuerte RNS-Synthese, vorliegt. Zum Verständnis des molekularen Mechanismus müßten wir mehr über die Steuerung der Proteinsynthese, also über Induktion und Repression sowie auch über den Mechanismus der genetischen Rekombination wissen.

HAUROWITZ: Das mag so sein. Ich glaube selbst, es gibt keine scharfe Trennungslinie zwischen selektiv und instruktiv, wenn man zum molekularen Niveau heruntergeht. Stellen Sie sich vor, daß der Organismus Billionen von verschiedenen γ-Globulinen formt. Wir können nun sagen: Das Antigen, das wir hineinsenden, wählt sich die richtigen Globuline aus, selektiv. Aber wir können auch sagen, das Antigen hindert einfach, daß diese sich wieder entfalten und in andere übergehen, instruktiv. Es ist sehr schwer, dann eine Grenze zu ziehen. Die Differenz zwischen selektiv und instruktiv ist eigentlich nur im cellulären oder subcellulären Niveau, aber nicht im molekularen Niveau vorhanden. Da kann man kaum davon sprechen. Die andere Frage ist die Entwicklungsfrage. Wir dürfen auf keinen Fall annehmen, daß das Antigen oder die determinante Gruppe, die volle Aminosäuresequenz des Antikörpers bestimmt, und daß zu jeder determinanten Gruppe eine und nur eine Sequenz gehört. Das ist sicher nicht so. Wir können z. B. eines dieser Azoproteine einem Kaninchen injizieren und dasselbe einem Huhn injizieren und beide bilden Antikörper gegen dasselbe Antigen, und die beiden Antikörper sind chemisch sicher verschieden, haben ganz verschiedene Aminosäurenzusammensetzungen und haben ganz verschiedene Sequenzen, wie Sie auf den fingerprints vorher gesehen haben. Und doch haben sie dieselbe Komplementarität. Es könnte sein, daß die Peptide, die an der Komplementarität oder an einer bindenden Gruppe beteiligt sind, identisch sind; dies ist jedoch unwahrscheinlich. Denn das Hühnereiweiß ist so verschieden vom Kanincheneiweiß, daß das kaum anzunehmen ist. Es ist die Frage, ob *eine* tertiäre Struktur durch *verschiedene* primäre Strukturen erreicht werden kann. Ich weiß, daß ich damit im Gegensatz zu vielen Eiweißchemikern stehe, die annehmen, daß die primäre Struktur die tertiäre Struktur vollkommen bestimmt.

Umfaltung von γ-Globulinen in vitro

Von P. HAUX und F. TURBA (†)

Physiologisch-chemisches Institut der Universität Würzburg

Mit 4 Abbildungen

Grundgedanke unserer Versuche war es, eine *Konformationsänderung von γ-Globulinen unter Anpassung an ein geeignetes Antigen vorzunehmen.*
Diese Konformationsänderung sollte durch Öffnung einer begrenzten Zahl von Disulfidbrücken eingeleitet und das partiell reduzierte γ-Globulin dann in Gegenwart des Antigens Dinitrophenyl-Albumin reoxydiert werden, um auf diese Weise eine stabile, zum Antigen komplementäre Struktur zu erzeugen.

Eine Schwierigkeit bei derartigen Versuchen ist die *zwischenmolekulare* Reaktion der entfalteten Proteinmoleküle beim Versuch der Anfaltung an das Antigen, deren Folge bei γ-Globulinen irreversible Denaturierung ist. Dieses Hemmnis wurde weitgehend umgangen durch die Fixierung des Antigens an den Austauscher DEAE-Cellulose. Dabei erkannten wir einen genügend großen Abstand der bindenden Gruppen des Austauschers, also eine hinreichend kleine Kapazität, als wesentlich. Auf diese Weise konnte die Reoxydation durch Sauerstoff in einer Suspension stattfinden, in der das γ-Globulin in relativ kleiner Konzentration vorhanden war und dennoch mit den austauscher-fixierten DNP-Albuminmolekülen durch Rühren in intensive Berührung kam (Abb. 1).

Das Schema zeigt die durchgeführten Arbeitsgänge. Dinitrophenyliertes Human-Albumin (DNP-Albumin) wurde an DEAE-Cellulose kleiner Bindungskapazität (1,1 mg des Proteins/g Austauscher) bis zur Sättigung fixiert und der Überschuß entfernt. Mit 2-Mercaptoäthanol wurden von den 19 Disulfidbrücken im Kaninchen-γ-Globulinmolekül im Mittel 5,5 reduktiv geöffnet, das Reduktionsmittel an Sephadex abgetrennt, die Lösung des reduzierten Proteins unter Stickstoff in die Suspension des Adsorbats eingerührt (DNP-Albumin an DEAE-Cellulose) und das Gemisch während 24 Std durch Sauerstoff reoxydiert.

Abb. 2 zeigt schematisch das Ergebnis. Bei der Reoxydation der reduzierten γ-Globulinmoleküle wird ein kleiner Teil an das fixierte DNP-Albumin angefaltet, der größte Teil faltet zur Normalform zurück.

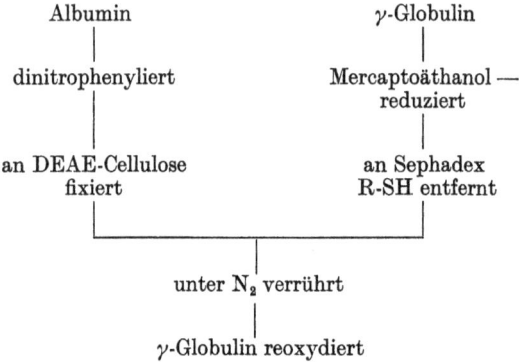

Abb. 1. Schema der Arbeitsgänge zur Umfaltung von γ-Globulin

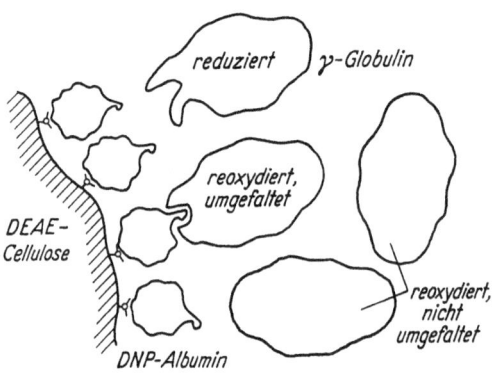

Abb. 2. Modell zur Umfaltung von γ-Globulin

Die Aufarbeitung ergibt sich aus Abb. 3.

Zur Entfernung von nicht gebundenem γ-Globulin wurde die Suspension im Chromatographierohr mit 0,01 m Trispuffer pH 7,0 gewaschen, bis das Eluat proteinfrei war ($E_{280 m\mu}$). Die Isolierung von umgefaltetem γ-Globulin erfolgte durch Elution der Proteine von der DEAE-Cellulose mit einer Lösung von 0,05 m Tris, 0,15 m-NaCl, pH 9,5, unter Zusatz von ε-DNP-Lysin als dissoziierendes Agens (Hapten); vgl. Abb. 4. Nach Konzentrierung des Eluats und Entfernung eines Niederschlages wurden bei der Chromatographie an DEAE-Sephadex 3 Fraktionen erhalten. Fraktion 1 entsprach γ-Globulin, Fraktion 2 ε-DNP-Lysin, Fraktion 3 γ-Globulin mit gebundenem ε-DNP-Lysin.

Umfaltung von γ-Globulinen in vitro 257

Fraktion 1 und 3 zeigen in der analytischen Ultrazentrifuge das gleiche Sedimentationsverhalten wie natives γ-Globulin in der entsprechenden Konzentration.

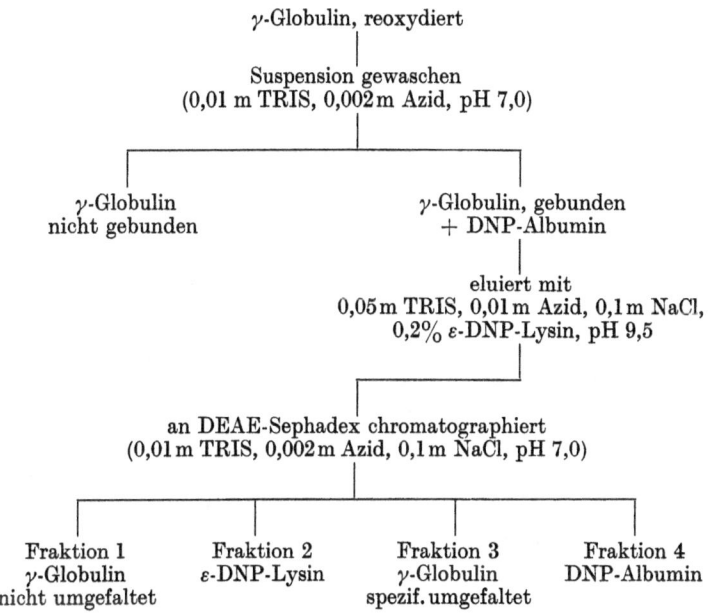

Abb. 3. Schema der Arbeitsgänge zur Fraktionierung der Umfaltungs-Produkte

Bei der Gleichgewichtsdialyse dagegen verrät Fraktion 3 eine wesentlich stärkere Bindung des radioaktiv-markierten Haptens ^{14}C-ε-DNP-Lysin als Zeichen seiner Anfaltung an DNP-Albumin im Vergleich zur Fraktion 1, dem nicht umgefalteten γ-Globulin (Tab. 1).

Natives γ-Globulin verhält sich wie Fraktion 1.

Über den Grad der Spezifität der Reaktion können wir Abschließendes noch nicht sagen. Für Antikörper gegen DNP-Albumin, der wie üblich in vivo gewonnen war, fanden wir abnehmende Bindung der folgenden Haptene in der Reihenfolge: ε-N-(2,4-Dinitrophenyl-)lysin,

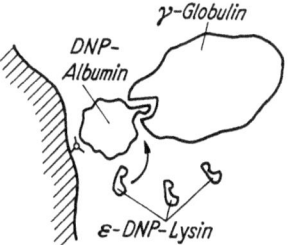

Abb. 4. Modell der dissoziierenden Wirkung von ε-DNP-Lysin

15. Mosbacher Colloquium 17

Tabelle 1

	Fraktion 1	Fraktion 3
S_6, 20°	$6,7 \cdot 10^{-13}$ sec	$6,8 \cdot 10^{-13}$ sec
Bindung ^{14}C-ε-DNP-Lysin	0,17	2,3
Mole/Mol γ-Globulin	0,12	1,6

ε-N-(p-Nitrobenzoyl-)-lysin, ε-N-(3,5-Dinitrobenzoyl-)lysin, ε-N-(p-Chlorbenzoyl-)lysin. Analoge Untersuchungen für das in vitro umgefaltete γ-Globulin sind in Vorbereitung.

Dennoch ist der geschilderten Reaktion eine gewisse Spezifität nicht abzusprechen. Wurde nämlich die besprochene Reaktionsfolge *ohne* Umfaltung des γ-Globulins durch Reduktion und Reoxydation durchgeführt, oder wurde diese Umfaltung *ohne* austauschergebundenes DNP-Albumin vorgenommen, so wurde in keinem Fall eine Fraktion 3 erhalten.

Die relativ geringe Ausbeute an umgefaltetem γ-Globulin (etwa 0,5% der eingesetzten Menge) entspricht der Erwartung, daß nur ein kleiner Teil der reduzierten Moleküle bei der Reoxydation zufällig in räumlich richtigen Kontakt mit den fixierten Antigen kommt; doch mag hinzukommen, daß nur ein Teil des inhomogenen γ-Globulingemisches zur Umfaltung an eben *dieser* antigenen Gruppe, dem 2,4-Dinitrophenylrest, prädestiniert ist.

Die Versuche stehen im Einklang mit einer Theorie von KARUSH, der für γ-Globulin infolge der großen Zahl von Disulfidbrücken eine Vielfalt energetisch nahezu gleichwertiger Konformationen annimmt. Für die Frage der Biosynthese von Antikörpern besagen sie immerhin, daß eine Anfaltung an Matrizen *während* der Biosynthese im Sinn der Theorie von HAUROWITZ-BREINL-PAULING zumindest *möglich* ist, sei es auch ausgehend von jeweils für das Antigen spezifischen (evtl. auch in der Primärstruktur unterschiedlichen) γ-Globulinen bestimmter Zellclone.

Diskussion

HAUROWITZ: Kurz nachdem das Protokoll der ersten Versuche von Kollegen TURBA erschienen ist, erschien in den Proceedings of the National Academy of Sciences in Washington eine Arbeit von TANFORD u. Mitarb. Diese haben mehr oder weniger dasselbe Problem untersucht und sind zu einem unterschiedlichen Ergebnis gekommen. Sie haben eine ganz andere

Methode angewandt. Sie haben einen Antikörper genommen, haben den Antikörper durch Reduktion entfaltet und ihn dann durch Reoxydation wieder zurückgefaltet, in Abwesenheit von Antigen oder Hapten und fanden wieder dieselbe Antikörperwirkung. Sie schließen daraus, daß die Primärstruktur des Antikörpers die Anpassung an ein Antigen bestimmt. Es ist sehr wichtig, in diesen Versuchen zu wissen, ob wirklich komplette Entfaltung stattfand. TANFORD und seine Mitarbeiter glauben dies durch die optische Rotation und Rotationsdispersion nachgewiesen zu haben. Ich bin sehr skeptisch gegen alle Schlüsse, die aus der optischen Rotation und Rotationsdispersion abgeleitet werden. Viele Eiweißkörper, die als Helixes angesehen wurden, sind jetzt als helixfrei erkannt worden. Übrigens sind Antikörper helixfrei. Deshalb kann ich diesem Versuch nicht sehr viel Wert beilegen, aber es ist sicher eine sehr interessante Frage. Ich glaube, sie bleibt ungelöst. Immerhin besteht ein gewisser Widerspruch zwischen den Versuchen von TANFORD und den Versuchen von TURBA und seinen Mitarbeitern.

ANDERER: Ich möchte noch einmal zu der Arbeit von TANFORD Stellung nehmen. Ich glaube, daß TANFORD sehr gut gezeigt hat, daß eine große Konformationsänderung vorliegt, wenn er seine spezifischen Antikörper entfaltet. Er findet doch immerhin eine große Änderung der optischen Rotation.

HAUROWITZ: Ich zweifle nicht an der Änderung der optischen Rotation. Die Befunde sind einwandfrei. Nur die Interpretation ist schwierig. Denn die optische Rotation wird enorm beeinflußt durch Spaltungen von SS-Brücken. Das haben wir mit Fräulein WÜRZ gezeigt. Man kann ohne jede Umfaltung lediglich durch Spaltung von SS-Brücken die Drehung ändern. Sie brauchen nur Cystin zu nehmen und es zu Cystein zu reduzieren; die spezifische optische Drehung ändert sich um 300°.

Opsonins

By D. ROWLEY

University of Adelaide, Department of Microbiology
Adelaide, South Australia

As you will all know there was a great divergence of opinions at the beginning of this century about the mechanism of antibacterial immunity. METCHNIKOFF has described the phenomenon of phagocytosis by the wandering cells, which seemed to occur in all multicellular organisms, and he believed quite passionately that these scavenging cells were of predominant importance in defense against bacteria. Opposing views were held by NUTTAL, BORDET and others who were impressed by the fact that fresh serum from most mammals was rapidly bactericidal for many gram negative bacteria and that this effect was due to antibody and complement. Even when direct antibacterial effects could not be demonstrated *in vitro* they believed that antibody and humoral factors were the only determinants of bacterial elimination. In this they were no doubt influenced by the powerful and striking experiments of VON BEHRING and KITASATO and the protection which diphtheria-antitoxin provided against the disease — simulating effect of the toxin. It remained for ALMROTH WRIGHT to clarify the picture. By studying the *in vitro* interactions of bacteria and leucocytes he showed that for efficient and rapid phagocytosis to occur, serum was necessary in the system. He further demonstrated that the effect of the serum was on the bacteria, which acquired a coating enabling phagocytosis to proceed. The unknown but desirable serum constituents he called *"opsonins"* to indicate that they prepare bacteria for phagocytosis.

In the course of the past 50 years or so it has become evident that among the most important opsonic substances in nature are antibodies although other factors may be involved such as complement.

One may wonder therefore if there is any usefulness left in this term, could it not be replaced by antibody? In my opinion it is desirable to keep the term "opsonin" with its functional significance, particulary at this present time when we are learning of the existence of antibodies with the same specificity which may nevertheless cause different effects, dependent possibly on their ability to fix complement or not (BENACERRAF et al. 1963)[1].

Phagocytosis in the intact animal is mainly performed by the cells of the reticulo-endothelial system. In terms of phagocytic cells there is usually an enormous reserve which is more than adequate to deal with the day by day assaults from the animals environment. What may be and often is limiting, is the opsonin necessary for the functioning of the reticulo-endothelial cells. This is clearly understood in the case of the pneumococcus where phagocytosis cannot occur in the absence of anticapsular antibody but which, once it occurs, is always followed by destruction of the microbe inside the cell.

I would like to discuss what influence opsonic factors may play in two conditions. Firstly the so called "non specific" immunity which can be rapidly induced in many animals by the injection of minute amounts of bacterial lipopolysaccharide and secondly the "natural" immunity which certain species of animal posess which is lacking in other species. There are many examples of this species suspectibility — for example man is unique in attack by *Vibrio cholerae*, probably also by *Salmonella typhi*.

Mice seem to be quite unusually susceptible to *B. typhimurium*, in terms of numbers of organism required to establish infection whereas rats by contrast will resist at least 1 Million times more *S. typhimurium* organisms than mice. This last example — the susceptibility of mice to *S. typhimurium* compared with the resistance of rats, we chose for our studies on species susceptibility.

I will deal first with

Non specific immunity

You may recall the features of this phenomenon.

Injection of microgram quantities of lipopolysaccharides or endotoxin from gram negative organisms into laboratory animals confers on these, within 24 hrs, resistance to a whole range of microorganisms, both, bacteria and virus, which so far as can be determined today are antigenically not related to each other[2, 3].

In other words there is no similarity in specificity of chemical structure between the inducing lipopolysaccharides and the challenge organisms, hence the term non-specific immunity. Investigations into the mechanism of this acquired resistance lead us to study the activity of phagocytosis in such stimulated animals by comparison with normal ones. This was achieved using a number of separate techniques, for example *the clearance of intravenously injected bacteria by the whole animal* using the techniques described by BENACERRAF, HALPERN and colleagues[1]. The RES of animals stimulated by LP 24 hrs previously was always much more active in removing a variety of colloids than the normal control animals[2, 3]. This was so whether the particles were infectious bacteria or supposedly inert material like colloidal carbon or Thorotrast. At least a porportion of this effect was shown to be due to the serum and could be transfered to a normal mouse by the serum of non specifically immune mice, conferring on the recipient, enhanced RES activity.

Experiments with macrophage cultures *in vitro* gave similar results. Whilst the peritoneal macrophages from L. P. stimulated mice were more actively phagocytic than normal ones, an even greater phagocytic activity could be given to the macrophage cultures by incorporating serum from L. P. immune mice[7]. It looked as though the L. P. had induced in the serum a non-specific antibody which could opsonize any kind of particles.

The true explanation followed from the recent work of WHITBY and collegues[5], who showed that the bactericidal action of normal mammalian sera is due to the combined action of specific antibody and complement. They showed further that the same specific antibodies which were present in small amounts in normal sera increased rapidly following injection of L. P. and that this increase is quite divorced from specific antigenic stimulation. In other words, only the induction is non-specific, but the resulting immunity is as specific as though the animal had been given a large number of defined antigens simultaneously.

More recently this explanation has been further embellished by the finding that the natural antibacterial antibodies are of a peculiar kind called 19s macroglobulins, because of their high sedimentation constant and molecular weight. Injection of lipopolysaccharides appears to cause a general release of all the specific macroglobulins, which were previously being formed at low levels, which thus increase to perhaps 4 or 5 times their normal concentration[9]. This accounts for the short duration of non-specific immunity since macroglobulins tend to have short lives and quicker turn-over than 7s globulins.

The conclusion from all this work however is that L. P. induced resistance is dependent on the same highly specific opsonic factors (antibodies) which characterize acquired immunity following infection.

Species susceptibility of normal animals

When we compare the ability of rats and mice with respect to the clearance of intravenously injected *S. typhimurium* we find that rats remove the organisms very much more rapidly. This in itself does not signify much since such complicating factors as body weight, liver weight and circulation may all play a role. However, *in vitro* work comparing rat and mouse macrophages gives more decisive results. Here we can see that rat macrophages possess vigorous phagocytic powers for *S. typhimurium* which mouse macrophages do not show[10]. This phagocytic ability is entirely dependent on the presence of rat serum and when mouse macrophages are incubated with bacteria in rat serum they are seen to be as effective as the rat cells both at phagocyting and killing *S. typhimurium*. Again we are forced to the conclusion that the elaboration of specific 19 s opsonic antibodies is one of the determinants of species resistance to infection.

The part played by opsonins in infectious disease

Perhaps I have given you the impression that I believe opsonins to be the only important requirement for immunity. If so, I must now correct it, since there are examples available to show that even in presence of adequate opsonins animals may die from infection. In the case of *S. typhimurium* infection in mice, we may find the efficiency of the RES greatly increased and that serum contains plenty of opsonins, nevertheless the mice die because this increased RES efficiency has occured too late and the overwhelming numbers of bacteria cannot be dealt with.

Another important factor is the heterogeneity of cells in the RES with regard to their ability to kill bacteria. Using two strains of the same bacteria which can be identified by genetic markers, it can be shown that side by side in the RES (for example the Kupfer cells of the liver) there may exist phagocytic cells which can rapidly kill bacteria and others in which the bacteria may multiply. The proportion of competent cells may vary from time to time according to the animals recent immunological experiences. It seems that this competence of the cell is not a specific property directed towards one antigenic strain of bacteria but is truly *non-specific* and if a cell is competent it may equally well be able to kill Brucella or Salmonella for example. What I have called "competence" may be a reflection of the enzymic or general metabolic activity of the cell. I should stress again however, that in order for this non-specific competence to act bacteria must be phagocytosed and this requires the presence of the *specific opsonin*.

How can we account for the variations in amounts of opsonins between different animal species or even from animal to animal within the same species! Dr. SPRINGER has shown that even where a species of animal, such as chicken, possesses a given haemagglutinating antibody, production of this antibody is dependent on specific antigenic stimulation in the first instance[11]. This may be provided by cross-reacting antigens in the diet or in the intestinal flora. I believe that these data can account very well for the occurence of the blood group iso-haemagglutinins and indeed for most natural antibodies. But we cannot explain the presence of natural antibodies to *S. typhimurium* in the rat and its absence in the mouse by contact with cross-reacting antigens. Both these animals species may be reared on the same food, in the same room and even in the same cage and yet they will differ in their serum content of this *natural antibody*.

We have tried to explain this by supposing that mice possess antigenic material which is related to but not identical with an important antigen of the *S. typhimurium* and are for this reason very poor producers of antibody to this antigen[8]. There are several pieces of evidence which support this hypothesis. Rabbit antimouse serum promotes rapid phagocytosis of *S. typhimurium* and this can be removed by absorbing the serum either with mouse cells or with *S. typhimurium*. Rats which are usually very resistant to this organism may be made susceptible by inducing a partial immunetolerance to mouse cells at birth. In other words when their ability to form antimouse antibody is reduced so is their natural resistance to *S. typhimurium*. Non of this evidence is conclusive and until the relationship is established by the isolation of purified cross-reacting antigens from both mice and *S. typhimurium*, the idea must remain unproven.

Another important variable which has appeared in recent years concerns the nature of the opsonic antibody. We now know that there are many different antibodies all of which may show the same immunological specifity. The most obvious example is that of 19s and 7s globulin. We do not know whether theses types of γ-globulins are equally effective in promoting phagocytosis. It would certainly seem that as practical "immunisators" we should encourage 7s antibodies rather than the short-lived 19s material. Then there are antibodies which fix and others which do not fix complement and since complement appears at any rate desirable, if not essential, for phagocytosis one would guess that only C' fixing antibodies could be of value in protection against infection.

My last point concerns the application of these ideas to a well known disease entity, gastro enteritis of babies or of new born animals. This enteritis syndrome in the case of calves occurs particularly in new born animals which are kept overcrowded under dirty conditions and usually have been deprived of colostrum.

Extensive investigations have revealed that certain specific serological types of *E. coli* are commonly associated with the condition and these have become known as pathogenic coli. The same serological types occur, though to a lesser extent in quite normal animals and for this reason much effort has been devoted to searching for characteristics, other than the serotype, which might be directly connected with pathogenicity.

I may say that none of the bacterial attributes so far examined can be rigidly related with disease production by these *E. coli* strains. Nor do I believe that such a direct association will be found. What keeps the bacterial population of the intestine in its normal balanced state ? Among other things of importance are the gastric acidity, the flow of the contents along the gut and at the periphery of the tube where the contents are more or less in contact with the endothelium we have the combined action of phagocytic cells and antibody. In the new born animal gastric acidity is lacking, so organisms entering the mouth will reach the intestine without being killed or degraded. The animal at this time has the very minimum of antibody which in the natural state is boosted by intake of colostral antibody from mother. Moreover the intestine of new born rabbits and probably of other animals contains *enormous numbers of active macrophages*. In the normal course of events these macrophages in the presence of the small but definite amount of antibody will suffice to keep the bacterial population within reasonable limits. If however many bacteria are being taken in by mouth this will have the effect of absorbing out the antibodies and since they are not yet being replaced, the time may come when one particular antibody is exhausted. I suggest that it is the bacterial strain against which antibody first runs out, which will multiply and cause the enteritis. The pathogenic factor is to be found in a deficiency of the host rather than in a direct attribute of a particular bacterial strain. Given sufficient antibodies from the maternal side the strains are harmless and indeed this appears to be the case in practice.

You will appreciate, I hope, that these thoughts are my own personal opinions and many people may dispute them. I offer them to you to demonstrate my conviction that students of infections and other immunological problems must concentrate more and more on host variability rather than on the parasite.

References

[1] BENACERRAF, B., Z. OVARY, K. J. BLOCH, and E. C. FRANKLIN: J. exp. Med. **117**, 937 (1963).
[2] ROWLEY, D.: J. exp. Path. **37**, 223 (1956).
[3] LANDY, M.: Ann. N. Y. Acad. Sci. **66**, 292 (1956).
[4] BIOZZI, G., B. BENACERRAF, and B. N. HALPERN: Brit. J. exp. Path. **34**, 441 (1953).
[5] BIOZZI, G., B. BENACERRAF, and B. N. HALPERN: Brit. J. exp. Path. **36**, 226 (1955).
[6] HOWARD, J. G., D. ROWLEY, and A. C. WARDLAW: Immunology **1**, 181 (1958).
[7] ROWLEY, D.: J. exp. Med. **111**, 137 (1960).
[8] MICHAEL, J. G., J. L. WHITBY, and M. LANDY: J. exp. Med. **115**, 131 (1962).
[9] ROWLEY, D., and K. J. TURNER: Immunology **7**, 394 (1964).
[10] JENKIN, C. R., and D. ROWLEY: Bact. Rev. **27**, 391 (1963).
[11] SPRINGER, G. F., R. E. HORTON, and M. FORBES: J. exp. Med. **110**, 221 (1959).
[12] ROWLEY, D., and C. R. JENKIN: Nature (Lond.) **193**, 151 (1962).

Diskussion

PONDMAN (Amsterdam): With reference to Dr. ROWLEY's remarks on the effect of complement in phagocytosis I would like to recall experimental results from our own studies about phagocytosis. We work with erythrophagocytosis: the phagocytosis of sheep cells coated with anti-Forssman antibodies by human leucocytes. Of two antibody types, 7 S and 19 S, the 7 S γ requires no complement for phagocytosis. In this case complement will enhance only. With the 19 S type there is no phagocytosis at all without complement. Here complement components are definitely required. Further studies with human A cells and human anti-A gave equal information.

Immuntoleranz

Von M. HAŠEK

*Institut für experimentelle Biologie und Genetik,
Tschechoslowakische Akademie der Wissenschaften,
Prag, Tschechoslowakei*

Mit 6 Abbildungen

1. Einführung

Unter Immuntoleranz versteht man das Phänomen der spezifischen Areaktivität oder der Unterdrückung der Antikörperbildung, das durch Verabreichung von Antigen hervorgerufen wird. Für die Induktion der immunologischen Toleranz ist ein bestimmtes quantitatives Verhältnis zwischen dem Antigen und der Antikörperbildungskapazität des Rezipienten entscheidend. Die optimalen Bedingungen für die Induktion der immunologischen Toleranz bestehen bei dem immunologisch unreifen Organismus, wo die Antikörperbildungskapazität des Rezipienten gleich null, oder sehr niedrig ist. Prinzipiell kann man jedoch auch bei einem immunologisch reifen Organismus einen, der Toleranz beim Embryo völlig äquivalenten Zustand hervorrufen.

Der zweite Faktor, der die Induktibilität der Toleranz beschränkt, ist der Charakter des Antigens. Wenn auch die immunologische Toleranz eine alternative Reaktion zur Antikörperbildung darstellt, die durch Verabreichung des Antigens induziert wird, so ist das Spektrum der Antigene, die Toleranz mit Erfolg hervorrufen, viel enger als das Spektrum derjenigen, die Antikörperbildung hervorrufen. Die immunologische Toleranz kann nur erfolgreich gegen die Antigene hervorgerufen werden, die sich wenig von den Antigenkomponenten des eigenen Körpers des Rezipienten unterscheiden, d. h. gegen Antigene, die in engerer Verwandtschaft zu ihm stehen. Diese Unterschiede im Spektrum der Antigene, gegen welche Immunität auf der einen Seite und Toleranz auf der anderen Seite induziert werden kann, könnte das unterschiedliche Ausmaß reflektieren, in welchem diese zwei verschiedenen funktionellen Potenzen der lymphoiden Zelle unter den normalen Bedingungen der Ontogenesis der spezifischen immunologischen Kapazität zur Geltung kommen.

Die zwei genannten Faktoren, d. h. das quantitative Verhältnis zwischen dem Antigen und der immunologischen Kapazität des Rezipienten sowie der Verwandtschaftsgrad des Antigens kamen schon in den ersten Versuchen zur künstlichen Induktion immunologischer Toleranz zum Ausdruck.

BURNET (BURNET u. FENNER, 1949), der den Befund von OWEN (1945) und TRAUB (1939) als durch Antigen induzierte Unterdrückung der Antikörperbildung hypothetisch interpretierte, versuchte auch als erster die experimentelle Verifikation dieser Hypothese. Lediglich die Verwendung von zu wenig verwandten Antigenen sowie zu kleiner Antigenmengen für die Injektion in den Hühnerembryo hinderte ihn daran, seine Hypothese zu bestätigen (BURNET, STONE u. EDNEY, 1950). Kurz darauf wurde sie aber von uns (HAŠEK, 1953) und MEDAWAR und seinen Kollegen (BILLINGHAM, BRENT u. MEDAWAR, 1953) experimentell bestätigt. In diesen beiden Fällen wurden die Isoantigene, die durch die Zellen eines anderen Individuums derselben zoologischen Art repräsentiert werden, für die Induktion der immunologischen Toleranz benutzt. Die Situation, die von OWEN bei dizygoten Zwillingskälbern beschrieben wurde und die eigentlich ein Naturexperiment darstellt, in dem die Zellen durch die placentäre Anastomose zwischen zwei immunologisch unreifen Individuen ausgetauscht werden, haben wir durch Parabiose von zwei Vogelembryonen imitiert. BILLINGHAM, BRENT und MEDAWAR benutzten, um eine ähnliche Situation an Mäusen zu schaffen, die intraembryonale Injektion von lebenden homologen Zellen, die zur Repopulation (Vermehrung) im Rezipienten fähig waren.

Die Tiere, die während der Embryogenese das Transplantat von fremden Zellen akzeptieren, waren auch im postembryonalen Leben tolerant, d. h. unfähig, spezifische Antikörper gegen die Antigene zu bilden, die in Form eines Zellimplantates verabreicht wurden. Dies haben wir durch die Beobachtung der Fähigkeit zur Bildung von antierythrocytären Agglutininen nachgewiesen. Die Hühner sind vorzügliche Produzenten antierythrocytärer Isoantikörper. Sie waren jedoch unfähig, sogar nach wiederholten Immunisierungen, Antikörper gegen die Erythrocyten des Parabiosepartners zu bilden (HAŠEK, 1953). Gleicherweise werden die mit ^{51}Cr markierten Erythrocyten des Spenders der Zellen, die den Parabionten injiziert wurden, nicht immunologisch eliminiert, sondern verbleiben solange im Kreislauf des toleranten Tieres, wie die eigenen, autologen mit ^{51}Cr markierten Erythrocyten. Die toleranten Tiere akzeptieren auch weitere Transplantate von Spendergeweben, die im postembryonalen Leben übertragen wurden. MEDAWAR mit seinen Kollegen hat so die erworbene Toleranz bei intraembryonal injizierten Mäusen und Hühnern nachgewiesen (BILLINGHAM, BRENT u. MEDAWAR, 1953). Hauttransplantate, die von Spendern stammten, deren Zellen den Rezipienten injiziert worden waren, wurden akzeptiert. Ähnliche Ergebnisse mit Hauttransplantaten haben wir auch bei embryonalen Parabionten bekommen (HAŠEK, 1954). Die Toleranz ist spezifisch. Die Tiere sind tolerant gegen Isoantigene der Spenderzellen, bilden aber Antikörper gegen die Isoantigene von anderen Spendern der gleichen zoologischen Art.

2. Bedeutung der Antigen-Verwandtschaft bei der Induktion von Toleranz

Die Herstellung einer embryonalen Parabiose, bei der anstelle von zwei Hühnern zwei Individuen verschiedener Art verbunden sind, bereitete keine Schwierigkeiten. Eine vollkommene Toleranz, d. h. vollkommene Unterdrückung der Heteroagglutininbildung und die Toleranz gegen Hauttransplantate konnte manchmal zwischen einigen taxonomisch verwandten Arten (Abb. 1), wie z. B. zwischen zwei Arten von Enten oder Huhn-Truthuhn, erreicht werden. Zwischen entfernter verwandten Arten, wie Huhn-Ente, konnte die vollkommene Toleranz mittels Embryonalparabiose jedoch nie erzeugt werden (HAŠEK, 1954). Die Reduktion des Spektrums der Antigene, die zur Induktion der Toleranz fähig sind, wurde auch bei zahlreichen anderen Versuchen von verschiedenen Autoren bestätigt, die versuchten, Toleranz gegen heterologe Erythrocyten, Proteine, bakterielle und Virus-Antigene zu induzieren. Neben erfolgreichen Fällen wurde oft nur eine partielle Toleranz, bzw. "split-tolerance" gegen einen Teil des Antigenkomplexes erzeugt (HAŠEK, LENGEROVÁ u. HRABA, 1961). Zu vermuten ist, daß Antigene, die zoologisch einer, in bezug auf den

Rezipienten entfernterer Art entstammen, sich durch eine größere Anzahl von Antigendeterminanten, als die näher verwandten Antigene sie besitzen, von körpereigenen Komponenten unterscheiden. So könnte der Begriff der Antigenverwandtschaft auf die Differenz in der Anzahl der Antikörper reduziert werden, die der Rezipient gegen das gegebene Antigen zu bilden fähig ist. Wenn die vollkommene Toleranz das Ergebnis der gleichzeitigen Modifikationen aller Teilimmunreaktionen ist, die durch das gegebene Antigen

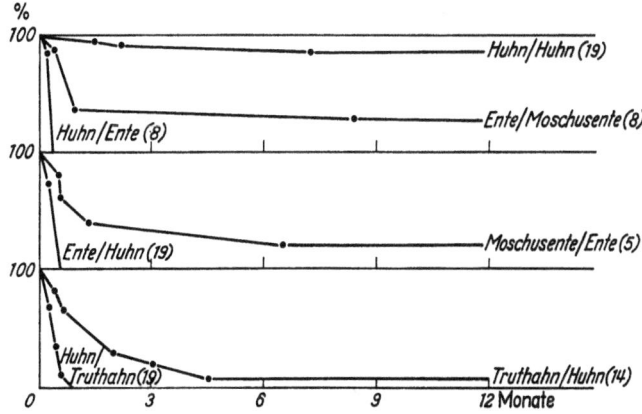

Abb. 1. Persistenz der Toleranz gegen Hauttransplantate zwischen Parabionten derselben Art und verschiedenen Arten von Geflügel. x: Zeit in Monaten; y: % von tolerierten Transplantaten (Zahl der Tiere in Klammern)

potentiell induziert werden können, kann man begreifen, daß sich der Aktionsradius der Toleranz in dem Maße schnell vermindert, wie sich die Struktur des Antigens vom Rezipienten entfernt, der tolerant gemacht werden soll. Selbstverständlich sind neben dem Verwandtschaftsgrad des Antigens auch andere Eigenschaften desselben, wie die Geschwindigkeit des Abbaues (z. B. bei Proteinen und Polysacchariden) und die Art der Verabreichung beim Rezipienten zur Induktion der Toleranz bedeutsam.

3. Aufhebung (Brechung) der Toleranz

Das Phänomen der immunologischen Toleranz entsteht auf der cellulären Ebene immunologisch kompetenter Zellen. Unter Verwendung der Methode von MITCHISON (1955) beseitigten BILLINGHAM, BRENT und MEDAWAR (1956) die Toleranz gegen

Hauttransplantate mittels "adoptive transfer" von lymphoiden Zellen aus nicht toleranten Tieren. Die Brechung der Toleranz durch "adoptive transfer" von Zellen erlaubt es jedoch nicht zu entscheiden, ob die Toleranz auf dem Niveau der Zelle wirklich beseitigt wurde oder ob das immunologische Nichtreagieren der toleranten Zellen, soweit solche überhaupt existieren, nicht lediglich durch die Immunreaktion der übertragenen Zellen maskiert wird. Demzufolge haben wir in unseren Versuchen die passive Übertragung von Immunsera zur Aufhebung der Toleranz verwendet, um nur die Aktivität der lymphoiden Zellen des Rezipienten zu beobachten.

Als Versuchstiere dienten hierbei die Parabionten zwischen zwei relativ verwandten Entenarten, Moschusente *(Cairina moschata)* und die domestizierte *Annas platyrhinchos*, wo man eine markantere Wirkung des Serums auf das tolerierte Transplantat erwarten konnte. Den Enten, die im Alter von 1—3 Monaten nach der Embryonalparabiose das Hauttransplantat des Parabiose-Partners von der gegenseitigen Art akzeptierten und in einigen Fällen erythrocytären Chimärismus aufwiesen, wurde das artspezifische Antiserum, mengenmäßig 5—25% des Körpergewichtes des Rezipienten, oder die entsprechenden Mengen von mittels der Rivanolmethode (HOŘEJŠÍ u. SMETANA, 1956) gereinigtem Immun-γ-Globulin intravenös oder intraperitoneal injiziert. Das Antiserum der Enten beider Arten wurde durch wiederholtes Hauttransplantieren und Injektionen von Milz- und Knochenmarkszellen, (mit Freund-Adjuvans) gewonnen. Diese Sera rufen starke vaculär-nekrotische Reaktionen in dem tolerierten Hauttransplantat hervor, was sich schon innerhalb von 2—5 Std durch Ödeme und durch Hämorrhagien am Transplantat manifestiert, und schließlich innerhalb einiger Tage Nekrosen und völlige Zerstörung des Transplantates zur Folge hat. Agglutinine beteiligen sich nicht an dieser Reaktion. Die durch Erythrocyten absorbierten Sera behielten ihre volle Aktivität, aber sie verloren nach Absorption der Heteropräcipitine durch das Serum der entsprechenden anderen Art die Fähigkeit, eine frühzeitige vaculär-nekrotische Reaktion im Transplantat hervorzurufen; doch die verbleibende zytotoxische Komponente des Immunserums genügt allein um das Hauttransplantat innerhalb von 2—3 Tagen völlig zu zerstören. Der erythrocytäre Chimärismus wird auch bei diesen Enten definitiv beseitigt. Die im Überfluß passiv übertragenen Antikörper werden schnell katabolisiert, Agglutinine konnten 3—4 Tage nach der Übertragung in dem Rezipienten nicht mehr ermittelt werden. Unter diesen experimentellen Bedingungen ging die komplette Toleranz sehr schnell verloren. In diesen Enten wurden weitere Hauttransplantate und mit ^{51}Cr markierte Erythrocyten nicht mehr akzeptiert. Nur in einigen Fällen gelang es, den Zustand der Toleranz durch Applikation des Antigens zu erhalten, wenn diese 1 Woche nach Übertragung des Serums erfolgte (Abb. 2). Diese Ergebnisse zeigen, daß Immuntoleranz ein hoch dynamischer Zustand ist, der für seine Auf-

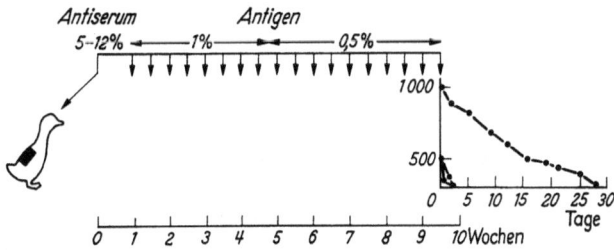

Abb. 2. Brechung von Toleranz in Parabionten nach Gaben von Antiserum und deren Wiedererzeugung durch Injektionen von Vollblut. Auf der rechten Seite der Abbildung wird die Elimination von ^{51}Cr beladenen Erythrocyten gezeigt. Nach Beendigung der Toleranz = rasche Elimination; nach Wiedereintritt der Toleranz = Elimination über 25 Tage. x = Zeitintervall; y = cpm

rechterhaltung eine weitere Zufuhr von Antigen (Tolerogen) benötigt, wie z. B. in den Toleranzsystemen, bei denen sich nicht reproduzierendes Antigen, wie Proteine und Erythrocyten, im Körper des Rezipienten befindet (SMITH u. BRIDGES, 1956, MITCHISON, 1959). Der celluläre Chimärismus, der die erfolgreich induzierte Toleranz gegen die Zellen, die sich weiter vermehren können, immer begleitet, ist eine permanente Quelle des Antigens im Körper des Rezipienten. Seine Beseitigung bewirkt, wie im eben geschilderten Experiment gezeigt, einen raschen Verlust der Toleranz. Das bedeutet, daß die Anwesenheit des Antigens im toleranten Rezipienten eine allgemein notwendige Bedingung für das Aufrechterhalten der Toleranz ist. Es ist noch nicht geklärt, ob die weitere Zufuhr des Antigens für das Aufrechterhalten der Toleranz in den toleranten Zellen oder in ihren Nachkommen notwendig ist, oder ob das Antigen nur für die sich neu differenzierenden antikörperbildenden Zellen nötig ist (HAŠEK, LENGEROVÁ u. HRABA, 1961). Die bei den ersten erfolgreichen Versuchen zur Induktion der immunologischen Toleranz bei immunologisch unreifen Tieren gefundenen Fakten führten zu dem Schluß, daß die Induzierbarkeit der Toleranz auf dem Niveau der Zelle bzw. dem des ganzen Organismus nur in der immunologisch unreifen Entwicklungsperiode (sog. adaptive Periode) beschränkt bleibt. Man glaubte, daß der Organismus, sobald er Antikörper zu bilden imstande ist, Toleranz nicht mehr entwickeln kann. Hierin wurde auch der fundamentale Unterschied zwischen der länger bekannten immunologischen Paralyse gegen Pneumokokkenpolysaccharide (FELTON, 1949) und der Toleranz in der ursprünglichen Konzeption gesehen.

4. Induktion der Toleranz bei erwachsenen Tieren

Spätere Versuche haben jedoch diesen Unterschied verwischt. In unserem Laboratorium (HAŠEK u. PUZA, 1962) haben wir quantitative Untersuchungen über die Möglichkeit der Toleranzinduktion gegen erythrocytäre Isoantigene bei Tieren verschiedenen Alters vorgenommen. Hausenten (Weiß-Peking und Khaki-Campbell) dienten als Rezipienten und Spender des Blutes. Heparinisiertes frisches Blut wurde als Antigen verwendet und, um den cellulären Chimärismus bei toleranten Tieren zu verhindern, das Blut in vitro mit 20000 R bestrahlt. Die Toleranz wurde durch der Eliminationsgeschwindigkeit von ^{51}Cr markierten Erythrocyten ermittelt. Während autologe Erythrocyten länger als 25 Tage im Kreislauf verblieben, wurden homologe Erythrocyten stets innerhalb von 10 Tagen nach der Verabreichung ausgeschieden.

Nach intravenöser Applikation einer definierten Dosis (1% des Körpergewichts des Rezipienten) gelang es uns, Toleranz bei immunologisch unreifen Tieren hervorzurufen. Für die weitere, praktisch unbegrenzte Aufrechterhaltung genügte eine einmal wöchentlich injizierte Blutmenge von 0,2—0,5% des Körpergewichtes des Rezipienten. Von diesen Tieren wurden homologe Erythrocyten 25—35 Tage toleriert (Abb. 3 oben). Bei erwachsenen Tieren riefen 4 Injektionen, die in 1 Woche (Gesamtmenge 10—16% des Körpergewichts des Rezipienten) appliziert worden waren, Toleranz oder partielle Toleranz hervor.

Mittels einmaliger Verabreichung homologen Blutes durch Exsanguinotransfusion, in der Menge von 10% des Körpergewichts des Rezipienten an Donorblut, kann man Toleranz erzeugen (Abb. 3 unten). Diese ist spezifisch, die Erythrocyten anderer Individuen wurden bei toleranten Tieren innerhalb von 10 Tagen

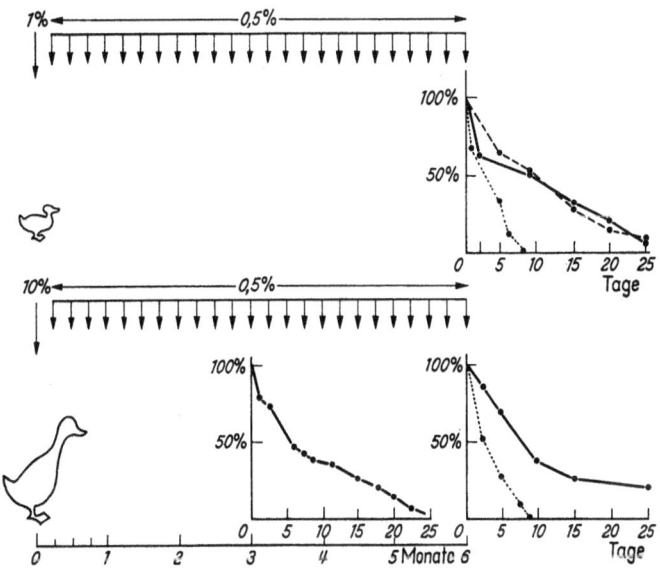

Abb. 3. Jede Eliminationskurve gibt die Durchschnittswerte von wenigstens 3 Enten an. x: Tage, y: % der Radioaktivität in der Blutprobe. Als 100% wird der Wert festgestellt, der 15 min nach Verabreichung von mit ^{51}Cr markierten Erythrocyten in der Probe gemessen wurde. Die erreichte Toleranz bei neugeborenen (oben in der Abbildung) sowie bei erwachsenen Enten (unten) wird praktisch unbegrenzt aufrechterhalten mittels wöchentlichen Blutdosen von 0,5% des Körpergewichts des Rezipienten. In der graphischen Darstellung ist die durchschnittliche Elimination von Erythrocyten von anderen Individuen als dem ursprünglichen Spender punktiert und die Eliminationsgeschwindigkeit autologer Erythrocyten schraffiert dargestellt

nach der Injektion eliminiert und die Toleranz konnte durch wöchentlich injizierte Erhaltungsdosen (0,5%) praktisch unbegrenzt aufrechterhalten werden (HAŠEK u. PUZA, 1962). Demzufolge besteht offenbar die einzige Differenz in der Induktion der Toleranz gegen Isoantigene zwischen neugeborenen und erwachsenen Enten darin, daß im zweiten Falle eine größere Menge von Antigen zur Induktion notwendig ist.

5. Stabilität der Toleranz

Während die Toleranz bei jungen Tieren gewöhnlich leicht induziert werden kann, ist es schwieriger sie zu erhalten. Umgekehrt ist bei erwachsenen Tieren der erreichte tolerante Zustand viel stabiler als bei den jungen. Der anschaulichste Beweis dafür ist die Differenz zwischen erwachsenen und jungen Tieren in der Reinduktion der Toleranz. Wir haben sie im heterologen System studiert; Donor des Blutes war die Moschusente, Rezipient die Hausente. Die Verabreichung von massiven Mengen heterologen Blutes (bis 20% des Körpergewichtes des Rezipienten, injiziert innerhalb einer Woche) konnte Toleranz bei erwachsenen Enten nicht induzieren. Diese Differenz in der Wirksamkeit homologer und heterologer Erythrocyten hängt sicher mit der schon früher diskutierten Bedeutung der Anzahl der Antigendeterminanten zusammen, gegen welche die Toleranz erreicht werden soll. In diesem heterologen System ist es jedoch auch möglich, bei erwachsenen Tieren Toleranz zu induzieren, wenn sie einmal immunologisch tolerant waren. In Abb. 4 ist ein solches Beispiel gegeben. Durch Injektionen von bestrahltem Blut (20000 R) wurde die Toleranz dreimal induziert, zum erstenmal bei der neugeborenen Ente, dann im Alter von 26 Wochen und zum drittenmal bei der mehr als einjährigen Ente. Zwischen den einzelnen toleranten Perioden war das Tier immun und eliminierte die ^{51}Cr markierten Erythrocyten auf gewöhnliche Weise. So können verschiedene Antigengaben als Auslöser von Toleranz und Immunität wirken. Vergleichen wir dabei die Anforderungen an das Antigen, das für die Reinduktion der Toleranz bei jungen und erwachsenen Tieren notwendig ist, sowie den Zeitabschnitt, in welchem noch eine Spur des vorherigen toleranten Zustandes verblieben ist, so bekommen wir signifikante Differenzen zwischen der Persistenz der Toleranz bei erwachsenen und bei jungen Tieren. Der Aufwand an Antigen zur Aufrechterhaltung der Toleranz ist bei erwachsenen Tieren kleiner als bei jungen (HAŠEK, 1963). Der Zeitraum eines intensiven Wachstums des Organismus ist also der Zeitraum einer geringeren Stabilität der Toleranz, und es scheint zunächst, daß dieses Ergebnis im Widerspruch zur leichteren Induktibilität der Toleranz bei jungen Tieren steht.

Es ist aber nicht völlig ausgeschlossen, daß zwei voneinander unabhängige Mechanismen für die Induktion und für die Brechung der Toleranz verantwortlich sein können. Einige Ergebnisse in unserem Laboratorium zeigen jedoch, daß dies nicht der Fall sein muß, sondern daß sogar die Induktibilität der Toleranz

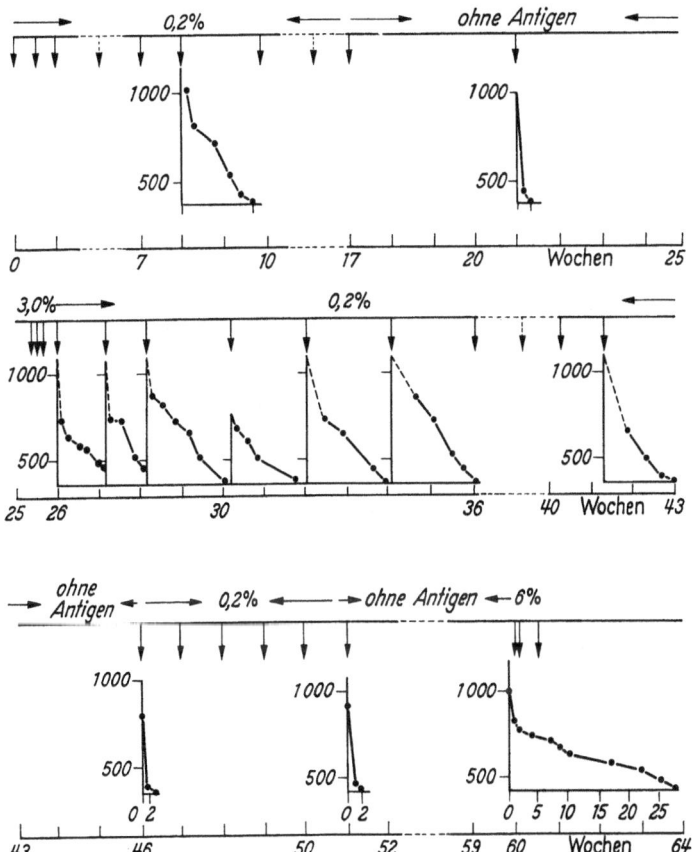

Abb. 4. Reinduktion der Toleranz bei Tieren, die von Geburt an wiederholt mit bestrahltem Blut injiziert wurden. x: Zeitintervall in Wochen. Die Eliminationskurven der mit ^{51}Cr beladenen Erythrocyten liegen auf der gleichen Ebene. x: Tage, y: Anzahl der in der Minute gemessenen Impulse. 3 einanderfolgende Behandlung von Tieren werden oben gezeigt. Die Tiere erhielten das Antigen entweder in Mengen von 0,2% des Körpergewichtes, oder die Antigengaben wurden unterbrochen, bzw. es wurde eine große Antigendosis (3—6% des Körpergewichtes) verabfolgt

in dem Zeitraum des intensivsten Wachstums des Tieres, also nach der Geburt, schwieriger sein kann als bei erwachsenen Tieren. HRABA mit seinen Kollegen beobachtete die Induktibilität der Toleranz gegen humanes Serumalbumin (HSA) bei Hühnern verschiedenen Alters. Es ist bekannt, daß, ähnlich wie bei cellulären Antigenen, so auch bei Protein-Antigenen zur Induktion der Toleranz bei neugeborenen Tieren weniger Antigen (proportional zum Gewicht des Rezipienten) als bei erwachsenen Tieren benötigt wird. Beim neugeborenen Kaninchen genügt die Menge von 25 mg Rinderserumalbumin/kg des Körpergewichtes, und bei erwachsenen Kaninchen

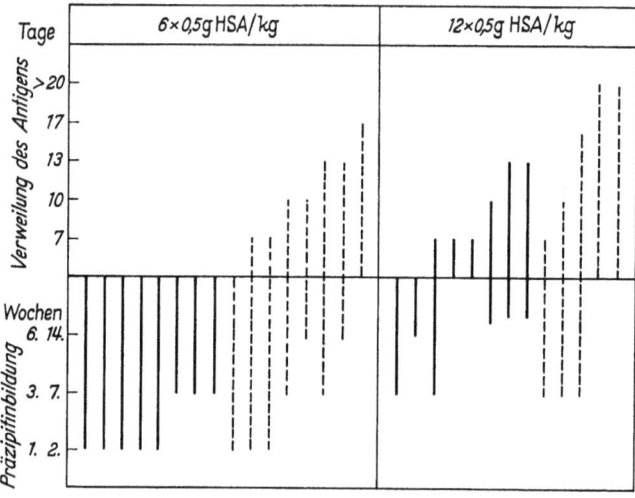

Abb. 5. Die Tabelle zeigt den Vergleich zwischen juvenilen (6—12 Wochen, ausgezogene Linien) und erwachsenen (1 Jahr, gestrichelte Linien) Tieren in ihrer Fähigkeit Toleranz zu erwerben. Linke Hälfte: Induktion der Toleranz mit 6 · 0,5 g Human-Serum-Albumin (HSA)/kg Körpergewicht. Rechte Hälfte: doppelte Menge des toleranzinduzierenden HSA. Obere Hälfte: Das Antigen zeigt im Vergleich zu erwachsenen eine schnellere Elimination in jugendlichen Tieren. Untere Hälfte: Auftreten von Präcipitinen nach 2 Immunisierungen mit HSA

sind Gramm-Mengen per Kilogramm des Körpergewichts nötig. Jedoch wurde bei 6—12 Wochen alten Hühnern, die auf die Injektion von HSA durch Antikörperbildung reagieren, wobei die Intensität der Reaktion vielfach niedriger ist als bei den erwachsenen Tieren, festgestellt, daß die Induktion der Toleranz vergleichsweise schwieriger ist (Abb. 5). Dieses Ergebnis scheint auf den ersten Blick paradox zu sein. Mit Rücksicht darauf, daß sich unsere Schlußfolgerungen über den Charakter der Reaktionen, die durch Injektionen von Antigen hervorgerufen werden, größtenteils auf den qualitativen Beweis des Verbleibens von HSA im Kreislauf stützen, müssen wir einige Unterschiede im Katabolismus des HSA bei Hühnern verschiedenen Alters anführen. So ist seine Halbwertzeit im Alter von 6 Wochen 1,05—1,1 Tage, bei 3 Monate alten Tieren — 1,5 Tage und bei erwachsenen — 2,24 Tage. Eine ähnliche Abhängigkeit wurde für homologes Serumalbumin festgestellt. Auch ist die räumliche Ausbreitung des HSA im Organismus fast doppelt so groß bei 3 Monate alten Hühnern als bei erwachsenen. In Hinsicht darauf, daß das maßgebende Kriterium der Toleranz in diesen Versuchen das Verbleiben von ^{131}I markiertem HSA im Kreislauf ist, muß man diese Differenzen im Katabolismus bei Tieren verschiedenen Alters und die räumliche Verteilung berücksichtigen. Der Katabolismus verläuft schneller bei jungen Tieren und der Verteilungsraum ist fast doppelt so groß, wodurch der effektive Kontakt des Antigens mit den lymphoiden Zellen beschränkt wird. Die in den immunologisch kompetenten Zellen hervorgerufenen Reaktionen sind jedoch maßgebend für die Induktion der Toleranz, und werden durch die vorhergehenden Faktoren nur indirekt bewirkt. Demzufolge nehmen wir an, daß die verschlechterte Induktibilität der Toleranz bei heranwachsenden Hühnern im Vergleich zu den erwachsenen Tieren mit der erhöhten Intensität des Wachstums, wie auch mit dem raschen Verschwinden der Toleranz im gleichen Zeitraum, zusammenhängt. Das Wachsen der lymphoiden Gewebe muß natürlich nicht in völliger Korrelation zu dem Gesamtwachstum des Organismus stehen, aber eine Parallele kann hier vorausgesetzt werden. Die wahrscheinlichste Erklärung der erniedrigten Stabilität der Toleranz bei jungen Organismen (Abb. 6) scheint zu sein, daß der Zellaustausch sowie die mitotische Aktivität der lymphoiden Gewebe vor allem durch ihr Wachstum, und erst in zweiter Linie durch ihre spezifische Reaktionsfähigkeit bedingt sind. Es ist vorstellbar, daß die toleranten Zellen, wenn sie existieren und einen spezifischen von Antigen blockierten Ort besitzen, infolge ihrer Vermehrung das Antigen verdünnen, oder daß sich eine größere Anzahl der nichttoleranten Zellen infolge der größeren Teilungsquote zu diesem Zeitabschnitt differenziert. Schließlich nehmen wir an, wenn wir uns an die Clone-Hypothese anlehnen, und die Interpretation der Toleranz durch Elimination von Zellclones voraussetzen, die für die Reaktionen gegen das toleranz-induzierende Antigen verantwortlich sind, daß eine Erhöhung der absoluten Zahl der Mutationen in der wachsenden Zellpopulation in Frage kommen könnte.

6. Homogene und heterogene Hypothese der Immuntoleranz

Der Mechanismus der Entstehung der Toleranz einerseits sowie der Antikörperbildung andererseits ist bis jetzt unklar und größtenteils Gegenstand von Spekulationen. Eine produktive Hypothese der Immuntoleranz muß eine Tatsache berücksichtigen, nämlich, daß man äquivalente Zustände der Toleranz bei immunologisch unreifen wie auch erwachsenen Organismen erzeugen kann. Das ermöglicht

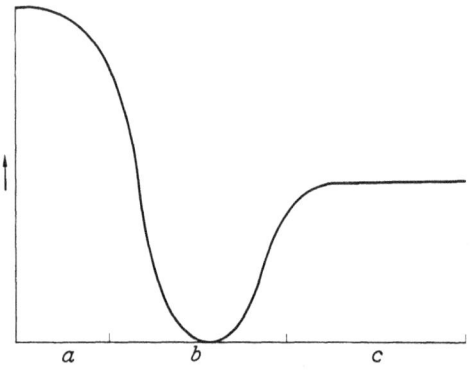

Abb. 6. Hypothetische Kurve der Veränderungen der Induktibilität der Toleranz und ihre Stabilität im Verlaufe der Ontogenese. y: Minimum — Maximum der Induktibilität der Toleranz und ihre Stabilität. x: a = perinatale Periode, b = juvenile Periode, c = adulte Periode

die Hypothese, wonach die Unterschiede in den funktionellen Potenzen der antikörperbildenden Zellen zwischen neugeborenen und erwachsenen Tieren nur quantitativer Natur sind. Es gibt zwei Alternativen in der Charakteristik der funktionellen Potenzen antikörperbildender Zellen. Eine beinhaltet, daß alle immunologisch kompetenten Zellen im potentiellen Zustand auf Antigenreiz sowohl mit Toleranz als auch mit Immunität reagieren können. Dieser homogenen Hypothese steht die heterogene gegenüber, die besagt, daß man nur bei einigen immunologisch kompetenten Zellen in einem ganz bestimmten Stadium seiner Differenzierung Toleranz erzeugen kann. Der direkte experimentelle Beweis, der hier entscheiden könnte, steht aus, da es bislang unmöglich ist, auf zellulärer Ebene diesen Prozeß in seiner Differenzierungsdynamik zu studieren. Dennoch können auf indirektem Wege, der auf dem Vergleich einzelner Faktoren basiert, welche von Bedeutung für die eine oder andere Hypothese zu sein scheinen, einige fundamentelle Fragen des Mechanismus beleuchtet werden.

Solange die Beweise fehlen, daß eine Zelle, die Antikörper zu bilden begonnen hat, fähig ist, Toleranz zu erwerben, neigen wir zur heterogenen Hypothese (HAŠEK, 1962). Die funktionelle Heterogenität antikörperbildender Zellen ist ein geeignetes Terrain für die alternativen Reaktionsweisen, Immunität und Toleranz, die durch Antigen hervorgerufen werden. Es ist wahrscheinlich, daß jedes Antigen für die Zelle etwas toxisch ist. Demzufolge kann seine Verabfolgung zum Tode und Elimination einiger Zellen, zur Entstehung der Toleranz in anderen und schließlich zur Antikörperbildung in weiteren Zellen führen. Die durch Antigen induzierte Toleranz ist dann gewöhnlich durch Antikörperproduktion anderer Zellpopulationen in vivo maskiert. Die vorausgesetzte genetische Heterogenität antikörperbildender Zellen schafft dann die Möglichkeit, daß die elektiven Prozesse bei der Spezifität der Reaktionen auf zellulärer oder molekularer Ebene zur Geltung kommen können.

Literatur

BILLINGHAM, R. E., L. BRENT, and P. B. MEDAWAR: Actively acquired tolerance of foreign cells. Nature (Lond.) **172**, 603 (1953).

BILLINGHAM, R. E., L. BRENT, and P. B. MEDAWAR: Quantitative studies on tissue transplantation immunity. III. Actively acquired tolerance. Phil. Trans. B **239**, 357 (1956).

BURNET, M. F., and F. FENNER: The Production of Antibodies. Melbourne: MacMillan 1949.

BURNET, M. F., J. D. STONE, and M. EDNEY: The failure of antibody production in the chick embryo. Aust. J. biol. Sci. **28**, 291 (1950).

FELTON, L. D.: The significance of antigen in normal tissues. J. Immunol. **61**, 107 (1949).

HAŠEK, M.: Vegetative hybridization of animals by joining of blood circulation during embryonic development. Čs. Biol. **2**, 265 (1953).

HAŠEK, M.: Manifestations of vegetative approachment in the adaptation of higher animals to foreign antigens. Čs. Biol. **3**, 327 (1954).

HAŠEK, M.: Quantitative aspects of immunological tolerance. Folia biol. (Praha) **8**, 73—83 (1962).

HAŠEK, M.: Critical factors governing the response pattern: immunity versus tolerance. Immunopathology, IIIrd International Symposium, La Jolla 1963, 148—157. Basel: Schwabe and Co., Publ. 1963.

HAŠEK, M., and A. PUZA: Induction of tolerance in adult life and reminiscence of tolerance. In "Mechanisms of Immunological Tolerance", Publ. House Czech. Acad. Sci. p. 257 Prague 1962.

HAŠEK, M., A. LENGEROVÁ, and T. HRABA: Transplantation Immunity and Tolerance. In "Advances in Immunology", 1, 1, New York: Acad. Press 1961.
HOŘEJŠI, J., and R. SMETANA: The isolation of gamma globulin by rivanol. Acta med. scand. **155**, 65 (1956).
MITCHISON, N. A.: Studies on the immunological response to foreign tumor transplants in the mouse. I. The role of lymph node cells in conferring immunity by adoptive transfer. J. exp. Med. **102**, 157 (1955).
MITCHISON, N. A.: Blood transfusion in fowl: an example of immunological tolerance requiring the persistence of antigen. In "Biological Problems of Grafting", 239, Oxford: Blackwell 1959.
OWEN, R. D.: Immunogenetic consequences of vascular anastomoses between bovine twins. Science **102**, 400 (1945).
SMITH, R. T., and R. A. BRIDGES: Response of rabbits to defined antigens following neonatal injection. Transplant. Bull. **3**, 145 (1956).
TRAUB, E.: Epidemiology of lymphocytic choriomeningitis in a mouse stock observed for four years. J. exp. Med. **69**, 801 (1939).

Diskussion

WESTPHAL: Wir danken Herrn Kollegen HAŠEK außerordentlich für seine so kurze prägnante Übersicht. Der Sinn dieses Vortrages war, diejenigen von Ihnen, die das Wort Immuntoleranz nur gehört hatten, damit bekannt zu machen, was eigentlich die Grundlage dieses Phänomens ist und was hier getan wird. Und da die Prager Schule von HAŠEK zu den auf diesem Gebiet führenden gehört, war es für uns ein besonderes Anliegen, ihn selbst hier zu hören.

(Komplementsitzung)

(3. Tag)

WESTPHAL: Wir kommen heute zu einem 3. Thema, das schon mehrfach angeklungen ist, aber doch wieder ganz andere Aspekte der Immunologie eröffnet. Und ich wage die Prognose, daß es eines der zukunftsträchtigsten Gebiete der allgemeinen Immunbiologie ist, in das wir heute eintreten, nämlich die Funktion und die Natur von Komplement, jenes Systems, welches auf der Basis von Immunreaktionen zur Auflösung von Zellen führen kann. Dieses lytische Prinzip hat sich als von sehr allgemeiner Bedeutung erwiesen und scheint in seiner Bedeutung immer weiter noch zu steigen, wie man mehr und mehr erkennt. Ich glaube, es ist gut, daß wir heute so eine Mixture von Immunchemie und Immunbiologie betreiben, indem wir uns einmal überlegen und sehen, was man über Komplement weiß. CHAIRMAN ist der Altmeister auf diesem Gebiet: MICHAEL HEIDELBERGER, der als erster auch versucht hat, Komplement quantitativ zu bestimmen. Ich darf jetzt MICHAEL HEIDELBERGER bitten, als CHAIRMAN die Komplement-Sitzung zu leiten.

HEIDELBERGER: Ich glaube, es gibt kein Gebiet der Immunchemie, über welches mehr gestritten und mehr gearbeitet worden ist, als die

Geschichte des Komplements. Wir werden eine Übersicht der früheren Arbeiten von Prof. FISCHER hören, und deshalb werde ich auf eine Einführung verzichten. Aber ich möchte gerne eine kleine Geschichte von LANDSTEINER erzählen: Die ganze Situation in der Frage des Komplements erschien ihm ganz unbefriedigend, und er hat schon vor 1900 mit einem Mitarbeiter versucht herauszufinden, ob Komplement aktuell *eine* Substanz ist oder aus mehreren Komponenten besteht. Er hat versucht, Präcipitate mit und ohne Komplement zu wägen. Damals gab es keine Mikrowaagen. So hatte er gestehen müssen, daß innerhalb der Methoden, die ihm zur Verfügung standen, er keinen Unterschied zwischen komplementhaltigen und nichtkomplementhaltigen Präcipitaten finden konnte. Das war der wissenschaftlich einzig richtige Schluß, den er daraus ziehen konnte. Später gab es dann bessere Apparate, bessere Methoden und damit ist es dann besser gelungen. Aber zu dieser Zeit hatte er wenigstens den geschilderten braven Versuch gemacht.

Serumkomplement:
Übersicht und aktuelle Probleme

Von H. Fischer und I. Haupt

*Max Planck-Institut für Immunbiologie
Freiburg-Zähringen*

Mit 15 Abbildungen

Seit der Jahrhundertwende ist bekannt, daß Antigen-Antikörperreaktionen, wenn sie in frischem Serum oder Plasma ablaufen, häufig in das Gleichgewicht der dort vorhandenen Enzyme

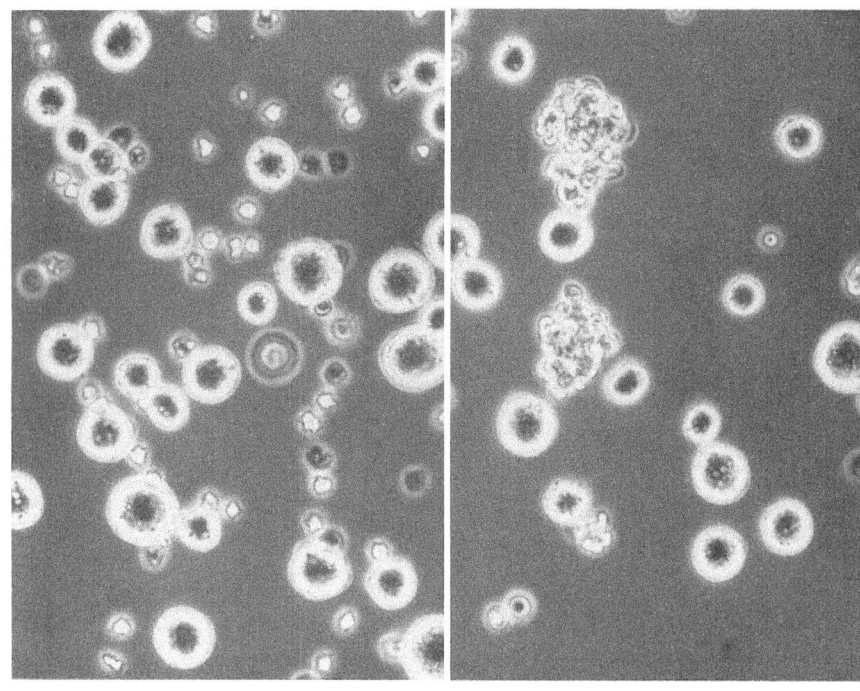

Abb. 1   Abb. 2

Abb. 1—4. Phasenkontrastaufnahmen von Ascitestumorzellen der Maus und Mäuseerythrocyten. Vergr. 600fach

Abb. 1. Zellen in Mäuseserum

Abb. 2. Zellen in 56°-inaktiviertem Antiserum (Humanserum): Die Erythrocyten sind verklumpt, die Ascitesvellen im Vergleich zu Abb. 1 unverändert

eingreifen und — unter anderem — auch das sog. Komplementsystem (C') aktivieren. Heute verstehen wir darunter eine Gruppe von mindestens 10 Serumfaktoren; damals war lediglich bekannt, daß es sich um eine labile Serumfunktion handelt, die beim Erwärmen auf 56° C und auch beim längeren Stehenlassen bei Zimmertemperatur erlischt. Die Bezeichnung Komplement wurde von

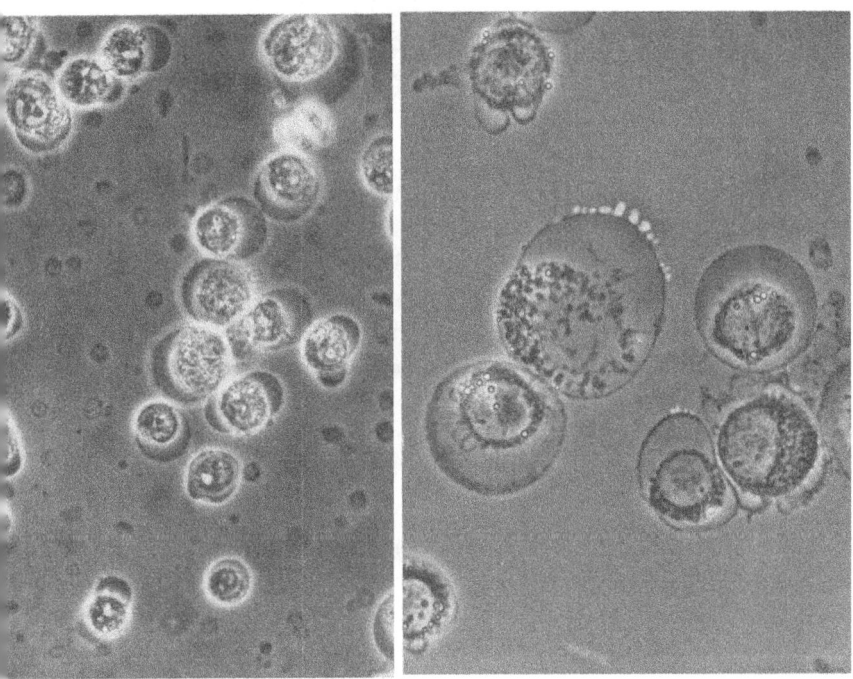

Abb. 3   Abb. 4

Abb. 3. Wie Abb. 2, jedoch Suspension in C'-aktivem Humanserum; bereits nach wenigen Minuten ist aus sämtlichen Erythrocyten das Hämoglobin ausgetreten, und die Tumorasciteszellen beginnen zu quellen

Abb. 4. Fortgeschrittenes Stadium der C'-Cytolyse. Man beachte hier auch die Veränderungen der Kernmembran. Vergr. die gleiche wie in Abb. 3

PAUL EHRLICH geprägt, um auszudrücken, daß erst durch das Mitwirken dieser labilen Serumfaktoren viele Immunreaktionen „komplettiert" werden[1, 2]. M. HEIDELBERGER hat aus gleichem Grund früher einmal Serumkomplement als einen "Intensifier of immunereactions" charakterisiert[3].

Eindrucksvolle Beispiele der Mitwirkung von Komplement sind die innerhalb von wenigen Minuten erfolgenden irreversiblen Schädigungen bestimmter Bakterien, von Zellen in Suspension oder im

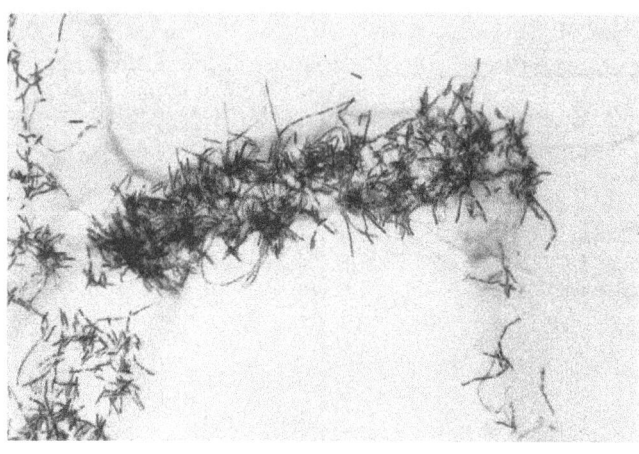

Abb. 5. Durch Antiserum agglutinierte Salmonella minnesota-Stamm 218 (Rauh)-Formen

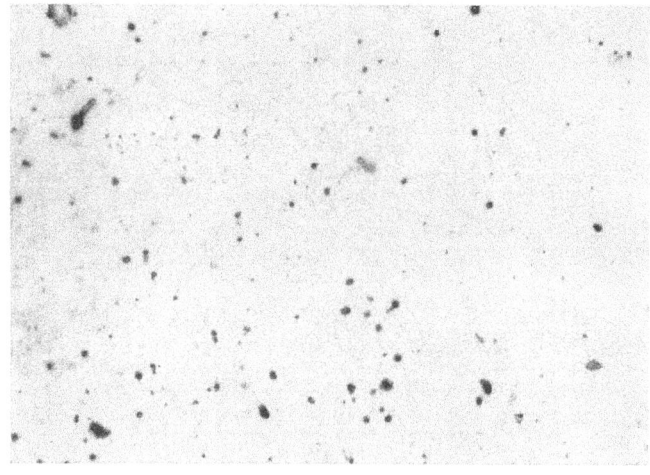

Abb. 6. Die gleichen Zellen nach Zugabe von Komplement und Bebrütung bei 37° über 30 min

Gewebsverband und von Erythrocyten, die zuvor durch einen geeigneten Antikörper (Amboceptor) für die Anlagerung und Aktivierung des C'-Systems sensibilisiert waren. Man spricht von *Bak*-

teriolyse, Cytolyse und von *Hämolyse*, obwohl strenggenommen keine Auflösung stattgefunden hat (s. Abb. 1—4 u. 5—6). In letzter Zeit ist es gelungen, das morphologische Korrelat der durch C′ bewirkten Membranschädigung elektronenoptisch sichtbar zu machen: BORSOS, DOURMASHKIN und HUMPHREY[4] beschrieben kraterförmige,

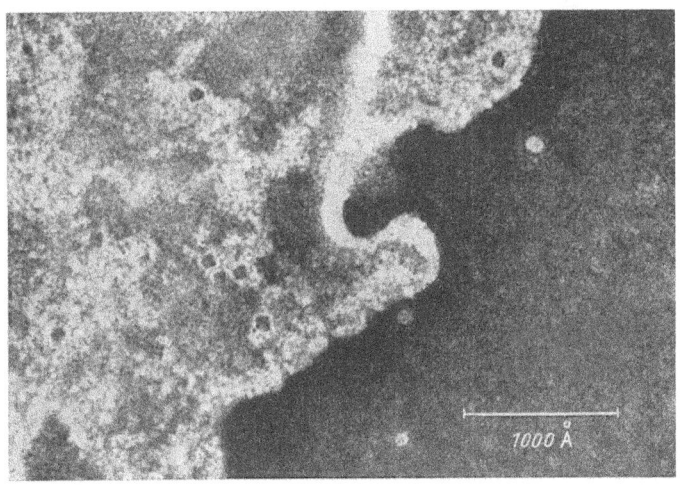

Abb. 7. Elektronenmikroskopische Darstellung der durch Komplement hervorgerufenen kraterförmigen Defekte am Stroma eines Erythrocyten nach R. BORSOS, R. R. DOURMASHKIN und J. H. HUMPHREY

nicht ganz regelmäßige Vertiefungen von etwa 80 Å Durchmesser an Erythrocytenmembranen, die eindeutig auf das Zusammenspiel von Antikörper + Komplement zurückzuführen sind.

Die ersten Beobachtungen sind inzwischen bestätigt und erweitert worden[5].

Die wichtigste Frage der gegenwärtigen Komplementforschung lautet: *Wie kommen diese kraterförmigen Membrandefekte zustande?*

Diese Frage kann heute noch nicht beantwortet werden.

Gegenwärtig ist die C′-Forschung mit einer neuen Bestandsaufnahme beschäftigt, da sich die traditionelle Unterteilung in 4 Komponenten als nicht mehr haltbar erwies. Die folgenden Beiträge von MÜLLER-EBERHARD und von KLEIN werden ausführlich hierüber berichten. Zur ersten Orientierung möge ein Schema aus einer neueren Arbeit von LEPOW, NAFF, TODD, PENSKY und HINZ[6] kurz besprochen werden:

Reactants and intermediate complexes	Biochemical Events
$EA + C'1q + C'1r + C'1s \xrightarrow{Ca^{++}} EAC'_1$	Generation of C'1 esterase
$EAC'1 + C'_4 \longrightarrow EAC'_{1,4}$	Interaction of C'1 esterase with C'4; nature of reaction unknown
$EAC'_{1,4} + C'_2 \xrightarrow{Mg^{++}} EAC'_{1,4,2}$	Interaction of C'1 esterase with C'2; enzymatic cleavage of C'2; fulfillment of function of C'1 esterase
$EAC'_{1,4,2} + C'3a + C'3b + C'3c \longrightarrow E^*$	Unknown biochemical role of C'3 components, resulting in production of holes in cell membrane, loss of permeability control, and osmotic lysis
$E^* \longrightarrow$ ghost + hemoglobin	

Correlation of Intermediate Reactions and Biochemical Events in Immune Hemolysis[6] [LEPOW, NAFF, TODD et al.; J. exp. Med. 117, 1005 (1963)].

Die klassische 1. Komplementkomponente (C'1) wird heute bereits in 3 Aktivitäten unterteilt, die LEPOW mit C'1q, C'1r und C'1s bezeichnet. C'1q ist vermutlich identisch mit dem von HANS MÜLLER-EBERHARD entdeckten 11 S-Globulin, welches ganz am Beginn der Reaktionskette steht und gewissermaßen das Startzeichen für die folgenden Partner gibt. C'1r ist eine neue Komponente, die – nach LEPOW – für die Aktivierung der Komponente C'1s, der eigentlichen C'1-Proesterase, zur aktiven Esterase notwendig ist. Die Esterasewirkung der nun um 2 Glieder vermehrten 1. Komponente ist bislang als einzige Enzymaktivität in der gesamten Reaktionskette nachgewiesen. Ihr ist in den Arbeitskreisen von E. BECKER und von I. LEPOW besondere Beachtung geschenkt worden. Nach allen bisherigen Ergebnissen ist jedoch die aktivierte C'1-Esterase für das Zustandekommen von Hämolyse, Cytolyse oder Bakteriolyse nicht verantwortlich; sie ermöglicht lediglich die Anlagerung der 4. Komponente (C'4) und kann auch mit der zweiten (C'2) reagieren, doch scheint damit ihre Funktion innerhalb der Reaktionskette erschöpft zu sein.

Seit kurzem hat allerdings eine klinische Beobachtung die C′1-Esterase wieder mehr in den Vordergrund gerückt: Bei Kranken mit intermittierenden angioneurotischen Ödemen soll der natürliche Inhibitor der C′1-Esterase fehlen oder stark erniedrigt sein[7, 8, 9]. Der Befund ist nicht ohne Kritik geblieben[10], doch ist die Frage, ob die partielle Aktivierung der ersten klassischen C′-Komponente bereits gewisse allergische Symptome hervorrufen kann, damit zur Diskussion gestellt.

Zellen, die mit C′1, C′4 und C′2 reagiert haben, sind morphologisch und biochemisch noch vollkommen intakt; die Veränderungen, die mit der Zerstörung oder Aufweichung der Membran enden, beginnen erst, wenn die klassische 3. Komponente (C′3) ins Spiel kommt. Diese dritte Komponente hat sich lange dem Zugriff der Biochemiker entzogen. Es sei daran erinnert, daß PILLEMER, beim Versuch, sie zu reinigen, „Properdin" entdeckte, welches heute als eine Mischung natürlicher und kreuzreagierender Antikörper deklassiert, wahrscheinlich zu Unrecht an Interesse verloren hat[11].

Die Auftrennung von C′3 in 4 Aktivitäten gelang unabhängig voneinander NELSON und seinen Mitarbeitern NISHIOKA und LINSCOTT in Florida[12, 13] und in 5 Komponenten KLEIN und WELLENSIECK in Mainz[14]. Die Reihenfolge der Aktivitäten lautet nach NELSON: C′ 3c, b, a, d. KLEIN hat eine andere Terminologie vorgeschlagen, nämlich C′ 3a, b, β, c, d. Sinnvoll erscheint es uns, nach MÜLLER-EBERHARD und LEPOW die Aktivitäten der klassischen C′$_3$-Komponente fortlaufend zu numerieren. Ohne vorgreifen zu wollen, möchte ich einen Befund NELSONs hervorheben, weil mit ihm gezeigt wird, daß die erste der C′3-Komponenten, die mit persensibilisierten EAC′1,4,2-Zellen reagiert, deren biologische Eigenschaften grundsätzlich wandelt: Die Zellen werden durch diese Reaktion klebriger, zur sog. „Immunadhärenz" befähigt und auch, wie aus der nebenstehenden Tabelle NELSONs zu entnehmen ist, besser phagocytiert.

Es zeigt sich, daß schon die Reaktion einer Unterkomponente von C′$_3$ biologisch hochbedeutende Veränderungen

Tabelle 1. Entnommen aus Beitrag R. A. NELSON: Immun-Adherence[12], S. 245

Sheep erythrocyte complex	Microscopic: % of leucocytes which ingested E.
E	2
EA	6
EAC′1,4	6
EAC′1,4,2	12
EAC′1,4,2,3c	78

an der Zelloberfläche bewirkt. Durch die Aktion der folgenden C′ 3-Faktoren — deren Zahl nicht notwendigerweise auf 4 beschränkt zu bleiben braucht — wird dann die „Explosion" ausgelöst, durch die die oben erwähnten kraterförmigen Mulden entstehen.

Dieser ersten Synopsis soll eine breitere Überschau folgen und dann auf die Phänomene *Bakteriolyse, Cytolyse* und *Hämolyse* näher eingegangen werden. Nach einer Analyse der Startbedingungen sollen zum Schluß unsere eigenen Versuche über den Mechanismus der C′-Lyse referiert werden.

Allgemeine Übersicht

Obwohl C′ bisher nur im Zusammenhang mit Immunreaktionen definiert und analysiert wurde, ist diese Zuordnung nicht richtig. Die Reaktionskette der C′-Faktoren kann auch nichtimmunologisch ausgelöst werden und erfüllt dann andere Funktionen als die eines "immune-intensifiers".

Ältere Studien über die Phylogenese der Abwehrreaktionen haben gezeigt, daß bei Protozoen und in den Körperflüssigkeiten von Wirbellosen bactericide und cytolytische Prinzipien vorhanden sind, die Ähnlichkeiten mit dem Komplement höherer Vertebraten aufweisen[15].

So konnte z. B. METALNIKOV bereits wenige Stunden nach einer künstlichen Infektion in der Coelomflüssigkeit und der Hämolymphe von Raupen hitzelabile bactericide Aktivität, die sicher nicht mit Antikörperglobulinen zusammenhängt, vermehrt nachweisen[16]. Aus neuen Untersuchungen von PAPERMASTER, FINSTAD und GOOD beginnt sich abzuzeichnen, daß in der Evolutionsreihe bereits vor dem Auftreten zur Antikörperbildung befähigter lymphatischer Systeme Mechanismen vorhanden sind, die sowohl der Ernährung wie andererseits auch der Abwehr und der Eliminierung fremdgewordener Zellen dienen[17]. Dieser primordiale Mechanismus der Erkennung und Eliminierung von "not self" beansprucht großes Interesse. Ob und welche Beziehungen zu C′ bestehen, ist ungeklärt.

Auch über die Komplementsysteme höherer Tiere weiß man nicht viel. Mit Techniken, die heute nicht mehr voll ausreichen, wurden von HEGEDÜS und GREINER[18], von CUSHING jr.[19], von RICE u. CROWSON[20], um nur einige Namen zu nennen, interessante vergleichende Studien begonnen, die jedoch liegengeblieben sind. Es ist eines der Verdienste von HANS SCHMIDT, immer wieder auf die unausgeschöpften Möglichkeiten einer vergleichenden Komplementforschung hinzuweisen (Ü).

Diesen älteren Studien ist zu entnehmen, daß die Komplemente verschiedener Species sowohl hinsichtlich der Einzelkomponenten wie auch der Reaktionskinetik verschieden sind. Nicht in allen Fällen ist die Hämolyse sensibilisierter Hammelerythrocyten das geeignete Indicatorsystem, wie dies für das Studium von Meerschweinchen-, menschlichem und von Kaninchenkomplement gilt. Das ist einer der Gründe warum man sich in den letzten Jahrzehnten auf so wenige Arten konzentrierte und die übrigen 99,99% kaum berücksichtigte.

So einfach und anschaulich Phänomene wie Immunadhärenz, Bakteriolyse, Cytolyse und Hämolyse in vitro zu demonstrieren sind, so schwierig gestaltet sich der *Nachweis der C'-Wirkung in vivo.*

Nur am Rande sollen die Möglichkeiten erwähnt werden, Orte der C'-Fixierung mit fluorescierenden Antikörpern gegen Gesamt-C' oder isolierte Komponenten [21, 22] zu erkennen. Mit Hilfe solcher Techniken ist die z. T. auch schon früher vermutete Teilnahme von C' an verschiedenen Immunreaktionen und Erkrankungen gesichert worden. Es ist zu hoffen, daß bald auch die Bildungsorte der einzelnen C'-Komponenten gefunden werden können.

Ein besonderer Glücksfall ist die Entdeckung eines erblichen Defektes innerhalb der C'3-Gruppe bei einem Kaninchenstamm durch U. und K. ROTHER[23]. Viel überzeugender als durch jede künstlich herbeigeführte Dekomplementierung kann an solchen Defekttieren die pathophysiologische Rolle von C' analysiert werden. Erste Ergebnisse lassen erkennen, daß

a) das Serum dieser Tiere keine bactericide Kraft gegenüber einem als C'-empfindlich bekannten Salmonellenstamm besitzt[24],

b) die Arthus-Reaktion als allergische Manifestation vom Soforttyp nicht auszulösen ist[25a,b] und

c) Homotransplantate länger toleriert und in einem Fall überhaupt nicht abgestoßen wurden (K. u. U. ROTHER: persönliche Mitteilung).

Von der Fortsetzung und Erweiterung der Versuche an solchen Defekttieren, deren C'3-Mangel — zumindest örtlich — durch entsprechende C'3 haltige Fraktionen ausgeglichen werden kann, darf man weitere wichtige Ergebnisse erwarten.

Bakteriolyse

Die Abtötung und Auflösung von Bakterien durch frisches Serum ist die Beobachtung, die zur Entdeckung von C' führte[26, 27]; dennoch ist wenig in den fast 80 Jahren, die seither vergangen sind, systematisch darüber gearbeitet worden.

Man weiß, daß eine große Zahl gramnegativer Bakterien, darunter Escherichien, Salmonellen, Proteus, Shigellen, Chromobacter haemophilus und Brucellen durch antikörperhaltiges Frischserum abgetötet werden. Auch viele Amöben, Ciliaten und Trypanosomen werden immobilisiert und geschädigt. Grampositive Keime sind im allgemeinen — auch wenn sie C' fixieren — resistent.

Empfindliche Species, also bevorzugt die gramnegativen, verhalten sich unterschiedlich. Während Glatt-Formen weniger empfindlich sind, steigert sich die Sensibilität mit zunehmendem Verlust der für die O-Antigenität verantwortlichen Seitenketten der Basalstruktur, so daß Rauh-Formen (die ja auch weniger pathogen sind) sehr viel rascher und vollständiger abgetötet werden (s. Vortrag O. LÜDERITZ).

OSAWA und MUSCHEL[28] haben beobachtet, daß bestimmte unempfindliche Bakterienstämme, z. B. Paracolobacter ballerup, bei Züchtung über 37° C ihre Vi-Antigenität verlieren und rauhwachsende Formen bilden. Diese sind gegenüber C' empfindlich. Dem Formwandel liegt keine Mutation zugrunde, denn bei niedrigeren Temperaturen wachsen die Keime wieder glatt. Im Organismus kann bei erhöhter Temperatur — bei Fieber — das gleiche geschehen und damit, rein von der Empfindlichkeit der Krankheitserreger gegenüber C' her gesehen, die Abwehrlage gebessert werden.

Mit der unterschiedlichen Empfindlichkeit hat sich besonders auch WARDLAW beschäftigt[29]. Er stellte den hohen Phospholipidgehalt der Zellmembran empfindlicher Keime (E. coli Lilly) dem geringen Phospholipidgehalt unempfindlicher Bakterien gegenüber und glaubt damit einen Hinweis auf den Angriffsort von C' erbracht zu haben. Er fand auch, daß beim Angriff von C' auf isolierte Bakterienmembranen deren Phospholipide um 50% vermindert werden.

C' allein kann, nach neueren Befunden von AMANO[30], die von WARDLAW[31] und MUSCHEL[32] bestätigt wurden, Bakterien wohl schädigen, aber nicht auflösen. Die Struktur zerfällt erst, wenn

Lysozym den Muramylpeptidkomplex der Bakterienhülle* angreift. Dieser liegt bei gramnegativen Bakterien unter einer äußeren Lipoproteinschicht und Phospholipidschicht verborgen.

Da bekannt ist, daß man bestimmte Bakterien mittels Maßnahmen, durch die Lipoproteine dissoziiert werden (z. B. Vorbehandlung mit EDTA), für den Angriff von Lysozym zugänglich machen kann, hat Komplement möglicherweise die Aufgabe, die äußere Lipid- bzw. Lipoproteinschicht in einer noch nicht näher bekannten Weise für Lysozym durchgängig zu machen. In jüngster Zeit hat SPITZNAGEL darüber berichtet, daß P^{32}-markierte gramnegative und grampositive Bakterien, einschließlich E. coli und Staph. aureus, bei Inkubation in C'-aktivem Serum sehr viel mehr P^{32}-Aktivität abgeben als in komplementfreiem. Bei grampositiven Bakterien ging dies ohne erkennbare morphologische Veränderung vor sich. Vielleicht ist mit diesen noch nicht im Detail veröffentlichten Beobachtungen ein neuer Ansatzpunkt gegeben[33]. Mit Methoden, mit denen Veränderungen der Bakterienhülle und des Stoffwechsels erfaßt werden können, ehe es zur vollständigen Lyse oder Bakteriostase kommt, hoffen auch wir, in Zusammenarbeit mit den Mikrobiologen unseres Instituts, dem Mechanismus der Bakteriolyse näherzukommen.

Cytolyse

Die experimentellen Vorteile, die das Arbeiten mit sensibilisierten Erythrocyten bietet, haben es mit sich gebracht, daß die Cytolyse kernhaltiger Zellen und Gewebe bisher wenig bearbeitet wurde. GOLDBERG und GREENE[34, 35] haben jedoch an Tumorascteszellen wesentliche Erkenntnisse gewonnen, die auch für die Immunschädigung von normalen Zellen und Geweben gültig sind. Wie sie zeigen, beeinflußt der Antikörper allein die Zellpermeabilität nicht. An umschriebenen Bezirken der Membran finden sich verstärkte Ausbuchtungen, wie man sie bei örtlich gesteigerter Pinocytosetätigkeit beobachtet. Die Zugabe von Komplement führt zum schnellen Zusammenbruch der Permeabilitätsbarrieren für Kationen und niedermolekulare Substanzen. Die konsekutive kolloidosmotische Schwellung erweitert die primäre Defektstelle, so daß

---

* WEIDEL, W., and H. PELZER: Bag shaped macromolecules, a new outlock on bacterial cell walls. Intersci Enzymology vol. 26, 193-232 (1964)

nach einer gewissen Latenzzeit auch höhermolekulare Inhaltsstoffe, wie RNS und Proteine (im Falle des Erythrocyten Hämoglobin), die Zelle verlassen. Man kann Schwellung und Eiweißaustritt durch Erhöhung des osmotischen Druckes in der Außenflüssigkeit verhindern, z. B. durch Albumin, nicht aber durch Rohrzucker, da dieser durch die primäre Defektstelle auch nach innen dringen kann.

Im Falle der durch SH-Inhibitoren induzierten kolloidosmotischen Hämolyse kann der Austritt von Hämoglobin auch durch Sucrose verhindert werden, was dafür spricht, daß in diesem Falle die Defektstelle nicht für Sucrosemoleküle durchgängig ist [36].

In einer weiteren Studie haben SEARS, WEED und SWISHER [37] die durch C' gesetzten Defekte ausgelotet, indem sie die kolloidosmotische Schwellung durch die Zugabe verschieden großer Kolloide zu beeinflussen suchten. Dies hat gegenüber der Ausmessung elektronenoptisch wahrnehmbarer Löcher den Vorteil, daß man die Dimension der primären Defektstelle erfaßt und die sekundären Veränderungen durch die kolloidosmotische Schwellung und die Fixation vermeidet. Das Ergebnis dieser an Erythrocyten durchgeführten Versuche war insofern unerwartet, als die durch verschiedene Antikörper, jedoch mit gleichem C' produzierten Defekte unterschiedlich groß waren. In einem Falle wurde der Austritt von Hämoglobin durch Dextran von mittlerem Molekulargewicht 40000 vollständig verhindert, im anderen war dies auch durch Albumin nicht möglich.

Eine Methode, mit der man empfindlich und rasch die durch Antikörper und C' bewirkten Änderungen der Atmung von Zellen registrieren kann, ist die polarographische Sauerstoffmessung mit der von LÜBBERS und GLEICHMANN [38] verbesserten Clark-Elektrode. Der Vorteil der gemeinsam mit MUNDER in unserem Laboratorium entwickelten Meßanordnung besteht darin, daß in Serum oder Plasma gearbeitet werden kann und Proben während der Messung entnommen und zugegeben werden können. Die Methode macht es möglich, einige bisher nur mit histologischen

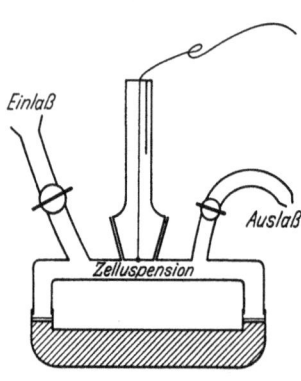

Abb. 8. Analysengefäß für die polarographische O_2-Bestimmung

Techniken oder am intakten Tier zu beobachtende Immunreaktionen in vitro dynamisch zu analysieren.

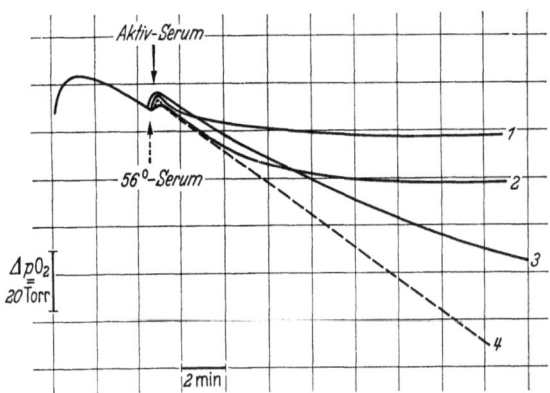

Abb. 9. Atmung von Tumorasciteszellen der Maus mit und ohne C'

In der vorstehenden Abb. 8 ist die von MUNDER entwickelte Meßkammer und in Abb. 9 sind einige übereinandergezeichnete Originalkurven der Cytolyse von Asciteszellen durch ansteigende Mengen von C' wiedergegeben.

Wir haben das gleiche Beispiel wie GOLDBERG und GREENE gewählt. Die Kurvenverläufe zeigen, daß Antiserum ohne Komplement die Zellatmung nicht beeinträchtigt. Antiserum mit C' dagegen verursacht rasch eine Atmungshemmung, die um so vollständiger ist, je mehr Einheiten Komplement zugefügt wurden.

Wird der Anfangsteil der Atmungskurve besonders analysiert, so zeigt sich, daß der Hemmung eine kurzdauernde Steigerung der Atmung vorausgeht, wie auf Abb. 10 dargestellt ist. Um die Verhältnisse deutlich zu machen, wurde hier die Atmung von Tumorasciteszellen in 56°-Serum gewissermaßen als Zeitachse (12,1 Torr/min) dargestellt[39, 40].

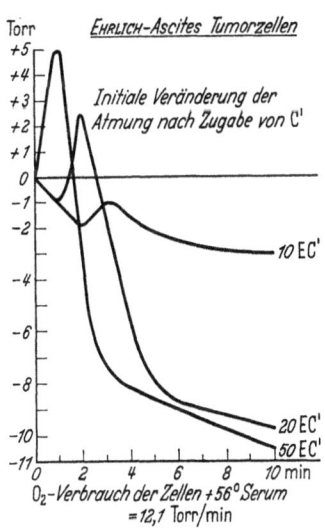

Abb. 10. Veränderung der Atmung von Tumorasciteszellen der Maus unter der Wirkung von C' gegenüber Atmung in 56°-Serum

Hämolyse

Die Hämolyse sensibilisierter Hammelerythrocyten ist für die meisten Komplementforscher zum ausschließlichen Studienobjekt geworden und wird auch als hochempfindliches Indicatorsystem bei den zahlreichen diagnostischen Komplementfixationsreaktionen benutzt. Man verwendet Hammelerythrocyten, weil sie reich an sog. Forssmann-Antigen sind und bei Kaninchen hochtitrige Antikörperseren (Amboceptor) geben.

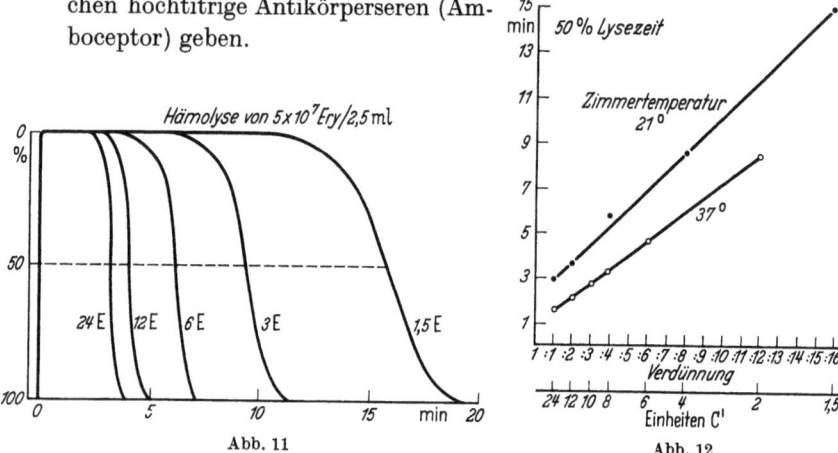

Abb. 11 u. 12. Optischer Test zur Bestimmung von Komplement

Abb. 11. Pausen der mit verschiedenen Komplementmengen registrierten Hämolyse. Die Aufzeichnung der 50%-Hämolyse durch die entsprechenden C'-Mengen führt zur Eichkurve in Abb. 12

Auch kinetische Studien, die entscheidend zur Klärung der Sequenz der einzelnen Reaktionsstufen beigetragen haben, werden mit Hilfe des hämolytischen Systems durchgeführt. Es ist technisch recht aufwendig, die Reaktion in kurzen Zeitabständen zu stoppen, zu zentrifugieren und das ausgetretene Hämoglobin photometrisch zu bestimmen [KABAT-MAYER (Ü) S. 192], so daß wir neuerdings dazu übergegangen sind, die in einer temperierten Cuvette stattfindende Hämolyse fortlaufend automatisch zu registrieren. Im durchfallenden Licht bei 545 mμ wird die abnehmende Extinktion, die eine etwa 0,1%ige Suspension von EA-Zellen in Pillemer-Puffer während der Hämolyse erfährt, geschrieben. Es ergeben sich nach genau reproduzierbaren Latenzzeiten die typischen sigmoidalen Kurven. Die Sedimentation der Erythrocyten ist so gering, daß sie selbst bei Messungen, die etwa 30 min andauern, nicht berücksichtigt zu werden braucht (dies gilt allerdings nur für Hammelerythrocyten). Wie Abb. 12 zeigt, lassen sich die Zeitintervalle, die vom Start der Reaktion bis zur 50%-Hämolyse verstreichen, sehr gut für die Aufstellung von C'-Eichkurven verwenden. Kleine Differenzen im Titer von Vollkomplement oder von Komplementbruchstücken bzw. Faktoren lassen sich so objektivieren. Die einfache Anordnung, die gemeinsam mit H. G. SIEDENTOPF und K. LAUENSTEIN ausgearbeitet wurde, hat weitere Anwendungsmöglichkeiten, zumal sie, entsprechend abgeändert, auch für kinetische Messungen der Schädigung kernhaltiger Zellen und von Bakterien herangezogen werden kann[41]. Wir haben sie auch für die quantitative Bestimmung sehr kleiner Lysolecithinmengen verwendet.

Kann die Komplementreaktion nicht-immunologisch ausgelöst werden?

Wenn eingangs berichtet wurde, daß die Zahl der Komplementfaktoren in den letzten Jahren vermehrt und die Gesamtreaktion in weitere Stufen zerlegt werden konnte, so sollte über diesen Erfolgen nicht vergessen werden, daß einige biologisch wichtige Fragen über die Auslösung der Kettenreaktion noch nicht klar zu beantworten sind:

a) Warum führen nicht alle Antigen-Antikörperreaktionen zur Aktivierung von Komplement, und

b) ist es möglich, daß Komplement auch mit anderen als Antigen-Antikörperkomplexen reagiert?

Zu beiden Fragen soll anhand klassischer Vorstellungen und Versuche kurz Stellung genommen werden:

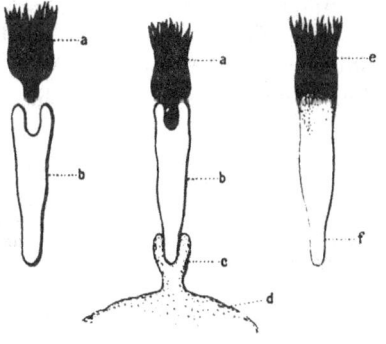

Abb. 13. EHRLICHs Vorstellung über das Zusammenwirken von Antikörper und Komplement, entnommen: P. EHRLICH u. J. MORGENROTH: Über Hämolysine. Berliner Klin. Wschr. 36, 481, (1899) a Komplement; b Zwischenkörper (Immunkörper); c Receptor; d Teil einer Zelle; e toxophore Gruppe des Toxins; f haptophore Gruppe

PAUL EHRLICH war der Ansicht, daß der hämolysierende Amboceptor Molekülbezirke mit starker ,,Avidität" zum (zellständigen)

Antigen und solche mit schwächerer „Avidität" zur Fixierung von Komplement haben müsse. Die komplementophile Gruppierung ist nach neueren Untersuchungen von FRANKLIN[42] im Porter-Fragment III der 7 S-Antikörper-γ-Globuline von Menschen und Kaninchen enthalten.

Tabelle 2. *Komplementfixierung durch bis-diazo-benzidin-aggregierte 7 S-Globuline und ihre 3,5 S-Fragmente*

	Konz. mg/ml	C'-Einheiten fixiert
Human		
1. 7 S	0,3	78
2. Fragment A	0,3	10
3. Fragment C	0,3	6
4. Fragment B	0,3	56
Kaninchen		
1. 7 S	0,3	80
2. Fragment I	0,3	4
3. Fragment II	0,3	3
4. Fragment III	0,3	75

Nach FRANKLIN: Progr. Allergy 8, 110 (1964).

Allerdings wird Komplement erst dann fixiert, wenn 7S-Globulin bzw. 3,5S-Fragment in geeigneter Weise aggregiert ist. Die Vereinigung von Antigen und Antikörper führt zu solcher Aggregation. Bemerkenswert ist jedoch, daß auch die Aggregation durch Hitze[43, 44], die Behandlung durch Diazotierung[45] und mit Alkohol[47] normales γ-Globulin zur Komplementfixierung und -aktivierung befähigt. Angereichertes humanes γ-Globulin, ein ideales Präparat zur Behandlung von Antikörpermangelzuständen, kann nicht ohne weiteres i.v. injiziert werden. Nur solche Präparate, bei denen durch besondere Behandlung die Aggregation vermieden ist und die daher kein Komplement fixieren, sind verträglich[47, 48].

Tabelle 3. *C'-Fixierung und Lysolecithinbildung*

	Gesamt-C'-Fixierung	Lytische Aktivitätssteigerung
Aggreg. γ-Globulin	100%	46,1%
Desaggreg. γ-Globulin Gammavenin	25%	9,1%

Über die Eigenschaften aggregierter und desaggregierter γ-Globuline orientiert die Tabelle 3.

Soweit bisher bekannt, sind nur aggregierte 7S-Globuline von Mensch und Kaninchen imstande, C' zu aktivieren. Hat dies auch biologische Bedeutung? Kann z. B. bei Verbrennungen und anderen intravitalen Schädigungen, die mit Denaturierung und Aggregierung von Blut- und Zelleiweiß einhergehen, die C'-Reaktion in Gang gesetzt werden? Wir sind dabei, dies zu klären.

Eine weitere Beobachtung zur nichtimmunologischen Komplementaktivierung geht auf LANDSTEINER und JAGIC[49, a, b] zurück. Sie beschrieben die „amboceptorähnliche Eigenschaft kolloidaler Kieselsäure" aufgrund der Beobachtung, daß kieselsäurebehandelte Erythrocyten durch Komplement angegriffen werden. Ähnliches gilt für tanninbehandelte Zellen. Substanzen, wie Carbowax 400 (Polyäthylenglykol)[50], Aerosil (hochdisperse Kieselsäure[47]), Kongorot[51] usw., aktivieren ebenfalls Serumkomplement. Ob in diesen Fällen die Aggregation von autologem γ-Globulin der Komplementaktivierung vorangehen muß, ist bisher nicht untersucht worden. Dr. HÄSSIG* schlug in einer Diskussion zu diesem Problem vor, es mit Hilfe geeigneter Seren von Patienten mit Agamma-Globulinämie anzugehen.

Komplementlyse und Lysolecithin

Am Ende der C'-Reaktionskette werden E* in Stroma + Hämoglobin umgewandelt. Wie mehrfach erwähnt, ist die Reaktion, die zum Zusammenbruch der Permeabilitätsbarrieren führt, noch unbekannt. Weder das Enzym noch das Substrat sind definiert. Die meisten Komplementforscher nehmen an, daß ein Enzym der C'3-Gruppe auf ein Substrat der Zellgrenzfläche einwirkt. Eine andere Möglichkeit, nämlich daß Enzym und Substrat beide dem Komplementsystem angehören und bei ihrer Reaktion ein cytotoxisches Produkt freisetzen, wird von uns seit einigen Jahren experimentell geprüft. Wir gingen dabei von Beobachtungen BERGENHEMs und FAHRAEUS' aus[52], die festgestellt hatten, daß im Serum vermehrt Lysolecithin entsteht, wenn man es bei 37°C 24 Std stehen läßt. Der Komplementtiter sinkt während dieser Zeit kontinuierlich ab. Es gelang uns zu zeigen, daß bei Zusatz von Immunaggregaten zu frischem Serum der Komplementtiter innerhalb 1—2 min auf Null

---

* Leiter des Zentrallabors des Blutspendedienstes des Schweizerischen Roten Kreuzes, Bern. Siehe auch Übersicht.

abfällt und parallel dazu die Lysolecithinaktivität auf ein mehrfaches des Ausgangswertes ansteigt (s. Abb. 14).

Dieses parallele Verhalten wurde bisher an menschlichem, an Meerschweinchen-, Schweine- und Kaninchenserum festgestellt[53a, b, 54]. Die Verschiebungen im Lecithin- bzw. Lysolecithingehalt konnten durch Phosphorbestimmungen der dünnschichtchromatographisch gereinigten Fraktionen erhärtet werden. Sie unterliegen allerdings für die verschiedenen Seren erheblichen Schwankungen.

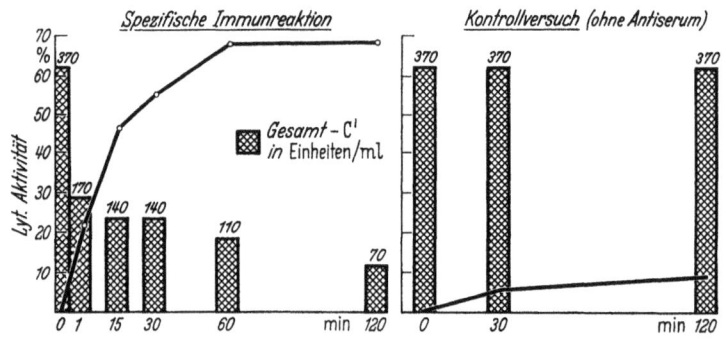

Abb. 14. Gesamtkomplementaktivität (schraffierte Säulen) und Lysolecithinaktivität (ausgezogene Linie) vor und nach Zugabe von Rinderalbumin-Antiserum

Nur solche Antigen-Antikörperkomplexe, die Komplement fixieren, führen zur vermehrten Entstehung von Lysolecithin. Ähnliches gilt für das Verhalten von aggregiertem und desaggregiertem γ-Globulin, wie schon gezeigt wurde.

In R-Seren, d. h. C'-Defektseren, bleibt die vermehrte Lysolecithinbildung aus. Dies ist ein Hinweis für den Zusammenhang mit dem C'-System, wogegen allerdings eingewendet werden kann, daß durch Hitzeinaktivierung, Adsorption mit Zymosan oder Behandlung mit Ammoniak usw. nicht nur selektiv Komplementkomponenten im Serum ausgeschaltet werden. (Tab. 4)

Mehr Aussagekraft haben daher Versuche mit dem natürlichen Defektserum der Rotherschen Freiburg R_3-Kaninchen. Gemeinsam mit ROTHERs konnten einige Experimente in diesem Sinne durchgeführt werden. Es zeigte sich, daß Defektserum erst nach Restauration der ursprünglichen Komplementaktivität (durch eine rohe C'_3-Präparation aus Schweineserum nach LEON oder mit hitze-

Tabelle 4. *Cytolytische Aktivität von Extrakten aus verschiedenartig vorbehandelten Seren vor und nach Zusatz von aggr. Human-γ-Globulin* (Lytische Aktivität in %)

Serum	ohne γ-Globulin	mit γ-Globulin
Aktivserum	17,5	43,8
EDTA-Serum (10 mM)	22,8	22,8
R_3-Serum	21,9	22,8
56°-Serum	27,2	21,9
R_4-Serum	24,6	25,0
Heparin-Serum	25,4	25,0

Tabelle 5. *Absence of Lysolecithin Formation in C' 3-Deficient rabbit serum*

	C'-activity	Lytic-activity of serum lipide extracts	Increase of lysolecithin-activity
Normal rabbit serum	15	24	
Normal rabbit serum + γ-Globulin	0	45.5	ca. 100
C'3-def-rabbit serum	0	24.6	
C'3-def-rabbit serum + γ-Globulin	0	27.0	ca. 10
C'3-def-serum + R1,2 serum*	8	26.2	
C'3-def-serum + R1,2-serum + γ-Globulin	0	40.0	ca. 50
C'3-def-serum + C'3(pig)**	5	27.8	
C'3-def-serum + C'3(pig) + γ-Globulin	0	40.6	ca. 50

* Serum heated at 56° for 25 min.
** According to LEON.

inaktiviertem Kaninchenserum) die Fähigkeit zur vermehrten Lysolecithinbildung erhält (s. Tab. 5[55]).

In Einklang mit diesen Befunden steht, daß VAN OSS C'_{3b} durch Lecithin-Albumin im hämolytischen System ersetzen konnte[56].

Die besprochenen Versuche an Serum haben die auffallende Parallelität zwischen Komplementaktivierung und vermehrter Lysolecithinbildung erwiesen. Einen *direkten* Hinweis auf die Zusammengehörigkeit der beiden Phänomene können Versuche mit dem Stroma C'-gelöster Zellen und entsprechenden Kontrollen geben. Derartige Versuche haben wir durchgeführt und feststellen können, daß sich aus dem Stroma nur dann vermehrt Lysolecithin extrahieren läßt, wenn Komplement mit diesem Stroma reagiert hatte. (Ü: FISCHER, H.; s. auch: Ü: FERBER, HAUPT, FISCHER).

Die bei solchen Versuchen zu erwartenden Lysolecithinmengen sind so klein, daß es weiterer Verfeinerung der Methodik bedurfte, um sie nachweisen zu können. Der biologische Nachweis im optischen Lysetest hat sich hier der Phosphorbestimmung und den färberischen Nachweismethoden auf Dünnschichtchromatogrammen als überlegen gezeigt (s. Abb. 15).

Wir kommen damit zu dem Ergebnis, daß ein Zusammenhang zwischen C'-Aktivierung und vermehrter Lysolecithinbildung besteht. Welcher Art dieser Zusammenhang ist, kann freilich erst vermutet werden. Wir nehmen an, daß eine der letzten C' 3-Komponenten unter bestimmten Bedingungen die Aktivität einer

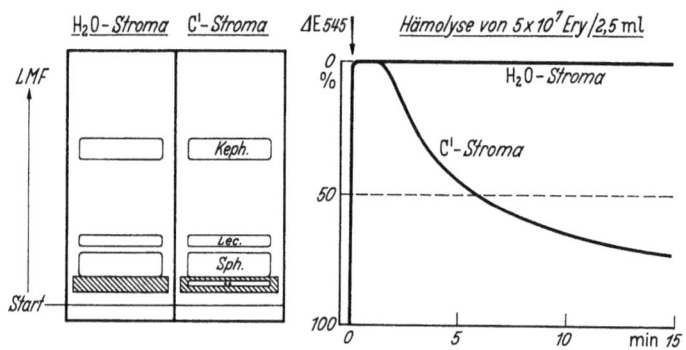

Abb. 15. Optischer Test zum Nachweis der aus Dünnschichtchromatogrammen eluierten Banden mit Lysolecithinaktivität. Weitere Erklärung s. Text

Lecithinase A annehmen und dann eine weitere Lecithin-enthaltende C'-Komponente angreifen kann. Erfolgt dieser Angriff an oder dicht bei einer empfindlichen Stelle der Zelloberfläche, so kann das hier „nascierende" Lysolecithin den streng lokalisierten Zusammenbruch der Permeabilitätsbarrieren herbeiführen. Kaum eine andere unter physiologischen Verhältnissen und im biologischen Milieu entstehende Substanz ist für eine solche fokussierte Membranläsion geeigneter als hoch grenzflächenaktives Lysolecithin. Die eingangs besprochenen Defekte in Membranen C'-geschädigter Zellen könnten somit durch C'-Lysolecithin entstanden sein. Ob diese verlockende Spekulation, die uns als Hypothese für die weitere Arbeit dient, richtig ist, wird sich erst dann herausstellen, wenn sämtliche Reaktionsglieder der C'-Kette bekannt sind. Sowohl die weitere Reinigung und Charakterisierung von C'-Komponenten als auch die Erforschung der Aspekte, die durch die Zellmembran und ihre Enzyme[57] gegeben sind, sollten eine Entscheidung in absehbarer Zeit möglich machen.

Literatur

Neuere Übersichten

SCHMIDT, H.: Die Konglutination; Das Komplement. Fortschr. d. Immunitätsforschg. Bd. 1. Darmstadt: Steinkopff 1959.

OSLER, ABRAHAM, G.: Functions of the Complement System. Advances in Immunology Vol. 1, 132. New York, London: Academic Press 1961.

MAYER, M. M.: Studies on the mechanism of hemolysis by Antibody and Complement. Prog. Allergy 5, 215 (1958).

MAYER, M. M.: Complement and Complement Fixation. In: KABAT and MAYER's Experimental Immunochemistry, Second Ed. Springfield: Charles C. Thomas 1961.

LEPOW, I. H.: Complement: a Review (including Esterase Activity) in Mechanismus of Hypersensitivity; 267. Henry Ford Hospital Internat. Symposium. Boston, Toronto: Little, Brown u. Co. 1959.

JEANNET, M., and A. HÄSSIG: The role of Lysophosphatides and fatty acids in haemolysis. Vox Sanguinis 9, 113 (1964).

FISCHER, H.: Lysolecithin and the action of complement. Annals of the New York. Acad. of Sciences 116, 1063 (1964).

FERBER, E., J. HAUPT u. H. FISCHER: In Vorbereitung.

[1] EHRLICH, P., u. J. MORGENROTH: Über Hämolysine. Berl. klin. Wschr. 36, 1, 6, 481 (1899).

[2] EHRLICH, P., u. J. MORGENROTH: Über Hämolysine. Berl. klin. Wschr. 37, 453, 681 (1900).

[3] HEIDELBERGER, M.: Complement: Immunity intensifier, diagnostic drugde, chemical curiosity. Sci. Prog. 5, 149 (1947).

[4] BORSOS, R., R. R. DOURMASHKIN, and J. H. HUMPHREY: Lesions in erythrocyte membranes caused by immune hemolysis. Nature (Lond.) 202, 251 (1964).

[5] ROSSE, W. F., and I. V. DACIE: Quantitative aspects of PNH red cells to complement in immune hemolysis. Abstracts X[th] Congr. Int. Soc. Haematol., Stockholm 1964 I, 3.

[6] LEPOW, I. H., G. B. NAFF, E. W. TODD, J. PENSKY, and C. F. HINZ: Chromatographic resolution of the first component of human complement into three activities. J. exp. Med. 117, 983 (1963).

[7] DONALDSON, V. H., and R. R. EVENS: A biochemical abnormality in hereditary angioneurotic edema. Absence of serum inhibitor of C′1 esterase. Amer. J. Med. 35, 37 (1963).

[8] RATNOFF, O. D., and I. H. LEPOW: Complement as a mediator of inflammation enhancement of vascular permeability by purified human C′1 esterase. J. exp. Med. 118, 681 (1964).

[9] BECKER, E. L., and L. KAGEN: The permeability globulins of human serum and the biochemical mechanism of hereditary angioneurotic edema. Ann. N. Y. Acad. Sci. **116**, 866 (1964).
[10] LAURELL, A. B.: persönliche Mitteilung.
[11] WEDGWOOD, R. J.: Properdin. In: Immunological Methods: p. 25. A Symposium. Oxford: Blackwell Scientific Publ. 1964.
[12] NELSON, R. A.: Immune-Adherence In: Mechanism of cell and tissue damage produced by immune reactions. IInd Internat. Sympos. on Immunopathol. S. 245. Brood Lodge 1961. Basel/Stuttgart: Benno Schwabe 1962.
[13] LINSCOTT, W. D., and K. NISHIOKA: Components of guinea pig complement II. Separation of serum fractions essential for immune hemolysis. J. exp. Med. **118**, 795 (1963).
[14] SAUTHOFF, R., H. J. WELLENSIECK u. P. KLEIN: Über die multiple Natur der 3. Komponente des Meerschweinchenkomplements. Int. Arch. Allergy **22**, 399 (1963).
[15] BISSET, K. A.: Bacterial infection and immunity in lower vertebrates and invertebrates. J. Hyg. (Lond.) **45**, 128 (1947).
[16] METALNIKOW, S.: Facteurs biologiques et psychiques de l'immunité. Biol. Rev. **7**, 212 (1932).
[17] GOOD, R. A., and J. FINSTAD: persönliche Mitteilung.
[18] HEGEDÜS, A., u. H. GREINER: Quantitative Bestimmung der Komplementbestandteile. Z. Immun-Forsch. **92**, 1 (1938).
[19] CUSHING, J. E.: A comparative study of complement. The interaction of components of different species. J. Immunol. **50**, 75 (1945).
[20] RICE, CHR., E., and C. N. CROWSON: The interchangeability of the complement components of different animal species: J. Immunol. **65**, 201 (1950); **65**, 499 (1950).
[21] KLEIN, P. G., and P. M. BURKHOLDER: Studies on the antigenic properties of complement. I. Demonstration of agglutinating antibodies against guinea pig complement fixed on sensitized sheep erythrocytes. J. exp. Med. **111**, 93 (1960).
[22] LACHMANN, P. J., H. J. MÜLLER-EBERHARD, H. G. KUNKEL, and F. PARONETTO: The localisation of in vivo bound complement in tissue sections. J. exp. Med. **115**, 63 (1962).
[23] ROTHER, U., u. K. ROTHER: Über einen angeborenen Komplementdefekt bei Kaninchen. Z. Immun.-Forsch. **121**, 224 (1961).
[24] ROTHER, K., U. ROTHER, K. F. PETERSEN, D. GEMSA, and F. MITZE: Immune bactericidal activity of complement. Separation and description of intermediate steps I. Immunol. **93**, 319 (1964).
[25a] ROTHER, K., U. ROTHER u. F. SCHINDERA: Passive Arthusreaktion bei komplementdefekten Kaninchen. Z. Immun-Forsch. **126**, 473 (1964).
[25b] ROTHER, K.: Die Bedeutung des Komplementsystems für allergische Reaktionen in vivo. Int. Arch. Allergy **22**, 322 (1963).
[26] BUCHNER, H.: Zbl. Bakt. I. Abt. **5**, 817 (1889); **6**, 1, 561 (1899).
[27] BORDET, J., et O. GENGOU: Ann. Inst. Pasteur **15**, 289 (1901).
[28] OSAWA, E., and L. H. MUSCHEL: Studies relating to the serum resistance of certain gram-negative bacteria. J. exp. Med. **119**, 41 (1964).

[29] WARDLAW, A. C.: Approach to the problem of identifying a complement substrate or receptor in cell walls. Fed. Proc. **19**, 76 (1960).
[30] AMANO, T., S. INAI, Y. SEKI, S. KASHIBA, K. FUJIKAWA, and S. NISHIMURA: Studies on the immune bacteriolysis. I. Accelerating effect on the immune bacteriolysis by lysozyme-like substances of leucocytes and eggwhite lysozyme. Med. J. Osaka Univ. **4**, 401 (1954).
[31] WARDLAW, A. C.: The complement dependent bacteriolytic activity of normal human serum. J. Medicine **115**, 1231 (1962).
[32] MUSCHEL, L. H., W. F. CAREY, and L. S. BARON: Formation of bacterial protoplasts by serum components. J. Immunol. **82**, 38 (1959).
[33] SPITZNAGEL, J. K.: Release of P^{32} from labeled bacteria in opsonizing concentrations of normal mammalian serum. Bacteriol. Proc. Abstracts 64th Meeting p. 51 (1964).
[34] GOLDBERG, B., and H. GREEN: The cytotoxic action of immune gammaglobulin and complement on Krebs ascites tumor cells. I. Ultrastructural studies. J. exp. Med. **109**, 505 (1959).
[35] GREENE, H., R. A. FLEISCHER, P. BARROW, and B. GOLDBERG: The cytotoxic action of immune gamma globulin and complement on Krebs ascites tumor cells. II. Chemical studies. J. exp. Med. **109**, 511 (1959).
[36] JAKOB, H. S., and J. H. JANDL: Effects of sulfhydryl inhibition on red blood cells. I. Mechanism of hemolysis. J. clin. Invest. **41**, 779 (1962).
[37] SEARS, D. A., R. I. WEED, and S. N. SWISHER: Differences in the mechanism of in vitro immune hemolysis related to antibody specifity. J. clin. Invest. **43**, 975 (1964).
[38] GLEICHMANN, U., u. D. W. LÜBBERS: Die Messung des Sauerstoffdruckes in Gasen und Flüssigkeiten mit der Pt-Elektrode unter besonderer Berücksichtigung der Messung im Blut. Pflügers Arch. ges. Physiol. **271**, 431, 456 (1960).
[39] MUNDER, P. G., u. H. FISCHER: Über die polarographische Bestimmung des Sauerstoffverbrauchs von Leukocyten und Makrophagen und dessen Beeinflussung durch silikogene Stäube. Beitr. Silikose-Forsch. S-Band Grundfragen Silikose-Forsch. **5**, 21 (1963).
[40] MUNDER, P. G., u. M. MODOLELL: Fortlaufende Messung der Zellatmung durch Polarographie des Sauerstoffs. In Vorbereitung.
[41] SIEDENTOPF, H. G., K. LAUENSTEIN u. H. FISCHER: Über die automatische Registrierung der Hämolyse durch Serumkomplement und Lysolecithin. In Vorbereitung.
[42] FRANKLIN, E. C.: The immune-globulins, their structure and function and some techniques for their isolation. Prog. Allergy. **8**, 58 (1964).
[43] DAVIS, B. D., E. A. KABAT, A. HARRIS, and D. H. MOORE: The anti-complementary activity of serum gamma globulin. J. Immunol. **49**, 223 (1944).
[44] ISHIZAKA, T., and K. ISHIZAKA: Biological activities of aggregated gamma globulin. I. Skin reactive and complement fixing properties of heat denaturated gamma globulin. Proc. Soc. exp. Biol. (N. Y.) **101**, 845 (1959).
[45] ISHIZAKA, K., T. ISHIZAKA, and T. SUGAHARA: Biological activity of soluble antigen-antibody complexes. VII. Role of an antibody fragment in the induction of biological activities. J. Immunol. **88**, 690 (1962).

[46] HAUPT, I.: Unveröffentlicht.
[47] HAUPT, I., u. H. FISCHER: Die Beteiligung von Komplement an nichtimmunologischen Vorgängen. Proc. VIII. Congr. Europ. Soc. Haematol. Wien 1961, 498. Basel, New York: Karger 1962.
[48] BARANDUN, S., P. KISTLER, F. JEUNET and H. ISLIKER: Intravenous administration of human gammaglobulin. Vox Sang. (Basel) **7**, 157 (1962).
[49] LANDSTEINER, K. u. N. JAGIC: Über Reaktionen anorganischer Kolloide und Immunkörperreaktionen. Münch. med. Wschr. **51**, 1185 (1904).
[49a] LANDSTEINER, K. u. N. JAGIC: Über Analogien der Wirkungen kolloidaler Kieselsäure mit den Reaktionen der Immunkörper und verwandter Stoffe. Wien. klin. Wschr. **17**, 63 (1904).
[50] COWAN, K. M.: Lysis of sheep erythrocytes by a long-chain polymer, polyethylene glycol, and complement. Dissertation submitted to the School of Hygiene and Public Health. The Johns Hopkins University, 1954.
[51] KLOPSTOCK, F.: Komplementadsorption durch Farbstoffe. Biochem. Z. **149**, 331 (1924).
[52] BERGENHEM, B., u. R. FAHRAEUS: Über spontane Hämolysinbildung im Blut unter besonderer Berücksichtigung der Physiologie der Milz. Z. ges. exp. Med. **97**, 555 (1936).
[53a] FISCHER, H., u. I. HAUPT: Das cytolysierende Prinzip von Serumkomplement. Naturwissenschaften **47**, 160 (1960).
[53b] FISCHER, H., u. I. HAUPT: Das cytolysierende Prinzip von Serumkomplement. Z. Naturforsch. **16 b**, 321 (1961).
[54] FISCHER, H.: Über den Lysemechanismus von Serumkomplement. Z. Immun.-Forsch. **126**, 131 (1964).
[55] HAUPT, I., H. FISCHER, U. ROTHER, and K. ROTHER: Absence of lysolecithin formation in C'3-deficient rabbit serum. Nature (Lond.) **200**, 686 (1963).
[56] VAN OSS, C. J., and N. CIXOUS: Evidence for the phospholipid nature of the third component of complement. Naturwissenschaften **50**, 500 (1963).
[57] MUNDER, P. G., E. FERBER u. H. FISCHER: Z. Naturforsch. in Vorb.

Diskussion

HEIDELBERGER (Diskussionsleiter): Wir danken Prof. FISCHER für seinen so anregenden und aufregenden Vortrag.

GÖING (Frankfurt): Wir haben die Antikörperlyse von Kaninchenthrombocyten untersucht und konnten dabei zeigen, daß der Thrombocytenantikörper vom Meerschweinchen Thrombocyten agglutiniert aber nicht lysiert. Zur gesteigerten Immunolyse der Thrombocyten, die an der Freisetzung von 5-Hydroxytryptamin aus ihnen gemessen wurde, bedarf es des „thrombocytolytischen Faktors" im frischen Meerschweinchenserum. Dieser kann an Aluminiumhydroxyd adsorbiert oder in der Gelfiltration dargestellt werden. Komplementinaktivierung des frischen Meerschweinchenserums durch Erhitzen auf 57° (für die Inaktivierung von C' 1 und C' 2), sowie durch Zymosan (für C' 3), beeinflußt im Gegensatz zum hämolytischen System die Lyse der mit Antikörpern beladenen Thrombocyten nicht. Somit können auch andere lytische Systeme durch Antikörperbindung gesteigert werden, und ich wollte Herrn FISCHER fragen, wie er sich diese Ergebnisse erklärt.

FISCHER: Ich kann diese Ergebnisse nicht erklären. Wie Prof. LÜSCHER mir kürzlich schrieb, ist es ihm gelungen, die viscöse Metamorphose der Thrombocyten durch eine Antigen-Antikörperreaktion einzuleiten, aber daß Komplement dazu notwendig ist. Die viscöse Metamorphose bedeutet jedoch noch keine Thrombocytolyse.

GÖING: Mit dieser Immunolyse und der 5-Hydroxytryptaminfreisetzung ist der Verlust der die Thrombocyten scharf begrenzenden Hülle verbunden, was wir mikroskopisch beobachten konnten. [Z. Immunitäts- u. Allergieforsch. 125, 365 (1963): Naunyn-Schmiedebergs Arch. exp. Path. Pharmak., im Druck].

KELLER (Zürich): Aus Untersuchungen von LÜSCHER geht hervor, daß sich Blutplättchen ähnlich wie ein Schwamm verhalten; sie enthalten deshalb höchstwahrscheinlich auch alle im Serum enthaltenen Komponenten, u. a. auch Komplement. Aus diesem Grunde scheint mir das Plättchen kein günstiges Objekt zur Beurteilung der Frage, ob für die Immuncytolyse Komplement erforderlich sei oder nicht.

HESS (Heidelberg): Welche Grundlage hat die Vorstellung, daß das lytische System enzymatische Eigenschaften besitzt?

FISCHER: 2 Alternativen wurden zur Diskussion gestellt: entweder ein Enzym greift ein Substrat der Zelle an; wenn das so ist, dann kann man nur in Anwesenheit von Zellen Komplementforschung treiben. Die andere Möglichkeit ist, daß Komplement ein Enzym enthält und ein Substrat, welches ganz zum Schluß angelagert wird. Auf enzymatischem Wege könnte so ein lytisches Prinzip auf der Zelloberfläche entstehen und ein Loch in die Zelle „brennen". Dieser zweiten Arbeitshypothese sind wir gefolgt. Die zweite schließt die erste nicht aus. Leider kann man sich heute noch nicht präziser ausdrücken.

GRASSMANN: Es fiel mir auf, daß Sie in Ihren Schlußsätzen die Frage, ob das Lysolecithin *das* lytische Prinzip ist, so vorsichtig diskutiert haben; vielleicht vorsichtiger, als in einigen Ihrer Veröffentlichungen. Haben Sie irgendwelche Befunde, die damit schwer vereinbar sind, oder die zum mindesten dafür sprechen, daß es noch andere Mechanismen gibt?

FISCHER: Wir glauben, daß wir die Indizienkette sehr weit getrieben haben; aber ein direkter Beweis, daß Lysolecithin *das* lytische Prinzip ist, wird erst dann zu erbringen sein, wenn MÜLLER-EBERHARD und KLEIN die dritten Komponenten rein vor sich haben, das Enzym und das Substrat genau definieren, und wir dann zum abschließenden Urteil kommen. Die Ungeduld ließ uns nach neuen, wenn auch indirekten Wegen der C'-Forschung suchen. Es könnte ja durchaus sein, daß noch weitere unbekannte $C'3$-Komponenten die Arbeit um weitere 10 oder 20 Jahre verlängern. Wenn man aber mit dem Lysolecithin schon einen Faktor entdeckt hat, dann kann man auch mit der Analyse geeigneter *Inhibitoren* beginnen, und hierzu darf ich folgendes bemerken: Lysolecithin kann durch Lecithin in seiner biologischen Wirkung neutralisiert werden. Setzt man komplementhaltigen Zellen Lecithin zu (es gibt wasserlösliche Lecithin-Emulsionen), dann kann man die Wirkung von Komplement effektiv hemmen. Der Schönheitsfehler ist allerdings, daß man mit Lecithin auch die Digitonin- und die Saponin-Hämolyse hemmen kann. Ich bin also deshalb so vorsichtig in meinen Formulierungen, weil noch ein missing link in der Indizienkette vorliegt.

ROWLEY (Adelaide): I admired Dr. FISCHER's presentation. I think there is a very good case to be made out for the possibility that antibody/antigen reactions are only biologically important in so far as they carry complement to the necessary parts of the body. Where bacteria are concerned this idea of lysolecithin might be put to the test more easely because they are so amenable to mutation. It should be possible to select a bacterial strain which is resistent to lysolecithin. One can, of course, easily select strains which are resistant to complement but this might be for other reasons, they might not have antigens which fix complement in reaction with their antibody. But directly to see whether you can get a bacterial strain which is resistant to lysolecithin and than put it to the test in your phagocytic system.

FISCHER: Ich bin Dr. ROWLEY für diese Anregung dankbar. Wir haben gerade damit begonnen, komplementempfindliche und komplement-unempfindliche Bakterien in unsere Untersuchung einzubeziehen. Als vorläufiges Ergebnis darf ich erwähnen, daß aus Rauhformen von Salmonellen, die durch Komplement aufgelöst wurden, Lysolecithin extrahiert werden konnte, während der Nachweis in der entsprechenden Kontrolle, die durch Komplement nicht geschädigt wurde, nicht gelang.

HEIDELBERGER: Es gibt einige Leute, die fälschlicherweise denken, daß unsere USA ein Land von Gangstern und Räubern sind. Aber es gibt eine Räuberei, worüber wir stolz sein können: Wir haben Dr. MÜLLER-EBERHARD aus Deutschland geraubt. Er ist jetzt für einige Tage zurückgekommen, zur Dtsch. Physiol.-Chem. Gesellschaft, und wird uns heute über die Chemie der Komplement-Faktoren berichten.

Chemie der Komplement-Faktoren* **

Von H. J. MÜLLER-EBERHARD

Division of Experimental Pathology Scripps Clinic and Research Foundation
La Jolla, California

Mit 10 Abbildungen

I. Einführung

Die Komplementforschung ist gegenwärtig im Stadium einer explosiven Entwicklung begriffen. Nach einem langen Aufenthalt im Gebiet der reinen Serologie ist sie jetzt in den Bereich der Protein- und Enzymchemie vorgedrungen. Von den zehn bekannten Komplementfaktoren sind fünf in hochgereinigter Form gewonnen worden. Von mehreren dieser zehn Faktoren kann man mit gutem Grund annehmen, daß sie Enzyme darstellen. Es wird daher in absehbarer Zeit möglich sein, die Komplementreaktion als eine Reihe von Enzym-Substratreaktionen zu beschreiben. Heute müssen wir uns allerdings noch mit der Beschreibung von Fragmenten dieser Reaktionskette begnügen. Die nachfolgende Diskussion beschränkt sich auf die ersten sechs Komponenten des Komplementsystems. Zunächst sollen die bisher isolierten Faktoren definiert und ihre Eigenschaften kurz beschrieben werden. Dann folgt ein Versuch, die molekularen Ereignisse zu analysieren, die während der Komplementreaktion an der Zellmembran vorgehen. Auch hier werden nur die ersten sechs Komponenten Berücksichtigung finden.

MICHAEL HEIDELBERGER wies vor mehr als zwanzig Jahren die Proteinnatur des Komplementes nach. Aber erst heute ist es möglich, genaueres über die Eigenschaften der am Komplementsystem beteiligten Proteine auszusagen. Bevor Einzelheiten dieser Proteine besprochen werden, ist ein Wort zum Nomenklaturproblem am Platz. Nach Übereinkunft mit Dr. LEPOW in Cleveland

---

* This is publication number 97 from the Division of Experimental Pathology, Scripps Clinic and Research Foundation, La Jolla, California.
** This work was supported in part by grant AI-05617 from the United States Public Health Service, National Institutes of Health.

bezeichnen wir die Aktivitäten der ersten Komponente als C′1q, C′1r und C′1s. Ferner schlagen wir vor, die übrigen Faktoren einfach C′2,3,4,5,6,7 und 8 zu nennen. Die diesen Aktivitäten entsprechenden Proteine werden nach einer besonders typischen immunochemischen oder physikochemischen Eigenschaft benannt. Die Notwendigkeit von 2 parallel laufenden Nomenklaturen ist leicht einzusehen. Im Laboratorium hat man es mit 2 Phänomenen zu tun: auf der einen Seite mit Aktivitäten und auf der anderen mit Proteinen. Erst nach langen und intensiven Korrelationsstudien kann man den Schluß ziehen, daß eine bestimmte Aktivität einem gegebenen Protein zuzuordnen ist.

II. Die Anatomie des humanen Komplementsystems

A. Molekulare Eigenschaften von isolierten Komplement-Faktoren

In Tab. 1 sind Eigenschaften von vier dem Komplementsystem angehörenden Proteinen zusammengefaßt. Es sind dies die 11S Komponente[1], das β_{1E}-[2], β_{1C}[3] und β_{1F}-Globulin[4]. Obwohl sie funktionell zu demselben System gehören, haben diese Proteine völlig unterschiedliche immunochemische Eigenschaften. Mit Hilfe von spezifischen Antiseren konnte gezeigt werden, daß keine Antigengemeinschaft zwischen ihnen besteht. In der Ultrazentrifuge zeigen die vier Eiweißkörper ein auffallend ähnliches Verhalten. Allerdings ist die Abhängigkeit der Sedimentationskonstante von der Konzentration von Fall zu Fall verschieden und deutet darauf hin, daß die 11S-Komponente ein sehr asymmetrisches Molekül darstellt, während das β_{1E}- und β_{1C}-Globulin eine mehr sphärische Molekülform besitzen. Die Moleküle des β_{1F}-Globulin neigen dazu,

Tabelle 1. *Properties of isolated complement components*

	11S Comp.	β_{1E} Glob.	β_{1C} Glob.	β_{1F} Glob.
$s°_{20,w}$	11.1S	10.0S	9.5S	8.5S
Elect. mobility .	γ_2	$\beta_1 - \alpha_2$	$\beta_2 - \beta_1$	$\beta_1 - \alpha_2$
Serum conc. (μg/ml) . . .	20—30	30—50	300—400	30—50
Activity	C′1q	C′4	C′3	C′5
Receptor . . .	EA	EAC′1a	EAC′1a,4,2a	EAC′1a,4,2a
Temp. requir. .	0	0	+	
Inact. by . . .	heat	N_2H_2	N_2H_2	heat

miteinander Komplexe zu bilden, was sich im niederen Konzentrationsbereich in einer Proportionalität zwischen Sedimentationsgeschwindigkeit und Konzentration ausdrückt. Im elektrischen Feld, bei pH 8.6, verhalten sich diese Proteine als β- bzw. γ-Globuline. Das am schnellsten wandernde ist das β_{1F}-Globulin, dann folgt das β_{1E}- und das langsamere β_{1C}-Globulin. Die 11S-Komponente wandert wie ein sehr basisches γ-Globulin, hat immunochemisch aber keine Gemeinsamkeit mit der Gruppe der γ-Globuline[6,39].

Hinsichtlich ihrer Funktion bei der Immunhämolyse sind diesen Serumproteinen die folgenden Aktivitäten zuzuordnen: C'1q ist die Bezeichnung der Aktivität der 11S-Komponente, C'4 ist die Aktivität des β_{1E}-, C'3 entspricht dem β_{1C}-, und C'5 dem β_{1F}-Globulin. Die Aktivitäten sind im wesentlichen durch die intermediären Zellkomplexe gekennzeichnet, mit denen sie während der Immunhämolyse reagieren. So lagert sich z. B. C'1q unmittelbar dem Antikörper (A) an der Oberfläche von sensibilisierten Zellen (EA) an, während C'4-Aktivität nur an die Zelloberfläche angehängt wird, wenn außer Antikörper auch die aktivierte erste Komponente (C'1a) vorhanden ist, die Zelle sich also im Zustand EAC'1a befindet. C'3, die dritte Komponente, reagiert mit der Zelle erst, nachdem die vierte und die zweite damit reagiert haben, und die fünfte Komponente, C'5, folgt der dritten. Die entsprechenden Intermediärkomplexe werden symbolisch als EAC'1a,4,2a und EAC'1a,4,2a,3 bezeichnet. Die Aktivitäten C'1q und C'5 sind thermolabil, d. h. 10—20 min Erhitzen auf 56° C führt zu ihrer Inaktivierung. C'3 und C'4 sind thermostabil, werden aber durch Behandlung mit 0.02 M Hydrazin bei 37° C schnell inaktiviert. Interessanterweise korreliert der durch Hydrazin verursachte Aktivitätsverlust mit diskreten Veränderungen der physikochemischen Eigenschaften des β_{1C}- und β_{1E}-Globulins[6,2,40].

Neben diesen vier Komplement-Faktoren ist letztlich ein fünfter Faktor aus Humanserum isoliert worden. Es ist dies die von HAINES und LEPOW[7] rein dargestellte C'1 Esterase oder das C'1s. Das Enzym hat eine Sedimentationskonstante von 4S und die elektrophoretische Wanderungsgeschwindigkeit eines α-Globulins.

Die Isolierung der zweiten und sechsten Komponente wird gegenwärtig in unserem Laboratorium vorgenommen und wird bald abgeschlossen sein. Dabei hat sich ergeben, daß C'2 ein β-Globulin mit einer Sedimentationskonstante von etwa 6S ist.

$C'6$ verhält sich elektrophoretisch wie ein schnell wanderndes γ-Globulin und hat eine approximative Sedimentationskonstante von 5S.

B. Verfahren der Isolierung von Komplementfaktoren

Die von uns benützten Isolierungsverfahren sind in Abb. 1 zusammengestellt. Frisches menschliches Serum wird zunächst in Euglobulin- und Pseudoglobulinfraktion getrennt. Das geschieht bei pH 5,4 und einer Ionenstärke von 0,02. Die Ausgangsmenge beträgt gewöhnlich 500 bis 750 ml Serum. Von den Euglobulinen wird dann entweder die 11S-Komponente isoliert oder das β_{1C}- und β_{1F}-Globulin, und von den Pseudoglobulinen das β_{1E}-Globulin.

Für die Isolierung der 11S-Komponente war bisher die Herstellung von löslichen γ-Globulin-Aggregaten notwendig. Mit Hilfe dieser Aggregate wurde die 11S-Komponente in Gegenwart von Äthylendiaminotetraacetat (EDTA) aus dem Serum präzipitiert und danach von dem Präcipitat extrahiert[1]. Das Verfahren erfordert die Verfügbarkeit einer präparativen Ultrazentrifuge und die Präparation von löslichen γ-Globulin-Aggregaten, die in einigen

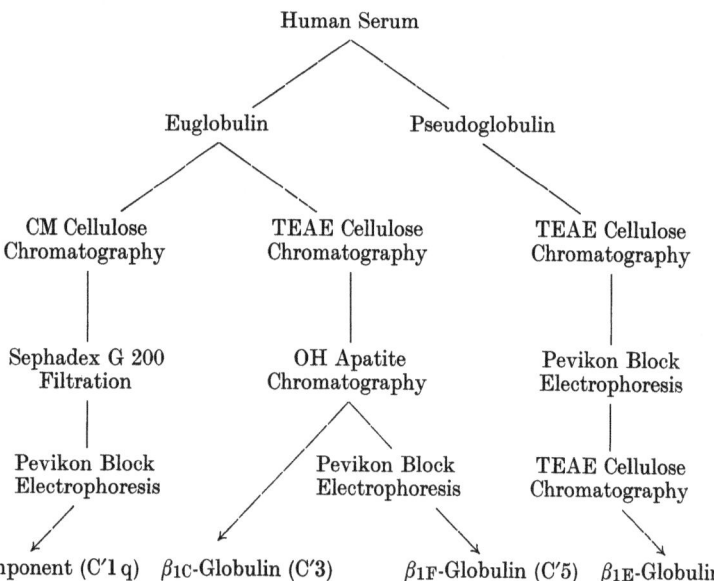

Abb. 1. Schematische Darstellung der Methodik zur Isolierung von Komplement-Faktoren

Laboratorien Schwierigkeiten bereitet hat. Deshalb ist eine zweite Methode ausgearbeitet worden, die allerdings zeitraubender ist[8]. Die Euglobulinfraktion wird zunächst chromatographisch an einer Carboxymethyl Cellulosesäule aufgetrennt. Dazu wird ein Phosphatpuffer vom pH 6 und einer Ionenstärke von 0,15 und ein Kochsalzgradient benützt. Die 11S-Komponente, die mit dem 11S-Serumreagenz bequem bestimmt werden kann[1], wird dabei zuletzt eluiert und befindet sich in Fraktionen, die ebenfalls 7Sγ-Globulin und geringe Mengen von 19S-Globulinen enthalten. Diese Fraktionen werden konzentriert und die Proteine durch Filtration mittels Sephadex G 200-Säulen weiter separiert. Die 11S-Komponente wird zusammen mit den 19S-Globulinen eluiert und somit von 7S γ-Globulin getrennt. Die Trennung von den 19S-Globulinen erfolgt durch Pevikon-Blockelektrophorese bei pH 7, $\frac{T}{2} = 0,1$. Barbitursäurepuffer vom pH 8,6 müssen vermieden werden, da diese die 11S-Komponente inaktivieren.

β_{1C}- und β_{1F}-Globulin werden in folgender Weise von den Euglobulinen isoliert: Entsprechend der früher beschriebenen Methode[3] werden die Euglobuline durch Chromatographie an Triäthylaminoäthyl (TEAE)-Cellulosesäulen aufgetrennt. β_{1C}, β_{1F} und β_{1H}, ein Protein von stark asymmetrischer Molekülform, dessen Funktion bisher völlig unbekannt ist, werden zusammen eluiert. Auch C'6 überlappt mit diesen Proteinen, obwohl es teilweise vorher eluiert wird. Die Position dieser Komponenten im Chromatogramm kann entweder durch die Stabilisierung von EAC'1 a, 4, 2 a-Zellen bestimmt werden oder immunologisch mit Hilfe von spezifischen Antiseren. Die β_{1C} und β_{1F} enthaltenden Fraktionen werden konzentriert und an Hydroxylapatit-Säulen weiter chromatographisch getrennt[9]. Die Trennung erfolgt bei pH 7,9 in 0,1 M-Phosphatpuffer. β_{1F} wird bei einer mit Natriumchlorid erzeugten Leitfähigkeit von 12 000 Mikromhos/cm eluiert, und β_{1C} bei 14 500 Mikromhos/cm. β_{1H} wird eliminiert durch Elution bei 13 000 Mikromhos/cm.

Die Isolierung von β_{1E}-Globulin erfolgt entsprechend der früher veröffentlichten Methode[2]. Die Pseudoglobuline werden in einem 0,03 M Phosphatpuffer bei pH 7,3 an TEAE-Cellulose adsorbiert. Die Säule wird dann mit demselben Puffer gewaschen, nachdem diesem genügend Natriumchlorid zugesetzt worden ist, um die

Leitfähigkeit auf 11000 Mikromhos/cm zu erhöhen. Danach wird das Protein mittels eines NaCl-Gradienten eluiert. Die C'4-Aktivität enthaltenden Fraktionen werden konzentriert und bei pH 8,6 in Barbitursäurepuffer der Pevikon Blockelektrophorese unterworfen. Nach Rechromatographie der β-Globulinfraktion wird das β_{1E}-Globulin in reiner Form gewonnen.

Methoden zur Reindarstellung der zweiten und der sechsten Komponente werden gegenwärtig ausgearbeitet. Bei der Isolierung der zweiten, vierten und auch dritten Komponente sind Maßnahmen erforderlich, die die Inaktivierung während der lang dauernden Verfahren verhindern. EDTA in einer Konzentration von 0,002 M hat sich als geeignet erwiesen. Es wird besonders in den ersten Phasen der Präparation verwendet.

III. Molekulare Vorgänge während der Komplement-Reaktion

A. Bildung der ersten Komponente aus drei Serumfaktoren

Nachdem im Vorhergehenden die verschiedenen Teile des Komplement-Systems beschrieben worden sind, soll nun behandelt werden, was mit diesen Proteinen während der Komplementreaktion geschieht. In Abb. 2 ist die Sequenz der Komplementreaktion, wie sie unseren derzeitigen Vorstellungen entsprechend abläuft, schematisch dargestellt.

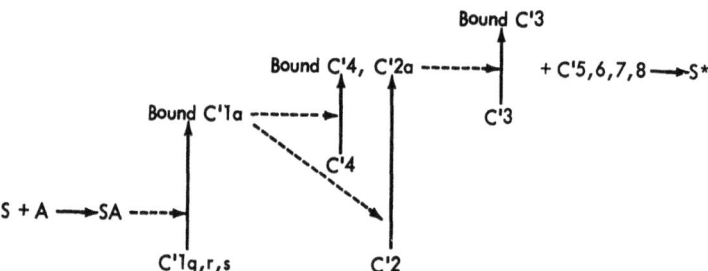

Abb. 2. Schematische Darstellung der Komplement-Reaktionsfolge. (S symbolisiert eine Antigengruppe an der Erythrocytenoberfläche, A den dagegen gerichteten, spezifischen Antikörper; S* ist die Bezeichnung für eine durch die Komplementreaktion geschädigte Stelle der Zellmembran)

Die Reaktion beginnt mit der ersten Komponente, welche bis vor kurzer Zeit als ein einheitliches Prinzip angesehen worden ist. LEPOW[10] und BECKER[11] hatten gezeigt, daß diese Komponente eine

Proesterase darstellt, und es wurde zunächst angenommen, daß Aktivierung der Proesterase durch direkten Kontakt mit Antigen-Antikörper-Komplexen zustande komme. Mit der Entdeckung der 11S-Komponente war dieses Konzept nicht mehr haltbar. Es konnte nämlich gezeigt werden, daß die 11S-Komponente in der Reaktionsfolge des C'1-Esterase vorausgeht[1,12]. Das folgende, einfache Experiment demonstrierte diesen Sachverhalt. Mit Antikörper sensibilisierte Erythrocyten (EA) wurden mit isolierter 11S-Komponente behandelt, dann gewaschen und anschließend mit einem Serumreagens inkubiert, welchem vorher die 11S-Komponente entzogen worden war (R11S). Während der Inkubation trat Hämolyse ein (Abb. 3). Daraus war zu schließen, daß die 11S-Komponente sich an sensibilisierte Erythrocyten anlagern und mit diesen den Intermediärkomplex EA11S (oder EAC'1q) bilden kann. Auf der anderen Seite zeigten

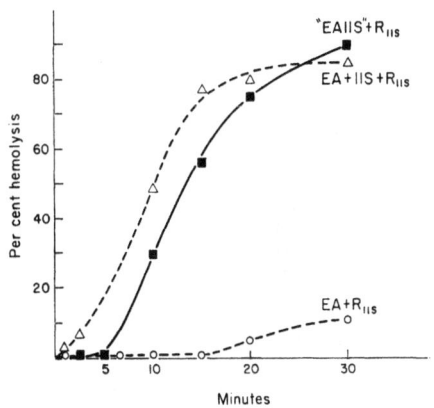

Abb. 3. Demonstration des Komplexes EA 11S durch Lysis mit Hilfe des R11S Reagens[6]

Experimente mit dem R11S-Reagens, daß die C'1-Esterase in Abwesenheit der 11S-Komponente sich nicht an sensibilisierte Zellen zu binden vermag. Beide Beobachtungen deuteten darauf hin, daß die 11S-Komponente den zu allererst reagierenden Komplementfaktor darstellt.

Die Bindung der 11S-Komponente an die Zelle erfolgt sehr wahrscheinlich durch Antikörpermoleküle und nicht direkt an die Zellmembran. Zellen, die nicht mit Antikörper besetzt sind, sind nicht in der Lage, die 11S-Komponente zu binden. Tatsächlich besitzt dieses Protein eine starke Affinität zu γ-Globulin, die sich in seiner Fähigkeit ausdrückt, lösliche Immunkomplexe und γ-Globulin-Aggregate zu präzipitieren[1,13,14]. Im Unterschied zur C'1-Esterase bedarf die 11S-Komponente bei der Bindung an die Zelle keiner Calciumionen[1].

LEPOW u. Mitarb.[15,16] haben diese Entwicklung in höchst interessanter Weise weitergeführt und ein neues Konzept von der ersten Komponente erarbeitet. Diese Autoren fanden nämlich, daß die Aktivität der klassischen ersten Komponente sich in drei Unteraktivitäten auftrennen läßt. Wird die Euglobulinfraktion von Humanserum chromatographisch zerlegt, dann verschwindet die C'1-Aktivität. Nur durch Vereinigung der Fraktionen von drei verschiedenen Bereichen des Chromatogramms wird C'1-Aktivität

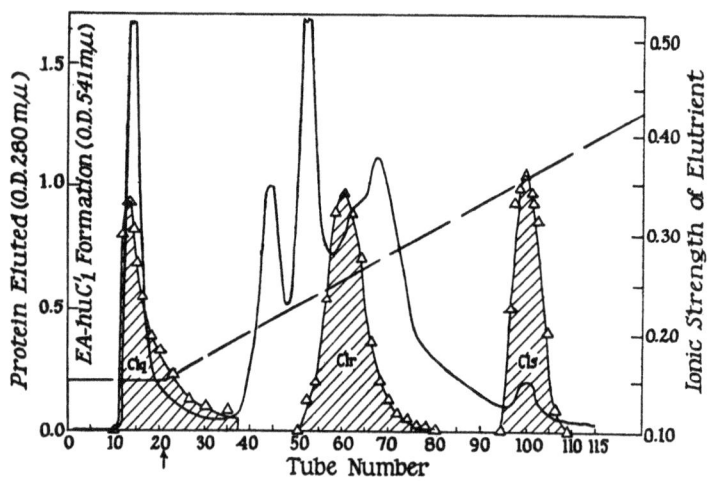

Abb. 4. Demonstration der Komplexität der klassischen ersten Komponente durch Chromatographie von Euglobulin. Nur durch Vereinigung der Fraktionen C'1q, C'1r, C'1s wird C'1-Aktivität wiedergewonnen (LEPOW et al. J. exp. Med. 117, 983 (1963))

wiedergewonnen (Abb. 4). Die drei Faktoren wurden C'1q, C'1r und C'1s genannt und weitere Untersuchungen ergaben, daß C'1q mit der 11S-Komponente und C'1s mit der C'1-Esterase identisch sind. C'1r ist ein bisher unbekannter Faktor.

Interessanterweise bilden diese drei Faktoren der ersten Komponente nicht nur eine funktionelle, sondern auch eine strukturelle Einheit. Im Serum und auch im isolierten Zustand, solange Calciumionen anwesend sind, bilden sie einen makromolekularen Komplex. Während C'1q, r, s Sedimentationsgeschwindigkeiten von 11S, 7S und 4S aufweisen, besitzt der Komplex eine Sedimentationskonstante von 18S [16].

Die Reaktion der ersten Komponente mit Antikörper-Zell-Komplexen kann in folgender Weise vorgestellt werden (Abb. 6). Der durch Calciumionen zusammengehaltene C'1-Komplex besitzt mindestens zwei funktionelle Gruppen; die eine ist für die Bindung des Komplexes an die Zellen verantwortlich, die andere für die enzymatische Aktivität. Da die 11S-Komponente per se die Fähigkeit hat, sich an sensibilisierte Zellen anzulagern, ist es wahrscheinlich, daß die Bindungsgruppe des C'1-Komplexes sich in dem C'1q-Anteil befindet. Die Affinität der 11S-Komponente zu γ-Globulin macht es weiterhin wahrscheinlich, daß die Bindung des C'1-Komplexes an Antikörpermoleküle und nicht an Strukturen der Zellmembran erfolgt. Die enzymatisch aktive Gruppe sitzt im C'1s-Anteil; Aktivierung dieser Gruppe wird durch C'1q und C'1r bewirkt[15], und geschieht nach Anlagerung an die Zelle. Der Mechanismus der Aktivierung ist unbekannt. Durch dieses molekulare Arrangement wird die C'1-Esterase an Strukturen der Zelloberfläche gebunden, obwohl diese selbst keine Ähnlichkeit mit dem Substrat der Esterase haben. Dadurch ist es der Esterase ermöglicht, in unmittelbarer Nähe der Zelloberfläche mit Substrat zu reagieren. Wie wesentlich diese räumlichen Beziehungen für den Prozeß der Immunhämolyse sind, wird aus dem Folgenden ersichtlich werden.

B. Anlagerung der vierten Komponente an die Zellmembran

Die aktivierte erste Komponente hat zwei Funktionen: die Anlagerung der C'4- und der C'2-Aktivität an die Zelle[17]. Hinsichtlich der Transferierung von C'4 aus der Flüssigkeitsphase des Reaktionsgemisches an die Oberfläche von EAC'1a-Komplexen sind folgende Fragen zu erörtern. 1. Wird bei dieser Reaktion das gesamte Makromolekül (β_{1E}) transferiert oder nur eine ,,prosthetische Gruppe"; oder wird nur eine Zustandsänderung der Zelloberfläche herbeigeführt, ohne daß Bindung des β_{1E}-Globulin eintritt? 2. Wenn das β_{1E}-Globulin gebunden wird, welche Struktur des EAC'1a-Komplexes dient als Receptor? 3. Von welcher Art ist in diesem Fall die Bindung zwischen dem Protein und dem Receptor? 4. Bewirkt die C'1-Esterase Änderungen der chemischen Eigenschaften des β_{1E}-Globulins?

Daß β_{1E} durch den EAC'1a-Komplex gebunden wird, ist zuerst von KLEIN[18] demonstriert worden. Transferierung von C'4 korreliert mit der Anlagerung eines Antigens an die Zelloberfläche, welches die Zellen durch ein spezifisches Anti-Komplementserum agglutinierbar macht. In analoger Weise werden EAC'1a-Zellen, die mit isoliertem β_{1E} behandelt wurden, durch spezifische Antiseren gegen β_{1E} agglutiniert[2]. Diese Agglutination tritt nicht ein, wenn die C'1-Esterase vorher mit Diisopropylfluorophosphat blockiert und dadurch die Aufnahme von C'4 verhindert wird.

Tabelle 2. *Uptake of C'4 activity and of β_{1E} by cells treated with purified β_{1E}-globulin*

Type of cells treated with β_{1E}*	Yield of EAC'4**	Agglutination by anti-β_{1E}					
	%	1:10	1:20	1:40	1:80	1:160	1:320
EA	0.2	0	0	0	0	0	0
EAC'1	100	3	3	3	3	3	3
EAC'1—DFP . .	0.2	0	0	0	0	0	0
EAC'1 + β_{1E} (N_2H_2)	0	0	0	0	0	0	0

* 2.75×10^8 cells + 9 µg β_{1E} in 0.5 ml, 30 min. at 37°C.
** Tested with $R_4 + \beta^{1C}$.

EAC'1a-Zellen, die mit Hydrazin-inaktiviertem β_{1E} behandelt wurden, können ebenfalls nicht agglutiniert werden (Tab. 2). Daraus folgt, daß die Transferierung der C'4-Aktivität von der Flüssigkeitsphase an die Zelloberfläche der Transferierung des β_{1E}-Moleküls entspricht. Bindung des β_{1E} erfordert, daß die C'1-Esterase und auch das β_{1E} aktiv sind.

Die immunologischen Untersuchungen geben keine Auskunft darüber, ob das gesamte Molekül gebunden wird oder nur ein größerer Teil davon. Die Beantwortung dieser Frage macht es notwendig, gebundenes β_{1E} von EAC'1a,4-Komplexen zu isolieren und seine Molekülgröße zu bestimmen. Da im günstigsten Fall nur ein paar Tausend β_{1E}-Moleküle pro Zelle gebunden werden, ist dies eine schwierige Aufgabe. Mit Hilfe von radioaktiv markiertem β_{1E} war es jedoch möglich, kleinste Mengen dieser Komponente zu entdecken und nach Dissoziation von EAC'1a,4-Zellen in der Ultrazentrifuge zu untersuchen. Die Sedimentationsgeschwindigkeit des zuvor gebundenen β_{1E} I^{131} war von derselben Größenordnung wie die des nativen Proteins[19]. Während geringfügige Differenzen dadurch nicht ausgeschlossen sind, ist es sicher, daß das an die

Zelle gebundene C'4 praktisch die Masse des nativen β_{1E}-Moleküls besitzt.

Die Natur der Bindung ist noch nicht eindeutig bestimmt worden. Der polare Bindungstyp scheint ausgeschlossen zu sein, da 10%ige Kochsalzkonzentration, sowie pH-Verschiebungen nach 3 und 10 keine wesentliche Dissoziation bewirken. Dagegen liegt es nahe, eine hydrophobe Bindung zu postulieren, da β_{1E} durch 1% Cholat oder Desoxycholat aus Komplexen mit Zellmembranen freigesetzt wird[19].

Als Receptor des β_{1E} an der Zelloberfläche kommen theoretisch folgende Möglichkeiten in Frage: die erste Komponente, der Antikörper oder die Zellmembran. Die erste Komponente kann als Möglichkeit ausgeschlossen werden, da es bekannt ist, daß sie von EAC'1a,4-Komplexen abgehängt werden kann, ohne daß C'4 dabei freigesetzt wird[17]. HARBOE[20] zeigte, daß auch der Antikörper von EAC'1a,4-Komplexen dissoziiert werden kann, ohne C'4 von der Zelloberfläche zu entfernen. Er bediente sich bei diesen Versuchen der leicht dissoziierbaren Kälteagglutinine. Somit bleibt nur die Zellmembran selbst als Receptor für β_{1E} übrig. Tatsächlich ist es möglich, β_{1E}, ohne Zuhilfenahme von Antikörper, direkt an die Zellmembran anzulagern[21]. Das kann durch Zusatz von Polyäthylenglykol zu dem aus Erythrocyten und Serum bestehenden Reaktionsgemisch geschehen. Polyäthylenglykol wird dabei nicht an die Erythrocyten gebunden, sondern bleibt in der Flüssigkeitsphase, wo es die Komplementreaktion auslöst[22]. Das unter diesen Bedingungen an die Membran gebundene β_{1E} ist hämolytisch aktiv*.

Da die Bindung des β_{1E} durch ein Enzym katalysiert wird, ist zu erwarten, daß dieses Enzym Änderungen der molekularen Eigenschaften des Proteins verursacht. Ein entsprechender Hinweis ist durch folgendes Experiment erhalten worden. Gleiche Teile eines Präparates von β_{1E}-Globulin wurden bei 37° C für 20 min mit zwei verschiedenen Zellkomplexen behandelt; der eine Teil mit Antikörper behafteten Erythrocyten (EA), der andere mit Zellen,

---

* Die direkte Bindung des β_{1E} an die Erythrocytenmembran ist vor kurzer Zeit in Zusammenarbeit mit Dr. LEPOW noch in anderer Weise demonstriert worden[23]. In Abwesenheit von Antikörpern wurden Erythrocyten mit isoliertem β_{1E} und gereinigter C'1-Esterase inkubiert. Dabei wurden ein Teil der β_{1E}-Moleküle als hämolytisch aktives C'4 an die Zellen gebunden, d. h. EC'4-Komplexe gebildet.

die zusätzlich die erste Komponente enthielten (EAC'1a). Danach wurde das Überstehende durch Stärkegelelektrophorese analysiert. Teile des Gels wurden in Segmente unterteilt, und in den Eluaten dieser Segmente wurde C'4-Aktivität bestimmt. Das Resultat ist in Abb. 5 wiedergegeben. Das mit EAC'1a behandelte β_{1E} ist verschwunden und ebenso die C'4-Aktivität. Dafür ist eine in der Kontrolle nicht vorhandene, schneller wandernde Proteinkomponente aufgetreten, und es ist anzunehmen, daß diese Komponente diejenigen β_{1E}-Moleküle darstellt, welche mit der C'1-Esterase zwar reagiert haben, aber von der Zelle nicht gebunden wurden. Ein solches inaktives Produkt des β_{1E}-Globulins muß in der Tat postuliert werden, da LEPOW u. Mitarb. vor Jahren beobachteten, daß die C'1-Esterase die Aktivität der vierten Komponente im Humanserum zerstört[10].

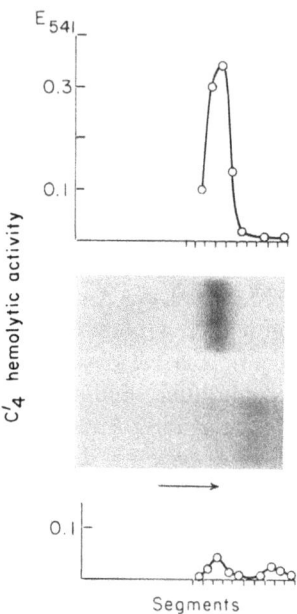

Abb. 5. Verändertes Verhalten des β_{1E}-Globulin bei der Stärkegelelektrophorese nach Behandlung mit EAC'1a-Zellen. Mit Anlagerung der C'4-Aktivität an EAC'1a verschwindet β_{1E} von der Flüssigkeitsphase. Gleichzeitig erscheint ein schneller wanderndes, inaktives Produkt des β_{1E}

Inaktivierung des β_{1E} durch die C'1-Esterase und Bindung des β_{1E} an die Zelle mit Hilfe der ersten Komponente sind offenbar chemisch verwandte Prozesse. In beiden Fällen erfährt das β_{1E}-Molekül eine durch das Enzym verursachte Veränderung, die es in die Lage versetzt, mit einem Acceptor zu reagieren. Falls die Kollision mit dem Acceptor nicht kurzzeitig nach der Reaktion mit der C'1-Esterase stattfindet, verliert das β_{1E}-Molekül seine Aktivität und kann nicht mehr gebunden werden*. Die enge räumliche

---

* In Zusammenarbeit mit Dr. LEPOW[23] konnte ein definitiver Effekt der gereinigten C'1-Esterase an isoliertem β_{1E}-Globulin aufgewiesen werden. Das so behandelte β_{1E} hat eine größere elektrophoretische Wanderungs-

Beziehung der ersten Komponente zur Zelloberfläche muß deshalb für ihre Funktion innerhalb des cytolytischen Prozesses als außerordentlich zweckmäßig betrachtet werden.

C. Bildung der β_{1C}-Convertase an der Zelloberfläche

Der nächste Schritt der Komplementreaktion ist die Aufnahme der C'2-Aktivität durch den EAC'1a,4-Komplex. Dieser Prozeß ist letztlich von MAYER u. Mitarb.[24, 25] analysiert worden. Es gelang diesen Autoren, Antiseren herzustellen, welche einen Antikörper enthalten, der die C'2-Aktivität hemmt. Mit Hilfe dieser Antiseren wurde gezeigt, daß die Anlagerung der zweiten Komponente, in Analogie zum Verhalten des β_{1E}-Globulins, der Bindung des C'2-Moleküls entspricht. Nach MAYER scheint unter besonderen Versuchsbedingungen eine Bindung von C'2 ohne Aktivierung möglich zu sein. Aktivierung geschieht durch die erste Komponente, und zwar durch deren Esterase. Im Verlauf

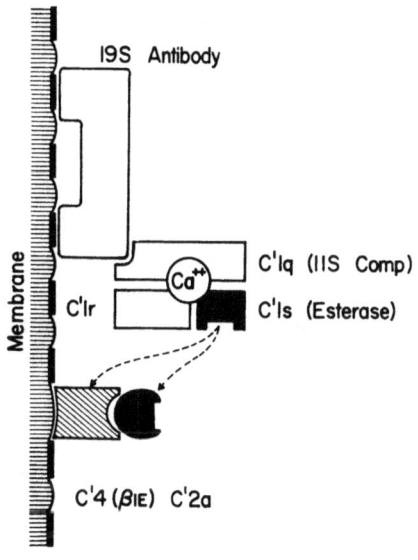

Abb. 6. Hypothese der molekularen Anordnung von Antikörper, C'1, C'2 und C'4 an der Zelloberfläche während der Immunhämolyse. Die zeitliche Folge der Ereignisse beginnt mit der Anlagerung des C'1. Komplexes an den Antikörper, welche zur Aktivierung der C'1-Esterase führt. Die C'1-Esterase katalysiert daraufhin die Bindung von C'4 und die Aktivierung von C'2

der Reaktion werden bis zu 95% der anwesenden C'2-Moleküle in einer Seitenreaktion von der C'1-Esterase inaktiviert, ohne gebunden

---

geschwindigkeit und eine etwas kleinere Sedimentationskonstante als das native Protein. Mit diesen molekularen Veränderungen korreliert Verlust der C'4-Aktivität. Da unter Einwirkung der Esterase Komplexe aus Erythrocyten und hämolytisch aktivem β_{1E} gebildet werden konnten (EC'4), muß angenommen werden, daß der Inaktivierung des β_{1E} ein Zustand der Aktivierung vorausgeht. Die Halbwertszeit dieses Zustandes scheint sehr klein zu sein.

zu werden. Es kann angenommen werden, daß die Bindung des $C'2$ an $EAC'1a,4$-Zellen über das β_{1E} erfolgt* (Abb. 6). Der so entstehende $C'4,2a$-Komplex stellt höchstwahrscheinlich ein Enzym dar, welches für die Konversion und Bindung des β_{1C}-Globulins verantwortlich ist. Die diesbezüglichen Befunde werden im nächsten Abschnitt dargelegt werden.

D. Konversion und Anlagerung der dritten Komponente an die Zelloberfläche

Wenn Zellen, die mit dem aktivierten $C'4,2$-Komplex behaftet sind ($EAC'1a,4,2a$), mit β_{1C}-Globulin reagiert haben, können zwei Phänomene beobachtet werden [27,5]. Ein Teil des Proteins befindet sich in relativ fester Bindung an der Zelloberfläche und ein anderer Teil in inaktiver, ungebundener Form in der Flüssigkeitsphase.

Das an die Zelle gebundene β_{1C}-Globulin kann mit Hilfe eines spezifischen Antiserums nachgewiesen werden. Das geschieht entweder durch spezifische Agglutination [28] oder durch Ferritinmarkierte Antikörper unter dem Elektronenmikroskop [29]. Im letzteren Fall (Abb. 7) wird eine Tendenz des β_{1C}-Globulin zur fokalen Anordnung an der Zellmembran beobachtet. Die mögliche Bedeutung dieses Befundes wird weiter unten evident werden. Die mit β_{1C}-Globulin behaftete Zelle befindet sich entweder im Zustand $EAC'1a,4,2a,3$ oder nach Dissoziation der zweiten Komponente von der Zelle im Zustand $EAC'1a,4,3$ [30]. Beide Arten von Komplexen verhalten sich positiv bei der Immunadhärenz [30] der Erythrophagocytose [31,43], sowie bei Konglutination und Immunokonglutination [32]. Da $EAC'1a,4$- und $EAC'1a,4,2a$-Komplexe diese Eigenschaften nicht besitzen, sind sie höchstwahrscheinlich Funktionen des gebundenen β_{1C}-Globulin.

Das in der Flüssigkeit verbliebene, inaktivierte β_{1C} unterscheidet sich von seiner nativen Form durch eine größere elektrophoretische Wanderungsgeschwindigkeit und durch den Verlust mindestens einer Antigengruppe. Die Sedimentationskonstante ist praktisch unverändert. Dieses unmittelbare Reaktionsprodukt des β_{1C} wird β_{1G}-Globulin genannt [27,5]. Die chemische Natur der

---

* Es ist letztlich möglich geworden, den Komplex zwischen β_{1E} und $C'2$ in zellfreier Lösung direkt in der Ultrazentrifuge nachzuweisen [26].

Konversion von β_{1C} zu β_{1G} ist noch nicht aufgeklärt. Sicher aber ist, daß der C'4,2a-Komplex dafür verantwortlich ist.

Untersucht man die Reaktion von EAC'1a,4,2a-Zellen mit dem β_{1C} genauer, so gewinnt man schnell den Eindruck, daß es sich um eine enzymatische Reaktion handelt. Abb. 8 zeigt, daß mehr als hunderttausend β_{1C}-Moleküle in einer Minute von einer EAC'1a,

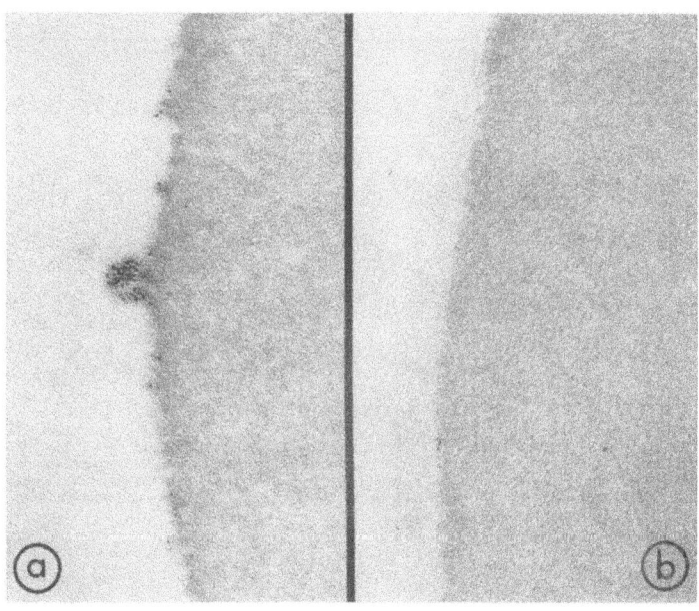

Abb. 7a u. b. Elektronenmikroskopische Demonstration des β_{1C}-Globulin an der Oberfläche von Erythrocyten. a Schnitt einer mit β_{1C} behandelten EAC'1a, 4, 2a-Zelle; b Schnitt einer identisch behandelten EAC'1a,4-Zelle. Nach Inkubation mit β_{1C} wurden die Zellen gewaschen und mit Ferritin-markiertem Anti-β_{1C} Antikörper behandelt. Aufnahme wurde von Dr. MICHAEL MARDINEY durchgeführt[29]

24,a-Zelle aufgenommen und weitere zweihunderttausend Moleküle pro Zelle in der gleichen Zeit konvertiert werden können. Wenn die gleichen Zellen durch Inkubation bei 37° C in EAC'1a,4-Zellen verwandelt werden[33], verlieren sie die Fähigkeit, β_{1C} zu konvertieren und anzulagern (Abb. 8). Durch Zusatz der zweiten Komponente jedoch wird diese Fähigkeit wiedergewonnen (Abb. 9). Die starke Temperaturabhängigkeit der Konvertierung und Anlagerung (Abb. 9) sprechen ebenfalls für einen enzymatischen Prozeß.

Für den Fall, daß der C′4,2a-Komplex enzymatische Aktivität besitzt, muß erwartet werden, daß ein Mol dieses Komplexes mit vielen Molen von β_{1C} reagieren kann. Ein solches multimolekulares

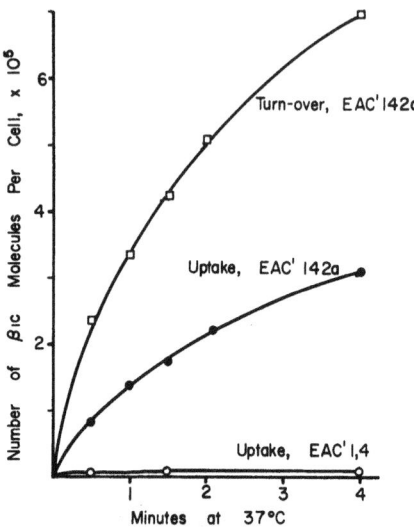

Abb. 8. Konversion und Bindung von $\beta_{1C}I^{131}$ durch EAC′1a,4,2a-Zellen als Funktion der Zeit. Das Experiment wurde bei 37° durchgeführt, die initielle β_{1C} Konzentration im Reaktionsgemisch betrug 1,2 Millionen Moleküle pro Zelle. Die Differenz zwischen der „Uptake"- und „Turn-over"-Kurve entspricht der Menge des in der Flüssigkeitsphase angefallenen β_{1G}

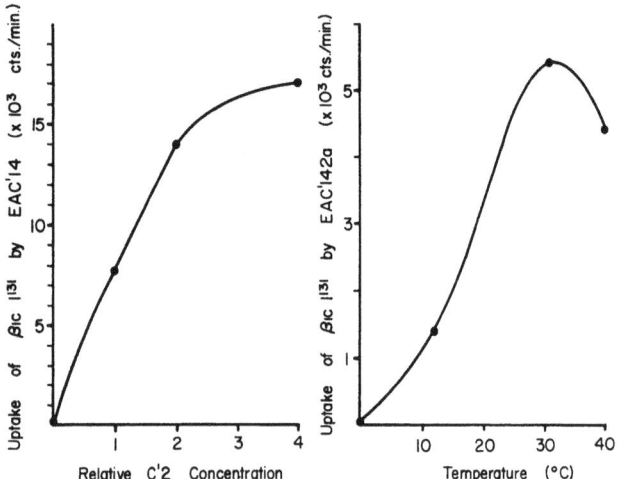

Abb. 9. Abhängigkeit der β_{1C}-Bindung von C′2 (links) und Temperatur (rechts)

Verhältnis konnte in der Tat auch nachgewiesen werden. Dazu wurde die Anzahl der nach einer Komplementreaktion an die Zellmembran gebundenen β_{1E}- und β_{1C}-Moleküle bestimmt. β_{1E}-Globulin wurde zu diesem Zweck mit I^{131} und β_{1C}-Globulin mit I^{125} markiert. Bestimmte Mengen dieser radioaktiven Proteine wurden dann einem Serum zugesetzt, das vorher mit Hydrazin behandelt worden war, um das darin enthaltene nicht markierte β_{1E} und β_{1C} zu inaktivieren. Das $\beta_{1E}\ I^{131}$ und $\beta_{1C}\ I^{125}$ enthaltende Serumpräparat wurde dann benützt, um sensibilisierte Erythrocyten zu hämolysieren. Danach wurden die Membranen gewonnen und deren Radioaktivität ausgewertet. Das Ergebnis und die experimentellen Bedingungen sind in Tab. 3 zusammengefaßt. Während eine Zelle im Mittel nur 210 $\beta_{1E}\ I^{131}$-Moleküle gebunden hatte, hafteten ihr 21000 Moleküle des $\beta_{1C}\ I^{125}$ an. Da C'2 im Reaktionsgemisch nicht im Exzeß vorhanden war, ist anzunehmen, daß nur ein Teil der gebundenen β_{1E}-Moleküle an der Bildung von C'4,2a-Komplexen beteiligt war. Ein Molekül β_{1E} hat in diesem Experiment also die Bindung von mehr als hundert Molekülen von β_{1C} vermittelt. Da bei der Reaktion des β_{1C} mit EAC'1a,4,2a-Zellen immer nur ein geringer Prozentsatz der an der Reaktion beteiligten Moleküle gebunden wird, muß das eigentliche molekulare Verhältnis zwischen C'4,2a und β_{1C} in dem beschriebenen Experiment ein Vielfaches von Hundert gewesen sein.

Diese Ergebnisse haben zu folgender Hypothese geführt (Abb. 10). Ein β_{1C}-Molekül, das während der Komplementreaktion mit einem zellständigen C'4,2a-Komplex kollidiert, wird von diesem enzymatisch verändert. Die Veränderung entspricht einer Aktivierung, die das Molekül befähigt, mit Receptoren an der Zelloberfläche zu reagieren. Der Aktivierungszustand ist von kurzer Dauer und geht durch sekundäre molekulare Veränderungen verloren.

Tabelle 3. *Uptake of $\beta_{1E}\ I^{131}$ and $\beta_{1C}\ I^{125}$ by EA from N_2H_2-treated serum*

	Ca^{++}, Mg^{++} Present µg	Ca^{++}, Mg^{++} Absent µg	Specific Uptake µg	Molecules/Cell
$\beta_{1E}\ I^{131}$	0.55	0.01	0.54	210
$\beta_{1C}\ I^{125}$	56.0	2.2	53.8	21 000

Conditions: 5×10^9 EA, C'(N_2H_2) 1:80, $\beta_{1E}\ I^{131}$ 3.3 µg, $\beta_{1C}\ I^{125}$ 470 µg, react. vol. 20 ml.

Das hat zur Folge, daß ein Teil der aktivierten β_{1C}-Moleküle in der unmittelbaren Umgebung eines C'4,2a-Komplexes an der Zelloberfläche akkumuliert und der größere Teil, anstatt der Bindung der Inaktivierung unterliegt und als β_{1G} in der Flüssigkeitsphase

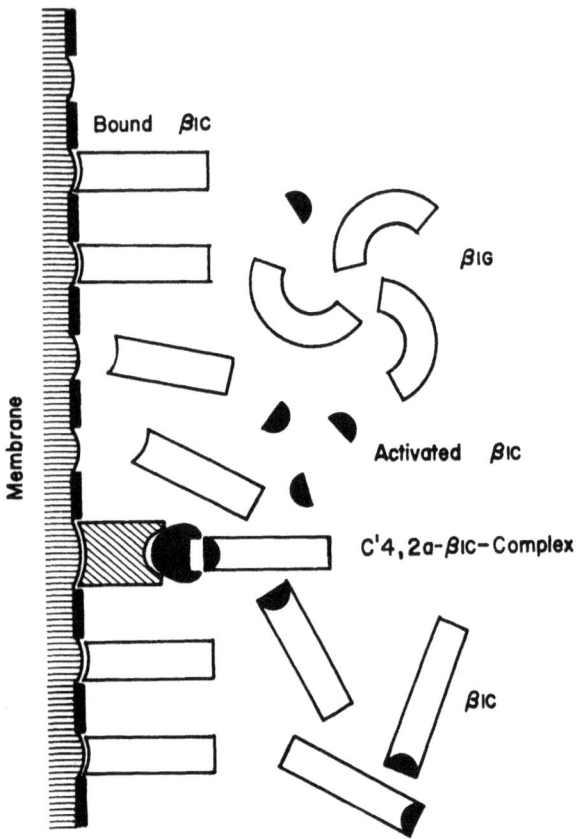

Abb. 10. Hypothetische Darstellung der Reaktion des β_{1C}-Globulin mit dem C'4,2a Komplex und der Erythrocyten Oberfläche. Natives β_{1C} wird enzymatisch durch den Komplex der vierten und aktivierten zweiten Komponente verändert und dadurch befähigt, mit Receptoren der Zelloberfläche zu reagieren. Sekundäre Veränderungen des aktivierten β_{1C} Moleküls begrenzen die Dauer des Aktivierungszustandes und führen zum Auftreten des inaktiven β_{1G}-Globulin in der Flüssigkeitsphase. (Die schwarzen Halbkreise sollen die Möglichkeit andeuten, daß während der Aktivierung ein Peptid freigesetzt wird.)

erscheint. Die Bindung des β_{1C} an Gruppen der Zellmembran wird deshalb postuliert, weil es schwer vorzustellen ist, daß mehr als hundert β_{1C}-Moleküle sich mit einem β_{1E}-Molekül verbinden können. Daß einige β_{1C}-Moleküle mit C'4,2a-Komplexen und vielleicht auch mit Antikörpern an der Zelloberfläche Bindungen eingehen können, soll deshalb nicht ausgeschlossen werden. Das fixierte β_{1C} ist streng genommen nicht mit dem ursprünglichen β_{1C} identisch, denn es war der Einwirkung des C'4,2a-Komplexes unterworfen. Diesbezügliche Untersuchungen ergaben, daß die physikochemischen Eigenschaften des gebundenen β_{1C} denen des β_{1G} ähnlich sind[19].

E. Die Reaktion der fünften und sechsten Komponente

In welcher Weise das β_{1C}-Globulin als dritte Komponente am cytolytischen Geschehen teilnimmt, ist noch unbekannt. Dasselbe gilt für die fünfte und sechste Komponente. Während das β_{1C} definitiv an die Zelloberfläche gebunden wird, konnte das für die anderen beiden Komponenten noch nicht festgestellt werden. Zusammen bewirken C'3, 5 und 6 jedoch eine meßbare Zustandsänderung der Zelle. EAC'1a,4,2a-Komplexe haben die Tendenz C'2a und damit die Eigenschaft zu verlieren, bei Anwesenheit von EDTA-Serum sich aufzulösen[33]. Nach der Reaktion der EAC'1a, 4,2a-Zellen mit C'3, 5 und 6 tritt dieses Phänomen nicht mehr auf, der Zustand der Zellen ist also stabil. In Meerschweinchenserum entsprechen diese Faktoren den von KLEIN und WELLENSIEK[41,42] identifizierten Aktivitäten C'3a, b und β.

Welche molekularen Prozesse zu dieser Zustandsänderung führen, wird gegenwärtig untersucht. Dabei sind bisher zwei interessante Beobachtungen gemacht worden. Erstens, die isolierte fünfte Komponente, d. h. das β_{1F}-Globulin, hat die Fähigkeit, mit C'6 einen Komplex zu bilden, welcher in der Ultrazentrifuge beobachtet werden kann[9]. Von dieser Komplexbildung scheint die cytolytische Aktivität der fünften und sechsten Komponente abzuhängen*. Der Gedanke an ein Enzym und das dazugehörende Co-Enzym liegt nahe. Zweitens ist in BECKERs Laboratorium

---

* Genetisch bedingte Defekte des Komplementsystems sind in den letzten Jahren bei Mäusen[34] und Kaninchen[35] beschrieben worden. Nachdem C'5 und C'6 als diskrete Komponenten des Humankomplementes erkannt worden waren, was es kürzlich möglich, die Natur der Komplementdefekte in den genannten Tierstämmen aufzuklären. Es stellte sich heraus, daß den defekten Mäusen das β_{1F}-Globulin, also C'5 fehlt[36] und den defekten Kaninchen das C'6[37].

gefunden worden, daß Derivate aromatischer Aminosäuren die Aktivität der dritten, fünften oder sechsten Komponente hemmen[38]. Es wird angenommen, daß es sich dabei um die Hemmung eines Enzyms handelt.

Zusammenfassung

Es ist versucht worden, das Komplement im Sinne der Proteinchemie und die Komplementreaktion als biochemischen Vorgang zu beschreiben. Dabei sind nur die ersten sechs des aus mindestens acht Komponenten bestehenden Systems berücksichtigt worden.

Fünf Komplementfaktoren sind bisher in hochgereinigter Form gewonnen worden und konnten mit physikochemisch und immunologisch diskreten Serumproteinen identifiziert werden. Zwei weitere Faktoren liegen in teilweise gereinigter Form vor.

Die Verfügbarkeit von isolierten Komplementfaktoren hat es ermöglicht, typische Wechselwirkungen zwischen diesen Faktoren zu entdecken, welche auf ihre Funktion und ihr Verhalten in der Immuncytolyse hinweisen. Mit Hilfe von spezifischen Antiseren und vor allem durch Markierung mit radioaktivem Jod konnte das Schicksal einzelner Komponenten bei der Immuncytolyse verfolgt werden. Aufgrund dieser Befunde ist der Versuch gemacht worden, ein Konzept der molekularen Vorgänge während der durch Komplement verursachten Cytolyse zu formulieren, welches notwendigerweise rudimentär ist und vorläufigen Charakter hat.

Literatur

[1] MÜLLER-EBERHARD, H. J., and H. G. KUNKEL: Proc. Soc. exp. Biol. (N.Y.) **106**, 291 (1961).
[2] MÜLLER-EBERHARD, H. J., and C. BIRO: J. exp. Med. **118**, 447 (1963).
[3] MÜLLER-EBERHARD, J. H., U. NILSSON, and T. ARONSSON: J. exp. Med. **111**, 201 (1960).
[4] NILSSON, U., and H. J. MÜLLER-EBERHARD: Fed. Proc. **23**, 506 (1964).
[5] MÜLLER-EBERHARD, H. J.: In: Bacterial and Mycotic Infections of Man, p. 107. R. DUBOS and J. HIRSCH, eds. Philadelphia: Lippincott Pub. Co. 1965.
[6] MÜLLER-EBERHARD, H. J.: Acta Soc. Med. upsalien **66**, 152 (1961).
[7] HAINES, A. L., and I. H. LEPOW: J. Immunol. **92**, 456, 468 (1964).
[8] MÜLLER-EBERHARD, H. J., and M. A. CALCOTT: Unpublished data.
[9] NILSSON, U., and H. J. MÜLLER-EBERHARD: J. Exp. Med. (1965).
[10] LEPOW, I. H., O. D. RATNOFF, F. S. ROSEN, and L. PILLEMER: Proc. Soc. exp. Biol. (N.Y.) **92**, 32 (1956).
[11] BECKER, E. L.: J. Immunol. **77**, 462 (1956).

[12] HINZ, C. F., and A. M. MOLLNER: J. Immunol. **91**, 512 (1963).
[13] TARANTA, A., H. S. WEISS, and E. C. FRANKLIN: Natur (Lond.) **189**, 239 (1961).
[14] CHRISTIAN, C. L., W. B. HATFIELD, and P. H. CHASE: J. clin. Invest. **42**, 823 (1963).
[15] LEPOW, I. H., G. B. NAFF, E. W. TODD, J. PENSKY, and C. F. HINZ: J. exp. Med. **117**, 983 (1963).
[16] PENSKY, J., L. R. LEVY, and I. H. LEPOW: J. biol. Chem. **236**, 1674 (1961).
[17] BECKER, E. L.: J. Immunol. **84**, 299 (1960).
[18] KLEIN, P. G., and P. M. BURKHOLDER: J. exp. Med. **111**, 93, 107 (1960).
[19] DALMASSO, A. P., and H. J. MÜLLER-EBERHARD: Manuscript in preparation.
[20] HARBOE, M.: Brit. J. Haematol. **10**, 339 (1964).
[21] DALMASSO, A. P., and H. J. MÜLLER-EBERHARD: Proc. Soc. exp. Biol. (N.Y.) **117** (1964).
[22] COWAN, K. M.: Dissertation submitted to the School of Hygiene and Public Health. The Johns Hopkins University 1954.
[23] MÜLLER-EBERHARD, H. J., and I. H. LEPOW: J. exp. Med. 1965.
[24] MAYER, M. M.: In: Summary of Complement Workshop. Science **141**, 738 (1963).
[25] MAYER, M. M.: Ciba Foundation Symposium on Complement. London 1965.
[26] MÜLLER-EBERHARD, H. J.: Unpublished observations.
[27] MÜLLER-EBERHARD, H. J., M. A. CALCOTT, and M. R. MARDINEY: Fed. Proc. **23**, 506 (1964).
[28] HARBOE, M., H. J. MÜLLER-EBERHARD, H. FUDENBERG, M. J. POLLEY, and P. L. MOLLISON: Immunology **6**, 412 (1963).
[29] MARDINEY, M. R., and H. J. MÜLLER-EBERHARD: To be published.
[30] LINSCOTT, W. D., and K. NISHIOKA: J. exp. Med. **118**, 795 (1963).
[31] NELSON, R. A.: In: Mechanism of Cell and Tissue Damage Produced by Immune Reactions, p. 245. P. GRABAR and P. MIESCHER, eds. Basel/Stuttgart: Schwabe and Co. Pub. 1962.
[32] LACHMANN, P.: Ciba Foundation Symposium on Complement. London 1965.
[33] MAYER, M. M.: In: Experimental Immunochemistry. E. A. KABAT and M. M. MAYER, eds. Springfield, Illinois: Charles C. Thomas 1961.
[34] HERZENBERG, L. A., D. K. TACHIBANA, L. A. HERZENBERG, and L. T. ROSENBERG: Genetics **48**, 711 (1963).
[35] ROTHER, U., and K. ROTHER: Z. Immun.-Forsch. **121**, 224 (1961).
[36] NILSSON, U., and H. J. MÜLLER-EBERHARD: Manuscript in preparation.
[37] ROTHER, K., U. ROTHER, U. NILSSON, and H. J. MÜLLER-EBERHARD: Manuscript in preparation.
[38] BASCH, R. S.: Fed. Proc. **23**, 506 (1964).
[39] MORSE, J. H., and C. L. CHRISTIAN: J. exp. Med. **119**, 195 (1964).
[40] PONDMAN, K. W., and F. PEETOOM: Immunochemistry **1**, 65 (1964).
[41] KLEIN, P., and H. J. WELLENSIECK: Immunology 1965.
[42] WELLENSIECK, H. J., and P. KLEIN: Immunology 1965.
[43] GERLING-PETERSEN, B. T., and K. W. PONDMAN: Vox Sang **7**, 655 (1962).

Faktorenanalyse der dritten Komplementkomponente

Von P. KLEIN, Mainz

Institut für Med. Mikrobiologie der Universität Mainz

Mit 7 Abbildungen

Den Vorträgen von Herrn FISCHER und Herrn MÜLLER-EBERHARD haben Sie entnehmen können, daß unsere Kenntnis über die Natur und Wirkungsweise des hämolytischen Komplementsystems (C') letzten Endes auf der experimentellen Prüfung von zwei Grundgedanken beruht. Einmal hat man in das Ensemble der C'-Faktoren mit verschiedenen Methoden Lücken „geschossen" und dann probiert, ob die so hergestellten Fragmente, untereinander kombiniert, ihre Lücken gegenseitig schließen können: Wenn zwei für sich allein inaktive Komplementfragmente in Kombination eine hohe Lysispotenz ergeben, so postuliert man, daß in den zwei Präparaten jeweils verschiedene Faktoren oder Faktorengruppen ausgefallen sind. Das zweite Arbeitsprinzip besteht darin, daß man unter Verwendung eines Komplementfragments als Testsystem mit chemischen Methoden frisches Serum aufarbeitet; man versucht dabei denjenigen Faktor zu isolieren, der die Lücke des Testsystems schließen kann und dadurch die lytische Aktivität wiederherstellt. So kann man z. B. die durch Hydrazin erzeugte C'_4-Lücke mit einem chemisch einheitlichen Protein, dem β_{1E}-Protein schließen[13].

Wir wissen heute, daß die Komplementhämolyse durch den sequenzartigen Ablauf einer vorläufig unbekannten Zahl von „elementaren" Einzelreaktionen zustandekommt. Von diesen Einzelprozessen ist zumindest ein Teil als direkte Interaktion der Zelle mit bestimmten Komplement-Untereinheiten zu verstehen. Die endgültige Zahl der Untereinheiten ist ebenfalls unbekannt. Diese Anschauung führt im Zusammenhang mit den skizzierten Arbeitsprinzipien zu zwei wichtigen Fragen. Einmal wollen wir wissen, ob gewisse, bisher als einheitlich angesehene Komplementlücken in Wirklichkeit nicht doch multipel sind. Zum anderen müssen wir uns überlegen, ob ein nach den heute üblichen Kriterien als einheitlich imponierendes Protein notwendigerweise einer funktionellen Einheit entsprechen muß; es wäre immerhin denkbar, daß sich die Rolle eines stofflich als Individuum imponierenden Eiweißkörpers bei der Immunhämolyse letzten Endes doch als komplex herausstellt. Aus solchen Überlegungen ergibt sich die Notwendigkeit, die Analyse der Komplementfunktion, also des Hämolysenmechanismus, so weit wie möglich zu verfeinern. Es gilt dabei herauszufinden, ob sich der Hämolyseablauf nicht noch weiter in Teilschritte zerlegen läßt, als dies bisher geschehen ist. Ich möchte Ihnen dies am Beispiel der C'_3-Komponente des Meerschweinchens demonstrieren.

Man bezeichnet als C'_3 oder als Dritte Komplementkomponente ein Agens aus frischem Serum, welches die Fähigkeit hat, den Complex $EAC'_{1,4,2}$ zu lysieren[2,10,17]. Die Reaktion verläuft ohne Mitwirkung zweiwertiger Metallionen; das lytische Agens wird durch Behandlung des Serums mit Zymosan oder Cobra-Toxin vernichtet. Zweifel an der ursprünglich angenommenen Einheitlichkeit von C'_3 tauchten schon 1932 auf, als bekannt wurde, daß die durch Formol und Natriumhydrosulfit inaktivierten Präparate durch Kombination volle Aktivität erlangten[4]. Später sind analoge Beobachtungen mit anderen Fragmenten mitgeteilt worden: Durch Behandlung mit Hitze und mit Zymosan entstehen ebenfalls rekombinationsfähige Inaktiv-Präparate[5,6]. Weitere Hinweise auf den komplexen Charakter des C'_3 haben sich dann auf Grund kinetischer Studien ergeben[12,20]. Schließlich konnten mit Hilfe neuerer Auftrennungsverfahren Fraktionen aus Serum hergestellt werden, die für sich allein weitgehend inaktiv sind, miteinander und untereinander kombiniert aber eine deutliche C'_3-Aktivität entwickeln[1,21,24]. Aus solchen Versuchen haben kürlich NISHIOKA und LINSCOTT auf die Existenz von vier C'_3-Unterfaktoren geschlossen[10,16]. Hierher gehören auch Arbeiten von MÜLLER-EBERHARD u. Mitarb.: Hiernach wirken, wie Sie schon gehört haben, bei der Lyse durch Human-C'_3 zwei einheitliche Proteine, daß β_{1c}-Protein und das β_{1F}-Protein zusammen mit einer Reihe weiterer Faktoren auf die $EAC'_{1,4,2}$-Zelle ein[12,14,15].

Unsere eigenen Arbeiten zu diesem Thema haben wir vor etwa drei Jahren begonnen, als man gerade die Existenz von zwei C'_3-Unterfaktoren diskutierte[5,6,20,21]. Als Studienobjekt wählten wir Meerschweinchenserum. Die Arbeitsgruppe setzte sich zusammen aus Dr. R. SAUTHOFF, Dr. H. J. WELLENSIEK und dem Referenten. Die Arbeit wurde von der Deutschen Forschungsgemeinschaft unterstützt.

Zunächst bot sich die Möglichkeit, Serum einfach aufzutrennen und die C'_3-inaktiven Fraktionen miteinander und untereinander zu kombinieren; diesen Weg sind, wie wir nach 2 Jahren vernahmen, LINSCOTT und NISHIOKA tatsächlich gegangen[10,16]. Wir selbst haben uns damals nicht entschließen können, diesem Arbeitsprinzip zu folgen. Wir haben uns nämlich über die bereits geschilderten grundsätzlichen Erwägungen hinaus noch folgendes überlegt: Bei der Annahme, C'_3 bestehe aus 2 Unterkomponenten, sind Rekombinationsexperimente relativ leicht zu übersehen. Sind aber mehr als zwei Teilfaktoren vorhanden — etwa drei oder vier — so überschreitet die Zahl der zu prüfenden Kombinationen u. U. alle technischen Möglichkeiten; zudem muß man damit rechnen, daß sich bei der Auftrennung einige Faktoren mit anderen in unvorhersehbarer Weise überschneiden und dadurch das Bild verwirren. Wir haben aus diesen Gründen in erster Linie angestrebt, die selektive Inaktivierung der C'_3-Komponente weiter zu verfeinern. Dabei war unser Ziel, möglichst viele C'_3-Fragmente mit neuartigen Lücken zu schaffen. Hierzu haben sich drei Möglichkeiten als brauchbar erwiesen:

1. Wir konnten neue Schädigungsagentien ausfindig machen, die scharf umschriebene Defekte setzen. Beispielsweise setzt die Erhitzung des Serums auf 62° bei pH 8,5 eine komplexe Lücke, die anders nicht geschaffen werden kann.

2. Wir konnten durch eine Kombination von chemischer Fraktionierung und selektiver Inaktivierung die Auswahl an C'_3-Fragmenten erweitern. So ergibt z. B. die Hitzebehandlung bei Euglobulin eine gänzlich andersartige Lücke als bei Vollserum.

3. Schließlich erwies es sich als zweckmäßig, Zellen vom Typ $EAC'_{1,4,2}$ mit gewissen C'_3-Fragmenten reagieren zu lassen; die solcherart „persensibilisierten" $EAC'_{1,4,2}$-Zellen wurden gewaschen und dann wieder mit anderen Fragmenten zu C'_3-Defektsystemen kombiniert. Die „Persensibilisierung" der Zellen erfolgt nach Grundsätzen wie sie zur Herstellung von EAC'_1, von $EAC'_{1,4}$ und von $EAC'_{1,4,2}$ früher ausgearbeitet worden waren[3,7,19].

Abb. 1 zeigt das Resultat einer größeren Reihe von Rekombinationsversuchen mit verschiedenen C'_3-Bruchstücken. Die Bruchstücke 1—3 der Abb. 1 entstehen jeweils durch Behandlung von Meerschweinchenserum mit Hydrazin, Cobratoxin und Hitze (62° bei pH 8,5). Das Bruchstück 4 wird durch Hitzebehandlung (57° bei pH 6,5) von Meerschweinchen-Euglobulin gewonnen. — Die Bruchstücke 5 und 6 stellen wir durch Behandlung von Meerschweinchenserum mit Hitze (56° bei pH 7,0) bzw. mit Zymosan

	Intaktes C'_3	a	b	β	c	d
1.	C'_{NH_3}		b	β	c	d
2.	C'_{Cobra}			β	c	d
3.	$C'_{H_{62°}}$	a				d
4.	$EU_{H_{57°}}$	a	b			d
5.	$C_{H_{56°}}$	a	b	β		d
6.	$C_{Zymosan}$			β	c	d
7.	Pseudo			β	c	d
8.	EU (3 × pr.)		b			d
9.	Fr. „S"				c	

Abb. 1. Faktoren-Zusammensetzung von C'_3-Fragmenten

her. — Fragment 7 ist ein Meerschweinchen-Pseudoglobulin, welches durch 2,0 M Ammonsulfatfällung und anschließende Dialyse gegen M 0,005 Phosphatpuffer (pH 5,4) hergestellt wird. — Fragment 8 ist ein Euglobulin, welches dreimal umpräcipitiert wurde; Aufnahme des Präcipitates in 0,15 M Phosphatpuffer (pH 7,5); Präcipitation durch Verdünnung auf M 0,04 und Säuerung auf pH 5,4. — Fragment 9 wird durch Chromatographie an DEAE Cellulose aus Fragment 7 gewonnen (Elution bei 0,02 M NaCl, pH 6,5).

Um das Verständnis zu erleichtern, ist das Resultat der rekombinatorischen Auswertung in Form der zu postulierenden C'_3-Faktoren bereits in die Abb. 1 mit eingetragen. Man erkennt, daß die Fragmente 1—9 der Abb. 1 sehr verschiedene Lücken zeigen. Einige Bruchstücke imponieren als kongruent, wie z. B.

die Fragmente 2 und 6. — Die Rekombinationsexperimente ergeben sehr klare und eindeutige Resultate, wenn man die in ihnen liegenden Möglichkeiten auch wirklich ausnutzt. Wir haben nach der ersten Phase unserer Arbeit zunächst die Existenz von drei Faktoren postulieren müssen und konnten die Reihenfolge, in der sie mit der Zelle reagieren müssen, auch bald ermitteln. Nach dieser Reihenfolge nannten wir die Faktoren C'_{3a}, C'_{3b} und C'_{3c}[22]. Später fanden wir unter Hinzuziehung weiterer Fragmente, daß bei der Hämolyse außerdem noch zwei weitere C'_3-Untereinheiten mitwirken müssen. Auch hier war die Position in der Bindungssequenz eindeutig festzulegen: Einer dieser Faktoren steht in der Bindungsreihenfolge zwischen C'_{3b} und C'_{3c} während der andere erst nach der Bindung von C'_{3c} mit der Zelle reagiert. Den einen nannten wir $C'_{3\beta}$ und den anderen C'_{3d}. Es waren somit 5 Faktoren denknotwendig geworden, die nach ihrem Verhalten gegenüber Schädigungen, nach ihrem Verbleib bei der chemischen Auftrennung und nach ihrer Bindungsreihenfolge theoretisch gesehen ziemlich genau charakterisiert werden konnten. Die Reaktion mußte in der Reihenfolge C'_{3a}; C'_{3b}; $C'_{3\beta}$; C'_{3c}; C'_{3d} erfolgen*.

Es war jetzt die Frage, ob für die Existenz dieser postulierten C'_3-Funktionselemente auch der direkte Beweis, die affirmative Bestätigung gefunden werden konnte. Mit anderen Worten: Lassen sich bei diesen fünf C'_3-Unterfaktoren chemische Eigenschaften finden, die es erlauben, sie voneinander abzugrenzen und voneinander zu isolieren? Diese Frage läuft darauf hinaus, für jeden der fünf postulierten Faktoren ein entsprechendes auf ihn zugeschnittenes Lückensystem als Suchtest zu schaffen. Ein solches Testsystem muß die übrigen vier Untereinheiten des C'_3 im Überschuß und dazu noch $EAC'_{1,4,2}$-Zellen enthalten. Schon Abb. 1 zeigt, daß gewisse Fragmente, wie $C'_{H56°}$ (Fragment 5) und C'_{NH3} (Fragment 1) eine faktoreneinheitliche Lücke aufweisen. Zusammen mit

---

* Diese Bezeichnungen sind als vorläufig anzusehen. Sie stehen in keinem Zusammenhang mit den Bezeichnungen, die von LINSCOTT und NISHIOKA benutzt werden[10,16] und auch nicht mit den Symbolen, die neuerdings von MÜLLER-EBERHARD benutzt werden (s. vorstehendes Referat). Eine Vereinheitlichung der Bezeichnungen erscheint z. Z. nicht möglich und auch nicht am Platz, da die Resultate der verschiedenen Autoren noch nicht in Beziehung zueinander gesetzt werden können. Die vollständigen Bezeichnungen C'_{3a}, C'_{3b}, $C'_{3\beta}$, C'_{3c} und C'_{3d} werden im Text und in den Tabellen dieser Arbeit gelegentlich durch die Kurzbezeichnungen a, b, β, c, d ersetzt.

Faktorenanalyse der dritten Komplementkomponente 335

$EAC'_{1,4,2}$ ergeben sie jeweils ein nicht lytisches Testsystem für die Faktoren C'_{3c} bzw. C'_{a3}. — Abb. 2 zeigt, daß die Lückensysteme für die Suche nach b und β aus der Kombination von jeweils zwei Fragmenten und Zellen des Zustandes $EAC'_{1,4,2}$ hergestellt werden können, während das Lückensystem für d mit Hilfe eines lediglich den Faktor c enthaltenden Fragments und Zellen vom Typ

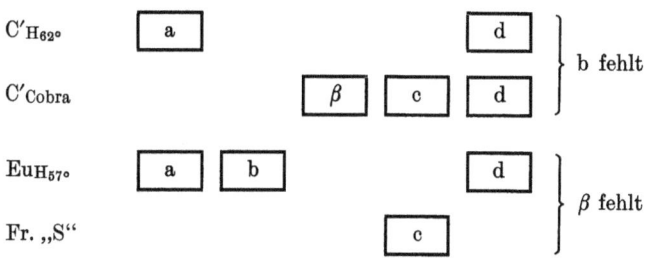

Abb. 2. Herstellung von Faktoren-Lücken durch Kombination von Fragmenten

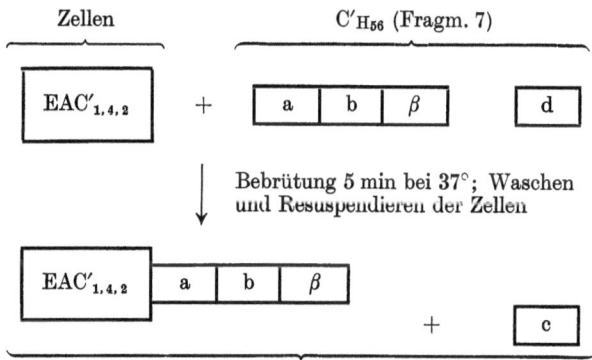

Abb. 3. Herstellung der d-Lücke

$EAC'_{1,4,2,a,b,\beta}$ hergestellt wird (Abb. 3). Solche Zellen erhält man, indem man $EAC'_{1,4,2}$ mit dem Fragment 5 ($C'_{H56°}$) behandelt. Da in diesem Reagens der Faktor c fehlt, können sich die Faktoren a, b und β an die Zelle binden; der Faktor d kann sich nicht an die Zelle binden, weil seiner Bindung die vorherige Reaktion der Zelle mit c voraufgehen muß; er wird beim Waschen der Zellen eliminiert.

Mit den geschilderten fünf Testsystemen haben wir nun das chemische Verhalten der fünf lückendeckenden Faktoren untersucht. Abb. 4 zeigt ein Chromatogramm von frischem Meerschweinchenserum. Man sieht, daß sich die fünf Aktivitäten hinsichtlich ihrer Elutionsoptima deutlich unterscheiden. Von DEAE-Cellulose werden sie bei einer Molarität von 0,02 (Phosphatpuffer, pH = 6,5) durch einen Kochsalzgradienten in der Reihenfolge c,

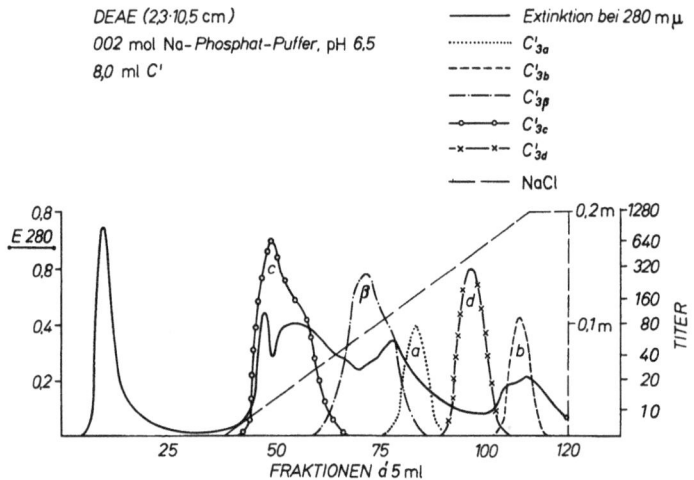

Abb. 4. Cellulosechromatographie von Meerschweinchenserum

β, a, d, b eluiert. Ich muß hinzufügen, daß sich die Faktoren ziemlich überschneiden, wenn man das Testsystem sehr empfindlich macht und als Sauberkeitskriterium das völlige Freisein von anderen Aktivitäten wählt. Eine präparative Abtrennung einer einzigen Aktivität von allen übrigen Aktivitäten ist mit der Chromatographie allein nicht zu bewerkstelligen. Es müssen zu diesem Zweck für jeden Faktor besondere Kombinationen der verschiedenen Reinigungsprozeduren entwickelt werden.

Wir haben für a, b und c geprüft, ob sich die Aktivitäten im elektrischen Feld entsprechend verhalten. Hierbei wurde frisches Meerschweinchenserum auf einer Celluloseacetat-Folie durch hochgespannten Strom aufgetrennt. Das Lückensystem und die Zellen hatten wir in einen dünnen Agar eingeschlossen. Es wurde die

Folie nach der Auftrennung auf den Test-Agar abgeklatscht und dabei ergab sich für jeden der Faktoren a, b und c eine scharf begrenzte Lysiszone im Bereich der β-Globuline. Die anodische Wanderung der Aktivitäten nimmt in der Reihenfolge b, a und c ab. Dies paßt gut zu den chromatographischen Befunden, wenn man für beide Trennungsverfahren die Ladung der Eiweißmoleküle als maßgebend ansieht.

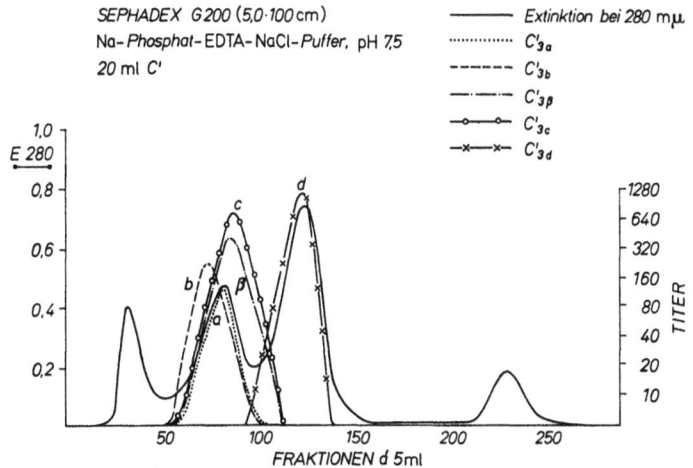

Abb. 5. Gefiltration von Meerschweinchenserum

Anschließend haben wir noch untersucht, wie sich die Aktivitäten bei einer Auftrennung durch Sephadex G 200 verhalten. Abb. 5 zeigt, daß man die Aktivitäten a, b, β und c in denjenigen Globulinen findet, deren Sedimentationskonstante etwa beim Wert 7,0 liegt, während die d-Aktivität zusammen mit den Albuminen erscheint.

Nach diesen Versuchen haben wir es unternommen, die fünf Aktivitäten mit chemischen Methoden voneinander zu trennen. Unser Ziel war dabei, Präparate mit nur einer einzigen Aktivität zu erhalten. Dies ist bei kombinierter Anwendung von mehreren Reinigungsverfahren für die Faktoren b, c und d möglich. Das Präparat a zeigt hingegen stets eine Begleitaktivität von β, während das Präparat β zwar frei von a ist, aber eine kleine Begleitaktivität von c aufweist. Die Begleitaktivitäten müssen bei diesen beiden Präparaten durch Verdünnung oder durch Hitzeinaktivierung ausgeschaltet werden. Wenn die fünf funktionell gereinigten Präparate nun tatsächlich Einzelfaktoren enthalten, die zur Lyse von $EAC'_{1,4,2}$-Zellen notwendig sind, so müßte sich zeigen lassen, daß sie in einer Fünfer-Kombination wohl lytisch wirken, daß aber keine von allen möglichen Viererkombinationen auch nur eine Spur Hämolyse bewirkt. Dies hat sich nun in der Tat demonstrieren lassen. Mit anderen Worten: jeder von den fünf Faktoren ist für die Lyse der $EAC'_{1,4,2}$-Zellen notwendig.

$EAC'_{1,4,2}$ $+ C'_{3a} \longrightarrow EAC_{1,4,2,3a}$ I

$EAC'_{1,4,2,3a}$ $+ C'_{3b} \longrightarrow EAC_{1,4,2,3a,3b}$ II

$EAC'_{1,4,2,3a,3b}$ $+ C'_{3\beta} \longrightarrow EAC_{1,4,2,3a,3b,3\beta}$ III

$EAC'_{1,4,2,3a,3b,3\beta}$ $+ C'_{3c} \longrightarrow EAC_{1,4,2,3a,3b,3\beta,3c}$ IV

$EAC'_{1,4,2,3a,3b,3\beta,3c}$ $+ C'_{3d} \longrightarrow E^* \xrightarrow[\text{spontan}]{} \text{Stromata} + \text{Hb}$ V

Abb. 6. Schema der Lyse von $EAC'_{1,4,2}$ durch den C'_3-Complex

Es erhebt sich jetzt die Frage, welches die Beweise dafür sind, daß die Faktoren in der angegebenen Reihenfolge mit der Zelle reagieren und weiterhin, ob es endgültig fünf Faktoren sind, die das C'_3-System ausmachen. Es wäre immerhin denkbar, daß im C'_3 noch zusätzlich essentielle Komponenten enthalten sind, die in der Sequenz zwischen den genannten Faktoren stehen und von denen wir aus Mangel an einer entsprechenden Lücke nichts wissen können. Um diese Möglichkeiten zu prüfen, entwerfen wir das folgende Schema vom Ablauf des Hämolysevorganges durch C'_3 (Abb. 6).

Wenn das Schema stimmt, so müssen folgende Beweise erbracht werden:

1. Es muß gezeigt werden, daß die auf der rechten Seite der Abb. 6 verzeichneten Zellzustände I—IV durch Behandlung von $EAC'_{1,4,2}$ mit geeigneten Komplementfragmenten hergestellt werden können. Dabei muß weiter gezeigt werden, daß zur Lyse dieser Zellen von Stufe I bis Stufe IV die Faktoren a, b, β und c sukzessive entbehrlich werden (s. Abb. 7). — Unsere Versuche haben nun ergeben, daß diese Forderungen vollkommen zutreffen. Es ist in der Tat möglich, mit geeigneten Fragmenten die in Abb. 7

angeführten Zwischenprodukte der Hämolyse in hochreaktivem Zustand herzustellen und zu zeigen, daß zu ihrer Lyse die jeweils aufgeführte Kombination von Einzelfaktoren genügt.
2. Wenn das Schema der Abb. 6 zutrifft und die Faktoren a, b, c und d unmittelbar nacheinander, also ohne Einschaltung von unbekannten und in anderen Fraktionen sitzenden Zwischenfaktoren mit der Zelle reagieren, so müßten die Zellen des Zustandes $EAC'_{1,4,2}$ (Zwischenprodukt 1 der Abb. 7) mit dem Einfaktorenpräparat a in den Zustand $EAC'_{1,4,2,3a}$ übergeführt werden können.

Zelltyp (Zwischenprodukt)	Zur Lysis ausreichende Ein-Faktorenpräparate
1. $EAC'_{1,4,2}$	a b β c d
2. $EAC'_{1,4,2,3a}$	b β c d
3. $EAC'_{1,4,2,3a,3b}$	β c d
4. $EAC'_{1,4,2,3a,3b,3\beta}$	c d
5. $EAC'_{1,4,2,3a,3b,3\beta,3c}$	d

Abb. 7. Zwischenprodukte der C'_3-Bindung und ihrer Lyse

In gleicher Weise müßten die Reaktionen der Zwischenprodukte Nr. 2, 3, 4 (Abb. 7) jeweils in die Zwischenprodukte 3, 4, 5 umgewandelt werden, indem man den Zellen des entsprechenden Typs jeweils die Einfaktorenpräparate a, β, c und d isoliert anbietet. — In unseren Versuchen hat sich nun ergeben, daß dies für die Faktoren a, β, c und d tatsächlich der Fall ist. Der Faktor b bildet aber eine Ausnahme: Die Zellen vom Typ $EAC'_{1,4,2,3a}$ können mit isoliert angebotenem hochgereinigtem b nicht reagieren, sondern nur mit der Kombination b und c; sie kommen dann ohne daß der Faktor c selbst gebunden wird in den Zustand $EAC'_{1,4,2,3a,3b}$. Es erscheint nach diesem Befund möglich, daß die Bindung von gereinigtem b an $EAC'_{1,4,2,3a}$-Zellen nur dann erfolgt, wenn vorher ein unbekannter, in dem Präparat c enthaltener von der Komponente C'_{3c} verschiedener Zwischenfaktor mit der $EAC'_{1,4,2,3a}$-Zelle reagiert. Man muß also auch hier damit rechnen, daß es im C'_3-System noch Faktoren gibt, die sich in die Sequenz a, b, β, c, d irgendwo einschalten.

Es mag vielleicht von Interesse sein, in groben Zügen die Eigenheiten der einzelnen Reaktionen zu skizzieren. Die Bindung von a erfolgt unter Anlagerung eines antigenen Proteins an die $EAC'_{1,4,2}$-Zelle. Dies kann man durch einen Agglutinationstest, den wir früher ausgearbeitet hatten[8,9] beweisen. Man stellt ein Anti-Serum gegen alle materiell gebundenen Komponenten des Komplements her und sättigte dieses Anti-Komplement mit Zellen des Typs $EAC'_{1,4,2}$ erschöpfend ab. Es bleiben dann nur noch agglutinierende Antikörper gegen die Komponenten des C'_3-Komplexes übrig („Anti-C'_3"). Zellen des Typs $EAC'_{1,4,2,3a}$ werden mit diesem Serum stark agglutiniert, während Zellen des Typs $EAC'_{1,4,2}$ nicht agglutiniert werden[9,23].

Bei der Bindung von C'_{3a}-Material an die $EAC'_{1,4,2}$-Zelle dient höchstwahrscheinlich das an die Zelle gebundene und durch Einwirkung von C'_2 „aktivierte" C'_4-Material als Receptor. Behandelt man nämlich $EAC'_{1,4,2}$-Zellen mit einem ausschließlich gegen C'_4 gerichteten Antikörper, so geht ihre Fähigkeit verloren, den Faktor C'_{3a} zu binden[18]. Andererseits dient offenbar das materiell gebundene C'_{3a} wiederum als Receptor für die Wirkung von C'_{3b}. Behandelt man nämlich Zellen vom Typ $EAC'_{1,4,2,3a}$ mit dem erwähnten Anti-Serum gegen C'_3, so verlieren sie die Fähigkeit mit C'_{3b} zu reagieren. Andererseits ist die Zelle, sobald sie mit C'_{3b} reagiert hat, gegen eine Behandlung mit Anti-C'_3 unempfindlich; die Bereitschaft der $EAC'_{1,4,2,3a,3b}$-Zelle mit dem Faktorenensemble β, c, d zu lysieren kann nicht blockiert werden[23]. Ob mit der Anlagerung von C'_{3b} ein Substanzzuwachs an die Zelle verbunden ist, wissen wir noch nicht.

Alle Faktoren des C'_3-Komplexes, bis auf einen, können mit der Zelle auch dann schnell und ausgiebig reagieren, wenn die Temperatur niedrig gehalten wird. Die Ausnahme bildet hier der Faktor b. Dieser Faktor bindet sich in der Kälte nur in Spuren; er ist der Schrittmacher der C'_3-Lyse hinsichtlich ihrer Temperaturabhängigkeit. Inkubiert man EA-Zellen mit Komplement bei 0° so entsteht nicht, wie man früher annahm, die Form $EAC'_{1,4,2}$, sondern vielmehr die Form $EAC'_{1,4,2,3a}$, niemals aber die Form $EAC'_{1,4,2,3a,3b}$.

Meine Damen und Herren! Ich hoffe, Ihnen gezeigt zu haben, daß die Faktorenanalyse der C'_3-Komponente in ihrem Kern nichts anderes darstellt als eine Rekapitulation der Prinzipien, die sich bei der Erforschung des Gesamtkomplexes „Komplement" in dem letzten Halbjahrhundert herauskristallisiert haben. Wenn diese Rekapitulation zeitlich sehr gedrängt, gewissermaßen im Zeitraffer durchlaufen werden konnte, so ist das sicherlich der Tatsache zuzuschreiben, daß die Methoden der Chemie in die Komplementforschung Eingang gefunden haben. Die reine Funktionsanalyse hat der Komplementforschung eine Zeitlang ein etwas zu esoterisches, um nicht zu sagen dialektisch-rabulistisches Flair gegeben. Dadurch, daß wir gelernt haben, die Faktoren des Komplements als Stoffe im chemischen Sinne zu behandeln und nicht nur als rätselhafte Aktivitäten oder Zustände, ist auch die Funktionsanalyse des Komplements ertragreicher geworden. Ich hoffe, gezeigt zu haben, daß die von der Chemie befruchtete Funktionsanalyse ihrerseits wiederum den Chemiker interessieren kann, da sie ihm z. T. doch neue Probleme stellt und gelegentlich auch neues Handwerkszeug in Form von brauchbaren Suchtests liefert.

Literatur

[1] AMIRAIAN, K., O. J. PLESCIA, G. CABALLO, and M. HEIDELBERGER: Complex nature of the step in immune hemolysis involving third component of complement. Science 127, 239 (1958).

[2] ARDAY, FL. R., L. PILLEMER, and I. H. LEPOW: The properdin system and immunity. VIII. Studies on the purification and properties of the third component of human complement. J. Immunol. 82, 458 (1959).

[3] COLLI, A., W. OPFERKUCH u. P. KLEIN: Studien über den Mechanismus der Immunhämolyse: Der Bindungsmodus der vierten Komplementkomponente. Z. Hyg. 147, 213 (1961).

[4] DA COSTA CRUZ, J., and H. DE AZEDEVO PENNA: Constitution of alexin and mechanism of specific haemolysis. Mem. Inst. Osw. Cruz 26, 124 (1932).

[5] HAWKINS, J. D.: Further evidence for the dual nature of the third component of complement. Nature (Lond.) 186, 483 (1960).

[6] HAWKINS, J. D., and F. HAUROWITZ: Evidence for the binding of two factors of the third component of complement to red cells. Nature (Lond.) 193, 1084 (1962).

[7] KLEIN, P. G.: Studies on immune hemolysis: Preparation of a stable and highly reactive complex of sensitized erythrocytes and the first component of complement (EAC'$_1$); inactivation of cellfixed C'$_1$ by some complement reagents. J. exp. Med. 111, 77 (1960).

[8] KLEIN, P. G., and P. M. BURKHOLDER: Studies on the antigenic properties of complement II. Analysis of specific agglutinins against certain components of guinea-pig complement, fixed on sensitized sheep erythrocytes. J. exp. Med. 111, 107 (1960).

[9] KLEIN, P. G., and P. M. BURKHOLDER: Studies on the antigenic properties of complement I. Demonstration of agglutinating antibodies against guinea-pig complement fixed on sensitized sheep erythrocytes. J. exp. Med. 111, 93 (1960).

[10] LINSCOTT, W. D., and K. NISHIOKA: Components of guinea-pig complement II separation of serum fractions essential for immune hemolysis. J. exp. Med. 118, 795 (1963).

[11] MAYER, M. M.: Complement and complement fixation; in Kabat's and Mayer's Experimental Immunochemistry. Springfield, Ill.: Thomas 1961.
[12] MÜLLER-EBERHARD, H. J.: Isolation and description of proteins related to the human complement system. Acta Soc. Med. upsalien. 66, 1 (1961).
[13] MÜLLER-EBERHARD, H. J., and C. E. BIRO: Isolation and description of the fourth component of human complement. J. exp. Med. 118, 447 (1963).
[14] MÜLLER-EBERHARD, H. J., and N. NILSSON: Relation of a β_1-glycoprotein of human serum to the complement system. J. exp. Med. 111, 217 (1960).
[15] MÜLLER-EBERHARD, H. J., N. NILSSON, and T. ARONSSON: Isolation and characterization of two β_1-glycoproteins of human serum. J. exp. Med. 11, 201 (1960).
[16] NISHIOKA, K., and W. D. LINSCOTT: Components of guinea pig complement I. Separation of a serum fraction essential for immune hemolysis and immune adherence. J. exp. Med. 118, 767 (1963).
[17] OSLER, A. G.: Functions of the complement system Advanc. Immunol. 1, 142 (1961).
[18] OPFERKUCH, W., and P. G. KLEIN: Studies on the antigenic Properties of complement III. Specific inactivation of cell fixed components of guineapig complement by anticomplement. Immunology, 7, 261 (1964).
[19] OPFERKUCH, W., A. COLLI u. P. KLEIN: Studien über den Mechanismus der Immunhämolyse: Die Bindung der zweiten Komplementkomponente. Z. Hyg. 147, 230 (1961).
[20] RAPP, H. J.: Mechanism of immune hemolysis. Recognition of two steps in the conversion of $EAC'_{1,4,2}$ to E. Science 127, 234 (1958).
[21] RAPP, H. J., M. R. SIMS, and T. BORSOS: Separation of components of guinea-pig complement by chromatography. Proc. Soc. exp. Biol. (N. Y.) 100, 730 (1959).
[22] SAUTHOFF, R., H. J. WELLENSIEK u. P. KLEIN: Über die multiple Natur der dritten Komponente des Meerschweinchenkomplements. Int. Arch. Allergy 22, 399 (1963).
[23] WELLENSIEK, H. J., R. SAUTHOFF u. P. KLEIN: Über die komplexe Natur der dritten Komplementkomponente: Nachweis von gebundenem C'_{3a} durch Agglutination und durch Funktionsblockade mit Anti-Komplement. Path. Microbiol. 26, 665 (1963).
[24] TAYLOR, A. B., and M. A. LEON: Isolation of three components of the C'_3 complex. Fed. Proc. 20, 19 (1961).

Diskussion

HEIDELBERGER: Gibt es jetzt jemand, der wagt, einige Fragen zu stellen?

SCHULTZE: Ich frage Herrn MÜLLER-EBERHARD, ob Einzelheiten über die unterschiedlichen Abwandlungsprozesse bekannt sind, die von β-1-C einmal zum β-1-A, andererseits zum β-1-G führen? Sind unterschiedliche Fermentsysteme beteiligt?

MÜLLER-EBERHARD: Ich glaube, daß β-1-A sich aus dem β-1-G entwickelt. Die aktivierte zweite Komplement-Komponente führt nur zur Umwandlung des β-1-C-Globulins in β-1-G-Globulin. Die Umwandlung von β-1-G in β-1-A wird nicht von der zweiten Komponente bewirkt. Welches Enzym für diesen Prozeß verantwortlich ist, ist noch unbekannt. Nach LINSCOTT und COCHRANE kann die Umwandlung von β-1-G in β-1-A in Meerschweinchenserum durch Toluolsulfonyl-argininmethylester blockiert werden. Dieser und ähnliche Aminosäureester haben nach unserer Erfahrung keine Hemmwirkung auf die aktivierte zweite Komponente.

SCHULTZE: Das ist interessant, weil uns die Umwandlung in β-1-A die Aussicht eröffnet, unter Umständen ein sehr interessantes Peptidfragment zu erhalten.

MÜLLER-EBERHARD: Auch die Umwandlung in β-1-G, glaube ich!

LAURELL: Ich möchte Dr. MÜLLER-EBERHARD über den „Decay" von $EAC'_{1,4,2}$-Zellen fragen. Dr. MÜLLER-EBERHARD hat in seiner ersten Publikation gesagt, daß β-1-C diesen Decay verhindert. Gilt diese Interpretation noch für die Funktion von β-1-C ? Darf ich auch fragen, wo β-1-F in die Reaktionskette hineinkommt ?

MÜLLER-EBERHARD: Es ist richtig, daß den ursprünglichen β-1-C-Präparaten diese Fähigkeit zugesprochen wurde, $EAC'_{1,4,2}$-Zellen zu stabilisieren. Mit den hochgereinigten Präparaten, die wir jetzt in unserem Labor herstellen, ist das nicht möglich. Wir haben inzwischen gelernt, daß drei Faktoren zur Stabilisierung von $EAC'_{1,4,2}$-Zellen notwendig sind: das β-1-C-Globulin, β-1-F-Globulin und die bisher noch nicht näher charakterisierte sechste Komponente. Die ursprünglichen β-1-C-Präparate waren, wie wir heute wissen, mit geringen Mengen von β-1-F und C' 6 verunreinigt. In der Reaktionskette der Komplementreaktion folgt β-1-F dem β-1-C und $C'6$ dem β-1-F, wie kinetische Studien ergeben haben. β-1-F und $C'6$ scheinen allerdings nicht in der Lage zu sein, unabhängig voneinander mit der Zelle zu reagieren. So ist es bisher nicht möglich gewesen, ein Intermediärprodukt zu gewinnen, das β-1-C und β-1-F enthält und die Fähigkeit besitzt, mit der sechsten Komponente zu reagieren.

KLEIN: Unsere Befunde am Meerschweinchen-C' lassen sich mit denen am Menschen-C' gut vergleichen. Wir haben gefunden, daß die Stabilisierung des $EAC'_{1,4,2}$-Komplexes beim Meerschweinchenserum durch die sukzessive Anlagerung von C'_{3a}, C'_{3b} und $C'_{3\beta}$ erfolgt. Derart behandelte Zellen ($EAC'_{1,4,2,3a,3b,}$ $_{3\beta}$) sind beim Meerschweinchenserum zwar schon weniger labil als $EAC'_{1,4,2}$; sie verfallen aber auch, wenn auch wesentlich langsamer. Erst C'_{3c} stabilisiert die Zellen dann endgültig. Der schnelle Verfall erfolgt vor allem bei $EAC'_{1,4,2}$, bei $EAC'_{1,4,2,3a}$ und bei $EAC'_{1,4,2,3a,3b}$. $EAC'_{1,4,2,3a,3b,3\beta}$ ist demgegenüber schon wesentlich stabiler. Das stimmt ja offenbar mit dem am Menschen-C' erhobenen Befund von MÜLLER-EBERHARD vollkommen überein. Wir haben uns nun gefragt: Verfallen eigentlich alle an der Zelle sitzenden Komponenten, oder verfällt nur eine bestimmte Komponente ? Wir haben festgestellt, daß verfallene $EAC'_{1,4,2,3a,3b}$-Zellen die Zufuhr von C'_2, von C'_{3a} und C'_{3b} brauchen, um in ihrer Reaktivität wieder hergestellt zu werden. Die verfallenen Zellen benötigen also eine neue C'_2-Garnitur, eine neue C'_{3a}-Garnitur und eine neue C'_{3b}-Garnitur. Erst dann sind sie wieder in der Lage sukzessiv die Komponenten $C'_{3\beta}$, C'_{3c} und C'_{3d} zu binden und zu lysieren.

FISCHER: Wir haben eine rohe $C''3$-Serumfraktion extrahiert und festgestellt, daß sie Lecithin enthält. $C''3$ — bzw. eine seiner Unterfraktionen könnte also als Substrat für eine Lecithinase durchaus in Frage kommen.

KLEIN: Ich glaube, ich kann Herrn FISCHER in absehbarer Zeit die Mittel zu einem interessanten Experiment anbieten. Das Experiment kann vielleicht Klarheit über die Rolle des Lysolecithins bringen und sieht so aus: Ein Ag-Ak-Aggregat (Präcipitat in der Äquivalenzzone) soll in die Form $\text{AgAkC}'_{1,4,2,3a,3b,3\beta,3c,3d}$ überführt werden. Hierauf biete man diesem Komplex ein hochgereinigtes C'_{3d} an. Bildet sich jetzt Lysolecithin? Die Schwierigkeit bei den bisherigen Versuchen von Herrn FISCHER besteht darin, daß im lytischen System Albumin anwesend ist, welches Lysolecithin bindet. — Das hochgereinigte C'_{3d} in dem vorgeschlagenen System müßte dann Lysolecithin freisetzen.

SCHWICK: Ich möchte Herrn MÜLLER-EBERHARD fragen, ob man immunelektrophoretisch β_1A- und β_1G-Globulin unterscheiden kann? Eine zweite Frage: Welchen Einfluß hat Plasmin auf die bisher von Ihnen isolierten Komplementfaktoren?

MÜLLER-EBERHARD: Immunoelektrophoretisch sind β-1-G und β-1-A nicht zu unterscheiden. Durch präparative Elektrophorese in Pevikon-Blocks konnten wir eine etwas größere Wanderungsgeschwindigkeit für β-1-G feststellen. Eine eindeutige Differenzierung der beiden Proteine gelingt bisher nur durch Ultrazentrifugation. Über die Wirkung von Plasmin auf Komplementfaktoren weiß ich nicht viel. Ich erinnere nur, daß wir anfänglich, als wir noch nicht wußten, welche Aktivität dem β-1-C entspricht, dem Serum auch einmal Streptokinase zugesetzt haben. Wir hofften, daß durch eine Aktivierung von Plasmin eine Spaltung von β-1-C bewirkt werden könne. Das ist aber nicht eingetreten.

Zur Frage der Wechselwirkungen zwischen Proteinen und Substratmolekeln

(Zusammenfassung eines Diskussionsbeitrages)

M. EIGEN

Max-Planck-Institut für physikalische Chemie, Göttingen

Das „Erkennen" einer molekularen Konfiguration durch ein Proteinmolekül (z. B. Enzym-Substrat, Antikörper-Hapten) geschieht im allgemeinen durch „Mehrzentren"-Wechselwirkung. Eine der zu „erkennenden" Gruppe komplementäre räumliche Anordnung von Bindungsstellen (meist verschiedener Natur) sorgt für die notwendige Spezifität und Selektivität. Die einzelnen Wechselwirkungen müssen relativ labil sein, um ein rasches „Ausprobieren" ('scanning") verschiedener Muster und damit auch ein sehr schnelles Erkennen sehr spezifischer Molekülkonfigurationen zuzulassen. Da die einzelne Wechselwirkung sehr labil (und damit die freie Energie für die Ausbildung der betreffenden „Bindung" relativ klein) ist, kann sie nicht sehr spezifisch bzw. selektiv sein. Erst die räumliche Anordnung verschiedener sich gegenseitig ausschließender Wechselwirkungen bringt die notwendige Spezifität hervor. Zu diesen labilen Wechselwirkungen gehören vor allem[1]: Ionische Wechselwirkungen, Wasserstoffbrücken und hydrophobe Wechselwirkungen[2]. Diese Wechselwirkungen wurden an geeigneten Modellsystemen (z. B. an Prototypen der in den Proteinen auftretenden Aminosäureresten), untersucht[3,4,5]. Die Ausbildung der Bindung erfolgt bei allen diesen Wechselwirkungen sehr schnell, meist diffusionskontrolliert (Geschwindigkeitskonstante 10^9—$10^{10} M^{-1} sec^{-1}$). Die Lebensdauer (reziproke Zerfallsgeschwindigkeit) ist ein unmittelbares Maß für die Stabilität der betreffenden Bindung. Hier liegen die Werte im allgemeinen im Mikrosekundenbereich. Die kombinierte Wirkung bei der Enzym-Substrat bzw. Antikörper-Hapten Wechselwirkung führt im allgemeinen zu einer Lebensdauer, die im Milli- bis Mikrosekundenbereich liegt[5].

Die oben mitgeteilten Ergebnisse wurden mit Hilfe relaxationsspektrometrischer Untersuchungen erhalten[6]. Die Methode erlaubt die Erfassung schneller, einzelner Teilschritte in einem komplizierten Reaktionsschema (z. B. dem einer enzymatischen Umwandlung). Die Bestimmung der Lebensdauer eines Komplexes gibt unmittelbar Auskunft über die Stabilität der Bindung. Die aus thermodynamischen Untersuchungen erhältliche Gleichgewichtskonstante gibt dagegen nur Auskunft über relative Stabilitäten, z. B. gegenüber Solvensmolekülen (kompetitive H-Brückenbildner) oder anderen Kompetitoren. Die kinetische Methode wurde bereits auf eine Reihe von Antikörper-Hapten Reaktionen angewandt[7,8]. Geringfügige Änderungen

---

[1] EIGEN, M., u. L. DE MAEYER: Naturwissenschaften (im Druck).— EIGEN, M., and L. DE MAEYER: Information Storage and Processing in Biomolecular Systems. Neurosciences Res. Progr. Bull. **3**, No. 3 (1965).

[2] SINANOGLU, O., and J. ABDULNUR: Effect of water and other solvents on the structure of biopolymers. Fed. Proc. **24**(2), 12—23 (1965).

[3] BERGMANN, K., M. EIGEN u. L. DE MAEYER: Dielektrische Absorption als Folge chemischer Relaxation. Ber. Bunsenges. **67**, 8, 819—826 (1963).

[4] PODDER, S. K., and F. W. SCHNEIDER: Thermodynamics of Cooperative Binding (in Vorbereitung).

[5] EIGEN, M., and G. G. HAMMES: Elementary steps in enzyme reactions. Adv. Enzymol. **25**, 1—38 (1963).

[6] EIGEN, M., and L. DE MAEYER: In: A. WEISSBERGER: Technique of organic chemistry. Vo. VIII-Part II. New York: Interscience Publishers 1963.

[7] FROESE, A., A. SEHON, and M. EIGEN: Kinetic Studies of Protein-Dye and Antibody-Hapten Interactions with the Temperature-JumpMethod. Canad. J. Chem. **40**, 1786 (1962).

[8] Froese, A., and A. SEHON: Kinetics of antibody-hapten reactions. Ber. Bunsenges. **68**, 863 (1964).

in der Struktur des Haptenmoleküls geben sich in der Lebensdauer des Komplexes deutlich zu erkennen. Messungen dieser Art sind daher zur quantitativen Bestimmung der Informationskapazität der Antikörper geeignet[9].

Die spezifische Wechselwirkung, die aus der gegebenen räumlichen Anordnung im Proteinmolekül (Tertiärstruktur) resultiert, ist im wesentlichen bereits durch die Primärstruktur der Peptidkette, also durch stabile kovalente Bindungen, vorgegeben. Im (enzymatischen) Syntheseprogramm dieser stabilen Bindungen sind jedoch wiederum die genannten labilen Wechselwirkungen von Bedeutung, indem sie Kontrollfunktionen ausüben, z. B. auf Grund induzierter Konformationsänderungen, kompetitiver Hemmungen oder ähnlicher Steuerungsvorgänge. Prozesse dieser Art verlaufen im allgemeinen sehr schnell. Ihr Studium ist für ein Verständnis der Mechanismen der Synthesesteuerung (wie Repression, Induktion) und damit auch für das Problem der Informationsspeicherung und Übermittlung bei der Immunisierung von großer Bedeutung.

WESTPHAL: Meine Damen und Herren! Wir kommen zur Schlußsitzung dieses Colloquiums und haben wieder — mehr, wenn Sie wollen, zum Vergnügen — einen Vortrag angesetzt, den man nicht eigentlich als immunchemisch bezeichnen kann. Indessen wird GEORG SPRINGER Ihnen zeigen, daß es auf dem Gebiete des keimfreien Lebens eine Menge interessanter Probleme gibt, die teilweise enge Beziehungen zu immunbiologischen Fragen haben.

---

[9] Ein entsprechendes Forschungsprogramm wird gegenwärtig gemeinsam mit O. WESTPHAL, Freiburg, vorbereitet.

Probleme keimfreien Lebens*

Von G. F. SPRINGER und R. E. HORTON

*Immunochemistry Department** and Department of Microbiology Northwestern University, Evanston Hospital Association, Evanston, Illinios, and Laboratory of Germfree Animal Research National Institutes of Health, Bethesda Maryland, USA*

Mit 8 Abbildungen

Ich möchte zwei Bemerkungen voranschicken. Die erste: es ist schon richtig, wie der Herr Vorsitzende sagt, alles kommt einmal zur Chemie, aber die Chemie ist dann auch nicht das Ende, sondern von dort geht es noch weiter hinab in die Physik oder physikalische Chemie. Die zweite Bemerkung betrifft die Feststellung von Prof. WESTPHAL, daß es in Deutschland keine Erfahrung mit keimfreien Methoden gäbe. Das ist in gewisser Hinsicht tragisch, denn die keimfreie Methode hat ihren Ursprung in Deutschland genommen, und zwar — ich will hier nicht die Geschichte wiederholen — ich möchte nur kurz andeuten: keimfreies Leben wurde zuerst von PASTEUR[1] in Tieren erwogen, als er eine Arbeit von DUCLAUX über Pflanzen, die in mikrobenfreiem Boden wuchsen, in die französische Akademie einführte. Er war der Ansicht, daß Tiere nicht keimfrei leben könnten. Es haben aber bereits vor der Jahrhundertwende ein Engländer und ein Deutscher, NUTTALL und THIERFELDER[1a], in gemeinsamer Arbeit für kurze Zeit Tiere unter keimfreien Bedingungen gehalten. Des weiteren hat KUESTER[2] in Berlin am kaiserlichen Gesundheitsamt einen Apparat entwickelt,

---

* Die eigenen hier angeführten Versuche wurden von der US National Science Foundation, Grant Nr. GB-462 und durch Medical Research Branch, Division of Biology and Medicine of the US Atomic Energy Commission, Contract AT (11-1) 1285 unterstützt. Wir danken dem J. Exptl. med. für Erlaubnis der Reproduktion von Abb. 1, 2, 3, Tab. 3; J. Gen. Physiol. der Tab. 4, 6 und Z. Immforschg. Tab. 1. Die U.S. Natl. Inst. of Health erlaubten Wiedergabe der Abb. 7a—7e und 8 (siehe stets Literaturangaben).

** Unterhalten durch den Susan Rebecca Stone Fund für Immunochemistry Research.

der zusammen mit den Konstruktionen von NUTTALL und THIER-
FELDER das Grundprinzip aller heute gebrauchten Apparate für
keimfreie Züchtung der Tiere darstellt.

Die Hoffnungen, die diese Methode erweckt hat, spannen einen
weiten Bereich, von der Biochemie über die klinische Medizin bis
zur Raumschiffahrt. Gründliche Sterilisierung und Keimfreihaltung
ist ein wichtiges Erfordernis, um etwas über mögliches Leben auf
anderen Planeten, denen man sich bemannt oder unbemannt
nähern will, zu lernen, denn sie dürfen nicht mit dem lebenden
Schmutz, der sich auf unserer Erde befindet, verunreinigt werden.

Was die Medizin betrifft, so wies schon METCHNIKOFF in seiner
„Wilde Lecture" 1901[2a] darauf hin, daß gewisse Skorpione, Raupen
und Milbenlarven normalerweise frei von Darmmikroben seien.
METCHNIKOFF vertrat in dieser Vorlesung die Ansicht, daß Darm-
bakterien dem Menschen nur in Ausnahmefällen von Nutzen seien.
(Von der Vitaminsynthese derartiger Bakterien wußte man damals
noch nichts.) Er geht soweit, diesen Bakterien und den durch sie
verursachten „Autointoxikationen" eine wesentliche Rolle bei der
Arteriosklerose und bei Geisteskrankheiten zuzuschreiben. Der
lange Dickdarm des Menschen und seine reiche Flora sind für ihn
der Hauptgrund des kurzen menschlichen Lebens. METCHNIKOFF
hält es daher für wünschenswert, daß einem jeden der größte Teil
des Dickdarms und des Magens herausgenommen werde.

Ich möchte kurz auf den Vortrag, den Herr Prof. ROWLEY
gestern gehalten hat, zurückkommen. Ich glaube, daß er auf ein
fruchtbares Gebiet der keimfreien Forschung hinführen kann, an
das Sie wahrscheinlich gar nicht so sehr denken. Prof. ROWLEY
berichtete, daß *Vibrio cholerae* nur beim Menschen eine Krankheit
hervorruft und nicht bei experimentellen Tieren. Es ist daher
bedeutungsvoll, daß bereits im Jahre 1922 COHENDY und WOLL-
MAN[3] in Paris gezeigt haben, daß, wenn Meerschweinchen keimfrei
gezüchtet werden und nur mit *Vibrio cholera* und höchstens *einem*
zusätzlichen Bakterienstamm infiziert werden (durch Verfütterung)
typische Cholera bekommen mit allen ihren Erscheinungen und
innerhalb von 6—9 Tagen sterben. Gewöhnliche Meerschweinchen
lassen sich nicht mit Vibrio cholerae infizieren. Das weist darauf hin,
daß die Symbiose der gewöhnlichen Darmflora es zugeführten
Choleravibrionen verunmöglicht, sich in normalen Tieren anzu-
siedeln. Ein weiteres Beispiel der komplizierten Wechselwirkung

von Mikrobenstämmen, gewissermaßen eine Umkehrung von dem soeben Beschriebenen, wurde am National Institute of Health in sehr schönen Arbeiten von PHILLIPS[4] dargetan. Seine und seiner Mitarbeiter Untersuchungen an keimfreien Meerschweinchen betrafen die gefährliche *Entamoeba histolytica* Infektion. PHILLIPS u. Mitarb. zeigten, daß *Entamoeba histolytica* allein völlig unschädlich in ihrem tierischen Wirte ist. Assoziiert man sie mit einer anderen, völlig harmlosen, Mikrobe, so kann *Entamoeba histolytica* zu einer akuten ulcerativen Amöbiasis und damit zu einer das Leben des Wirtes bedrohenden Erkrankung Veranlassung geben.

Die keimfreie Methode ist also geeignet, Mikroben und Infektionen unter standardisierten Bedingungen der Mono- und Oligo-Kontamination zu studieren und womöglich verbesserte Aussagen über Pathogenese einer Infektionskrankheit zu geben. Auch in der Krebsforschung, wenn die Viruspathogenese einiger Tumoren angenommen wird, dürfte das keimfreie Tier eine Rolle spielen können.

Wir müssen aber betonen, daß das keimfreie Tier zur Zeit qualitativ wohl kaum unterscheidbar ist vom gewöhnlichen Tier, sondern nur quantitativ. Es ist ein hochstandardisiertes Tier. Ein „keimfreies" Tier ist heutzutage ein solches, das frei von einwandfrei nachweisbaren Erregern ist. Mit Sicherheit ausschließbar sind vollentwickelte Bakterien, Pilze und höher organisierte wirtsfremde Lebensformen wie Protozoen und Würmer sowie auch demonstrierbare Viren und Rickettsien. Es ist durchaus möglich, daß Viren vorhanden sind, die wir nicht nachweisen können, und es ist daher sinnlos, von absoluter Keimfreiheit zu reden. Ebenso sinnlos ist es leider auch, Antigenfreiheit anzunehmen. Es wird häufig übersehen, daß es für den Immunologen nicht nur bedeutungsvoll ist, ob die verwendeten Tiere „keimfrei" sind, sondern auch erforderlich ist, zu wissen, ob sie antigenen Reizen unbelebter Natur ausgesetzt sind. Ließe sich antigenes Material in der Umgebung eines „keimfreien" Tieres ausschließen, so wäre es möglich, mit Sicherheit zu sagen, ob irgendwelche Globulinfraktionen oder ob Abwehrmechanismen ihre Existenz ausschließlich antigener Stimulierung verdanken, oder ob sie schon natürlicherweise vorhanden sind. Bedauerlicherweise ist es z. Z. nicht möglich, Antigene völlig aus der Umgebung keimfreier Tiere zu entfernen. (Wie ich schon gestern in der Diskussion erwähnte, werden sie auch mit volldefinierter Nahrung in kleinen Mengen in den sterilen Tank eingeführt und ein Tier exponiert jedes andere in seiner Umgebung durch seine Exkremente usw. antigenen Bestandteilen[5]). Nahrungsmittel sind nur *eine* Quelle antigener Verunreinigung. Es ist zwar möglich, durch entsprechend gebaute Schleusungsvorrichtungen und durch Filter lebende Verunreinigungen zu vermeiden und alle Verunreinigungen in der Luft zu entfernen; antigenes Material, das sterilen Eierschalen anhaftet, kann jedoch nicht völlig ausgeschlossen werden. Auch ist von vornherein antigenes Material in Form von Staub in den Tanks vorhanden, in denen die keimfreien Tiere gezüchtet werden. Die Antigenität von Staubpartikeln wird durch keine Form gebräuchlicher und technisch durchführbarer Sterilisation zerstört. Hiermit sind die Quellen antigener Reize jedoch noch keinesfalls erschöpft. Immunitätsfaktoren und potentiell antigenes Material können von der Mutter schon frühzeitig auf den Fetus übertragen werden. Daher ist es möglich, daß eine Generation keimfreier Tiere, die selbst Nachkommen einer ganzen Reihe keimfreier Vorfahren sind, immer noch mit derzeit nicht nachweisbaren Erregern infiziert ist oder fremde Antigene von der Mutter besitzt. Selbst wenn es gelingen sollte, eines Teiles dieser Schwierigkeiten Herr zu werden, so muß der Immunologe berücksichtigen, daß Exkremente und Staub von einem Tier im keimfreien Behälter immunogen für andere Tiere im gleichen Behälter sein können, es sei denn, alle diese Tiere sind identische Zwillinge. Möglicherweise können aber auch eigene Gewebebestandteile oder Produkte eines Tieres für dasselbe antigen sein, wenn es sie inhaliert oder verschluckt, und zwar besonders dann, wenn dieses Material auf irgend eine Weise denaturiert wurde und somit Strukturen entblößt sind, die nicht an der Oberfläche des ursprünglichen Materials lagen.

Nunmehr möchte ich Ihnen die Problemstellung darlegen, bei welcher wir uns der sog. keimfreien Tiere bedient haben. Es ist ein altes Rätsel in der Blutgruppenforschung, wie es zum Zustandekommen der Blutgruppenantikörper anti-A und Anti-B kommt. Wie Sie wissen, besitzt ein jedes über 6 Monate altes Individuum diejenigen Blutgruppenantikörper des AB0-Systems, die nicht gegen seine eigenen Blutgruppenantigene gerichtet sind, und das, ohne jemals eine Transfusion erhalten zu haben. Die prävalente Theorie der letzten 40 Jahre war, daß diese Antikörper ererbt seien (siehe [6,7,8]). Antikörper sind aber definitionsgemäß auf einen Antigenreiz hin neu entstandene oder modifizierte Serumglobuline. Aber die Anwesenheit der Blutgruppen-Antikörper anti-A und anti-B ohne bekannte vorausgegangene Immunisierung ist so gesetzmäßig, daß eine Kopplung des Genes, das die Bildung der Blutgruppe A kontrolliert, mit einem solchen, welches die Bildung von Anti-B steuern sollte, angenommen wurde; Analoges wurde für Antigen B und Antikörper anti-A angenommen [9,10,11]. Dahingegen vertrat Mlle. DUPONT[12], die selbst von K. LANDSTEINER[13] als unsinnig angesehene Auffassung, daß die Isoagglutinine das Resultat exogener Reize und kreuzreagierende Antikörper seien. Es ist schon seit den 20iger Jahren bekannt, daß Hühner ebenfalls anti-Menschenblutgruppen-B Antikörper besitzen, und diese regelmäßig bilden, sobald sie etwa 20 Tage alt sind[14,15]. Diese Blutgruppen anti-B-Antikörper wurden auch als genetisch bestimmt aufgefaßt[14]. Ich möchte betonen: die *Fähigkeit* Antikörper zu bilden, ist natürlich genetisch bestimmt, aber die nachweisbare Produktion eines *spezifischen* Antikörpers, ob diese genetisch bestimmt ist oder nicht, das wollten wir herausfinden. Unsere Arbeiten mit keimfreien Hühnern begannen 1954, nachdem es im Rahmen unserer Untersuchungen über die weite Verbreitung blugruppenaktiver Substanzen[16,17] nahe lag, von Experimenten mit keimfreien Tieren einen direkten Hinweis auf den Ursprung der anti-B-Blutgruppenisoagglutinine des Menschen zu erhoffen. Hühner schienen besonders geeignet, da ihre keimfreie Aufzucht und Haltung verhältnismäßig einfach ist, und es wie gesagt, seit langem bekannt ist, daß diese Vögel spezifische Agglutinine gegen menschliche Erythrocyten der Blutgruppe B besitzen. Wir studierten daher die Bildung derartiger Agglutinine in Weißen Leghornhühnern.

Aus der ersten Abbildung können Sie unsere Versuchsanordnung und die damit erzielten Resultate entnehmen (für experimentelle Bedingungen s. Ref. [17]). Unter gewöhnlichen Bedingungen aufgezogene Weiße Leghorn-Hühner besitzen am fünfundvierzigsten Lebenstage einen signifikanten anti-B-Titer, der etwa so hoch ist wie der der üblichen Isoagglutinine des Menschen. Tiere des gleichen Schlupfes in einem Tank „Reyniersscher" Bauart aufgewachsen, der aber nicht keimfrei ist, zeigen bereits einen an der Grenze der Signifikans niedrigeren Agglutinintiter. Der nicht keimfreie

Tank gibt anscheinend eine Abschirmung gegen die Umwelt. Bei keimfreien Tieren hingegen sehen Sie überhaupt keine anti-Blutgruppen B-Antikörperbildung in dieser Altersgruppe. Die Vögel entwickeln sich sehr gut, Sie können das an dem in der untersten Zeile der Abbildung angeführten Gewicht sehen. Die Tierchen, die unter keimfreien Bedingungen aufwachsen, sind ein wenig fetter (nicht durch Wasser) als normale Tiere. Wenn Sie diesen Vögeln wäßrige, blutgruppen B-aktive Meconiumextrakte,

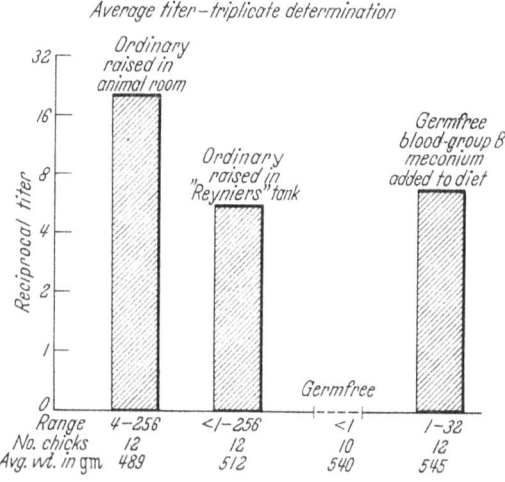

Abb. 1. Anti-human blood-group B agglutinins in White Leghorn chicks, 45 days old (one hatch)

welche bekannterweise die Blutgruppenspezifität des neugeborenen Kindes besitzen, von dem sie stammen, entweder im Trinkwasser oder nach Trocknung als Staub in die Tanks sprühen, so sehen Sie, daß die anti-B Antikörper rapide ansteigen (die Säule am weitesten rechts in der Abbildung), wenn auch vielleicht nicht ganz so hoch wie in gewöhnlichen Hühnern. Nun ist Meconium keine besonders physiologische Nahrung für Hühner. Abb. 2 zeigt Ihnen daher die Resultate eines weiteren Experimentes, dessen Einzelheiten in Ref.[17] beschrieben sind. Auf der linken Seite der Abbildung sehen Sie wiederum die anti-B Agglutinin Bildung normaler Hühner. Keimfreie Hühner bilden am 42. Lebenstage keine anti-B Antikörper. Wird aber an keimfreie Tiere blutgruppen B-spezifischer *E. coli*

O_{86}[16,17,18] verfüttert, dann etabliert sich dieser *E. coli* in den Hühnern, es geht ihnen ausgezeichnet und sie bilden mächtige anti-Blutgruppen-B Antikörper. Das sind lebende *E. coli*, und die Hühner leben von dem Tage der Monokontamination bis zu ihrem Tode mit diesen Bakterien zusammen. Am 66. Lebenstage ist der Durchschnitts-anti-Blutgruppen-B Agglutinintiter der mit *E. coli* O_{86} monokontaminierten, vormals keimfreien Hühner, 1:256. Um diese

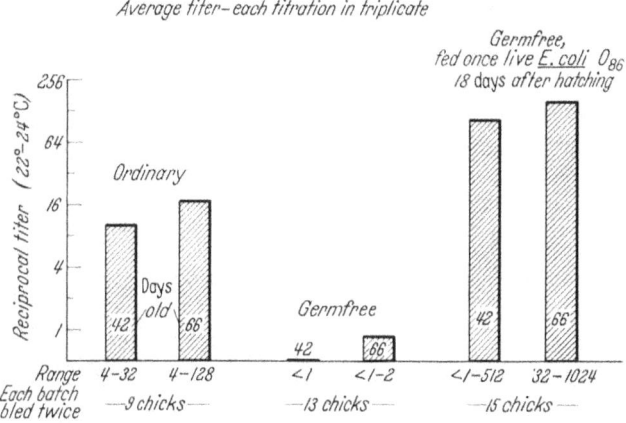

Abb. 2. Development of anti-human blood group B agglutinins in White Leghorn chicks (one hatch)

Zeit treten auch in einigen der keimfreien Hühner ganz niedrige anti-B-Titer auf (Abb. 2). Diese stiegen bis zur Beendigung des Experimentes, d. h. in 100—150 Tage alten Hühnern, nicht an. Es gelang uns nachzuweisen, daß Spuren B-aktiven Materiales die keimfreie „Barriere" durchdrangen und so höchstwahrscheinlich zu den ganz niedrigen anti-B-Titern bei etwa der Hälfte keimfreier Hühner führte (im Gegensatz zu hohen Titern bei 100% der gleichaltrigen gewöhnlichen Hühner). Die Titer dieser viel später auftretenden Antikörper der keimfreien Tiere betrugen nur 10% des Titers der gewöhnlichen Tiere, und 1% der mit *E. coli* O_{86} monokontaminierten Hühner. Tab. 1 (s. Ref. [17]) zeigt Ihnen, warum wir diese ganz niedrigen Titer auf Verunreinigungen mit Nahrungsmittelbestandteilen zurückführen. In Nahrungsbestandteilen 1.—4. ließ sich nach Konzentration und Dialyse *in vitro* blutgruppenaktives Material nachweisen. Selbst sterilisiertes Wasser, welches

Tabelle 1. *Fraktionierung und Konzentration von Anteilen der Diät Weißer Leghornhühner*

Bestandteil	Menge	Ausbeute Gramm*
1. Sterilisiertes Wasser	3,78 l	0,048[a]
2. Casein	50 g	0,840[b]
3. Cellulose und Aminosäuren	50 g	0,294[a] 0,275[b] große Menge [b]
4. Salze	49 g	0,53[a]

* Nicht dialysierbar.
[a] wasserlöslich.
[b] wasserunlöslich.

von der American Army als "survival ration" ausgegeben wird, das in einer gewissen Proportion der Diät, die die Tiere erhalten, aufgearbeitet wurde (deswegen die 3,78 l), besitzt nicht dialysable Substanzen, von denen 0,048 g wasserlöslich sind. Ähnliches

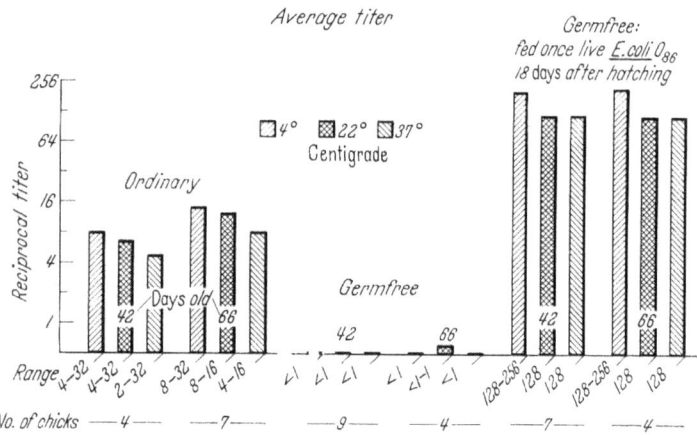

Abb. 3. Thermal amplitude of anti-human blood group B agglutinins in White Leghorn chicks (one hatch)

haben wir für das Casein gefunden, für Cellulose, Aminosäuren, und sogar Salze, alles Bestandteile der Hühnerdiät. Ich darf bemerken, daß das Vorhandensein von Dextran in den meisten Tafelzuckerpräparaten wohlbekannt ist (s. Ref.[5]) und den Bakteriologen unter ihnen sicher nichts Neues. Jetzt wurde die Frage nach einer vollsynthetischen Diät erwogen. Hier verweise ich auf meine gestrigen Diskussionsbemerkungen (s. S. 239).

Es wurde häufig eine Unterscheidung zwischen Immunisoagglutininen und solchen „natürlichen" Ursprungs aufgrund ihres Verhaltens in viscösen Medien oder ihrer Temperaturamplitude gemacht (für eine Diskussion dieser Probleme s. Ref. [6,7]). Abb. 3 zeigt Ihnen, daß wir keinen Unterschied in der Temperaturamplitude der anti-B-Agglutinine gewöhnlicher Hühner und immunisierter Hühner fanden.

Unsere Resultate zwingen daher zu dem Schluß, daß diese mit den heutigen Methoden nachweisbaren Agglutinine nicht wie früher angenommen vererbt, sondern frühzeitig im Leben erworben werden. Auch unsere Versuche an Kindern zeigen klar, daß Isoagglutinine immunogener Natur sein können. Wie aus Tab. 2 hervorgeht, haben wir durch Trocknen getötete *E. coli* O_{83} 1 g pro Tag für etwa 7 Tage an schwer diarrhoische Kinder, des Alters, in dem sie gerade beginnen Isoagglutinine zu bilden, verfüttert[18]. Kinder mit schwerer Diarrhoe wurden gewählt, da ihre Gedärme eine erhöhte Durchlässigkeit gegenüber Makromolekülen besitzen. Sie können der Tabelle entnehmen, daß innerhalb 1 Woche nach Beginn dieser Fütterung ein sehr eindrucksvoller, hochsignifikanter Titeranstieg stattfindet gegen B, und in 0 Individuen, kreuzreagierend auch gegen A-Erythrocyten[19]. Es dauerte viele Monate, bis der Titer etwas

Table 2. *Stimulation of blood group isoagglutinins by feeding killed blood group active E. coli O_{86}*

Individual	Age at beginning of experiment	E. coli O_{86} feeding schedule	Reciprocal agglutinin titer					
			Preingestion		after ingestion			
					7—28 days		5—8 months	
			B	A_1	B	A_1	B	A_1
6 infants diarrhea	7—15 weeks	1 g/day	<1—4	<1—4	32—128	16—64	16—64	8—32
5 infants healthy	7—15 weeks	nothing	<1—4	<1—4	<1—4	<1—4	2—8	1—8
M. L. ulcerative colitis	adult	2 g/day, 1 day	16	32	256	64	32	
G. A. cancer of colon	adult	2 g/day, 1 day	32	32	128—256	128		32

abfiel. Er wurde nicht mehr so niedrig wie in gesunden Kindern, an die man keine blutgruppenaktiven Bakterien verfüttert hat. Es ist also damit erwiesen, daß Isoagglutinine durch *E. coli* stimuliert werden können, entweder *de novo*, oder aber auch zum Ansteigen gebracht werden bei Leuten, die schwere intestinale Störungen haben, wie z. B. akute ulcerative Colitis oder hoch im Colon situiertes Carcinom (Tab. 2).

E. coli O_{86} ist insofern eine Seltenheit unter den Enterobacteriaceae, als er ungeheuer hohe B-Spezifität besitzt, aber wie Sie in Tab. 3 sehen können: von über 280 verschiedenen gramnegativen Bakterien besaßen nahezu die Hälfte A-, B- oder 0-Spezifität oder eine Kombination derselben[20]. Diese Bakterien stellen teilweise eine Auswahl dar. Auch waren die Aktivitäten im allgemeinen niedrig. Die Bakterien besitzen, soweit untersucht, neben anderen, stets die gleichen Zucker, die in menschlichen Blutgruppenmucoiden enthalten sind[20,21]. Unsere Resultate zwangen daher zu dem Schluß, daß wahrscheinlich alle mit heutigen Methoden nachweisbaren anti-Blutgruppen B-Agglutinine nicht, wie früher angenommen wurde, vererbt sind, sondern das Resultat von ubiquitären

Tabelle 3. *Distribution of blood group activity among bacteria tested*

Genus	Strains tested*	One activity			Several activities				Inactive
		A_1	B	H(O)	A_1BH(O)	A_1B	A_1H(O)	BH(O)	
Escherichia	135	8	18	22	6	3	3	4	71
Salmonella.	19	1	2	9	0	0	1	0	6
Arizona	3	0	1	1	0	0	0	1	0
Klebsiella	42	2	6	4	3	1	1	5	20
Citrobacter	24	2	2	2	0	2	2	3	11
Pasteurella.	8	0	1	0	0	0	0	2	5
Proteus	20	0	6	2	0	0	0	1	11
Pseudomonas	15	1	1	2	0	0	1	0	10
Serratia	2	0	0	2	0	0	0	0	0
Alcaligenes.	8	0	0	0	0	0	1	1	6
Shigella	5	0	0	0	0	0	0	0	5
Herrellea	1	0	1	0	0	0	0	0	0
	282	14	38	44	9	6	9	17	145

* The possibility of having listed the same organism isolated from different patients has been excluded only in those cases in which the serotype has been determined.

Stimuli der Umwelt und daher im Leben sobald auftreten, als der biosynthetische Apparat des betreffenden Individuums reif genug ist, Antikörper zu produzieren.

Diese Untersuchungen haben uns nun zu einem weiteren Problem gebracht, welches ich noch kurz anschneiden möchte, bevor wir der Methodologie mehr Aufmerksamkeit schenken. Es ist nämlich in England vor einigen Jahren gefunden worden [22-25], daß Patienten mit schweren intestinalen Erkrankungen oder mit anderen, die mit Oberflächenzerstörung des Körpers einhergehen, wie z. B. Gangrän, plötzlich die Blutgruppe B acquirieren können. Eine der Möglichkeiten, die STRATTON und RENTON [25] zuerst erwogen haben, ich betone, daß es nicht die einzige ist, eine der Möglichkeiten ist, daß diese acquirierte Blutgruppe B auf den roten Blutkörperchen dieser Patienten von Bakterien herrührt. Überlebt der Patient, so verschwindet das acquirierte B wieder. Das ist ein ganz wichtiges Problem, glaube ich, von klinischer Seite. Erstens einmal stört es den Transfusionsdienst (s. gestrige Diskussion). Zweitens mag, wenn diese Polysaccharide oder Bakterienbestandteile von Erythrocyten fixiert werden, das darauf hinweisen, daß der Erythrocyt eine detoxifizierende oder Transportfunktion hat, und daß das Beispiel hier auf eine allgemeine Funktion der Erythrocyten hinweist, die bislang nicht so sehr beachtet worden ist (s. Ref. [18, 26, 27]). Tab. 4 zeigt Ihnen ein Experiment, in welchem wir *in vitro* Erythrocyten mit *E. coli* O_{85} oder mit anderen *E. coli* sensibilisiert haben. Wenn Sie ein gewöhnliches Anti-B-,,Immun-Serum" nehmen, dann werden Sie finden, daß B-Erythrocyten selbstverständlich agglutiniert werden. Erythrocyten der Blutgruppe 0 werden natürlich nicht agglutiniert. Wenn Sie jetzt diese Erythrocyten mit *E. coli* O_{86}-Polysaccharid sensibilisieren oder mit dem Medium, in welchem diese Bakterien unter Standardbedingungen wuchsen [18], dann bekommt man eine Agglutination (dritte Zeile, Tab. 4), obwohl es ein 0-Erythrocyt ist. Es resultiert aber auch eine Agglutination, wenn Produkte von blutgruppeninaktiven *E. coli* verwendet werden. Das ist erklärlich, da im normalen Blut nicht nur Blutgruppen-Antikörper sondern auch anti-*E. coli*-Antikörper vorhanden sind. Durch spezifische Absorption und Elution mit der Landsteiner-Miller-Prozedur gelingt es, alles zu entfernen außer Anti-B-Agglutininen [18] (vierte Säule, Tab. 4).

Tabelle 4. *Reaction of human anti-B agglutinins with B erythrocytes and E. coli-sensitized O erythrocytes*

Erythrocytes		Anti-B titer (reciprocal)	
Group	Sensitized with	Whole immune serum	Eluate from B erythrocytes*
B	Nothing	512	32
O	Nothing	< 1	< 1
O	E. coli O_{86}	64	32
O	E. coli O_{55}	16—32	< 1
O	E. coli O_{11}	16	< 1

* LANDSTEINER-MILLER procedure.

Tabelle 5. *Coating-inhibition by human plasma proteins*

Plasma Protein	Minimum amount (mg/ml) giving > 95% Inhibition*
Albumin (Behringwerke 1916)	1.0
α_2-Lipoprotein (Behringwerke 9462)	0.8
β-Lipoprotein (Behringwerke 10, 164; 22, 263)	0.5
β-Globulin (Pentex Lot 8, Mann L2682) . .	~ 3
7S-γ-Globulin (Behringwerke 16,464)	> 10.0
19S-γ-Globulin (Behringwerke 2196)	≫ 2.5

* 0.08 ml packed O-erythrocytes/ml + 0.08 mg *E. coli* O_{86} lipopolysaccharide per ml.

Soweit die *in vitro* Experimente. Wie stellt sich dieses Problem nun *in vivo* dar? Es ist bekannt, daß Plasma (s. z. B. Ref. [28]) die Sensibilisierung roter Blutkörperchen zu hemmen vermag. Es ist uns gelungen festzustellen, welche Anteile des Plasmas eine Bindung von Lipopolysaccharid verhindern[18, 31]. Die wesentlichsten Befunde sind in Tab. 5 angeführt. Bemerkenswert ist die hohe Bindungsfähigkeit des Serumalbumins und der Lipoproteine, während die der γ-Globuline vernachlässigenswert erscheint. Unsere *in vivo* Experimente an Menschen und gewöhnlichen sowie keimfreien Hühnern wurden nun wie beschrieben durchgeführt und ergaben folgende Resultate[18]: Erythrocytensensibilisierung mit Blutgruppen-B-aktiven Substanzen ließ sich *in vivo* in einer Minorität schwer an Diarrhoe erkrankter Babys erzielen. In keimfreien und gewöhnlichen Hühnern in traumatischen Schock und nach Behandlung mit drastischen Abführmitteln ließ sich eine solche Sensibilisierung bei einer Minderzahl der Vögel vor allem bei den keimfreien Tieren nachweisen. Experimentelle Bedingungen und einige der erzielten Resultate sind in Tab. 6 dargestellt. Die Resultate dieser

Table 6. *Attempts to coat chicken erythrocytes in vivo by feeding live blood group active E. coli O_{86}*

Chicken	Experiment No.	Treatment (feeding)	Degree of coating					Age in days‡				
			Age in days‡	+++	++	+	⊕		+++	++	+	⊕
Ordinary	1	E. coli O_{86} 2nd day of life *Cascara* and podophyllin where indicated on 28th and 57th days	9—15			1/9	8/9	29 (58)			3/9 (2/9)	6/9 (7/9)
Germfree					1/14	5/14	6/14		1§/13 1(/12)◊	2/13	4‖/13 1(/12)	6/13 (10/12)
Ordinary	2	**E. coli O_{86} on 77th day. *Cascara* on 97th, tourniquet on 80th day	80 and 82 1 hr. post-tourniquet			1/4	3/4					
Germfree			tourniquet	1/7	1/7	2/7	3/7					
Ordinary	3	E. coli O_{86} on 50th day, *Cascara* 51st day, tourniquet 57th day	57					58			2/9	7/9
Germfree			5 hrs. after tourniquet		1/8	2/8	5/8				2/6	4/6

* +++ agglutination by 6 sera of 6; ++ agglutination by at least 3 of 6 sera; + agglutination by at least 1 of 6 sera; average titer 1:1—1:2; ⊕ doubtful or no agglutination.
‡ When bled.
§ Got *Cascara* and podophyllin.
‖ 3 got *Cascara* and podophyllin.
◊ Values after the birds had doubled their age.
** These birds (originally 4 ordinary and 10 germfree) were bled on days 10, 28, 56, and 70; their cells showed no coating.

Experimente mit keimfreien Hühnern erlauben daher die Aussage, daß *eine* mögliche Weise (aber nicht die einzige, s. Ref.[18]) auf welche Erythrocyten von Patienten mit schweren Körperoberflächenschäden (Haut oder Darm) Antigene acquirieren, Fixation von

a

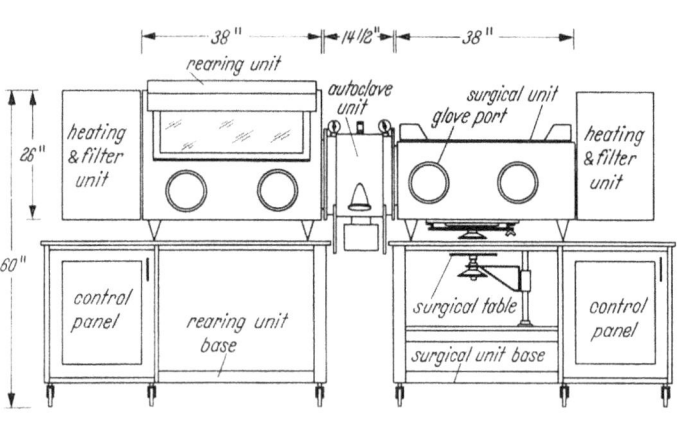

b

Abb. 4a u. b. Das Fisher-Kewaunee-Horton (F-K-H) Germfree System bestehend aus 3 Einheiten

mikrobiellen Substanzen an ihre Oberfläche ist vor allem dann, wenn diese in großer Menge den Blutstrom invadieren und wenn nicht genügend der normalerweise interferierenden Plasmafaktoren vorhanden sind.

Nun wollen wir uns die keimfreie Methode selbst ein wenig ansehen. Nachdem gezeigt wurde, daß Leben unter keimfreien Bedingungen tatsächlich möglich ist, ist sie ja nicht mehr ein Selbstzweck. Die Methode soll das Leben nicht nur keimfrei erhalten, sondern auch einfacher machen, vor allem für den Forscher. Einflüsse der Umwelt sind viel einheitlicher und besser kontrollierbar sowohl in der Produktion der experimentellen Tiere als auch während des Experimentes. Die keimfreie Methode stellt einen komplizierten Weg zur Vereinfachung experimenteller Ausgangsbedingungen dar. Das Problem ist: keimfreie Aufzucht, keimfreie Erhaltung und keimfreie Fortpflanzung. Die letzte dieser Aufgaben überläßt man den Tieren völlig selbst, sobald es sich um die zweite keimfreie Generation handelt. Die Hauptschwierigkeit ist stets, zumindest bei Säugern, die erste keimfreie Generation; die Entbindung und Aufzucht unter völlig sterilen Bedingungen. Die Aufzucht von jungen Mäusen und Ratten, die sich noch nicht selbst ernähren können, und die mit Arzneimitteltropfern gefüttert werden müssen, ist eine Kunst und eine ganz erhebliche Geduldsprobe, der man sich unter Umständen auch des Nachts unterziehen muß. Die Meisterung dieser Aufgabe während der letzten 10 Jahre verdanken wir Herrn Dr. R. E. HORTON.

In Abb. 4a sehen Sie eine von Herrn Dr. HORTON konstruierte kommerziell erhältliche Anlage (FISHER-KEWAUNEE-HORTON *Germfree System*, erhältlich von Fisher Scientific, Pittsburgh); eine teure aber absolut zuverlässige und praktische Anlage. Bei genauerer Betrachtung werden Sie feststellen, daß die Anlage, die kein besonderes Laboratorium zur Inbetriebnahme benötigt und an gewöhnlichen Netzstrom angeschlossen wird, aus drei Einheiten besteht, die auf dem Schema (Abb. 4b) deutlich gekennzeichnet sind. Es handelt sich um eine chirurgische Einheit (rechts), einen Autoklaven (Mitte) und um die eigentliche Aufzucht- und Aufenthalts-Einheit (links). Alles steht unter geringem Überdruck (ausgestülpte Handschuhe). In der Aufenthalts-Einheit können Sie Hühner, Ratten, Mäuse, Meerschweinchen und ähnliche Tiere wachsen und gedeihen lassen. Größere Tiere wie Hunde, Affen,

Schweine und Ziegen werden in anderen Einheiten aufgezogen. Zur Gesamtsterilisierung fährt man die Anlage in einen Autoklaven (Abb. 5), danach ist sie theoretisch solange keimfrei, wie man es wünscht. Die Anlage schaltet automatisch auf Batterie-Strom um, falls das Stromnetz versagt. Außerdem wird ein Alarm durch ein Monitorsystem betätigt und so Malfunktion inklusive

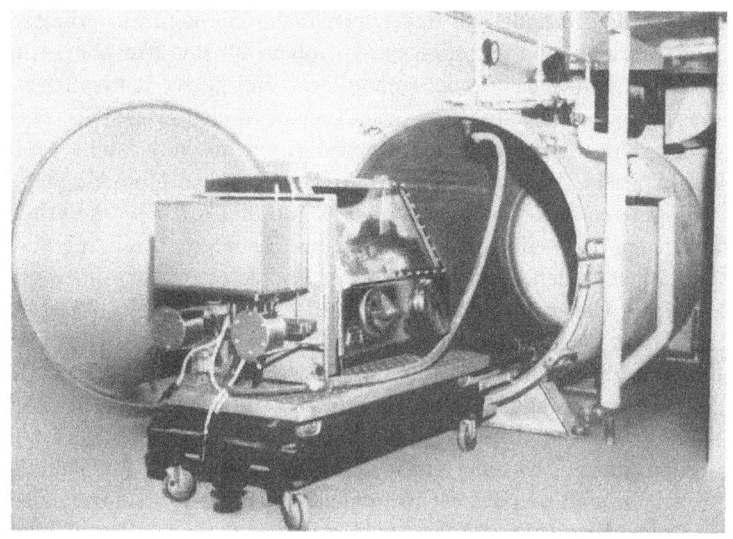

Abb. 5. Einbringen einer Aufzuchteinheit in den Autoklaven

ungenügende Kühlung der wassergekühlten Einheiten oder ungenügende Luftzufuhr angezeigt. Zwei unabhängige Systeme kontrollieren die Sterilität der Luft: Filtration und Verbrennung. Das Schema in Abb. 6 zeigt Ihnen dies. Die Aufzucht — sowie die Chirurgische Einheit — haben fluorescente Beleuchtung. Weite Glasfenster befinden sich an der Seite der Aufzuchtseinheit und an der Decke der Chirurgischen Einheit. Der Operationstisch (Abb. 4a und 4b unten rechts) ist adjustierbar und kann das Muttertier an den plastischen Film anpressen, durch welchen Entbindungen vorgenommen werden. Der eingebaute kleine Autoklav kann so angeschlossen werden, wie es in Abb. 4 gezeigt ist. Hier stellt er eine sterile Verbindung zwischen der Chirurgischen mit der Aufzuchteinheit her. Außerdem wird durch ihn Verbindung der beiden

Einheiten mit der Außenwelt ermöglicht. Der Autoklav kann in wenigen Minuten auf die gewünschte Temperatur erhitzt werden und, vermittels der eingebauten Wasserkühlanlage, in wenigen Minuten auf Raumtemperatur abgekühlt werden. Auf diese Weise wird Hitzezerstörung von Nahrungsbestandteilen auf einem Minimum gehalten. Neben der Nahrungsmittelsterilisation hat der Autoklav auch die Funktion, Exkremente und andere Überbleibsel

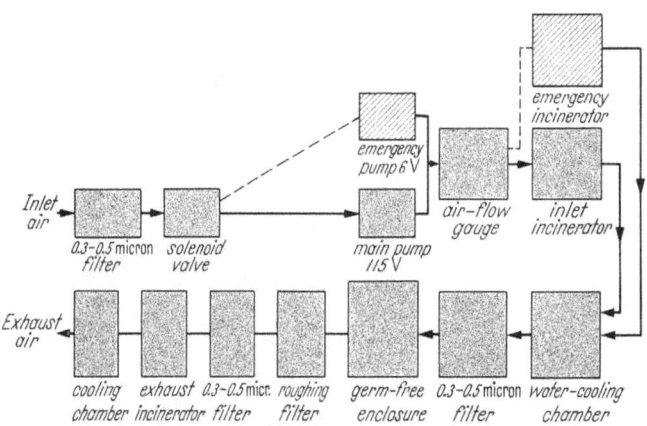

Abb. 6. „Luftweg" durch das F-K-H Germfree System (Beachte die Kombination zweier voneinander unabhängiger Prozeduren: Filtration *und* Verbrennung, zusätzlich noch „Notverbrennung")

aus den keimfreien Einheiten herauszuschleusen. An den Autoklaven ist ein germicides Reservoir angeschaltet (Mitte unterhalb des Autoklaven), von dem eine Röhre in den Autoklaven führt. Durch das Reservoir und die Röhre werden hitzelabile Materiale sterilisiert und, in den nicht erhitzten Autoklaven, eingeschleust, wie z. B. Hühnereier. Aber auch bereits sterilisierte Nahrung kann hier eingeführt werden. Dampfsterilisation zerstört nämlich eine Anzahl Vitamine, besonders Ascorbinsäure und Thiamin weitgehend, so daß man einen erheblichen Überschuß des normalen Bedürfnisses zuführen muß oder die Vitamine getrennt sterilisiert. Eine andere Nahrungsmittelsterilisierungsmethode wurde an den US National Institues of Health in Bethesda von HORTON und HICKEY[29] durchgeführt: nämlich Bestrahlung mit einem 3 Millionen Volt Van de Graaff Electron Beam Accelerator. Die Diät wurde mit einer Dosis von 2×10^6 rad (1 rad – 100 erg pro g bestrahlten

Materials) bestrahlt. Die Diät befand sich in Polyäthylentüten, und zwar 0,7 g cm^{-2}. Der Sterilisationsprozeß wurde mit "remote controls" vermittels Fernsehen beobachtet. Die bestrahlte Diät wurde dann durch dreiprozentige Peressigsäure in den Beuteln in die keimfreien Einheiten geschleust. Diese Prozedur reicht zur Sterilisierung aus und ergab eine für die Tiere annehmbare Nahrung.

Abb. 7. Entbindung keimfreier Meerschweinchen (Kaiserschnitt). Laboratory of Germfree Animal Research at the National Institute of Allergy and Infectious Diseases, National Institutes of Health Bethesda, Md. USA.

Abb. 7a. Beginn der Operation in einer „Reyniers" keimfreien Einheit

Hühnereier lassen sich einigermaßen leicht sterilisieren und in die Einheiten einführen. Mit Säugern ist das bedauerlicherweise nicht so einfach. (Kloakentiere, *Monotremata*, die, wie Sie wissen, eierlegende Säuger sind, standen uns leider nicht zur Verfügung!) Keimfreie Säuger werden in die Chirurgische Einheit hinein entbunden. Wir wollen das am Beispiel von Meerschweinchen einmal in einer der älteren Reyniers-Einheiten beobachten. In Abb. 7 a—e sehen Sie Herrn Dr. HORTON mit einem Helfer bei der Operation. Die Luke am Boden der Chirurgischen Einheit ist geöffnet, und wie

Sie in Abb. 7b sehen, das schwangere, kurz vor der Geburt stehende, anaesthesierte Meerschweinchen gegen das Fenster gepreßt. Die einzelnen Schritte der Entbindung vermittels eines Thermokauters sind in Abb. 7c bis 7e dargestellt und bedürfen keiner Erläuterung. Es hat sich bewährt, das Abdomen des Muttertieres an eine Plastikmembran „anzukleben" vermittels eines sterilen Plastikleimes.

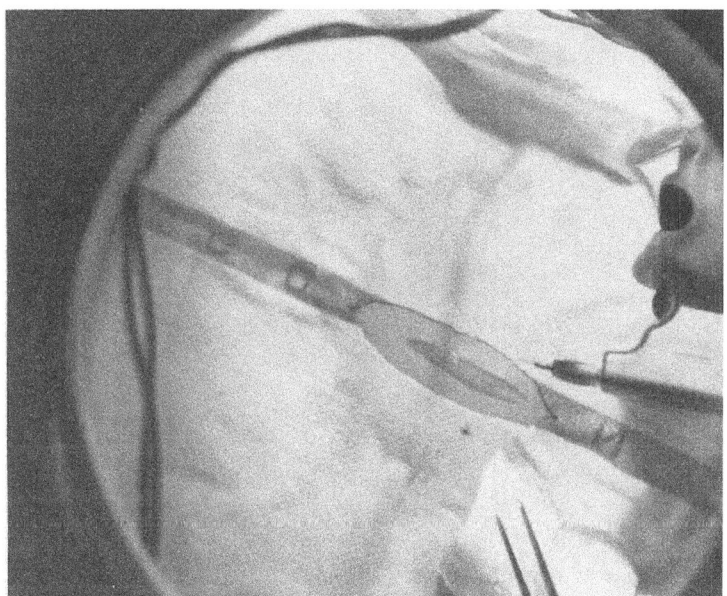

Abb. 7b. Eröffnen des Abdomens mit Thermokauter

Der intakte Uterus wird in die keimfreie Einheit durch die Plastikmembran gestülpt. Die jungen Meerschweinchen werden dann aus dem Uterus herausgeholt, von ihren Membranen befreit und, falls notwendig, stimuliert. Anschließend werden sie durch den sterilen, kalten Autoklaven hindurch in die Aufzuchteinheit befördert.

Ich möchte betonen, daß nicht alles immer so einfach geht wie hier dargestellt. Bakterielle Verunreinigung ist leider ein häufiges Ereignis, und damit ist das Experiment irreversibel verloren. Die schwächste Stelle einer jeden keimfreien Anlage ist die Stelle des Einsatzes der Gummihandschuhe in die keimfreien Einheiten.

Als letztes technisches Detail zeige ich Ihnen die Abb. 8 einer einfachen, billigen und recht zuverlässigen plastischen Einheit, wie sie seit kurzem mit gutem Erfolg verwendet werden.

Es bleiben noch einige Bemerkungen zur Bestimmung des keimfreien Status. Hier haben wir ähnliche Prozeduren benutzt, wie sie am Lobund Institut ausgearbeitet wurden[30]. Für Hühner

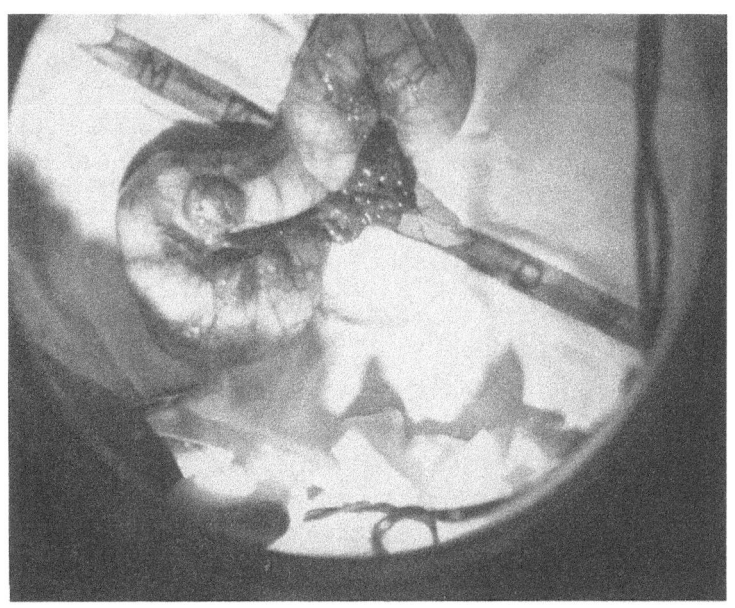

Abb. 7c. Ausstülpen des Uterus in die keimfreie Einheit

gingen wir wie folgt vor: Zweimal pro Woche wurden "Swabs" in trockenen Reagenzgläsern sowie Reagenzgläser mit Thioglycollate Medium und Trypticase Soja Medium und "Bacto cooked meat Medium" (Difco), in die keimfreien Einheiten eingeführt. Swabs oder frische Specimen wurden von der Kloake aller Hühner entnommen und zusätzliche Proben wurden vom Futter, Wasser und den Faeces eingesammelt. Ein Teil der Proben wurde innerhalb der keimfreien Einheiten inokuliert. Zusätzlich zu den soeben erwähnten Medien fand Ausstreichen der Proben auf "Brain Heart Infusion" Agar Platten, die 5% Blut enthielten, statt. Ebenso fand Ausstreichen auf Lactobacillus selection agar und auf Sabouraud

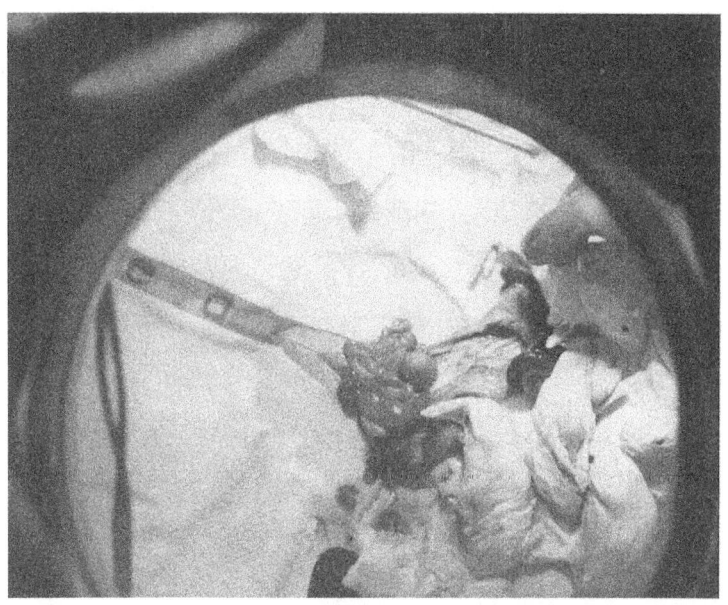

Abb. 7d. Ablösung der Jungen von Membranen und Nabelschnur

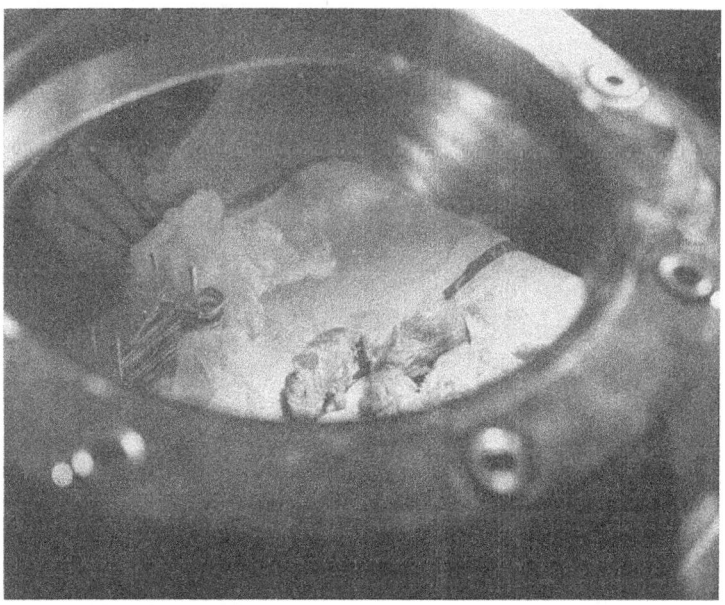

Abb. 7e. Die „erste keimfreie Generation"

Agar Platten (Baltimore Biological Laboratory) statt. Es wurden stets 2 Kulturen angelegt, eine bei 37° und die andere bei 23—25° für 2 Wochen beobachtet. Einige Blutagarplatten wurden anaerob

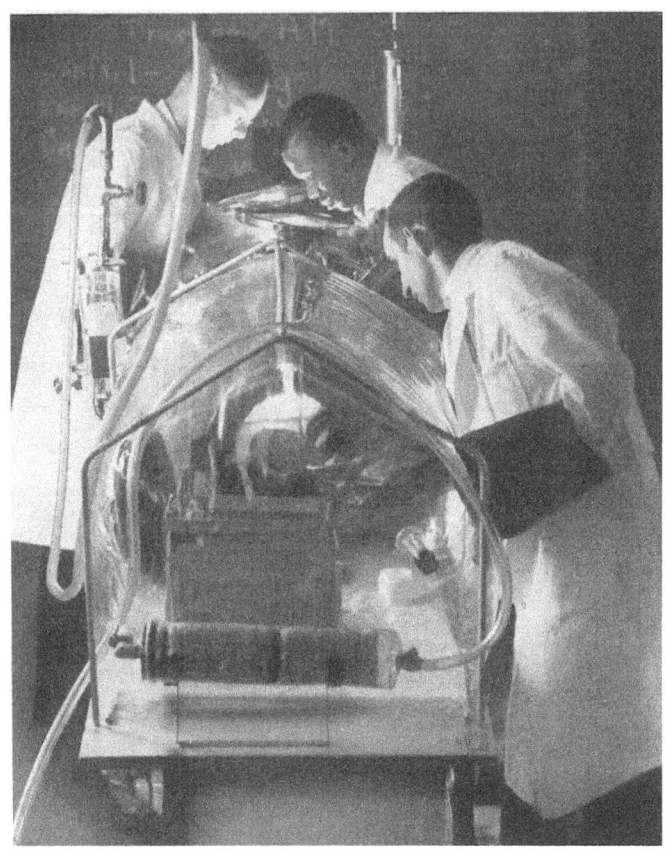

Abb. 8. Eine plastische keimfreie Einheit (American Sterilizer Company) angeschaltet an einen Reyniers-Tank

inkubiert. Von allen Kulturen in flüssigen Medien wurden Gramfärbungen angefertigt. Am Ende eines jeden Experimentes wurde ein Tier innerhalb der keimfreien Einheit getötet und Teile seiner Gedärme auf Bakterien hin untersucht, wie soeben beschrieben. Es wurden keine Anstalten getroffen, PPLO, Rickettsien oder Viren nachzuweisen.

Ich hoffe, Ihnen in dieser kurzen Darstellung eines großen Arbeitsgebietes einen Überblick gegeben zu haben, über die Möglichkeiten und Grenzen der modernen keimfreien Technik sowie der darauf basierenden immunologischen Forschung. Die verschiedene Eignung der verschiedenen Versuchstiere ist nur eines der zahlreichen Probleme (s. auch die gestrige Diskussion).

Ich glaube, wir haben zur Lösung eines wichtigen Problems beitragen können und vielleicht auch insgesamt zu Aspekten der Antikörperproduktion.

Zum Schluß sei vermerkt, daß keimfreie Tiere im allgemeinen in einer Umgebung aufgezogen werden, in der weder die Mutter noch ein annehmbarer Ersatz sichtbar ist. Bis heute bestehen keine Anhaltspunkte dafür, daß die Abwesenheit der Mutter einen Einfluß auf die Psychologie und Physiologie inklusive Resistenz der bisher untersuchten keimfreien Tiere ausübt (nach Beobachtung der naturwissenschaftlich orientierten Experimentatoren). Selbst KÜSTERs Ziegen, die aus ihren keimfreien Tanks in eine gewöhnliche Umgebung entlassen wurden, zeigten keine abnorme psychologische Reaktion.

Literatur

[1] PASTEUR, L.: C. R. Acad. Sci. (Paris) 100, 69 (1885).
[1a] NUTTALL, G. H. F., u. H. THIERFELDER: Hoppe-Seylers Z. physiol. Chem. 21, 109 (1895); 23, 213 (1897).
[2] KUESTER, E.: Arb. Kaiserl. Gesundh. Amt. (Berlin) 48, 1 (1912).
[2a] METCHNIKOFF, E.: Memoirs Manchester Philosoph. Soc. 45, 5 (1901).
[3] COHENDY, M., et E. WOLLMAN: C. R. Acad. Sci. (Paris) 174, 1082 (1922).
[4] PHILLIPS, B. P., and P. A. WOLFE: Ann. N. Y. Acad. Sci. 78, 1, 308 (1959).
[5] SPRINGER, G. F.: Z. Immun.-Forsch. 118, 228 (1959).
[6] WIENER, A. S.: J. Immunol. 66, 287 (1951).
[7] KABAT, E. A.: Blood group substances. New York: Academic Press 1956.
[8] SPRINGER, G. F.: Klin. Wschr. 38, 513 (1960).
[9] BERNSTEIN, F.: Z. induct. Abstamm.- u. Vererb.-L. 37, 237 (1925).
[10] FURUHATA, T.: Jap. med. World. 7, 197 (1927).
[11] HIRSZFELD, L.: Ergebn. Hyg. Bakt. 8, 368 (1926).
[12] DUPONT, M.: Arch. int. Med. exp. 9, 33 (1934).
[13] LANDSTEINER, K.: The Specificity of Serological Reactions p. 130. Cambridge, Mass.: Harvard University Press 1947.
[14] BAILEY, C. E.: Amer. J. Hyg. 3, 370 (1923).
[15] SCHIFF, F., u. L. ADELSBERGER: Zbl. Bakt. 93, 172 (1924).
[16] SPRINGER, G. F.: J. Immunol. 76, 399 (1956).
[17] SPRINGER, G. F., R. E. HORTON, and M. FORBES: J. exp. Med. 110, 221 (1959).
[18] SPRINGER, G. F., and R. E. HORTON: J. Gen. Physiol. 47, 1229 (1964).

[19] SPRINGER, G. F., H. TRITEL, and W. LEUTERER: VIIIth Internatl. Congress Microbiol. E. 32 A. 12 (1962).
[20] SPRINGER, G. F., P. WILLIAMSON, and W. C. BRANDES: J. exp. Med. 113, 1077 (1961).
[21] SPRINGER, G. F.: Chapter 46 in The Amino Sugars; R. W. JEANLOZ and E. A. BALAZS: Eds. New York: Acad. Press 1965.
[22] CAMERON, C., F. GRAHAM, J. DUNSFORD, G. SICKLES, C. R. MACPHERSON, A. CAHAN, R. SANGER, and R. R. RACE: Brit. med. J. 1959 II, 29.
[23] GILES, C. M., A. E. MOURANT, D. M. PARKIN, J. F. HORLEY, and K. J. TAPSON: Brit. med. J. 1959 II, 63.
[24] MARSH, W. L., W. J. JENKINS, and W. W. WALTHER: Brit. med. J. 1959 II, 63.
[25] STRATTON, F., and P. H. RENTON: Brit. med. J. 1959 II, 244.
[26] DUJARRIC DE LA RIVIERE, R., and N. KOSSOVITCH: Ann. Inst. Pasteur 51, 149 (1933).
[27] GRAMLICH, F., and H. E. MUELLER: Acta haemat. (Basel) 30, 153 (1963).
[28] NETER, E., O. WESTPHAL, and O. LUEDERITZ: Proc. Soc. exp. Biol. (N. Y.) 88, 339 (1955).
[29] HORTON, R. E., and J. L. S. HICKEY: Proc. Animal Care Panel 77, 93 (1961).
[30] REYNIERS, J. A., P. C. TREXLER, R. F. ERVIN, M. WAGNER, T. D. LUCKEY, and H. A. GORDON: Lobund Report 2, 1 (1949).
[31] SPRINGER, G. F., E. T. WANG, J. H. NICHOLS, and J. M. SHEAR: Annal. N. Y. Acad. (1965); in press.

Die folgenden Zeitschriften genehmigten Reproduktion:
Abb. 1, 2, 3 — J. exp. Med. 110, 2, 221 (1959).
Tab. 3 — J. exp. Med. 113, 6, 1077 (1961).
Tab. 4 u. 6 — J. Gen. Physiol. 47, 6, 1229, (1964).
Tab. 1 — Z. Immun-Forsch. 118, 228, (1959).

Diskussion

WESTPHAL: Vielen Dank an Herrn SPRINGER. Es gibt meines Wissens heute etwa 6 oder 7 Einheiten auf der Welt, die ernstlich verschiedene Probleme keimfreien Lebens bearbeiten. Man hat oft gesagt, daß REYNIERS, der als der Erste in den USA so etwas gemacht hat, sich leider viel zu sehr ins Apparative verliebt und dann damit nicht viel angefangen hat. Und so war dann GEORG SPRINGER derjenige, der in Amerika wirklich einmal ein interessantes Problem bearbeitet hat, die Frage der Genese von Isohämagglutininen. Oder auch GUSTAFSON in Lund, jetzt in Stockholm, mit einer sehr einfachen Einrichtung. Die Japaner haben — glaube ich — auch ein sehr gutes Institut.

SPEISER (Wien): Selbst wenn es gelänge, Tiere in antigenfreier Umwelt aufzuziehen, könnte es doch zu einer Antikörperbildung kommen, wenn nämlich *mütterliche Antigene* in die Frucht gelangten. Diese Möglichkeit ist z. B. bei den Säugern, abhängig vom Bau ihrer Placenta, welche ja bekanntlich erst die physiologische Symbiose zweier antigendifferenter Individuen (Mutter — Frucht) erlaubt, indem sie die beiden voneinander trennt und nur ganz bestimmte, von ihr ausgewählte Stoffe durchläßt, gegeben. Kontinuitätsunterbrechungen dieser Barriere können die Verträglichkeit der beiden Symbionten zum Nachteil der Frucht aufheben und zu einer Immunisierung der Mutter führen (Folge: z. B. Rh-bedingte fetale Erythroblastose). Die menschliche Placenta läßt jedoch schon physiologischerweise von den mütterlichen Serumproteinen die γ_2-Globuline (γ_2) als Immunkörperträger bereits in der 12.—15. Embryonalwoche in die Frucht übertreten. Diese erreichen bis zum Schwangerschaftsende, bedingt durch ansteigend bessere Penetrationsmöglichkeit (enorme Oberflächenzunahme der Placenta mit gleichzeitiger Reduzierung der Membrandicke) den Spiegel der Mutter.

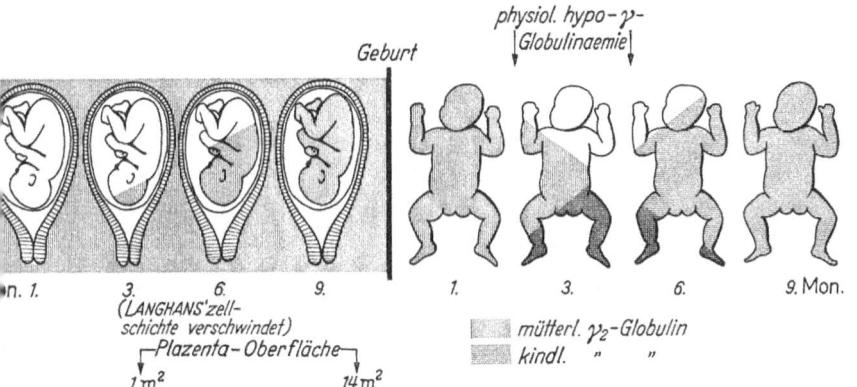

Abb. 1. γ_2-Globuline (und Gm-Gruppe) bei Mutter, Embryo und Säugling

Mit einer Abbau-Halbwertszeit von etwa 30 Tagen verschwinden die mütterlichen γ_2 innerhalb der ersten Lebensmonate aus der Zirkulation des Kindes und werden durch eigene ersetzt. Dieser Vorgang kann mittels Bestimmung der von GRUBB und LAURELL entdeckten, genetisch fixierten γ-Globulingruppen bei Gm-Verschiedenheit von Mutter und Kind serologisch besonders schön dargestellt werden. Er stimmt zeitlich z. B. mit dem auch in Abb. 1 angedeuteten Termin der physiologischen Hypo-γ-Globulinämie (Antikörpermangelzustand, erhöhte Infektanfälligkeit) überein.

Nach Elimination des Gm(a+) mütterlichen γ_2 treten bei Gm(a—)-Kindern (typische Mutter-Kind-Kombination = MKK) Anti-Gm^a-Körper auf [Wien. klin. Wschr. **75**, 572 (1963); **75**, 902—903 (1963); Wien. med. Wschr. **113**, 966—971 (1963)]. Von insgesamt 487 MKK (Alter der Kinder von Neugeborenen bis 31 Jahre) haben wir in Abb. 2 nur jene angeführt, welche die oben erwähnte typische Konstellation zeigen.

Bei der 1. Untersuchung wurden unter den 48 typischen MKK nur 9 AntiGm^a gefunden. Die 2. Untersuchung (mit sensiblerer Technik) zu einem späteren Zeitpunkt (die Pfeile zeigen jeweils den Abstand zwischen 1. und 2. Unters. an) erfaßte zusätzlich weitere 11 Anti-Gm^a. 6 der 9 bei der 1. Unters. gefundenen Anti-Gm^a konnten später nachuntersucht werden; sie

Anti Gm-Körper bei Kleinkindern

Alter d. Kinder Monate	Gm (a+) Mütter mit Gm (a—) Kindern					Gm(x+) Mütter mit Gm(x—) Kindern			
	1. Untersuchung		2. Untersuchung			1. Unters.	2. Untersuchung		
	anti Gmᵃ fehlt	vorh.	anti Gmᵃ vorh.	anti Gmᵃ fehlt	nicht unters.	anti Gmˣ fehlt	anti Gmx vorh.	fehlt	unters.
3— 6	2					2			
6— 9	6	1			3	2			2
9—12	9	2		1	4				
12—15	4	3	3	1	3	1		1	1
15—18	4	2	3		3			1	
18—21	2		2		1				
21—24	1	1	2						
24—27			2						
27—30	1		1	1		1			1
30—33			1						
33—36			3		1				
36—39	3				1				
39—42			1		1				
42—45									
45—48	2		1		2				
4-31 J.	5		*	2	4				
Σ	39	9	20	7	21	6	2	0	4

Beobachtete Änderungen der Gm-Faktoren bei Kleinkindern mit Anti-Gm-Körperbildung

	Gm (a+ →a—)	Gm(a+) → Gm (a—x—)	Gm (x+ → x—)
1. Unters. Alter 1-6 Mo.	Keine Anti-Gmᵃ bzw. Anti-Gmˣ-Körper nachweisbar		
2. Unters. Alter 9-21 M.	7 Anti-Gmᵃ	1 Anti-Gmˣ	1 Anti-Gmˣ

* 1. Unters. 11½ a
2. Unters. 11¾ a

⊺ Bei 2.Unters. erstm. gefundenes Anti-Gm

⊺ Auch bei 2. Unters. kein Anti-Gm nachweisbar

⊺ Bei 2. Unters. Anti-Gmᵃ noch immer nachweisbar

besaßen alle noch diesen Antikörper. 7 der typischen MKK zeigten auch bei der 2. Unters. kein Anti-Gmᵃ. 21 der insgesamt 48 typischen Fälle konnten aus äußeren Gründen noch nicht nachuntersucht werden. Zusätzlich zu obenerwähnten Antikörpern traten noch 7 Anti-Gmᵃ bei der 2. Unters. jener Fälle auf, die zum Zeitpunkt der 1. noch Gm(a+) erschienen (mütterliches Gm). Ähnlich verhält es sich (s. Abb. 2) im System Gm(x).

Diese Ergebnisse zeigen:

a) die Möglichkeit einer durch Antigen ausgelösten γ-Globulinsynthese bei Säugern, selbst wenn diese in antigenfreier Umgebung aufgezogen werden könnten,

b) die bisher unbekannte Erscheinung der Antikörperbildung von Säuglingen gegen mütterliche Antigene,

c) daß die Burnetsche Clonal Selection Theory of Acquired Immunity weiterhin kritisch diskutiert werden muß.

SPRINGER: Ich glaube, daß ich mit der Interpretation dieser Daten übereinstimme. Die Beobachtung von Herrn Dozent SPEISER ist von mehreren Gesichtspunkten aus wichtig, nicht nur für Aspekte der Immuntoleranz oder bezüglich des Problems der Antikörperbildung bei keimfreien Tieren, die wir schon behandelt haben; SPRINGER, G. F., Z. Immun.-Forsch. 118, 228 (1959). Wenn seine Befunde bestätigt und exogene Reize ausgeschlossen werden können, dann handelt es sich ja hier um eine Umkehrung der Vorgänge bei der sog. Rh-Immunisierung, der *Erythroblastosis fetalis*. Es wäre also sozusagen eine negative Erythroblastose. Und es wäre ein immerhin bisher beim Menschen in dieser Form nicht beobachtetes Prinzip in Beziehung zwischen Mutter und Kind.

MERKENSCHLAGER (München): Nach Veröffentlichungen aus dem Jahre 1959 ist anzunehmen, daß Nahrungsbestandteile beim keimfreien Tier keine Antikörper erzeugen. Sie berichten nun, daß blutgruppenwirksame Substanzen, also z. B. auch Bestandteile höherer Pflanzen, die Darmwand als Antigen passieren können. Werden auch gegen andere Nahrungskomponenten Antikörper gebildet?

SPRINGER: Wir haben nur die Bildung von anti-B-Blutgruppenagglutininen studiert [SPRINGER, G.F., R.E. HORTON, and M. FORBES: J. exp. Med. 110, 221 (1959)] auch beim Menschen (SPRINGER, G. F., H.. TRITEL, and W. LEUTERER, VIIth Internat. Congr. Microbiol. E, 32 A, 12). Es bestehen ausgedehnte Untersuchungen, besonders von WAGNER, WOSTMANN, Mitarbeitern von REYNIERS und auch von THORBECKE und BENACERRAF an der New York University, wahrscheinlich auch von anderen Centern. Diese Autoren haben gefunden, daß Nahrungsbestandteile antigen sind, und sie haben so tote Bakterien in der Nahrung keimfreier Tiere nachgewiesen, Streptokokken und auch gram-negative Bakterien. Sie fanden in keimfreien Hühnern stets Agglutinine gegen beide (s. Ann. N. Y. Acad. Sci., 1959, Vol. 78).

WESTPHAL: Ich glaube, die Frage des Münchner Kollegen ist von prinzipieller Bedeutung. Es hängt u. a. davon ab, ob man ein Tier mit Antigen überlädt. Man kann jedes normale Individuum mit Nahrung überladen und dann geht immer etwas antigenes Nahrungsmaterial in die Zirkulation, derart, daß sogar im Urin unabgebautes Protein ausgeschieden wird, so daß man es immunologisch nachweisen kann. Also die Möglichkeit, daß Nahrungsprotein, Nahrungsantigen in die Zirkulation geht, ist prinzipiell ständig vorhanden.

LÖSCH (München): Mit welchen Verfahren war es möglich, Antikörper gegen Nahrungsbestandteile ausschließlich toter Bakterien in der Nahrung spezifisch festzustellen?

SPRINGER: (Siehe obige Referenzen.) Viele dieser Tiere und auch Menschen enthalten Antidextran-Antikörper. Ihre Nahrung enthält natürlich Dextran. Unsere eigenen Experimente mit Meconium an Hühnern und mit abgetöteten *E. coli* O_{86}-Bakterien am Menschen, zeigen ganz klar, daß Antikörper gegen solche Bestandteile gebildet werden, und zwar in erheblichen Mengen. In dem erwähnten Band der New York Academy of Sciences sind Arbeiten von verschiedenen Ländern, die zeigen: Nahrung ist antigen, zumindest wenn sie in adäquaten Mengen zugeführt wird. Ich weiß nicht, welche Fraktionen Sie, Herr Dr. LÖSCH, meinen. Es gibt natürlich auch Fraktionen, die nicht antigen sind. Es sind positive Präcipitinreaktionen mit Dextran erhalten worden. Ich verweise auch auf die Arbeiten von BERGER und FREUDENBERG über das Weizenprotein Gliadin, seine Bedeutung in der Antikörperstimulation beim Menschen und für die Coeliakie [Schweiz. med. Wschr. **93**, 549 (1963)].

KRÜPE (Fulda): Herr SPRINGER hat ja gezeigt, daß durch die Kontaminierung der Nahrung mit Colibakterien wir die obligaten Blutgruppenantikörper Anti-A und Anti-B bisher als sog. ,,Normalisoantikörper" bezeichnet, produzieren. Da gibt es nun eine gewisse Schwierigkeit hinsichtlich den Spezifitäten. Es handelt sich nämlich in Wahrheit hierbei um heterologe Antikörper. Anti-A und Anti-B sind keine Isoantikörper im normalen Sinne, sondern sie sind Heteroantikörper, welche mit A und B kreuzreagieren. Eine weitere Frage ist noch die: Findet man nun bei erwachsenen A-Personen, die das Anti-B ja ständig bilden, auch in der Darmflora stets *E. coli* O 86, der als Antigenstimulus für die Anti-B-Produktion notwendig wäre?

SPRINGER: Mit der ersten Bemerkung von Herrn KRÜPE stimme ich völlig überein. Wir können natürlich z. Z. nicht ausschließen, daß der Mensch auch noch genetisch bedingtes nachweisbares Anti-A oder Anti-B ohne äußere Reize bildet, wir glauben jedoch, daß das nicht der Fall ist. Und dann sind in der Tat die meisten der Isoantikörper eigentlich Heteroantikörper. Die Immunisierung kann ja auch durch Speichel, also durch die Staubtröpfchen erfolgen, welche die Menschen, wenn sie miteinander verkehren, sprechend oder in anderer Weise, austauschen. Derartige Immunisierungen können daher auch durch menschliche Blutgruppensubstanzen stattfinden und dann wären diese Antikörper wenigstens teilweise das Resultat einer Isoimmunisierung. Zur zweiten Frage: *E. coli* O_{86} ist kein regelmäßiger Bestandteil der menschlichen Gedärme. Es gibt aber viele Enterobacteriaceae mit Blutgruppenspezifität [SPRINGER, G. F., P. WILLIAMSON u. W. E. BRANDES: J. exp. Med. **113**, 1077 (1961)].

FRITZE (Bochum): Ist der Anstieg der Blutgruppen-Antikörper bei den Tieren, die mit *Escherichia coli* gefüttert worden sind, nicht einfach eine Adjuvanswirkung bei in niedrigem Titer präformierten Antikörpern? Und ich möchte umgekehrt fragen, ob das, was wir sonst als Adjuvanswirkung bezeichnen, in Wirklichkeit eine spezifische Immunisierung durch weit verbreitete spezifisch antigene Strukturen ist?

SPRINGER: Eine Adjuvanswirkung ist das ganz sicher nicht aus folgenden Gründen: Wenn wir blutgruppen-*inaktive* Bakterien, *E. coli* ebenfalls, an keimfreie Tiere verfüttern, passiert — soweit es sich um Anti-Blutgruppenantikörper handelt — gar nichts [SPRINGER, G. F., R. E. HORTON u. M. FORBES: J. exp. Med. **110**, 221 (1959)]. Die machen dann nur anti-E. coli-

Antikörper. Die mehr allgemeine Frage über Adjuvantien kann ich generell nicht beantworten.

GRASSMANN: Es würde mich interessieren, ob in den physiologischen Funktionen oder im Verhalten dieser keimfreien Tiere irgendwelche charakteristischen Unterschiede beobachtet werden? Natürlich solche, die nicht einfach auf der Abgeschlossenheit von der Umwelt beruhen, sondern die wirklich mit der Aufzucht in einer keimfreien Umgebung etwas zu tun haben. Die Einschränkung der Fortpflanzungsfähigkeit ist ja immerhin ein Indiz in dieser Richtung.

SPRINGER: Man muß vorsichtig sein vor Verallgemeinerungen. Es ist für verschiedene Tierarten verschieden. Ich habe nicht auf allen Gebieten genügend Erfahrungen. Bei vielen Tieren, wie Hühnern, Mäusen und Ratten bestehen heute keine Probleme mit der Fortpflanzung, aber bei Meerschweinchen und Kaninchen ist es noch nicht so leicht (s. WOSTMANN, B. P., B. S. PHILLIPS: Am. N. Y. Acad. Sci. 78, 1959). *Psychologisch*, und das ist vielleicht für die Verhaltensforscher interessant (sie haben das aber bisher ignoriert), ist schon seit den Ziegen, die KÜSTER um 1913 (Dtsch. Med. Wschr. 39, 1586) gezüchtet hat, bekannt, daß die Tiere keinen Schaden gelitten haben. Sie unterscheiden sich nicht in demonstrabler Weise von normalen Tieren. Ob *physiologisch* Veränderungen vorhanden sind? Das Meerschweinchen und Kaninchen hat meist ein abnormes Caecum. Im allgemeinen sind solche Veränderungen aber nicht nachweisbar, es gibt sie nur in manchen Tierarten, doch kann das auch eine Folge der Nahrungssterilisierung, d. h. inadäquater Diät, sein.

WESTPHAL: GUSTAFSON hat gesehen, daß seine Ratten, wenn sie bakterienfrei aufgezogen werden, eine sehr starke Mucosa bilden. Der Stuhl dieser Tiere, der steril ist und zu einem Pulver zerfällt, wenn man ihn trocknet, besteht zu 50% aus einem endogenen Mucopolysaccharid. Sobald diese Tiere monoinfiziert werden, mit einer beliebigen Bakterienkultur, hört innerhalb weniger Tage diese gewaltige Produktion an Mucopolysaccharid auf. Dann enthält der Stuhl noch wenige Prozent davon. Das ist ein eindrucksvolles Beispiel.

GELDMACHER-V. MALLINCKRODT (Erlangen): Die Möglichkeit der Verdeckung der eigenen Blutgruppe über Monate hinaus, und die Vortäuschung der Blutgruppe B würde Konsequenzen für den Vaterschaftsausschluß haben. Sind vielleicht schon Zahlen zu nennen, wie groß die Gefahr einer solchen Täuschung ist?

SPRINGER: Die englischen Beobachtungen [Referenzen, Experimente und Diskussion s.: SPRINGER, G.F., u.R.E. HORTON: J. gen. Physiol. 47, 1229 (1964)] sind in Blutbanken erhoben worden: daß nämlich Personen, die nach ihrer Kartei Blutgruppe A waren, plötzlich AB waren. Wenn das nicht sorgfältige Blutbanken gewesen wären, wären möglicherweise Transfusionszwischenfälle passiert, indem man den Patienten AB-Blut gegeben hätte anstelle von A-Blut. Die Anti-B-Antikörper sind meistens in nahezu unverminderter Menge in Personen vorhanden, die das B auf ihren Erythrocyten acquiriert haben. Es ist schon eine ganz erhebliche Gefahr da, nämlich dann, wenn man sich auf vormalige Blutgruppenbestimmungen, die in Karteien festgehalten sind, verläßt und mit dem zu transfundierenden Blut keine Kreuzproben macht.

SPEISER (Wien): Zu der Frage einer Irrtumsmöglichkeit auf Grund von B-Aquisition glaube ich, daß die Gefahr kaum besteht, denn es gibt kaum irgendwo einen Sachverständigen, der nicht die Serummerkmale mit untersucht, und dabei sieht er die Diskrepanz zwischen den Erythrocyten- und den Serum-Merkmalen.

SPRINGER: Ja, vom Forensischen her. Aber für die Bluttransfusion, wenn man nur nach der Karthotek geht, wenn Sie also eine Person mal "getypt" haben, ist eben die Gefahr da, und Sie müssen jedesmal, bevor Sie eine Transfusion geben, wieder eine Kreuzprobe machen.

GÖTZE (Freiburg): Sind Feststellungen darüber gemacht worden, ob die Anti-A- und Anti-B-Antikörper in Hühnern den γ_2- oder den γ_1=-Globulinen zuzuordnen sind? Wir haben Grund zu der Annahme, daß die Unterschiede zwischen Anti-A-Normal- und -Immunseren (die Temperaturamplitude wurde ja auch von Ihnen erwähnt) ihre Ursache in dem Mischungsverhältnis von zumindest γ_2- und γ_1=-Antikörpern haben können.

SPRINGER: Das ist ein sehr wichtiges Problem. Wir haben das bei Hühnern nur serologisch untersucht. Ich möchte aber erwähnen, daß McDUFFIE u. KABAT [J. Immunol. 77, 61 (1956) und MUSCHEL, OSAWA u. McDERMOTT: Amer. J. clin. Path. 29, 418 (1958)] unabhängig in Amerika in Immunisierungsversuchen von Menschen mit menschlicher Blutgruppen-A-Substanz gezeigt haben, daß die Charakteristica von Normal- und Immunseren nicht davon abhängen, ob sie diese Menschen nun „künstlich" immunisieren oder ob sie ihre Antikörper „natürlicherweise" schon haben, sondern von dem Weg der Immunisierung und der Natur des Menschen. Verschiedene Individuen antworten verschieden. Die Mischung der Isoantikörper innerhalb der 19 S-, 7 S- und auch 11 S-Globuline ist verschieden in verschiedenen Menschen und läßt sich nicht direkt in Parallele bringen mit aktiver Immunisierung oder Nicht-Immunisierung.

WESTPHAL: Ich möchte GEORG SPRINGER nochmals danken für diese Diskussion. Sie war ein guter Abschluß unserer Tagung.

Schlußworte

HEIDELBERGER: Wir haben als Gäste schon inoffiziell für die Gastfreundschaft der Deutschen Gesellschaft für Physiologische Chemie gedankt, aber ich möchte das auch offiziell sagen. Prof. SCHÜTTE, Dr. AUHAGEN und Prof. WESTPHAL, wir danken alle herzlich für diese 3 herrlichen Tage und auch für die Nächte, das war alles sehr schön.

WESTPHAL: Ich hoffe, Sie hatten alle so schöne Nächte wie MICHAEL HEIDELBERGER. Meine Damen und Herren! Der Sinn dieses Colloquiums war vielleicht ein wenig anders als in Vorjahren. Wir hatten den Eindruck, daß nicht nur ein Gebiet zu verhandeln war, das interessant ist, und worüber man mal etwas diskutieren sollte, sondern eines, für das es sich im Moment besonders lohnt — auch in Deutschland — eine gewisse Propaganda zu machen. Es ist unter dem Einfluß unserer sehr starken industriellen Organisationen in manchen naturwissenschaftlichen Disziplinen dieser und jener Trend in der Wissenschaft nicht immer genügend gewürdigt worden. An den Hochschulen erziehen wir junge Leute, die zu 90% und mehr in die Industrie gehen, und so ist es das gute Recht der Industrie zu sagen, was sie für Leute haben möchte. Das gilt auch für die Biochemie, und die Mitglieder unserer Gesellschaft. Erst jetzt beginnt eine Welle von biochemischem Interesse und mehr noch, wenn man weltweit sieht, ist jetzt eine Welle an immunologischem Interesse im Gange. Die Wiege der modernen Immunologie stand immerhin in Mitteleuropa. Wir haben aus vielen Gründen die Pflicht, uns hier wieder voll einzuschalten. — Es hat ja keinen Sinn, daß man immer sagt, wir müssen jetzt auch mal was tun und wo finden wir jemand, der dies und jenes tun könnte, und wir wollen einen Lehrstuhl gründen, und dann ist er da, und man hat niemand draufzusetzen — das alles hat keinen Sinn, wenn nicht die Begeisterung da ist. Diese Begeisterung ein wenig zu wecken, schien mir die Aufgabe dieses Colloquiums, wobei ich das Gefühl hatte, daß wir vielleicht an manchen Stellen nicht so sehr allgemein würden diskutieren können, als vielmehr manches zur Kenntnis zu nehmen. Und um dieses recht zu tun, schien es mir wichtig, daß wir versuchten, die besten Referenten in einer für Mosbacher Verhältnisse großen Zahl beizubringen. Dies ist überraschend erfreulich gelungen, woraus Sie sehen mögen, daß diese Freunde, die von weit her zu uns kamen, auch ein Freund dieses Gedankens sind. Dafür möchte ich all den Freunden herzlich danken. Wir haben ein gewisses Spektrum dieses Gebietes auf alle Teilnehmer einwirken lassen, wenn auch nur in Schlaglichtern. Diejenigen, die gar nie mit immunochemischen oder mit immunologischen Problemen in Berührung gekommen sind, haben kein *vollständiges* Bild von dem, was z. Z. in der Immunologie aufregend ist, wenn sie jetzt von hier weggehen. Aber sie haben doch in Schlaglichtern gesehen, wo interessante Probleme vorliegen, und welche Fragen man heute vernünftigerweise stellen kann mit der Hoffnung, daß sie auch beantwortet werden. Etwa in einem Polysaccharid eine determinante Gruppe zu bestimmen, das ist eine vernünftige

Frage, und sie kann auch im Prinzip weitgehend beantwortet werden. Wenn man sie für ein Protein stellt, ist es zwar eine vernüftige Frage, aber sie kann noch nicht so leicht beantwortet werden. Es ist gut, glaube ich, für Leute, die sich diesem Gebiet widmen wollen zu wissen, welche Fragen vernünftig sind, und wo schon Antworten möglich sind. Methoden erscheinen immer erst etwas trocken, aber sie wurden belebt mit immer mehr Beispielen; dauernd kamen die Methoden, die vorher besprochen worden waren, später wieder vor, die Namen von OUCHTERLONY und GRABAR fielen immer wieder. Man sah also, daß die Methoden wirklich weltweit benützt werden. Dann haben wir uns dem faszinierenden Problem der Spezifität gewidmet: wie kommt sie zustande von seiten des Antigens, wie kommt sie zustande von seiten des Antikörpers, der ja Träger der Spezifität ist, während das Antigen nur der Stimulator ist. Das wissen wir noch nicht. Es ist eine vernünftige Frage mit einer noch fernstehenden Antwort. Das führte uns zu der erregenden Sitzung, in der Herr HAUROWITZ so meisterhaft das Problem der Erforschung der Antikörper auseinandergesetzt hat. Ich bin sehr glücklich, daß es möglich war, die Herren HAUROWITZ, HEIDELBERGER und GRABAR so beisammen stehen und miteinander diskutieren zu sehen.

Die Benützung von Antikörpern als chemische Reagentien ist ohne Zweifel sehr nützlich. Aber das ist keine Biologie. Biochemiker oder Biologen werden vom biologischen Phänomen geleitet: hier den Immunphänomenen. So war es gut, daß wir auch etwas in die Biologie hineinleuchten konnten, vielleicht mit einem Höhepunkt in Form von HAŠEKs Ausführungen über die Immuntoleranz. HAŠEKs Bilder haben eindrücklich gezeigt, daß da ganz neue Möglichkeiten erwachsen. Alle Redner waren ja sehr vorsichtig mit Zukunftsaspekten. Und wenn wir mehr Zeit gehabt hätten, so hätte man Sie vermutlich mit Fragen bestürmt, was daraus alles noch wird: Ob nicht eines Tages statt der Vaccinierung des Kleinkindes gegen irgendwelche Erreger eine solche gegen Transplantationsimmunität nützlich sei. Und ähnliches mehr. All das eröffnet doch außerordentliche Ausblicke, die nur angeklungen sind.

Zuletzt haben wir die Fragen des Komplements erörtert. Ich weiß nicht, wie viele von Ihnen sich schon mit dem fibrinolytischen oder mit dem Blutgerinnungssystem befaßt haben? Diejenigen, die das tun, waren nicht so erschüttert, wie es vielleicht manche sind, die sich noch nicht mit diesen Systemen befaßt haben, die notwendigerweise mit Inhibitoren und durch zahlreiche Zwischenstufen so abgesichert sein müssen, daß eben die Fischersche „Bombe" nicht im unguten Moment platzen kann. Die willkürliche Lenkung der durch immunologische Reaktionen ausgelösten, mehr oder weniger heftigen Bombe — ihre Bremsung oder Steigerung — ist ein überaus wichtiges klinisches Problem. Viele klinische Reaktionen, vermehrter Zellabbau nach Bestrahlung, etwa in der Krebstherapie, wird ohne Zweifel durch Komplement entscheidend beeinflußt. Wenn es uns gelingt, Komplement so in die Hand zu bekommen, daß wir es aktivieren und bremsen können, so würde das klinisch ganz wesentliche Auswirkungen haben. Insofern sind gerade die klinischen Kollegen in unserer Gesellschaft aufgerufen, sich diesen Dingen zu widmen, auch wenn Herr KLEIN Ihnen beim nächstenmal noch mehr Komponenten serviert. Sie werden wahrscheinlich alle eines Tages im klinischen Labor wie im Gerinnungssystem bestimmt werden müssen.

Schließlich hat GEORG SPRINGER Aspekte der *Konditionierung des Lebens*, z. B. Probleme der Ausschaltung immunologischer Reaktionen diskutiert. Wir alle leben ja heute mehr oder weniger konditioniert und „unnatürlich". Deswegen ist auch der Aspekt des keimfreien Lebens ein Objekt zur Erforschung der Konditionierung von Leben. Es ist nicht nur ein lustiges wissenschaftliches Problem. Es ist ein Anliegen der Menschen, auch derer, die nicht in den Weltraum fahren. Was machen wir, wenn wir unser Leben konditionieren ? Die letzten 10 000 Jahre haben wir es nicht getan, und plötzlich, mit den modernen technischen Errungenschaften tun wir es, in Zeiten wo wir keine Möglichkeit haben, uns durch Mutation an solche Bedingungen anzupassen. Ich glaube, daß es nützlich ist, Immunologie und Immunchemie auch von solchem sehr allgemeinem Standpunkt aus zu betrachten. Wenn das alles bei den Teilnehmern sedimentiert ist und man dann anfängt, über dies und jenes nachzudenken, dann kommt man wohl auch auf manche allgemeinen Gedanken.

Ich habe gehört, daß viele am Anfang böse waren über das viel zu konzentrierte Programm; ich weiß es nicht, wie Sie am nächsten Montag darüber denken werden. Die Hoffnung ist, daß wenigstens jeder irgendetwas mit nach Hause nimmt, was ihm eines Tages aus der Gehirnschublade wieder hervorkommt und ihm nützlich sein könnte. In diesem Sinne möchte ich unser Colloquium mit Dank an die Organisatoren und mit ganz besonderem Dank an all unsere Sprecher schließen und das allerletzte Wort an unsern Präsidenten und damit auch meinen Auftrag an ihn zurückgeben.

Nachwort

SCHÜTTE: Wer sich mit Immunchemie bisher nur am Rande beschäftigt hat, ist beglückt über die Fülle von Anregungen und Einsichten, die hier vermittelt wurden. In die Freude über dieses erfolgreiche Colloquium mischt sich das Bedauern darüber, daß viele unserer Fachgenossen diese Gelegenheit zur Unterrichtung und Anregung nicht benutzt haben. Sollte das ein bedenkliches Anzeichen dafür sein, daß die Besucher unseres Colloquiums anfangen sich zu sortieren, und jeder nur noch an den Colloquien teilnimmt, die sein spezielles Arbeitsgebiet betreffen? Eine solche Einstellung verkennt den Sinn der Mosbacher Colloquien, die ja gerade aus dem Speziellen Anregungen ins Allgemeine tragen, und uns durch die Berührung mit anderen Problemen und Methoden befruchten sollen.

Die Länge dieses Colloquiums, die alle bisherigen weit übertraf, wurde schon bei Bekanntwerden des Programms beklagt. Ich glaube, diese Länge war nötig, um wenigstens einige von den wichtigsten und fruchtbarsten Aspekten der Immunchemie zu Worte kommen zu lassen. Um so mehr, als dieses Arbeitsgebiet bei uns in Deutschland seit Jahrzehnten im Schatten steht. An den Hochschulen wird es kaum herausgestellt und gelehrt.

Bedauern müssen wir auch diesmal wieder, daß von unseren Mitgliedern aus Mitteldeutschland nur wenige kommen konnten. Immerhin haben doch einige die Ausreisegenehmigung bekommen. In den vergangenen Jahren erhielt sie niemand. Hoffen wir daraus, daß die künstliche und aufgezwungene Trennung bald überwunden werde!

Ich habe den Dank der Gesellschaft für Physiologische Chemie allen denen zu sagen, die zum Gelingen dieses Colloquiums beigetragen haben, an erster Stelle Herrn WESTPHAL, der dieses Colloquium organisiert hat.

Wir haben ferner zu danken den Vortragenden sowie allen, die zur Diskussion, und damit zum Verständnis beigetragen haben. Wir haben weiter den Diskussionsleitern zu danken, vor allem denen, die gleichzeitig Vortragende und Diskussionsleiter waren, den Herren HEIDELBERGER, HAUROWITZ, GRABAR, GOEBEL, MORGAN und SCHULTZE.

Zu danken haben wir einigen Firmen, die mit ihren Spenden die Durchführung in dem großen Rahmen ermöglichten, den Firmen Benckiser, Farbenfabriken Bayer, Farbwerke Höchst, der Fa. Nattermann, den Nordmark-Werken, der Fa. Röhm u. Haas, der Schering A.G. und Dr. KARL THOMAE.

Besonderen Dank schulden wir wieder unserem Schriftführer, Herrn AUHAGEN, der, wie schon seit Jahren, auch diesmal wieder die organisatorische Vorbereitung getragen hat, die für das gute Gelingen eines Colloquiums viel mehr bedeutet, als der Außenstehende ahnt.

GPSR Compliance
The European Union's (EU) General Product Safety Regulation (GPSR) is a set of rules that requires consumer products to be safe and our obligations to ensure this.

If you have any concerns about our products, you can contact us on

ProductSafety@springernature.com

In case Publisher is established outside the EU, the EU authorized representative is:

Springer Nature Customer Service Center GmbH
Europaplatz 3
69115 Heidelberg, Germany

www.ingramcontent.com/pod-product-compliance
Lightning Source LLC
Chambersburg PA
CBHW071717100426
42873CB00016B/308